全国高职高专院校药学类专业核心教材

U0746245

分析化学

（供医药卫生类、食品类、化工类等专业用）

主　编　谢茹胜　张立虎

主　审　王炳强

副主编　卢　鑫　韩德红　马秀华　董丽丹

编　者　（以姓氏笔画为序）

马秀华（楚雄医药高等专科学校）

王乃毅（山西卫生健康职业学院）

王雷清（山东中医药高等专科学校）

卢　鑫（济源职业技术学院）

任丽英（安庆医药高等专科学校）

刘福胜（山东药品食品职业学院）

江　芳（福建生物工程职业技术学院）

许凌敏（杭州轻工技师学院）

宋英明（合肥职业技术学院）

张立虎（江苏医药职业学院）

唐晓璇（山东科技职业学院）

董丽丹（长春医学高等专科学校）

韩德红（山东科技职业学院）

谢茹胜（福建生物工程职业技术学院）

中国健康传媒集团

中国医药科技出版社

内 容 提 要

本教材是"全国高职高专院校药学类专业核心教材"之一，系根据本套教材的编写指导思想和原则要求，结合专业培养目标和本课程的教学目标、内容与任务要求编写而成。全书共分为 17 个项目，内容涵盖化学基础知识、试样的采集和处理、标准溶液的制备和化学分析基本操作、数据处理、酸碱滴定法、沉淀滴定法和重量分析法、氧化还原滴定法、配位滴定法、电位法及永停滴定法、分光光度法概论等。本教材为书网融合教材，即纸质教材有机融合电子教材、教学配套资源（PPT、微课、视频、图片等）、题库系统、数字化教学服务（在线教学、在线作业、在线考试），使教学资源更加多样化、立体化。

本教材主要供高职高专院校医药卫生类、食品类、化工类等专业教学使用，也可以作为其他相关专业教材或分析工作者的参考用书。

图书在版编目（CIP）数据

分析化学/谢茹胜，张立虎主编. —北京：中国医药科技出版社，2021.12

全国高职高专院校药学类专业核心教材

ISBN 978 - 7 - 5214 - 2937 - 4

Ⅰ.①分…　Ⅱ.①谢…　②张…　Ⅲ.①分析化学 - 高等职业教育 - 教材　Ⅳ.①O65

中国版本图书馆 CIP 数据核字（2021）第 253673 号

美术编辑　陈君杞

版式设计　友全图文

出版　**中国健康传媒集团** | 中国医药科技出版社

地址　北京市海淀区文慧园北路甲 22 号

邮编　100082

电话　发行：010 - 62227427　邮购：010 - 62236938

网址　www. cmstp. com

规格　889mm × 1194mm $^1/_{16}$

印张　18 $^1/_4$

字数　503 千字

版次　2021 年 12 月第 1 版

印次　2023 年 5 月第 2 次印刷

印刷　北京市密东印刷有限公司

经销　全国各地新华书店

书号　ISBN 978 - 7 - 5214 - 2937 - 4

定价　**52.00 元**

获取新书信息、投稿、为图书纠错，请扫码联系我们。

出版说明

为了贯彻党的十九大精神，落实国务院《国家职业教育改革实施方案》文件精神，将"落实立德树人根本任务，发展素质教育"的战略部署要求贯穿教材编写全过程，充分体现教材育人功能，深入推动教学教材改革，中国医药科技出版社在院校调研的基础上，于2020年启动"全国高职高专院校护理类、药学类专业核心教材"的编写工作。

党的二十大报告指出，要办好人民满意的教育，全面贯彻党的教育方针，落实立德树人根本任务，培养德智体美劳全面发展的社会主义建设者和接班人。教材是教学的载体，高质量教材在传播知识和技能的同时，对于践行社会主义核心价值观，深化爱国主义、集体主义、社会主义教育，着力培养担当民族复兴大任的时代新人发挥巨大作用。在教育部、国家药品监督管理局的领导和指导下，在本套教材建设指导委员会和评审委员会等专家的指导和顶层设计下，根据教育部《职业教育专业目录（2021年）》要求，中国医药科技出版社组织全国高职高专院校及其附属机构历时1年精心编撰，现该套教材即将付梓出版。

本套教材包括护理类专业教材共计32门，主要供全国高职高专院校护理、助产专业教学使用；药学类专业教材33门，主要供药学类、中药学类、药品与医疗器械类专业师生教学使用。其中，为适应教学改革需要，部分教材建设为活页式教材。本套教材定位清晰、特色鲜明，主要体现在以下几个方面。

1.体现职业核心能力培养，落实立德树人

教材应将价值塑造、知识传授和能力培养三者融为一体，融入思想道德教育、文化知识教育、社会实践教育，落实思想政治工作贯穿教育教学全过程。通过优化模块，精选内容，着力培养学生职业核心能力，同时融入企业忠诚度、责任心、执行力、积极适应、主动学习、创新能力、沟通交流、团队合作能力等方面的理念，培养具有职业核心能力的高素质技能型人才。

2.体现高职教育核心特点，明确教材定位

坚持"以就业为导向，以全面素质为基础，以能力为本位"的现代职业教育教学改革方向，体现高职教育的核心特点，根据《高等职业学校专业教学标准》要求，培养满足岗位需求、教学需求和社会需求的高素质技术技能型人才，同时做到有序衔接中职、高职、高职本科，对接产业体系，服务产业基础高级化、产业链现代化。

3. 体现核心课程核心内容，突出必需够用

教材编写应能促进职业教育教学的科学化、标准化、规范化，以满足经济社会发展、产业升级对职业人才培养的需求，做到科学规划教材标准体系、准确定位教材核心内容，精炼基础理论知识，内容适度；突出技术应用能力，体现岗位需求；紧密结合各类职业资格认证要求。

4. 体现数字资源核心价值，丰富教学资源

提倡校企"双元"合作开发教材，积极吸纳企业、行业人员加入编写团队，引入一些岗位微课或者视频，实现岗位情景再现；提升知识性内容数字资源的含金量，激发学生学习兴趣。免费配套的"医药大学堂"数字平台，可展现数字教材、教学课件、视频、动画及习题库等丰富多样、立体化的教学资源，帮助老师提升教学手段，促进师生互动，满足教学管理需要，为提高教育教学水平和质量提供支撑。

编写出版本套高质量教材，得到了全国知名专家的精心指导和各有关院校领导与编者的大力支持，在此一并表示衷心感谢。出版发行本套教材，希望得到广大师生的欢迎，对促进我国高等职业教育护理类和药学类相关专业教学改革和人才培养做出积极贡献。希望广大师生在教学中积极使用本套教材并提出宝贵意见，以便修订完善，共同打造精品教材。

数字化教材编委会

主　编　谢茹胜　张立虎
主　审　王炳强
副主编　卢　鑫　韩德红　马秀华　董丽丹
编　者　(以姓氏笔画为序)
　　　　马秀华 (楚雄医药高等专科学校)
　　　　王乃毅 (山西卫生健康职业学院)
　　　　王雷清 (山东中医药高等专科学校)
　　　　卢　鑫 (济源职业技术学院)
　　　　任丽英 (安庆医药高等专科学校)
　　　　刘福胜 (山东药品食品职业学院)
　　　　江　芳 (福建生物工程职业技术学院)
　　　　许凌敏 (杭州轻工技师学院)
　　　　宋英明 (合肥职业技术学院)
　　　　张立虎 (江苏医药职业学院)
　　　　唐晓璇 (山东科技职业学院)
　　　　董丽丹 (长春医学高等专科学校)
　　　　韩德红 (山东科技职业学院)
　　　　谢茹胜 (福建生物工程职业技术学院)

前　言

　　本教材是以分析化学基本知识和基本技能的应用为基础，以培养学生职业能力和创新能力为目标，依照我国高等职业教育的最新理念，精心编写而成，具有以下特点：

　　1. 提高教材内容体系的科学性、先进性和实用性，在编写过程中，紧扣《中国药典》（2020 年版），贴近药学类岗位需求，适当增加药典的最新分析方法，适当吸收分析化学及其交叉学科最新成果和应用。

　　2. 突出高职教育特色，具有专业针对性、专业理论性、专业实践性，突出人才需求；内容上衔接岗位知识和技能要求；形式上体现理实一体化。

　　3. 体现现代职业教育理念，以分析检验工作过程为主线，保证知识体系易教、易学、易做，推行项目导向教学，争取教学内容与实际工作项目"零"距离。始终贯穿"需用为准、够用为度、实用为先"的原则，力求内容实用、管用、好用。

　　4. 编写模式有所创新，尽量适应项目导向教学法，按"项目导航－学习目标－导学情景－知识内容－方法应用－案例分析－重点回顾－目标检测"顺序编排，由浅入深，使内容具有启发性和互动性，提高学生学习自主性。

　　5. 表现形式新颖，通过创设与专业、岗位、生活贴近的学习情景，引出知识内容和技能要求。以案例形式导入，通俗易懂。增加"看一看""练一练""想一想""药爱生命"等模块，激发学生学习兴趣。

　　6. 本教材的创新特色在于学习目标明确、以案例形式引入，提出问题、开动脑筋、分析问题、开展任务实施、最终解决问题。注重职业核心能力的培养，增强学习者的责任心，提升解决问题能力、创新思维能力和数据处理能力。

　　本教材由谢茹胜、张立虎担任主编，具体编写人员分工如下：许凌敏（项目一、项目三）；唐晓璇（项目二）；任丽英（项目四）；王雷清（项目五）；刘福胜（项目六）；韩德红（项目七）；王乃毅（项目八）；马秀华（项目九）；谢茹胜（项目十）；宋英明（项目十一、项目十二）；张立虎（项目十三）；董丽丹（项目十四）；卢鑫（项目十五、项目十六）；江芳（项目十七）。全书由谢茹胜统稿，副主编参与修稿，王炳强主审。

　　本教材在编写过程中，得到了各参编院校及领导的大力支持，在此一并表示感谢。由于受编者水平与经验所限，教材难免存在疏漏与不足之处，恳请广大专家和读者批评指正，以便不断修订完善。

编　者

2021 年 10 月

目 录

项目一　认识分析化学

>> **项目导航**

　　分析化学是确定物质的化学组成、测量各组分含量以及表征物质的化学结构等化学信息的分析方法及相关理论的一门学科。本项目主要介绍分析方法的分类及特点。

学习目标

知识目标：
1. **掌握**　分析方法的分类及主要分析方法的特点。
2. **熟悉**　分析化学的任务和作用。
3. **了解**　分析化学的发展趋势及在药学方面的应用。

技能目标：
理解各类分析方法及其特点，根据不同的分析对象能够选择和确定合适的分析方法。

素质目标：
通过自主查阅资料文献，了解目前分析化学在各个行业领域中的作用和发展趋势，培养资料查阅和分析总结能力，强化对分析化学的认知与兴趣。

导学情景

　　情景描述（链接新闻）：根据国家药监部门公布的《2019 年药品质量不合格数据年度报告》显示，在被各省市药监局抽查检测的药品中，盐酸金霉素眼膏、诺氟沙星胶囊、肌苷注射液、地塞米松磷酸钠注射液等 250 余种药品不合格，其中不合格项目中，性状、含量测定、灰分、鉴别、水分、装量差异、浸出物、有关物质、二氧化硫残留、可见异物占了前十位。

　　情景分析：综合数据统计发现，2019 年与 2018 年相比，总的药品质量不合格批次减少了 802 批次。由此可见，2019 年药品质量不合格情况整体有了明显的改善，各药企对药品质量高度重视，国家对药品生产监管加强，对药品质量的监管力度在不断加大，助推了药品高质量发展。药品质量直接关乎人民群众的身体健康和生命安全，是国家重视的民生问题。利用分析化学的相关方法来检测药品，是把好药品质量关的重要手段。

　　讨论：1. 情景描述中药品的不合格项目可能用了哪些分析方法来检测？
　　　　　2. 如今科技进步迅速，分析化学会有怎样新的发展前景和趋势？

　　学前导语：分析化学是一门实践性很强的学科，在学习理论方法的基础上，以解决实际问题为目的。因此同学们一定要扎实理论学习并且认真上好实验课，在实验过程中仔细观察、认真记录，培养自己独立思考的能力和科学严谨的态度。

任务一　分析化学的任务与作用 📱微课

PPT

一、分析化学的任务

分析化学的任务是确定物质的化学组成，测量各组分的含量以及表征物质的化学结构。它们分别隶属于定性分析、定量分析和结构分析的研究范畴。

1. 定性分析　鉴定物质的化学组成（元素、离子、官能团、化合物等）。

2. 定量分析　测定物质各种组分的相对含量。

3. 结构分析　研究物质的分子结构（化学结构、晶体结构）或存在形态。

二、分析化学的作用

分析化学是研究物质及其变化的重要方法之一，任何的科学研究，只要涉及化学现象，分析化学就会作为一种工具被应用到研究中去。例如从工业原料的选择、工艺流程的控制直至成品的质量检测；从土壤成分的分析、化肥农药的分析到农作物的生长过程研究；从能源的勘探开发、案件证物的分析检测到三废的处理和综合利用，都需要依赖分析化学的配合。在医药卫生事业方面，临床检测、疾病诊断、新药研发、药品质量控制、中药成分的提取分离检测、药物的制剂分析、制剂的稳定性研究等，都离不开分析化学提供研究数据。

因此分析化学作为药学专业的一门重要专业基础课程，在专业教育中要加强理论知识的学习和理解，同时注重实验技能的学习。

👁 **看一看**

现场快速检测技术

现场快速检测技术（point-of-care testing，POCT）近几年飞快地进入公众的视线，随着体外诊断行业的不断革新，特别推动了分子 POCT 的发展。POCT 是医学检验发展的一种新模式，由未接受临床实验室学科训练的临床人员或者患者（自我检测）进行的临床检验。它是一种采用可携带式分析仪器，操作简便并能快速得到检测结果的检测方式。过去 POCT 产品往往集中在免疫 POCT 和血糖 POCT，但是随着纳米酶（一类具有酶催化活性的纳米材料）跨入医学检验领域，POCT 已经在检测、污水处理、杀菌消炎、癌症治疗、疾病诊断等领域具有应用前景。纳米酶应用研究已经在筛选鼻咽癌 EBV 抗体联合检测、诊断肿瘤、自体免疫性疾病等领域进行深入探索。

任务二　分析方法的分类与选择

PPT

一、分析方法的分类

根据分析任务、分析对象、测定原理、操作方法和具体要求不同，分析方法可以分为许多种类。根据分析任务可以分为定性分析、定量分析和结构分析；根据分析对象可以分为无机分析和有机分析；根据试样的用量及操作规模可以分为常量分析、半微量分析、微量分析和超微量分析，不同的分析方法的试样用量见表 1-1；根据分析化学的测定原理可分为化学分析和仪器分析。

表 1-1　不同分析方法的试剂用量

分析方法	试样质量	试液体积
常量分析	>0.1g	>10ml
半微量分析	0.01~0.1g	1~10ml
微量分析	0.1~10mg	0.01~1ml
超微量分析	<0.1mg	<0.01ml

（一）化学分析法

以物质的化学反应为基础的分析方法称为化学分析法，主要根据化学反应的计量关系确定被测物的组成及含量的分析方法。化学分析法历史悠久，是分析化学的基础，又称为经典分析法，主要包含重量分析法和滴定分析法（容量分析法）。

1. 重量分析法　是通过物理或化学反应将试样中待测组分与其他组分分离，然后用称量的方法测定该组分的含量。

2. 滴定分析法　是将一种已知其准确浓度的试剂溶液（称为标准溶液）滴加到被测物质的溶液中，直到化学反应完全为止，然后根据所用试剂溶液的浓度和体积求得被测组分的含量。

化学分析法所用仪器简单，结果准确，因而应用范围广泛。但是只适用于常量组分的分析，且灵敏度较低，分析速度较慢。

（二）仪器分析法

以物质的物理和物理化学性质为基础的分析方法称为仪器分析法。仪器分析法主要有电化学分析法、光学分析法、色谱分析法。

1. 电化学分析法　是根据物质的电化学性质建立的分析方法，主要包括电位分析法、电重量法和库仑法、伏安法和电导分析法等。

2. 光学分析法　是根据物质的光学性质建立的分析方法，主要包括分子光谱法（紫外-可见分光光度法、红外光谱法、分子荧光法等），原子光谱法（原子发射光谱法、原子吸收光谱法），其他如激光拉曼光谱法、质谱法等。

3. 色谱分析法　是一种分离富集方法，主要包括气相色谱法、液相色谱法（分为柱色谱和纸色谱）和离子色谱法。

仪器分析法具有灵敏、快速、准确等特点，自动化程度越来越高，发展很快，应用很广。仪器分析往往是在化学分析的基础上进行的，两者相辅相成，互相配合。

✎ 练一练

下列方法按测定原理进行分类的是（　　）。

A. 常量分析和微量分析　　　　　　　B. 化学分析和仪器分析

C. 定量分析和定性分析　　　　　　　D. 重量分析和滴定分析

答案解析

二、分析方法的选择

对试样进行分析的方法很多，选择最恰当的分析方法对样品进行分析，才能够保证分析结果能够满足分析要求。一般情况下需要考虑以下几个因素。

（一）分析要求的准确度和精密度

不同分析方法的灵敏度、选择性、准确度和精密度各不相同，要根据实际生产和科研工作中对样品的分析结果要求的准确度和精密度来选择分析方法。

（二）分析方法的繁简程度和速度

不同分析方法的操作步骤、繁简程度和所需的分析时间各不相同。每次分析的费用也不相同。要根据待测样品的数目和要求取得分析结果的时间等要求来选择适当的分析方法。

（三）样品的特征

各类样品中待测成分的形态和含量不同，可能存在的干扰物质及其含量也不同，样品的溶解和待测成分的提取难易程度也不同，要根据样品的这些特征来选择制备待测液、定量某成分和消除干扰的适宜方法。

（四）现有分析条件

分析工作一般在实验室进行，各级实验室的设备条件和技术条件也不相同，应根据条件来选择适当的分析方法。

具体情况下，必须综合考虑以上各项因素，首先必须了解各类方法的特点，然后选择出最合适的分析方法，以便最快速、最准确、最有效地达到样品分析的目的。

❓ 想一想

阿司匹林［2-乙酰氧基苯甲酸］是生活中最常见的一种解热镇痛药，如果要对2-乙酰氧基苯甲酸原料药进行杂质的检查和含量的测定，可以采用哪几种分析方法？为什么？

答案解析

任务三　分析化学发展趋势

PPT

一、分析化学的发展概况

分析化学随着化学和其他相关学科的发展而不断发展，20世纪以来，其发展大致经历了三次巨大的变革。

第一次变革是在20世纪初到20世纪30年代，溶液四大平衡理论的建立，使得分析反应过程中各种平衡的状态、各成分的浓度变化和反应的完全程度均有了较高的预见性，将分析化学从"一种技术"演变成为"一门科学"，该时期可以称为分析化学与物理化学相结合的时代。

第二次变革是20世纪40~60年代，由于物理学、半导体及电子学、原子能工业的发展，促进了分析化学中物理和物理化学分析方法的建立和发展，从而改变了分析化学以经典化学为主的局面，发展成为以仪器分析为主的现代分析化学，仪器分析法获得了迅速发展，使得分析化学得以更加深入地为其他学科作出贡献。该时期可以称为分析化学与物理学、电子学相结合的时代。

第三次变革是在20世纪70年代末开始发展至今。由于生命科学、环境科学、新材料科学等发展的需要，信息科学、计算机技术、生物技术等新技术的引进，尤其是基因组学、蛋白组学和代谢组学研究的出现，向分析化学提出了更高的挑战，从而促使分析化学发生着更加深刻广泛的变革。现代分析化学已经不能只局限于测定物质的组成和含量，而是要对物质的形态（例如价态、晶型等）、结构进行分析，实现微区、薄层和无损分析，要对化学活性物质和生物活性物质等进行瞬时跟踪和过程控制等，从而进一步认识自然、与自然和谐发展。现代分析化学所采用的手段已经远远超出了化学学科的领域，它在采用光、电、磁、热、声等物理现象的基础上，进一步采用了数学、计算机科学和生物科学等新成就，尤其是以计算机为代表的新技术的迅速发展，为分析化学建立高灵敏性、高准确性、高选择性、自动化或智能化的新方法创造了良好条件，从而丰富了分析化学的内容，使其有了飞速发展。仪器分析的发展以及化学计量学的广泛应用，使得分析化学已发展成为"以计算机为基础的分析化学"。分析化学与许多密切相关的学科渗透交织，对物质作全面的纵深分析，继而成为一门综合性的学科。

二、分析化学的新进展和新技术

进入21世纪，新材料学、微电子学、生命科学等学科的发展为分析化学的发展提供了前所未有的机遇。生物分析化学方面，"人类基因组计划"成为有史以来最有影响的科学研究计划，其本质为"人类基因的化学测序计划"。其中与各种重大疾病相关联的大量未知基因、富集、蛋白质的分离、识别、鉴定以及复杂相互作用的研究均与分析化学密不可分。

纳米科学技术的飞跃发展，为生物医学分析研究提供了一个新的研究途径，目前为止，纳米技术已经应用于生物学和医学分析研究的众多领域，其中包括纳米生物材料、药物和转基因纳米载体、纳米生物传感器、纳米生物相容性人工器官、利用扫描探针显微镜分析蛋白质和DNA的结构与功能等领域。微流控分析、微阵列芯片的快速发展和新型分析仪器的创造都促进了分析化学的快速发展。

现代分析化学已经朝着智能化、自动化、精确化、微观化方向发展，它将继续沿着高灵敏度（达原子级、分子级水平）、高选择性（复杂体系）、快速、简便、经济、分析仪器自动化、数字化、计算机化和信息化的纵深方向发展，以解决更多、更新、更复杂的课题。

药爱生命

医学检验（medical laboratory science，MLS）是对取自人体的材料进行微生物学、免疫学、生物化学、遗传学、血液学、生物物理学、细胞学等方面的检验，从而为预防、诊断、治疗人体疾病和评估人体健康提供信息的一门科学。截至2021年2月1日，中国共有4.57万家医学检验相关企业，受益于政策扶持、行业不断开放，我国第三方医学检验行业正在逐渐发展壮大，现已成为医疗服务领域不可忽视的力量，对于分析检测方面的人才需求也是日益剧增。

目标检测

答案解析

一、单项选择题

1. 滴定分析法属于（　　）

　A. 化学分析法　　　　　　　　　　　B. 重量分析法

　C. 仪器分析法　　　　　　　　　　　D. 结构分析法

2. 平时实验室常用的常量分析法取样量为（　　）

　A. 小于0.1mg或小于0.01ml　　　　B. 大于0.1g或大于10ml

　C. 0.01～0.1g或1～10ml　　　　　　D. 大于1g或大于100ml

3. 以下不属于仪器分析法特点的是（　　）

　A. 灵敏度高　　　　　　　　　　　　B. 自动化程度高

　C. 检测速度快　　　　　　　　　　　D. 仪器简单

4. 以下不属于仪器分析法的是（　　）

    A. 电位分析法 　　　　　　　　　　B. 原子光谱法

    C. 沉淀分析法 　　　　　　　　　　D. 液相色谱法

二、简答题

1. 分析化学的任务是什么？

2. 根据测定原理分类，分析方法可以分为哪几类？其中分别包含哪些常见的分析方法？

3. 选择分析方法时应考虑哪些因素？

书网融合……

📱 重点回顾	🅴 微课	📄 习题

项目二　化学基础知识

>> 项目导航

　　化学基础知识主要包括实验室用水知识、实验室安全知识、化学试剂以及一般溶液浓度的表示方法等知识，本项目主要介绍实验室安全知识、化学试剂的安全使用方法以及溶液浓度的表示方法。

学习目标

知识目标：

1. 掌握　实验室用水的级别及应用范围；三大强酸的安全使用方法；表示溶液浓度的单位以及溶液浓度之间的换算关系。

2. 熟悉　常用的安全标志。

3. 了解　纯水的制备方法；常见实验室伤害的应急救护方法；化学试剂的分类、级别以及化学试剂的管理。

技能目标：

根据实验要求，能选择合适级别的水；能迅速采取正确措施处置实验室伤害；能科学管理化学试剂以及能安全使用三大强酸；会进行溶质浓度之间的换算。

素质目标：

通过实验室用水的学习，养成理论联系实际、严谨求学的科学态度；通过对化学安全知识的学习，培养应对化学实验室突发情况的能力；通过化学试剂的学习，具备规范使用化学试剂的能力，具备较强的安全、节约、环保意识。

导学情景

情景描述 ［链接《中国药典》（2020年版）］：《中国药典》（2020年版）中收载了三种供药用的水：纯化水、注射用水和灭菌注射用水。这三种水的质量直接关系到患者的身体健康和生命安全，因此其质量必须符合《中国药典》的规定才能供药用。

情景分析： 在生产注射用氯化钠时，需要使用注射用水配制注射液，而注射用水是在纯化水的基础上进一步蒸馏而得，同时输液瓶、胶塞等仪器的清洗也需要使用大量的纯化水进行前处理。所以，在生产注射液时，必须使用大量的纯化水。

讨论： 1. 如何制备药用纯化水？

　　　　2. 生产注射液使用的纯化水与化学实验使用的纯化水是否相同？若不相同，两者之间有何区别？

学前导语： 纯化水是分析实验中最常用的溶剂和洗涤剂，纯化水并非绝对不含杂质，只是杂质的含量极少。日常生活用水中含有可溶性无机物、可溶性有机物及微生物，所以实验前必须要对水进行预处理，将水中的杂质控制在一定的限量范围以内。我国制定了实验室用水的国家标准——《分析实验室用水规格和试验方法》（GB/T 6682—2008），根据不同的实验目的和要求，应选用不同纯度的水。

任务一　实验室用水知识

PPT

一、实验室用水的分类

（一）按照国家标准分类

根据国家推荐性标准《分析实验室用水规格和试验方法》（GB/T 6682—2008）将分析用水分为三级：一级水、二级水和三级水。实验室用水的检测指标见表2-1。

表2-1　各级水质标准

指标	一级	二级	三级
pH范围（25℃）	—	—	5.0~7.5
电导率（25℃）（mS/m）	≤0.01	≤0.10	≤0.50
可氧化物质（以O计）（mg/L）	—	≤0.08	≤0.4
吸光度（254nm，1cm光程）	≤0.001	≤0.01	—
蒸发残渣（105℃±2℃）含量（mg/L）	—	≤1.0	≤2.0
可溶性硅（以SiO_2计）含量（mg/L）	≤0.01	≤0.02	—

（二）按照实验室制备纯水的方法进行分类

1. 蒸馏水　是实验室最常用的一种纯水，通过使用蒸馏器制得，一般为三级水。蒸馏过程能去除水中大部分的污染物，但挥发性的杂质无法去除，如二氧化碳和一些低沸点易挥发的物质，另外使用的蒸馏器材料成分也可以进入蒸馏水中，因此蒸馏一次所得到的水含有微量杂质，只能用于定性分析和一般仪器的洗涤。

为了获得比较纯净的蒸馏水，可进行二次蒸馏，二次蒸馏水一般可达到二级标准。在准备二次蒸馏的蒸馏水中加入适当的试剂以抑制某些杂质的挥发（如加入甘露醇能抑制硼的挥发，加入碱性高锰酸钾可破坏有机物并防止二氧化碳蒸出）。二次蒸馏水一般用石英材质器皿盛装，用玻璃器皿会引入新的杂质。亚沸蒸馏通常采用石英亚沸蒸馏器，其特点是在液面上方加热，使液面始终处于亚沸状态，这样可将因为水蒸气蒸馏带出的杂质最少。

2. 去离子水　应用离子交换树脂去除水中的杂质离子制得的水，称为"去离子水"，一般为三级水。这种水的纯度相对较高，制备成本低、产量大，能满足实验室用水的需求，但是水中仍然存在可溶性的有机物，会污染离子交换柱而导致性能降低，且去离子水长时间存放易造成细菌繁殖。

3. 反渗水　在一定压力下，利用反渗透技术，水分子通过反渗透膜，水中杂质被反渗透膜截留排出而制备得到的纯水称为"反渗水"。反渗水克服了蒸馏水和去离子水的许多缺点，水中的溶解盐、胶体、细菌、病毒、细菌内毒素和大部分有机物等杂质均可除去，但不同厂家生产的反渗透膜对反渗水的质量影响很大。

4. 超纯水　又称高纯水，是应用蒸馏、离子交换、反渗透技术或其他适当的超临界精细技术生产出来的水，其电阻率大于18.0MΩ·cm（25℃）。超纯水在总有机碳（TOC）、细菌、内毒素等指标方面并不相同，要根据实验的要求来确定，如细胞培养对细菌和内毒素有要求，而高效液相色谱（HPLC）则要求TOC低。超纯水适合多种精密分析实验的需求，在生物医学中的细胞培养和超纯材料的研制上应用广泛。

二、不同级别纯水的应用领域

根据实验用水的质量要求，应合理选用相应级别的水，并注意节约用水。通常一级水用于有严格要求的分析化学实验，如色谱实验；二级水可用于无机痕量分析、仪器分析等实验，如原子吸收光谱分析用水等；三级水用于一般的化学分析实验。根据 GB/T 6682—2008《分析实验室用水规格和试验方法》的规定，不同级别纯水的具体应用领域及相关参数见表 2 - 2。

表 2 - 2 不同级别纯水的应用领域和相关参数

应用领域	纯水级别	相关参数
高效液相色谱（HPLC） 气相色谱（GC） 原子吸收（AA） 电感耦合等离子体光谱（ICP） 电感耦合等离子体质谱（ICP - MS） 分子生物学实验和细胞培养等	Ⅰ级水	电阻率（MΩ·cm）：>18.0 TOC 含量（ppb）：<10 热原（Eu/ml）：<0.03 颗粒（units/ml）：<1 硅化物（ppb）：<10 细菌（clu/ml）：<1 pH：NA
制备常用试剂溶液 制备缓冲液	Ⅱ级水	电阻率（MΩ·cm）：>1.0 TOC 含量（ppb）：<50 热原（Eu/ml）：<0.25 颗粒（units/ml）：NA 硅化物（ppb）：<100 细菌（clu/ml）：<100 pH：NA
洗玻璃器皿 水浴用水	Ⅲ级水	电阻率（MΩ·cm）：>0.05 TOC 含量（ppb）：<200 热原（Eu/ml）：NA 颗粒（units/ml）：NA 硅化物（ppb）：<1000 细菌（clu/ml）：<1000 pH：5.0 ~ 7.5

三、纯水的保存

为保证实验用水的纯净，纯水瓶要随时加塞，专用虹吸管内外均应保持干净；纯水瓶附近不要存放浓盐酸、氨水等易挥发试剂，以防污染。普通蒸馏水保存于玻璃容器中；去离子水保存于聚乙烯塑料容器中；用于痕量分析的超纯水，应现用现制备，可临时保存于石英或聚乙烯塑料容器中。

◉ 看一看

《中国药典》（2020 年版）纯化水、注射用水和灭菌注射用水质量标准如下。

项目	纯化水	注射用水	灭菌注射用水
来源	经蒸馏法、离子交换法、反渗透法或其他适宜方法制的	由纯化水蒸馏所得	注射用水照注射剂生产工艺制备所得
性状	无色的澄清液体，无臭	无色的澄清液体，无臭	无色的澄清液体，无臭
酸碱度		pH 5.0 ~ 7.0	pH 5.0 ~ 7.0
氯化物、硫酸盐与钙盐			不得发生浑浊
硝酸盐	0.000006%	0.000006%	0.000006%
亚硝酸盐	0.000002%	0.000002%	0.000002%
氨	0.00003%	0.00002%	0.00002%

续表

项目	纯化水	注射用水	灭菌注射用水
电导率（25℃）	≤5.1μS/cm	≤1.3μS/cm	≤25μS/cm（装量≤10ml） ≤5μS/cm（装量>10ml）
总有机碳	0.50mg/L	0.50mg/L	
易氧化物	粉红色不得完全消失		粉红色不得完全消失
不挥发物	遗留残渣不得过1mg	遗留残渣不得过1mg	遗留残渣不得过1mg
重金属	0.00001%	0.00001%	0.00001%
微生物限度	1ml需氧菌总数不得超过100cfu	100ml需氧菌总数不得超过10cfu	
细菌内毒素	无要求	1ml中含内毒素量应小于0.25EU	1ml中含内毒素量应小于0.25EU
类别	溶剂、稀释剂	溶剂	溶剂、冲洗剂
贮藏	密闭保存	密闭保存	密封保存

PPT

任务二　实验室安全知识

一、常用安全标志

常用的安全标志有以下几类（图2-1）。

1. **禁止标志**　禁止人的不安全行为的图形标志。
2. **警告标志**　提醒人们对周围环境进行注意的图形标志。
3. **指令标志**　强制人们必须做出某种动作或采用防范措施的图形标志。
4. **提示标志**　向人们提供某种信息的图形标志。

图2-1　常用安全标志

二、劳动防护用品的种类

劳动防护用品是劳动者在生产过程中为免遭或减轻事故伤害和职业危害而个人随身穿（佩）戴的用品，国际上称为 PPE（personal protective equipment），即个人防护器具。按照防护部位不同，PPE 种类也不同，劳动防护用品的种类见表 2 – 3。

表 2 – 3 劳动防护用品的种类

类别	头部防护	眼面部防护	听力防护	呼吸防护	手部防护	足部防护	躯体防护	坠落防护	皮肤防护
防护工具	安全帽	护目镜	耳塞	口罩、防毒面罩	防酸碱手套	防砸安全鞋	防护服	安全带	皮肤防护膜

三、常见伤害的应急救护方法

1. 碎玻璃引起的创伤 伤口不能用手抚摸，也不能用水冲洗。若伤口里有碎玻璃片，应先用消过毒的镊子取出来，在伤口上擦龙胆紫药水，然后用止血粉外敷，再用纱布包扎。若伤口较大，流血较多时，可用纱布压住伤口止血，并立即送医务室或医院治疗。

2. 烫伤或灼伤 烫伤后切勿用水冲洗，一般可在伤口处擦烫伤膏或用浓高锰酸钾溶液擦至皮肤变为棕色，再涂上凡士林或烫伤药膏；若被磷灼伤后，可用 1% 硝酸银溶液、5% 硫酸铜溶液或高锰酸钾溶液洗涤伤处，然后进行包扎；若被沥青、煤焦油等有机物烫伤，可用浸透二甲苯的棉花擦洗，再用羊脂涂敷。

3. 受强碱腐蚀 先用大量水冲洗，再用 2% 醋酸溶液或稀释硼酸溶液清洗，然后再用水冲洗，若碱溅入眼内，用硼酸溶液冲洗。

4. 受强酸腐蚀 先用干净的毛巾擦净伤处，用大量水冲洗，然后用饱和碳酸氢钠溶液或稀氨水、肥皂水冲洗，再用水冲洗，最后涂上甘油，若酸溅入眼中，先用大量水冲洗，然后用碳酸氢钠溶液冲洗，严重者送医院治疗。

5. 其他腐蚀 若被液溴腐蚀，应立即用大量水冲洗，再用甘油或乙醇洗涤伤处；若被氢氟酸腐蚀，先用大量冷水冲洗，再以碳酸氢钠溶液冲洗，然后用甘油氧化镁涂在纱布上包扎；若被苯酚腐蚀，先用大量水冲洗，再用 10% 的乙醇与三氯化铁的混合液（体积比为 4：1）冲洗。

6. 误吞毒物 给中毒者服催吐剂，如肥皂水、芥末和水，或服鸡蛋清、牛奶和食物油等以缓和刺激，随后用干净手指伸入喉部，引起呕吐。磷中毒不能喝牛奶，可用 5～10ml 1% 的硫酸铜溶液加入一杯温开水内服，引起呕吐，然后送医院治疗。

7. 吸入毒气 中毒很轻时，只要把中毒者移到空气新鲜的地方，解松衣服（但要注意保温），使其安静休息，必要时给中毒者吸入氧气，但切勿随便使用人工呼吸；若吸入溴蒸气、氯气、氯化氢等，可吸少量乙醇和乙醚的混合物蒸气，使之解毒，吸入溴蒸气的，也可用嗅氨水的办法减缓症状；吸入少量硫化氢者，立即送到空气新鲜的地方，中毒较重的，应立即送医治疗。

8. 触电 首先切断电源，若来不及切断电源，可用绝缘物挑开电线。在未切断电源之前，切不可用手拉触电者，也不能用金属或潮湿的东西挑电线。如果触电者在高处，则应先采取保护措施，再切断电源，以防触电者摔伤。然后将触电者移到空气新鲜的地方休息。若出现休克现象，要立即进行人工呼吸，并送医治疗。

任务三　化学试剂

一、化学试剂的分类

化学试剂的种类很多，其分类和分级标准也不尽一致。根据 GB/T 37885—2019《化学试剂　分类》的规定，将化学试剂按照用途分为以下 10 个大类，分别为基础无机化学试剂、基础有机化学试剂、高纯化学试剂、标准物质/标准样品和对照品（不包含生物化学标准物质/标准样品和对照品）、化学分析用化学试剂、仪器分析用化学试剂、生命科学用化学试剂（包含生物化学标准物质/标准样品和对照品）、同位素化学试剂、专用化学试剂和其他化学试剂。又将每一大类按其不同特点和相互之间的内在联系，划分为中类和小类。其中十大类依次用字母 A、B、C、D、E、F、G、H、I、Q 来表示。中类和小类用两位阿拉伯数字 01 至 99 顺序表示。化学试剂分类的代码采用五位定长字码编制，如图 2 - 2 所示。

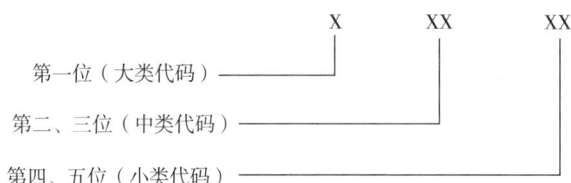

```
            X      XX      XX
第一位（大类代码）
第二、三位（中类代码）
第四、五位（小类代码）
```

图 2 - 2　化学试剂分类代码

另外化学试剂按状态可分为固体试剂、液体试剂；按类别可分为无机试剂、有机试剂；按性能可分为危险试剂、非危险试剂等。

二、化学试剂的级别、标签颜色以及应用范围

根据试剂的纯度和用途，GB 15346—2012《化学试剂包装及标志》规定，试剂分为三个级别，分别为通用试剂、基准试剂和生物染色剂。其中通用试剂分为三个等级，即优级纯、分析纯和化学纯。表 2 - 4 为化学试剂的级别及应用范围。

表 2 - 4　化学试剂的级别及应用范围

序号	级别		标签颜色	应用范围
1	通用试剂	优级纯（GR）	深绿色	纯度高，适用于精密分析工作和研究工作
		分析纯（AR）	金光红色	纯度较高，适用于一般分析工作和科研工作
		化学纯（CP）	中蓝色	纯度较低，适用于一般化学实验
2	基准试剂（PT）		深绿色	直接配制标准溶液，若没有，可用优级纯试剂代替
3	生物染色剂（BS）		玫红色	适用于生化实验

三、化学试剂的管理

（一）化学试剂的贮存

由于化学试剂不仅具有各种状态，而且不同试剂的性能性质相差很大。对于化学试剂的贮存，根据化学试剂的类别和性能两种方式进行具体分区存放管理，即有机物区域、无机物区域和危险物品专放区域，每个区域再根据试剂的种类进行分别存放。

1. 无机试剂和有机试剂　无机试剂按单质、氧化物、碱、酸、盐分出大类后，再考虑性质进行具体分类；有机试剂则按烃类、烃的衍生物、糖类蛋白质、高分子化合物、指示剂等进行分类。

2. 危险试剂和非危险试剂　这种分类贮存是考虑到了试剂的性质，便于安全存放，也有利于试剂管理者更方便的查找。

（1）危险试剂　主要是指危险化学品。根据《危险化学品安全管理条例》，危险化学品是指具有毒害、腐蚀、爆炸、燃烧、助燃等性质，对人体、设施、环境具有危害的剧毒化学品和其他化学品。我国将危险化学品按照其危险性划分为 8 类。

1）爆炸品　对于易爆试剂应储存于专用的危险性试剂仓库里，并存放在不燃烧材料制作的铁皮柜中，远离火种、热源。库温不超过 25℃，相对湿度不超过 75%。包装必须密封，切勿受潮。采用防爆型照明、通风设施。禁止使用易产生火花的机械设备和工具。储存区应备有合适的材料收容泄漏物并配有灭火器材，按规定实行"五双"制度。

2）压缩气体和液化气体

①易燃气体　储存于阴凉、通风的库房。远离火种、热源。库温不超过 30℃，相对湿度不超过 80%。应与氧化剂、卤素分开存放，切忌混储。采用防爆型照明、通风设施。禁止使用易产生火花的机械设备和工具。储区应备有泄漏应急处理设备。

②不燃气体（包括助燃气体）　储存于阴凉、通风的库房。远离火种、热源。库温不宜超过 30℃。应与易（可）燃物、活性金属粉末等分开存放，切忌混储。储区应备有泄漏应急处理设备。

③有毒气体　储存于阴凉、通风的库房。远离火种、热源。库温不超过 30℃，相对湿度不超过 80%。应与氧化剂、卤素分开存放，切忌混储。采用防爆型照明、通风设施。禁止使用易产生火花的机械设备和工具。储区应备有泄漏应急处理设备。

3）易燃液体　储存于阴凉、通风的库房。远离火种、热源。库温不宜超过 30℃。保持容器密封。应与氧化剂分开存放，切忌混储。采用防爆型照明、通风设施。禁止使用易产生火花的机械设备和工具。储区应备有泄漏应急处理设备和合适的收容材料。

4）易燃固体、自燃物品和遇湿易燃物品

①易燃固体　储存于阴凉、通风的库房。远离火种、热源。防止阳光直射。包装密封。应与氧化剂、酸类、碱类分开存放，切忌混储。采用防爆型照明、通风设施。禁止使用易产生火花的机械设备和工具。储区应备有合适的材料收容泄漏物。

②自燃物品　指自燃点低，在空气中易于发生氧化反应，放出热量，而自行燃烧的物品。

③遇湿易燃物品　储存于阴凉、通风的库房。相对湿度保持在 75% 以下。包装要求密封，不可与空气接触。应与氧化剂、酸类、易（可）燃物分开存放，切忌混储。采用防爆型照明、通风设施。禁止使用易产生火花的机械设备和工具。储区应备有合适的材料收容泄漏物。

5）氧化剂和有机过氧化物

①氧化剂　储存于阴凉、通风的库房。远离火种、热源。库温不超过 30℃，相对湿度不超过 80%。包装要求密封，不可与空气接触。应与还原剂、酸类、易（可）燃物等分开存放，切忌混储。不宜大量储存或久存。储区应备有合适的材料收容泄漏物。

②有机过氧化物　储存于阴凉、通风的库房。远离火种、热源。防止阳光直射。保持容器密封。应与还原剂、酸类、碱类、易（可）燃物、食用化学品分开存放，切忌混储。配备相应品种和数量的消防器材。储区应备有泄漏应急处理设备和合适的收容材料。禁止震动、撞击和摩擦。

6）有毒品

①毒害品　储存于阴凉、干燥、通风良好的库房。远离火种、热源。包装必须密封，切勿受潮。应与氧化剂、酸类、食用化学品分开存放，切忌混储。储区应备有合适的材料收容泄漏物。应严格执

行极毒物品"五双"管理制度。

②感染性物品 指含有致病的微生物，能引起病态，甚至死亡的物质。

7）放射性物品 本类化学品系指放射性比活度大于 $7.4 \times 10^4 Bq/kg$ 的物品。Bq 为放射性活度单位。放射性元素每秒有一个原子发生衰变时，其放射性活度即为 1Bq。

8）腐蚀品

①酸性腐蚀品 储存于阴凉、通风的库房。远离火种、热源。库温不宜超过 30℃，相对湿度不超过 85%。保持容器密封。应与还原剂、碱类、醇类、碱金属等化学品分开存放，切忌混储。储区应备有泄漏应急处理设备和合适的收容材料。

②碱性腐蚀品

a. 氨水：储存于阴凉、通风的库房。远离火种、热源。库温不宜超过 30℃。保持容器密封。应与酸类、金属粉末等分开存放，切忌混储。储区应备有泄漏应急处理设备和合适的收容材料。

b. 氢氧化钠：储存于阴凉、干燥、通风良好的库房。远离火种、热源。室内湿度最好不大于 85%。包装必须密封，切勿受潮。应与易（可）燃物、酸类等分开存放，切忌混储。储区应备有合适的材料收容泄漏物。

常见的危险化学品标识如图 2-3 所示。

图 2-3 常见的危险化学品标识

（2）非危险试剂 可分为遇光易变质的试剂、遇热易变质的试剂、易冻结试剂、易风化试剂、易潮解试剂等，该类试剂储存应遵循以下原则。

1）所有化学试剂都不能露天存放，理化性质互相抵触或灭火方法不同的也应该分类隔离存放，仓库应干燥、阴凉、通风、低温，远离火、水、电、震源。

2）固、液分开存放；袋装、瓶装分开存放。

3）化学药品库和实验室均必须配备消防设备（消防水龙头、化学泡沫、二氧化碳、四氯化碳等灭火器）以及砂土；定期检查各种消防设备的完好程度，遇有失效或损坏情况应及时更换。

4）所需各种药品，根据需要取用，未用完药品退回化学药品库，注意化学药品的存放期限。

5）化学试剂应妥善保存以防变质，应尽量减少空气、温度、光、杂质等的影响；药品柜和试剂均应避免阳光直晒及靠近热源；要求避光的试剂应装于棕色瓶中或用黑纸包好存于暗柜中。

6）保护药品或试剂瓶的标签，万一掉失应照原样贴牢；分装或配制试剂后应立即贴上标签。绝不可在瓶中装上不是标签指明的物质，无标签的试剂不可乱倒，要慎重处理。

7）应计划采购，根据需用量决定购买和库存量，避免造成积压和损失。

8）建立台账，购进和取用须登记；未经许可，不得以任何理由将化学试剂作它用。

（二）危险化学品的管理

1. 登记注册　化学品安全管理最重要的一个环节，其范围是国家标准《常用危险化学品的分类及标志》中所列的常用危险化学品。

2. 分类管理　根据某一化学品的理化、燃爆、毒性、环境影响数据确定其是否为危险化学品，并进行危险性分类。主要依据《危险货物分类和品名编号》（GB 6944—2012）国家标准。

3. 安全标签　用简单、明了、易于理解的文字、图形表述有关化学品的危险特性及安全处置注意事项。安全标签的作用是警示能接触到此化学品的人员，根据使用场合，安全标签分为供应商标签和作业场所标签。

4. 安全技术说明书　详细描述了化学品的燃爆、毒性和环境危害，给出了安全防护、急救措施、安全储运、泄漏应急处理、法规等方面信息，是了解化学品安全卫生信息的综合性资料。主要用途是在化学品的生产企业与经营单位和用户之间建立一套信息网络。

5. 安全教育　是化学品安全管理的一个重要组成部分。其目的是通过培训使工人能正确使用安全标签和安全技术说明书了解所使用的化学品的燃烧爆炸危害、健康危害和环境危害；掌握必要的应急处理方法和自救、互救措施；掌握个体防护用品的选择、使用、维护和保养；掌握特定设备和材料如急救、消防、溅出和泄漏控制设备的使用。使化学品的管理人员和接触化学品的工人能正确认识化学品的危害，自觉遵守规章制度和操作规程，从主观上可以预防和控制化学品危害。

？ 想一想

在进行化学实验时，经常取用化学试剂配制溶液，取用操作要懂得固体和液体的不同取法，做到正确规范不浪费，那在药品取用时应遵循什么规则？

答案解析

四、三大强酸的安全使用

（一）三大强酸概述

浓硫酸、浓硝酸、浓盐酸是实验室最常用的三大强酸，广泛应用于样品的消解以及配制可用于酸度调节的稀溶液。这三种强酸都具有强腐蚀性等特点，所以务必做好实验室三大强酸的使用与储存管理，制定相应的安全防范措施。

1. 浓硫酸（H_2SO_4）　是一种具有高腐蚀性的强矿物酸，实验室常用的浓硫酸为市售的分析纯浓硫酸，其质量分数为98.3%，其物质的量浓度为18.4mol/L。浓硫酸为无色无味、呈油状的液体，极易溶于水，与水互溶时会释放大量的热量，具有强腐蚀性、强氧化性、脱水性等特点，因其具有吸水性，能吸附空气中的水，故常用作干燥剂；浓硫酸密度为1.84g/ml，是三大强酸中密度最大的酸。

2. 浓硝酸（HNO_3）　纯HNO_3是无色、有刺激性气味的液体，市售浓硝酸质量分数约为68%，密度约为1.4g/ml，物质的量浓度为16mol/L，沸点为83℃，易挥发，可以任意比例溶于水，混溶时与硫酸相似会释放出大量的热量。硝酸具有强氧化性、腐蚀性，但其性质不稳定，遇光或热会分解而放出二氧化氮，分解产生的二氧化氮溶于硝酸，从而使外观带有浅黄色。对于稀硝酸，一般认为浓稀之间的界线是6mol/L。

3. 浓盐酸（HCl）　实验室常用的市售浓盐酸为分析纯浓盐酸，其质量分数为36%～38%，密度为1.19g/ml，其物质的量的浓度为12mol/L。浓盐酸的挥发性极强，所以打开浓盐酸容器后即可闻到强烈的刺激性气味，浓盐酸具有强腐蚀性。

（二）三大强酸安全使用注意事项

1. 实验室应当制定安全操作规程，所有人员必须进行安全知识培训，严格按照操作规程作业。

2. 使用和处置必须在通风橱中进行，并且做好个人防护，戴口罩避免吸入蒸气；戴化学防溅眼镜、戴橡胶手套，避免眼部和皮肤接触；在使用硫酸、硝酸、盐酸的工作场所严禁吸烟。

3. 避免与无水乙醇、丙酮、乙醚、氨水、氢氧化钾、氢氧化钠、碳酸钠、乙酸乙酯、碘化钾、抗坏血酸、硫代硫酸钠及金属粉末等禁配物接触。

4. 夏季打开硝酸、盐酸瓶塞时，要先用流水冷却，并且在开启时瓶口不能对着自己和他人。

5. 浓硫酸溶解时放出大量的热，因此稀释浓硫酸的容器要放在盛有冷水的盆中，以使稀释过程中溶液散热。

6. 浓硫酸有脱水性，蔗糖、木屑、纸屑、棉花等物质中的有机物脱水后生成黑色的炭化物，并产生二氧化硫，所以实验一定要在通风良好的情况下进行。

7. 在稀释硫酸、硝酸、盐酸时只能将浓酸沿杯壁慢慢倒入水中，并且不断搅拌，而不能将水倒入酸中，避免沸腾与飞溅。

8. 倒空的容器可能有残留物，务必洗净，空试剂瓶要统一处理，不可乱扔，以免发生意外事故。

9. 在搬运过程中要轻装轻卸，避免容器和包装物的损坏。

10. 使用后要及时洗手，禁止在工作场所饮食。

11. 应当配备与相应品种及数量相适应的消防器材。

（三）三大强酸储存注意事项

1. 要储存于通风、阴凉、干燥的地方，并且储存柜要双人双锁。

2. 储存柜要用耐酸材料，远离火源与热源，条件允许时可加装通风设施。

3. 应当与易燃易爆物品、碱类、金属粉等物品分开存放，切忌混储。

4. 浓硝酸应当在棕色瓶中玻璃塞避光低温保存，避免受到光照反应释出有毒的 NO_2。

5. 要有严格的购置、储存、领用制度并有详细记录制度。

（四）三大强酸的急救措施

1. 皮肤接触时要立即用大量冷水冲洗30分钟左右，轻轻涂上弱碱性物质，在去医院途中，要用苏打水或者矿泉水时刻保证患处湿润。

2. 若眼睛不慎接触，先用大量流水冲洗或者用大量生理氯化钠溶液清洗，再用碳酸氢钠水溶液（2% ~5%）冲洗15分钟。

3. 不小心吸入时，立即转移至远离现场且空气新鲜处并立即采取输氧等急救措施，严重者即刻进行人工呼吸，及时送往医院治疗。

4. 误食时，立刻采取强制措施致呕吐，然后用清水漱口，服用牛奶、鸡蛋清等，必要时送医院清洗肠胃。

✎ **练一练** —————————————————————————————

下列说法错误的是（　　）。

A. 浓盐酸、浓硝酸、浓硫酸需要实行双人双锁管理制度

B. 浓硝酸在棕色试剂瓶中保存

C. 皮肤接触强酸后，要立即用大量冷水冲洗30分钟左右，然后轻轻涂上强碱性物质

D. 在稀释硫酸、硝酸、盐酸时只能将浓酸沿杯壁慢慢倒入水中，并且不断搅拌

答案解析

任务四 一般溶液浓度的表示方法

PPT

溶液通常是指溶质以分子或离子状态分散于溶剂中所构成的均匀而稳定的体系。人们所接触的多是以水为溶剂的溶液，称为水溶液。通常若不加以说明的溶液都是指水溶液。

一、表示溶液浓度的单位 🄴 微课

在生产和实验中，通常使用溶液中溶质的量与溶液（或溶剂）的量之比来表示溶液的组成。其中溶质的量与溶液（或溶剂）的量是使用不同的物理量（如质量、物质的量、体积等）来表示的，一般情况下，使用不同的物理量表示溶质和溶液（或溶剂）的量的表示方法，称为浓度；使用同一种物理量表示溶质和溶液（或溶剂）的量的表示方法，称为分数。常见的溶液组成的表示方法有以下几种。

（一）溶液浓度的表示方法

1. 物质的量浓度 溶质 B 的物质的量除以溶液的体积 V，用符号 c 表示，化学和医药学上物质的量浓度常用 mol/L、mmol/L 或 μmol/L 等单位表示。

物质的量浓度是最常用的溶液浓度的表示方法。在医学上，世界卫生组织提议，凡是已知相对分子质量的物质在体液内的含量均应用物质的量浓度表示。

即

$$c_B = \frac{n_B}{V} \qquad (2-1)$$

式中，n_B 为溶质 B 的物质的量，mol；V 为溶液的体积，L；c_B 为物质的量浓度，常用 mol/L 表示。

溶质的物质的量为

$$n_B = c_B V$$

$$m_B = n_B M_B$$

将两式合并，得出溶质的质量为

$$m_B = n_B M_B = c_B V M_B \qquad (2-2)$$

［例 2-1］已知盐酸的密度为 1.19g/ml，其中 HCl 质量分数为 36.5%，求每升盐酸中所含有的 n_{HCl} 及盐酸的浓度 c_{HCl} 各为多少？

解：根据式（2-1）

$$c_B = \frac{n_B}{V}$$

而

$$n_{HCl} = \frac{m_{HCl}}{M_{HCl}} = \frac{1.19g/ml \times 1000ml \times 0.365}{36.5g/mol} \approx 12mol$$

$$c_{HCl} = \frac{n_{HCl}}{V} = \frac{12mol}{1.0L} = 12mol/L$$

2. 质量浓度 溶液中溶质 B 的质量除以溶液的体积 V，用符号表示 ρ_B 表示，即

$$\rho_B = \frac{m_B}{V} \qquad (2-3)$$

式中，m_B 为溶质 B 的质量；V 为溶液的体积；ρ_B 为质量浓度，ρ_B 的 SI 单位是 kg/m，医学上常用的单位为 g/L、mg/L、μg/L。

值得注意的是，质量浓度可以表示单位体积内物质中某组分的质量，而与质量浓度单位一致的密度，则表示单位体积内物质整体的质量。

[例 2-2] 根据《中国药典》(2020 年版) 规定，注射用氯化钠溶液规格为 0.25L 氯化钠溶液中含 NaCl 2.25g，计算注射用氯化钠溶液中氯化钠的质量浓度。

解：由题意得

$$m_{NaCl} = 2.25g, V = 0.25L$$

$$\rho_{NaCl} = \frac{m_{NaCl}}{V} = \frac{2.25g}{0.25L} = 9.0g/L$$

所以注射用氯化钠溶液中氯化钠的质量浓度为 9g/L。

3. 质量摩尔浓度 是指溶质 B 的物质的量，除以溶剂 A 的质量，用符号 b_B 来表示，即

$$b_B = \frac{n_B}{m_A} \tag{2-4}$$

式中，n_B 为溶质 B 的物质的量，mol；m_A 为溶剂 A 的质量，kg；b_B 为质量摩尔浓度，mol/kg。

质量摩尔浓度与物质的量浓度相比，前者不随温度变化，在要求精确浓度时，必须用质量摩尔浓度表示。对于一般稀溶液来说，其密度近似等于水的密度，可以近似认为 $c(mol/L) = m(mol/kg)$，这种近似常用于计算中。

(二) 溶液分数的表示方法

1. 体积分数 溶质 B 的体积与溶液总体积之比，用符号 φ_B 示，即

$$\varphi_B = \frac{V_B}{V} \tag{2-5}$$

式中，V_B 为纯溶质的体积；V 为溶液的体积；φ_B 为体积分数，可以用小数或百分数表示。

[例 2-3] 欲用 500ml 99.7% 的无水乙醇，配制成体积分数为 0.75 的乙醇溶液，请问需要加入多少水？

解： $\varphi_{无水乙醇} = 99.7\%$，$\varphi_{乙醇} = 0.75$，$V_{无水乙醇} = 500ml$

假设要加水 $x$ml，则

$$500 \times 99.7\% = (500 + x) \times 75\%$$

$$x = 165ml$$

故需要加入 165ml 水。

2. 质量分数 是指溶质 B 的质量与溶液的质量之比，用符号 ω_B 表示，即

$$\omega_B = \frac{m_B}{m} = \frac{m_B}{m_A + m_B} \tag{2-6}$$

式中，m_A 为溶剂 A 的质量；m_B 为溶质 B 的质量；m 为溶液的质量。

质量分数可以用小数或百分数表示。例如，10g NaOH 固体溶于 90g 水中制成的 NaOH 溶液，其质量分数是 0.1 或 10%。

[例 2-4] 200ml 浓盐酸，含 HCl 的质量为多少克？（已知 $\omega_{HCl} = 0.37$，$\rho = 1.19g/ml$）

解：$\omega_{HCl} = 0.37$，$\rho = 1.19g/ml$，$V = 200ml$

$$m = \rho V = 1.19g/ml \times 200ml = 238g$$

$$m_{HCl} = \omega_{HCl} \times m = 0.37 \times 238g = 88g$$

故含 HCl 的质量为 88g。

二、溶液浓度之间的换算关系

在实验和生产中，表示溶液中溶质含量的表示方式有多种，例如，用于进行化学反应的溶液，常采用物质的量浓度；临床使用的溶液，常用质量浓度和体积分数。同一溶液在不同用途中，往往采用不同的表示方法来表示溶质含量，所以需要对溶液浓度之间进行换算。

1. 质量浓度与物质的量浓度之间的换算

$$c_B = \frac{n_B}{V} \qquad n_B = \frac{m_B}{M_B} \qquad \rho_B = \frac{m_B}{V}$$

因此
$$c_B = \frac{\rho_B}{M_B} \qquad 或 \qquad \rho_B = c_B \cdot M_B \tag{2-7}$$

式中，c_B 为溶质 B 的物质的量浓度，mol/L；M_B 为溶质 B 的摩尔质量，g/mol；ρ_B 为溶质 B 的质量浓度，g/L。

［例 2-5］临床上用的氯化钠注射液的质量浓度为 $\rho_{NaCl} = 9.0\text{g/ml}$，其物质的量浓度是多少？

解：$\rho_{NaCl} = 9\text{g/L}$，$M_{NaCl} = 58.5\text{g/mol}$

$$c_{NaCl} = \frac{\rho_{NaCl}}{M_{NaCl}} = \frac{9\text{g/L}}{58.5\text{g/mol}} \approx 0.15\text{mol/L}$$

2. 物质的量浓度和质量分数之间的换算

$$c_B = \frac{n_B}{V} \qquad n_B = \frac{m_B}{M_B}$$

$$c_B = \frac{m_B}{M_B V} \qquad \omega_B = \frac{m_B}{m}$$

$$c_B = \frac{\omega_B m}{M_B V}$$

又因
$$\rho = \frac{m}{V} \ (\rho \text{ 的单位为 g/ml，} V \text{ 的单位为 L})$$

即
$$c = 1000\frac{\omega_B \rho}{M_B} \tag{2-8}$$

式中，c_B 为溶质 B 的物质的量浓度，mol/L；ω_B 为溶质 B 的质量分数；ρ 为溶液的密度，g/ml；M_B 为溶质 B 的摩尔质量，g/mol。

［例 2-6］市售的浓盐酸的质量分数为 $\omega_{H_2SO_4} = 98\%$，密度 $\rho = 1.84\text{kg/L}$，该浓硫酸的物质的量浓度是多少？

解：已知 $\omega_{H_2SO_4} = 98\%$，$\rho = 1.84\text{kg/L}$，$M_{H_2SO_4} = 98.07\text{g/mol}$

因此
$$c_{H_2SO_4} = 1000\frac{\omega_{H_2SO_4}\rho}{M_{H_2SO_4}} = \frac{1000 \times 0.98 \times 1.84}{98.07} = 18.4\text{mol/L}$$

💜 **药爱生命**

无菌生理氯化钠溶液是指生理学实验或临床上常用的渗透压与动物或人体血浆的渗透压基本相等的氯化钠溶液。人们平常输液用的氯化钠注射液浓度是 0.9%，可以当成生理氯化钠溶液来使用。其渗透压与人体血浆近似，钠的含量也与血浆相近，但氯离子的含量却明显高于血浆内氯离子的含量，因此生理氯化钠溶液只是比较合乎生理，其用途为供给电解质和维持体液的张力，亦可外用，如清洁伤口或换药时应用。

目标检测

答案解析

一、选择题

（一）单项选择题

1. 稀硫酸溶液的正确制备方法是（　　）

    A. 在搅拌下，加浓硫酸于水中

    B. 在搅拌下，加水于浓硫酸中

    C. 水加于浓硫酸中，或浓硫酸加于水中都无所谓

    D. 水与浓硫酸两者一起倒入容器混合

2. 下列不属于危险化学品的是（　　）

    A. 放射性物品　　　　　　　　　　B. 过氧化氢

    C. 氯化钠　　　　　　　　　　　　D. 易爆、不稳定物质

3. 因吸入少量氯气、溴蒸气而中毒者，可用于漱口的试剂是（　　）

    A. 碳酸氢钠溶液　　　　　　　　　B. 碳酸钠溶液

    C. 硫酸铜溶液　　　　　　　　　　D. 醋酸溶液

4. 皮肤不小心沾上浓氢氧化钠时，应采用（　　）处理

    A. 硼酸溶液　　　　　　　　　　　B. 碳酸溶液

    C. 盐酸溶液　　　　　　　　　　　D. 磷酸溶液

5. 皮肤不小心沾上浓硫酸，用大量水冲洗后，应采用（　　）处理

    A. 氢氧化钠溶液　　　　　　　　　B. 氨水溶液

    C. 碳酸钠溶液　　　　　　　　　　D. 碳酸氢钠溶液

6. 实验室安全守则中规定，严禁任何（　　）入口或接触伤口，不能用（　　）代替餐具

    A. 药品，烧杯　　　　　　　　　　B. 药品，玻璃仪器

    C. 食品，烧杯　　　　　　　　　　D. 食品，玻璃仪器

7. 实验室中毒急救的原则是（　　）

    A. 将有害作用减小到最低程度　　　B. 将有害作用减小到零

    C. 将有害作用分散至室外　　　　　D. 将有害物质转移，使室内有害作用降至最低程度

8. 关于急性呼吸系统中毒后的急救方法，正确的是（　　）

    A. 要反复进行多次洗胃

    B. 应使中毒者迅速离开现场，移到通风良好的地方呼吸新鲜空气

    C. 用3%～5%碳酸氢钠溶液或用（1∶5000）高锰酸钾溶液洗胃

    D. 用1%～5%碳酸氢钠溶液或用（1∶5000）高锰酸钾溶液洗胃

（二）多项选择题

1. 实验室预防中毒的措施主要有（　　）

    A. 用低毒品代替高毒品　　　　　　B. 消除二次污染

    C. 选用有效的防护用具　　　　　　D. 通风

    E. 佩戴好口罩

2. 使用易燃易爆的化学药品时，正确的操作是 （　　）

    A. 在通风橱内操作　　　　　　　　　B. 加热时使用水溶或油溶

    C. 不可猛烈撞击　　　　　　　　　　D. 可以用明火加热

    E. 在实验台操作，人员离开

3. 表示溶液浓度的单位是 （　　）

    A. c_B　　　　　　B. ρ_B　　　　　　C. b_B　　　　　　D. ω_B　　　　　　E. φ_B

二、简答题

1. 纯水如何保存？

2. 三大强酸日常操作时需要注意哪些事项？

3. 三大强酸储存时需要注意哪些事项？

书网融合……

📄 重点回顾　　　　　📱 微课　　　　　⏱ 习题

项目三　试样的采集与处理

　　分析试样从采集到进行分析，需要进行试样的分解和测定前预处理，对样品进行分离富集。本项目主要介绍试样采集和测定前预处理以及常用的分离富集方法。

学习目标

知识目标：

1. 掌握　固体、液体药物试样的采集、分解和测定前预处理方法。

2. 熟悉　分析化学常见的分离富集方法。

3. 了解　气体、生物试样的采样方法。

技能目标：

利用溶解法对药物试样进行预处理，学会使用沉淀法和萃取法分离富集药品试样。

素质目标：

通过学习处理不同试样的方法，选择合适方法对样品进行处理分析，培养遇事独立思考独立抉择的能力，强化处理样品时自我劳动保护的意识。

导学情景

情景描述 [🔗链接《中国药典》(2020 年版)]：[碘苯酯的含量测定] 取本品约 20mg，精密称定，照氧瓶燃烧法（通则 0703）进行有机破坏，以氢氧化钠试液 2ml 与水 10ml 为吸收液，待吸收完全后，加溴醋酸溶液（取醋酸钾 10g，加冰醋酸适量使溶解，加溴 0.4ml，再用冰醋酸稀释至 100ml）10ml，密塞，振摇，放置数分钟，加甲酸约 1ml，用水洗涤瓶口，并通入空气流 3~5 分钟以除去剩余的溴蒸气，加碘化钾 2g，密塞，摇匀，用硫代硫酸钠滴定液（0.02mol/L）滴定，至近终点时，加淀粉指示液，继续滴定至蓝色消失，并将滴定的结果用空白试验校正。每 1ml 硫代硫酸钠滴定液（0.02mol/L）相当于 1.388mg 的 $C_{19}H_{29}IO_2$。

$$含量（\%）= \frac{(V - V_0) \times T \times F \times 10^{-3}}{m} \times 100\%$$

情景分析：碘苯酯含有碘元素，利用氧瓶燃烧法对样品进行测定前预处理，将以共价键相连的碘原子进行破坏，使待测元素转化成相应的无机离子，再选择合适的方法进行测定碘元素的量，再换算成碘苯酯的含量。

讨论：1. 试样测定前预处理有哪些方法？对固体、液体和气体都适用吗？

　　　　2. 对于待测物质含量非常低的样品用什么方法来富集分离？

学前导语：试样的前处理是为了满足测试需要或为消除干扰而在分析前对试样进行的处理。前处理方法很多，视试样的不同情况而选定，它们主要有过滤、灰化、消解、蒸馏、精流、沉淀、富集、吸附、萃取、色谱分离等。

任务一　试样的采集 📱微课

PPT

分析的过程一般包括五个步骤：采集试样、试样预处理、试样的分解与分离、试样分析测定、分析结果的计算与评价。

分析试样的采样又称为取样、检样、抽样，是根据分析对象不同，采用不同的取样方法，从大批物料中采集一部分物质作为原始试样。采样最重要的原则是采集的样品必须要有代表性，能够代表全部物料，否则分析工作将毫无意义，甚至导致错误的结果。因此在进行测定之前，必须根据具体情况做好试样的采集工作。一般先从大批物料中采取具有代表性的最初试样，然后再制备成供分析用的最终试样。采取的试样在存放过程中，由于各种物理、化学和生物作用，待测成分可能会发生变化，因此还要做好所采取试样的保存工作。

一、试样采集的一般原则

对于组成不均匀的物料，由于试样采集不均匀导致的误差要远远大于测定方法对结果的误差，因此在定量分析过程中，改进试样采集的方法可能比改进测定方法要有效果也更容易。因此在采样过程中，应注意以下几点。

1. 采样前要收集相关资料，并且进行现场勘察，详细了解要进行采样的对象及其周围的环境。
2. 采集的试样必须具有代表性，能够代表整批物料的平均水平。
3. 根据试样的性质以及测定的方法要求确定采集试样的数量及质量。
4. 为了避免采集试样后待测物质发生变化，需要根据试样的不同性质采取合适的保存方法。

二、各类试样的采集

1. 固体采样　通常送至分析实验室的试样量是很少的，由于固体试样多样化、不均匀，因此采样时需选取不同部位进行采样，以保证所采试样的代表性。以矿石为例，试样要经过破碎、过筛、混匀、缩分后才能得到符合分析要求的试样。土壤试样的采集应该考虑到采样点的布设、采样时间、采样深度及采样量等方面。金属或者金属制品的取样则要根据金属形状及铸造原理不同，选择不同部位和深度钻取碎屑混合均匀作为分析试样。盐类、化肥等粉状或松散状试样则可从整批中抽取若干件，然后采用合适的取样器采取不同部位的样品混匀后分析检测。固体药品的采样则要确定抽样批，检查该批药品内外包装情况，标签上的药品名称、批准文号、批号、生产企业名称等字样是否清晰准确，然后根据需求抽取合适的抽样量。

2. 液体采样　一般情况下都比较均匀，取样单元也可以较少。当物料的量较大时，应从不同的位置和深度分别采样，混合均匀后作为分析试样。一般液体采用玻璃瓶或塑料瓶作为试样容器，采集完后要采取适当的保存措施，以防止或减少在存放期间试样的变化。

3. 气体采样　根据有害物质在大气中存在的状态、浓度和所用分析方法的灵敏度不同，将大气采样方法分为直接采样法和浓缩采样法。

（1）直接采样法　当气体中待测浓度比较高时，或者分析检测所选用的方法灵敏度比较高时，采集少量气体试样就可以满足分析的要求，那么就可以直接采样。常用的直接采样设备有注射器、塑料袋、采样管等。

（2）浓缩采样法　当气体中待测物质的浓度较低或者所用的测定方法灵敏度不高时，需要对待测物质进行浓缩时采用浓缩采样法。采集时可以利用溶液吸收、固体阻留、低温冷凝等方法，采集较长的时间，使得到的待测成分较高。该方法测定的是一段时间内待测物质的平均值。

4. 生物试样 一般指植物试样和动物试样，因其组成部位和时节不同而有较大的差异，例如植物的花、叶、茎、根、种子等，动物（人）的体液、毛发、肌肉及组织器官等以及各种微生物。在采样时应根据需要选取适当部位和生长发育阶段进行，并且样本的选取要具有群体代表性，采样要有实时性，采样部位要有典型性。鲜样分析试样应立即进行处理和分析，例如测定生物试样中的维生素、氨基酸、酚类、亚硝酸等物质时，因其容易在生物体内发生转化、降解或者不稳定，故常采用新鲜样品进行分析。

PPT

任务二　试样处理方法的分类

一、试样的分解和测定前预处理

在湿法分析中，一般需要将试样进行分解，使待测组分定量地转入溶液中才能进行分析。试样的预处理是分析工作的重要步骤之一。在对试样进行分解处理时一定要注意以下几点。

1. 试样必须要分解完全，处理后溶液中不得残留原始试样的粉末或碎屑。

2. 在试样分解过程中不得损失待测组分。

3. 不得引入额外的待测组分及干扰待测组分检测的物质。

因此要根据不同试样的性质及测定方法来选择适宜的分解处理方法。试样最常见的分解方法有溶解法、熔融法、干式灰化法和湿式消化法。

（一）溶解法

溶解法是指采用适当的溶剂将试样溶解后，制成溶液的方法。此法比较简单快速，常用的溶剂有水、酸、碱和混合酸等。

1. 水 对于可溶性的无机盐可以直接用水溶解制成试液。

2. 酸

（1）盐酸（HCl）　具有还原性及络合能力，可以用来分解金属活动顺序表中氢以前的金属及其合金，也可以分解一些碳酸盐、碱性氧化物等。盐酸加双氧水（HCl + H_2O_2）常用于分解铜合金及硫化物矿石等试样。

（2）硝酸（HNO_3）　具有强氧化性，除了铂（Pt）、金（Au）以及容易与硝酸"钝化"的铁（Fe）、铝（Al）等金属外，浓硝酸几乎可以溶解绝大部分的金属及其合金。用硝酸溶解试样后，往往溶液中存在着 HNO_2 及其他氮的低价氧化物，因此需要加热煮沸将其除去，不然会破坏后续分析过程中的指示剂及显色剂等。遇到铂、金等贵金属时，还可以利用王水（体积比为 HCl∶HNO_3 = 3∶1）来进行分解处理。

（3）磷酸（H_3PO_4）　在高温下可形成焦磷酸，具有很强的络合能力，因此磷酸能溶解很多其他酸不溶的矿石类试样，如铬铁矿、钛铁矿等。

（4）硫酸（H_2SO_4）　沸点非常高，可达290℃，具有很强的氧化性和脱水性，可以用于分解铁、钴、镍、锌等金属及其合金，也可以用于铝、锰、钛等矿石及有机化合物试样的破坏分解。

（5）高氯酸（$HClO_4$）　沸点为203℃，热的高氯酸具有很强的氧化性，能迅速溶解各种钢和铝合金。高氯酸遇到有机物易引起爆炸，因此分解时应先用硝酸氧化有机物，再加入高氯酸。

（6）氢氟酸（HF）　虽然酸性较弱，但是其含有的氟离子具有很强络合能力，常常与硫酸或硝酸混合使用，用于分解含有硅（Si）、钨（W）、钛（Ti）等的试样。氢氟酸分解试样需要在铂坩埚中进行，采用聚四氟乙烯器皿时，分解试样的温度若高于250℃，将会导致聚四氟乙烯分解产生有毒气体。

3. 碱　碱溶法主要使用氢氧化钠（NaOH）和氢氧化钾（KOH）溶液。碱溶法主要用于溶解两性金属，如Al、Zn及其合金，以及它们的氧化物及其氢氧化物，还有部分酸性氧化物WO_3、MoO_3等。

（二）熔融法

熔融法是指将试样与固体熔剂混匀后置于特定材料制成的坩埚中，在高温下熔融，将试样分解成易溶于水或酸的化合物。根据加入的熔剂不同，可以分为酸熔法和碱熔法。

1. 酸熔法　一般用$K_2S_2O_7$和$KHSO_4$为熔剂，高温时两者均产生SO_3，因此可与铁、铝、钛、锆、铌等氧化物的矿石反应分解，在石英或铂坩埚中对上述试样进行熔融。

2. 碱熔法　一般用碳酸钠（Na_2CO_3）、碳酸钾（K_2CO_3）、氢氧化钠（NaOH）、氢氧化钾（KOH）、过氧化钠（Na_2O_2）为熔剂。用于对酸性试样的分解，如使用碳酸钠或碳酸钾可以加热到850℃或890℃，两者混合物可达700℃，特别适用于分解铝含量高的硅酸盐。氢氧化钠或氢氧化钾是低熔点的熔剂，其熔点分别为321℃和404℃，常用于分解铝土矿或硅酸盐。过氧化钠是强氧化性和腐蚀性的碱性熔剂，能分解很多难溶性的物质，比如铬铁、硅铁、黑钨矿等。

（三）干式灰化法

干式灰化法是将试样置于马弗炉中高温（400~700℃）分解，有机物燃烧后留下的无机残渣用酸提取后制备分析试液，主要包括坩埚灰化法、氧瓶燃烧法、燃烧法、低温灰化法等。其中以氧瓶燃烧法最为常用。

氧瓶燃烧法由薛立格（Schoniger）于1955年创立，该法是将试样包在定量的滤纸内，用铂丝固定，放入充满氧气的密封燃烧瓶中燃烧。试样中的卤素、硫、磷及金属元素分别形成卤素离子、硫酸根、磷酸根及金属氧化物而被溶解在吸收液中，可进行分别测定，它具有试样分解完全、操作简便快速、适用于少量试样的分析等优点。

1. 仪器装置　燃烧瓶为容积大小合适的磨口硬质玻璃锥形瓶，瓶塞严密空心，底部熔封铂丝一根，铂丝下端做成螺旋状，长度约为瓶身长度的三分之二（图3-1）。燃烧瓶容积的选择取决于分解样品的多少，一般分解3~5mg样品选用250ml燃烧瓶；分解20~30mg样品选用500ml燃烧瓶；分解50~60mg样品选用1000ml燃烧瓶；如样品量更大则需要选用2000ml的燃烧瓶。

2. 样品的处理　根据样品的不同状态（固体、液体、软膏等），在燃烧前应经过适当处理，并将其包裹在合适的材料中，以便放入燃烧瓶中进行燃烧。

（1）固体样品处理　取适量研细后，精密称取，置于无灰滤纸中，按虚线折叠将样品包裹严密。滤纸折叠方法如图3-2所示。

（2）液体样品处理　将液体样品加入精密称定质量的透明胶纸和无灰滤纸做成的纸袋中，密封后再精密称定质量，两次质量之差即为所取液体质量。

（3）燃烧分解处理　将包裹好的样品，固定在铂丝下端螺旋处，尾部露出。在燃烧瓶内加入适量规定的吸收液，瓶口用水润湿，小心通入氧气后，立即用表面皿覆盖瓶口，移至它处。点燃包有样品的滤纸尾部，迅速放入燃烧瓶中，按紧瓶盖，用少量水封闭瓶口，待燃烧完毕充分振摇使生成的烟雾完全被吸收液吸收，放置15分钟，用水少量冲洗瓶塞及铂丝，合并洗液与吸收液待测定用。

图 3-1　燃烧瓶

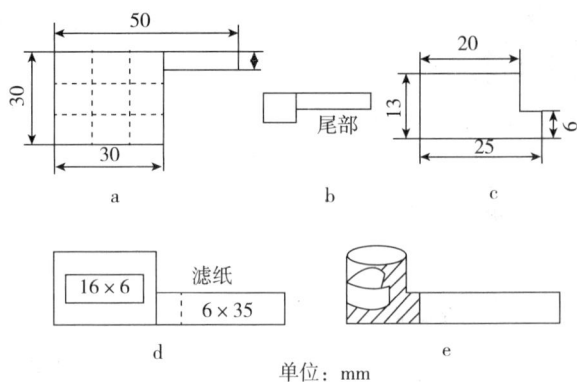

图 3-2　滤纸折叠方法

（四）湿式消化法

湿式消化法是使用硝酸和硫酸混合物作为溶剂与试样一起加热煮沸，其中硝酸能破坏大部分的有机物。在煮沸过程中，硝酸逐渐挥发，剩余的硫酸继续加热能产生浓厚的三氧化硫（SO_3）白烟并在烧瓶内回流，直到溶液变得透明为止，这一过程称为消化。使用体积比为 3∶1∶1 的硝酸、高氯酸、硫酸混合物进行消化，能得到更好的结果。应当注意，使用高氯酸分解有机物时，需先加入过量硝酸，防止高氯酸引起爆炸。对于含有易形成挥发性化合物的试样（含氮、砷、汞等），一般采用蒸馏法分解。克氏定氮法测定有机化合物中氮元素的含量就是非常典型的湿式消化法，利用硫酸和硫酸钾溶液进行消化，试样中的氮定量转化为 NH_4HSO_4 或（NH_4）$_2SO_4$。湿式消化法的优点是简便快速，但是应注意分解溶剂的纯度，避免引入杂质。

👁 看一看

微波溶样法

微波是指频率在 300000Hz～300MHz 的一种电磁波。微波可以透过器皿，作用于容器内的水、含水的试样或者本身吸收微波能量的试样，微波能量被吸收后转化为热能使体系的温度升高，从而使试样发生消解和溶解。微波预处理试样使用面非常广，既可以用于试样的湿法消解、高温熔融与灰化，还可以用于试样的干燥、浓缩、脱附、萃取等。该法主要有以下几个特点：①加热速度快，消解能力强，缩短溶样时间；②溶剂用量少；③可避免挥发损失和试样的污染；④易于实现自动化。

二、常用的分离富集方法

在定量分析中，常常会遇见一些比较复杂的试样，如在测定其中某一组分时，共存的组分便会产生干扰，则需要通过控制分析条件或采用掩蔽的方法来消除干扰。若仍无法解决问题，就需要将待测组分与干扰组分分离。有一些试样则待测组分含量过低，而现有的测定方法或设备灵敏度又不高，这时必须先对待测组分进行富集，然后进行测定。富集的过程也是分离的过程。

待测组分在进行分离后回收的完全程度通常可以用回收率来衡量。对被分离的待测组分来说，回收率可以表示为：

$$回收率 = \frac{分离后测得的待测组分质量}{原来所含待测组分质量} \times 100\%$$

回收率越高，表明分离效果越好，最理想的回收率是 100%，但是这是很难办到的，因为在整个分离过程中难免会有某些组分发生损失。因此对于相对含量较大的常量组分回收率应在 99% 以上。对于相对含量较低的微量组分，回收率能够达到 95% 或 90% 以上即可。在分析化学中，常用的分离富集方法有沉淀分离法、挥发分离法、萃取分离法和色谱分离法。

（一）沉淀分离法

沉淀分离法是一种经典的分离方法，它利用沉淀反应有选择地沉淀某些离子，而其他离子则留于溶液中，从而达到分离的目的。

1. 常量组分的沉淀分离　大多数的金属离子都能生成氢氧化物的沉淀，氢氧化物的沉淀与溶液中的 $[OH^-]$ 有着直接关系。由于各种氢氧化物沉淀的溶度积区别很大，因此可以通过控制酸度使某些金属离子相互分离。常用的碱性氢氧化物沉淀试剂有氢氧化钠、氨水、有机碱（吡啶、苯胺、六亚甲基四胺、苯肼等）、氧化锌悬浊液等。

氢氧化钠常用于使铝、铁、钛离子的分离。将试液蒸发至 2～3ml，加入固体氯化钠约 5g，搅拌呈白砂糖状，再加入浓 NaOH 溶液进行小体积沉淀，最后加适量热水稀释后过滤。氨水沉淀常用氯化铵等铵盐，控制溶液 pH 为 8～9，可使高价的金属离子（Fe^{3+}、Al^{3+} 等）与大部分一二价金属离子分离。有机碱与其共轭酸组成缓冲盐，可控制溶液 pH，使 Mn^{2+}、Co^{2+}、Ni^{2+} 等与铁、铝、钛等分离。氧化锌悬浊液能够与酸性溶液作用，使 pH 逐渐升高，达到平衡后溶液 pH 控制在 6，使一部分金属离子沉淀。

此外，硫化物也可以通过作用得到硫化物沉淀，硫化氢（H_2S）是常用的硫化剂，在分离作用时大多数用于控制酸度。例如往一氯乙酸缓冲液中通入硫化氢，则使 Zn^{2+} 为 ZnS 而与 Mn^{2+}、Co^{2+}、Ni^{2+}、Fe^{3+} 等分离。其他还可以用一些有机沉淀试剂例如草酸（$H_2C_2O_4$）、二乙基胺二硫代甲酸钠（DDTC）等来沉淀。

2. 痕量组分的沉淀分离　痕量组分的分离可以利用试液中其他离子在共同沉淀的过程中，应用生成的沉淀为载体，将痕量组分定量地沉淀下来。然后再将沉淀分离溶解在少量溶剂中，起到分离和富集的目的。

（二）挥发分离法

挥发分离法是利用物质挥发性差异进行分离的一种方法，可以用于去除干扰组分，也可以用于被测组分定量分离后测量。在无机物中，具有挥发性的物质并不多，因此该方法具有较高的选择性。砷的氢化物，硅的氟化物，砷、锑、锡的氯化物都具有挥发性。可以控制不同的温度，将待测组分分离蒸出并用合适的吸收液吸收，选择适宜的方法进行测定。例如测定水中或食物中的砷时，先用 Zn 粒和稀酸将试样中的砷还原为砷化氢，经过收集吸收后再测定。在测定有机物中的 N 元素时，先将化合物中的 N 经过一定的处理转化为 NH_4^+，然后在浓碱的存在下转化为 NH_3，氨气蒸出用酸吸收再进行测定。

（三）萃取分离法

萃取分离法是利用物质对水的亲疏性不同而进行分离的一种方法。一般将物质易溶于水而难溶于非极性有机溶剂的性质称为亲水性，反之则为疏水性。利用与水不相混溶的有机溶剂同试液一起振荡，这时一些组分进入了有机相中，而另一些组分仍留在水中，由此可达到分离富集的目的。

根据萃取反应的类型，将萃取体系分为螯合物萃取体系、离子缔合物萃取体系、溶剂化合物萃取体系和简单分子萃取体系。①螯合物萃取体系广泛应用于金属阳离子的萃取，如 Cu^{2+} 与铜试剂（二乙基胺二硫代甲酸钠）。离子缔合物萃取体系则是通过静电吸引将阴阳离子结合形成中性化合物。例如在盐酸溶液中 Ti 与氯离子（Cl^-）形成 $TiCl^-$，加入以阳离子形式存在的甲基紫，即会生成不带电的离子缔合物，可被苯或甲苯等萃取出来。②溶剂化合物萃取是通过某些溶剂分子与无机化合物中的金属离子相键合，形成的溶剂化合物可溶于有机溶剂中，如磷酸三丁酯可萃取 $FeCl_3$。③简单的分子萃取即某些无机化合物主要以分子形式存在于水溶液中，如 I_2、Cl_2、Br_2、AsI_3 等，利用 CCl_4 或 $CHCl_3$ 等溶剂可直接萃取出来。

（四）色谱分离法

色谱分离法又称为层析分离法，这类方法的分离效率高，能将各种性质相似的组分彼此分离。该方法利用各种组分的物理化学性质的差异，使其分配在两相中，一相是固定相，一相是流动相。由于试样中不同组分受到两相的作用力不同，因此各组分以不同的速度移动，从而达到分离的目的。根据流动相的状态不同，色谱分离法可以分为液相色谱法和气相色谱法。以下主要简单介绍属于液相色谱法中的纸色谱法和薄层色谱法。

1. 纸色谱法　是根据不同物质在两相间的分配比不同而进行分离的。以滤纸为载体将待分离试液用毛细管滴在滤纸的原点位置，另取一有机溶剂作为流动相，将滤纸插入流动相中，流动相沿滤纸不断上升，试样组分在滤纸与流动相之间不断进行分配。分配比大的上升得快，分配比小的上升得慢，从而将它们逐个分开。最后取出后通常用比移值（R_f）来衡量分离的情况。

2. 薄层色谱法　是将固定相吸附剂，例如硅胶、纤维素、活性氧化铝等，均匀地涂在玻璃板上制成薄层板。将待测试液点在薄层板的一端距离边缘一定距离处，然后将薄层板插入盛有展开剂的容器中，展开剂沿着薄层板上升，遇到试样后，试样就溶解在展开剂中并随着展开剂上升。试样的各组分在固定相和流动相之间不断进行溶解、吸附、再溶解、再吸附的分配过程，最后由于不同物质上升的距离不一样而达到分离的目的。

练一练

想要分离溶解在水中的单质碘，应采用（　　）。

A. 沉淀分离法　　　　　　　B. 挥发分离法

C. 萃取分离法　　　　　　　D. 色谱分离法

答案解析

任务三　试样处理方法的应用

PPT

分析过程中，部分试样是无法直接用于检测的，需要经过进一步的分解预处理，例如一些金属元素或卤素、硫、磷、氮等非金属元素的试样，特别是在有机化合物的药品中，分析前往往都需要利用适合的方法进行前处理，使待测元素转化为无机离子，以便于进一步测定。

想一想

在分析中常用的萃取方法为间歇萃取法，那么具体的操作有哪几步？有哪些注意事项？如果分界面出现乳浊液层该怎么处理？

答案解析

一、溶解法的应用

案例解析1：钢铁试样的预处理

预处理钢铁试样后采用电感耦合等离子体原子发射光谱法测定钢铁中锑、锡含量。

【任务分析】

1. 提出问题

（1）采用该方法测定钢铁中的锑和锡含量对试样有什么要求？

（2）锑和锡这两种金属有何特点？需要选择哪种预处理方法？

2. 开动脑筋 根据要求采用电感耦合等离子体原子发射光谱法测定锑和锡的含量，该方法需要将试液雾化后引入电感耦合等离子原子发射光谱仪中，测定两者元素。因此需要将试样采用溶解法溶解成液体。根据锑和锡的性质用盐酸和硝酸混合酸溶解后稀释至一定体积。

【任务实施】

1. 工作准备

（1）仪器 电子天平（0.1mg）、三角烧瓶（150ml）、表面皿（Φ5.0cm）、酒精灯、容量瓶（100ml）等。

（2）试剂 钢铁试样、硝酸(1+1)、浓盐酸。

2. 动手操作

测定步骤	操作内容	数据记录
准备	（1）采集钢铁试样 （2）配制1+1的硝酸 （3）预热调整校准天平	试样的名称、批号、生产厂家、规格、温度；仪器的规格型号
样品预处理	（4）称取0.5g钢铁试样，精密称定 （5）置于150ml三角烧瓶或烧杯中，准备加盖表面皿。加入10ml硝酸（1+1），低温加热至停止反应，加入5ml浓盐酸，继续加热至试样溶解完全 （6）取下冷却至室温，移入100ml容量瓶中，用水稀释至刻度线，混匀。如浑浊，过滤后测量	试样 $m =$ _____
测定	（7）将试液雾化后引入电感耦合等离子原子发射光谱仪中，测定锑、锡元素含量	$m_{Sb}\% =$ _____ $m_{Sn}\% =$ _____

二、湿法消化法的应用

案例解析2：采用化学滴定法测定抗癫痫药扑米酮的含量

【任务分析】

1. 提出问题

（1）根据扑米酮药物分子结构（图3-3）的特点想想可以采用哪种预处理方法？

（2）该种预处理方法的原理是什么？有哪些注意事项？

2. 开动脑筋 根据扑米酮的结构式可以发现其中含有两个酰胺氮原子，因此可以通过湿法消化法预处理将有机氮原子消化为无机盐 NH_4HSO_4，然后在碱性条件下将铵离子转化成氨气，并用酸来吸收，吸收液用酸来滴定测量其含量。

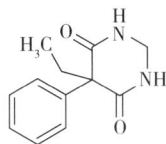
图3-3 扑米酮

【任务实施】

1. 工作准备

（1）仪器 电子天平(0.1mg)、凯氏烧瓶(500ml)、冷凝管、锥形瓶(500ml)等。

（2）试剂 扑米酮试样、硫酸钾、硫酸铜、氢氧化钠、硼酸、甲基红-溴甲酚绿、硫酸等。

2. 动手操作

测定步骤	操作内容	数据记录
准备	（1）预热调整校准天平 （2）配制40%氢氧化钠、2%硼酸 （3）配制甲基红-溴甲酚绿混合指示剂 （4）配制0.05mol/L硫酸滴定液 （5）准备扑米酮试样	扑米酮批号、生产厂家、规格

续表

测定步骤	操作内容	数据记录
样品预处理	（6）取本品约 0.2g，精密称定，置于干燥的 500ml 凯氏烧瓶中 （7）依次加入硫酸钾（或无水硫酸钠）10g 和硫酸铜粉末 0.5g，再沿瓶壁缓缓加硫酸 20ml （8）在凯氏烧瓶口放一小漏斗并使凯氏烧瓶成 45°斜置，用直火缓缓加热，使溶液的温度保持在沸点以下，等泡沸停止，强热至沸腾 （9）待溶液成澄明的绿色后，继续加热 30 分钟，放冷。沿瓶壁缓缓加水 250ml，振摇混合放冷后，加 40% 氢氧化钠溶液 75ml，注意使沿瓶壁流至瓶底，自成一液层，加锌粒数粒，用氮气球将凯氏烧瓶与冷凝管连接 （10）另取 2% 硼酸溶液 50ml，置 500ml 锥形瓶中，加甲基红 – 溴甲酚绿混合指示剂 10 滴；将冷凝管下端插入硼酸溶液液面下，轻轻摆动凯氏烧瓶，使溶液混合均匀 （11）加热蒸馏，至接收液的总体积约为 250ml 时，将冷凝管尖端提出液面，用蒸汽冲洗约 1 分钟，用水淋洗尖端后停止蒸馏	试样 $m = \underline{\hspace{2cm}}$
测定	（12）馏出液用硫酸滴定液（0.05mol/L）滴定至溶液由蓝绿色变灰紫色，并将滴定的结果用空白试验校正	$V = \underline{\hspace{2cm}}$；$V_0 = \underline{\hspace{2cm}}$

❤ 药爱生命

扑米酮（Pregabalin），别名密苏林、扑痫酮、普里米酮，是一种无气味的白色结晶粉末化学品。化学名称为 5 – 乙基 – 5 – 苯基 – 二氢 – 4,6(1H,5H) – 嘧啶二酮，分子式为 $C_{12}H_{14}N_2O_2$，分子量为 325.4，熔点为 281 ~ 282℃，味道略苦，无酸性，在乙醇中微溶，水、丙酮或苯中几乎不溶。扑米酮为抗癫痫药，临床上主要用于癫痫强直阵挛性发作（大发作）、单纯部分性发作和复杂部分性发作的单药或联合用药治疗，也用于特发性震颤和老年性震颤的治疗。

目标检测

答案解析

一、单项选择题

1. 从大批物料中采取少量样本作为原始试样，所采试样应具有高度的（　　）

　　A. 代表性　　　　　　　　　　　　B. 一致性

　　C. 特殊性　　　　　　　　　　　　D. 以上都不对

2. 现有 Fe^{3+} 与 Co^{2+} 离子的混合液，可将它们分离的沉淀剂是（　　）

　　A. 稀硫酸　　　　　　　　　　　　B. pH =9 的氨缓冲液

　　C. 饱和 KCl　　　　　　　　　　　D. 吡啶

3. 下列各组混合溶液中，能用过量 NaOH 溶液分离的是（　　）

　　A. Pb^{2+}、Al^{3+}　　　　　　　　　　B. Pb^{2+}、Co^{2+}

　　C. Pb^{2+}、Zn^{2+}　　　　　　　　　　D. Pb^{2+}、Cr^{3+}

4. Cu^{2+} 中加入铜试剂（二乙基胺二硫代甲酸钠）的萃取方法属于（　　）

　　A. 离子缔合物萃取体系　　　　　　B. 溶剂化合物萃取体系

　　C. 螯合物萃取体系　　　　　　　　D. 简单分子萃取体系

5. 氢氧化钠沉淀法中常用的沉淀剂有（　　）

　　A. 氢氧化钡　　　　　　　　　　　B. 氢氧化钙

　　C. 氢氧化镁　　　　　　　　　　　D. 氨水

6. 在使用高氯酸溶解处理试样时，最应该注意的是（　　）

    A. 控制用量　　　　　　　　　　B. 消解器皿材料

    C. 防止爆炸　　　　　　　　　　D. 尾气吸收

7. 采用纸色谱法分离各组分时，常用（　　）来作为判断分离情况

    A. 比移值（R_f）　　　　　　　　B. 分离时间

    C. 斑点大小　　　　　　　　　　D. 斑点距原点的距离

8. 含氮化合物的预处理一般采用（　　）来处理

    A. 溶解法　　　　　　　　　　　B. 熔融法

    C. 干式灰化法　　　　　　　　　D. 湿式消化法

9. 以下金属因"钝化"无法被浓 HNO_3 进行溶解处理的是（　　）

    A. Ag　　　　　　　　　　　　　B. Pb

    C. Mn　　　　　　　　　　　　　D. Fe

10. 以下萃取中属于形成溶剂化合物进行萃取的是（　　）

    A. 磷酸三丁酯萃取 $FeCl_3$　　　　B. 四氯化碳萃取 I_2

    C. Fe^{2+} 与邻二氮菲　　　　　　D. 三氯甲烷萃取 $HFeCl_4$

二、简答题

1. 试样采集的原则是什么？

2. 试样进行处理常用哪几种方法？分别采用哪些常用试剂？

3. H_2SO_4、HNO_3、KOH、Na_2O_2 主要用于分解哪些试样？

4. 什么是回收率？在分析过程中对回收率有何要求？

5. 常用的分析分离富集方法有哪些？

6. 在对试样进行分解处理时需要注意哪几点？

书网融合……

📄 重点回顾　　　　　　📱 微课　　　　　　📋 习题

项目四　标准溶液的制备和化学分析基本操作

　　本项目主要结合实验室常用理论及仪器，介绍化学分析的基础知识和基本操作，包括基准物质及标准物质、滴定液及其配制、称量仪器及操作、容量仪器及操作。

学习目标

知识目标：

　　1. 掌握　电子天平、移液管、容量瓶和滴定管的正确使用和滴定操作；标准溶液的配制和标定方法、标准系列溶液的制备。

　　2. 熟悉　基准物质和标准化学试剂的概念和条件。

　　3. 了解　全国化学检验工操作考核标准。

技能目标：

　　根据配制滴定液的需要，选择或制备有关基准物质。会正确使用电子天平、移液管、容量瓶、滴定管和运用滴定操作；能正确配制及标定滴定液、准确配制标准系列溶液。

素质目标：

　　通过学习标准溶液的制备和化学分析基本操作，培养严谨的工作态度和精益求精的职业精神。

导学情景

　　情景描述［◗◖链接《中国药典》（2020 年版）］：［盐酸的含量测定］取本品约 3ml，置贮有水约 20ml 并已精密称定质量的具塞锥形瓶中，精密称定，加水 25ml 与甲基红指示液 2 滴，用氢氧化钠滴定液（1mol/L）滴定。每 1ml 氢氧化钠滴定液（1mol/L）相当于 36.46mg 的 HCl。

　　情景分析：盐酸是一元强酸，与氢氧化钠在水溶液中发生定量的酸碱中和反应，在反应达到化学计量点时

$$C_{H^+} \times V_{H^+} = C_{OH^-} \times V_{OH^-}$$

根据酸碱溶液体积比，只要知道其中任意一种溶液的准确浓度，即可算出另一种溶液的准确浓度。

　　讨论：1. 用什么仪器精密称定具塞锥形瓶的质量？如何称取？

　　　　　2. 用什么仪器配制、移取、标定氢氧化钠及盐酸标液？如何使用？

　　学前导语：溶液的配制和标定是分析化学的基础操作，配制方法包括直接法和间接法。标定是用基准试剂或另一种已知准确浓度的滴定液通过滴定方法测定滴定液的准确浓度的操作过程。因此，电子天平、移液管、容量瓶和滴定管的正确使用和滴定操作，标准溶液的配制和标定操作的熟练运用，是进行样品含量测定的基础。

任务一　基准物质和标准物质

PPT

一、基准物质

（一）定义

基准物质是一种高纯度的、组成与化学式高度一致的、化学性质稳定的物质，能用于直接配制滴定液或标定滴定液。

（二）基准物质的要求

1. 物质的组成要与化学式完全符合，若含结晶水，其数目也应与化学式符合，如硼砂 $Na_2B_4O_7 \cdot 10H_2O$ 等。

2. 物质的纯度要高，质量分数不低于 0.999。

3. 物质的性质要稳定，应不分解、不潮解、不风化、不吸收空气中的二氧化碳和水、不被空气中的氧气氧化等。

4. 物质的摩尔质量要尽可能大，以减小称量误差。

常见的基准试剂有无水碳酸钠、邻苯二甲酸氢钾、硼砂、重铬酸钾、草酸钠、草酸、氯化钠。

二、标准物质

（一）定义

标准物质（RM 或参考物质）是具有一种或多种足够均匀和很好地确定了特性值的材料或物质，用以校准测量装置、评价测量方法或给材料赋值。

（二）标准物质的特性

标准物质的特性值具有准确性、均匀性及稳定性，同时它是实物计量的标准，量值还具有溯源性。

（三）分类

按技术特性可分为：化学成分标准物质、物理特性与物理化学特性测量标准物质和工程技术特性测量标准物质；按用途又可分为：产品交换用、质量控制用、特性测定用和科学研究用标准物质；按标准物质学科或应用专业可分为：地质、物化、环境、钢铁、生化、纸张、医药等标准物质；按精度等级分为：一级标准物质（即基准物质）和二级标准物质（即标准物质）。

1. 一级标准物质（GBW）　用绝对测量法或两种以上不同原理的准确可靠的方法定值，其不确定度具有国内最高水平，均匀性良好，稳定性在一年以上，具有符合标准物质技术规范要求的包装形式。

2. 二级标准物质〔GBW（E）〕　用与一级标准物质进行比较测量的方法或一级标准物质的定值方法定值，其不确定度和均匀性未达到一级标准物质的水平，稳定性在半年以上，能满足一般测量的需要，包装形式符合标准物质技术规范的要求。

3. 一级与二级标准物质的比较　一级和二级标准物质划分级别的主要依据是标准物质特性量值的准确度。此外，均匀性、稳定性和用途等对不同级别的标准物质有不同的要求（表 4-1）。

表 4-1　一级与二级标准物质的比较

比较项目	一级标准物质	二级标准物质
生产者	国家计量机构或由国家计量主管部门确认的机构	工业主管部门确认的机构

续表

比较项目	一级标准物质	二级标准物质
特性量值的计量方法和定值途径	（1）定义法计量定值 （2）两种以上原理不同、准确可靠的计量定值 （3）多个实验室用准确可靠的方法协作计量定值	（1）两种以上原理不同、准确可靠的计量定值 （2）多个实验室用准确可靠的方法协作计量定值 （3）用精密计量法与一级标准物质直接比较计量定值
准确度	根据使用要求和经济原理，尽可能达到较高准确度，至少比使用要求的准确度高3倍以上	高于现场使用要求的3~10倍
均匀性	取决于使用要求	取决于使用要求
稳定性	越长越好，至少1年	要求略低，若立即使用可短至几个月或几周
主要用途	（1）计量器具的校准 （2）标准计量方法的研究与评价 （3）二级标准物质的鉴定 （4）高准确度计量的现场应用	（1）计量器具的校准 （2）现场计量方法的研究与评价 （3）日常分析、计量的质量控制（现场应用）

任务二　标准溶液和标准系列溶液的制备

PPT

一、标准溶液的配制与标定

标准溶液指已知准确浓度的溶液，它是用来滴定被测物质的，又称为滴定液。标准溶液的浓度用"XXX 滴定液（YYYmol/L）"表示。

（一）直接配制法

基准物质是可用于直接配制滴定液和标定使用的试剂，因此，有合适的基准物质可采用直接配制法配制标准溶液。

1. 配制要求

（1）溶质的量应准确　①须使用基准试剂配制；②精密称定。

（2）溶液的体积应准确　须使用容量瓶配制。

2. 配制过程

（1）计算　计算配制规定浓度和体积的滴定液所需的基准试剂的准确质量。

（2）称量　精密称（量）取指定质量的基准试剂于洁净的烧杯中。

（3）溶解　在烧杯中加入约配制体积的一半体积的溶剂，搅拌溶解。必要时，可加热使溶解。

（4）转移　将烧杯中溶液转移至容量瓶中，用少量的溶剂洗涤烧杯、玻璃棒3次，洗涤液并入容量瓶中。

（5）稀释　加溶剂稀释，约2/3体积处，平摇，然后继续稀释至容量瓶刻度线下1~2cm。

（6）定容　加溶剂至液面最低点与容量瓶刻度线相切。

（7）摇匀　盖好瓶塞，上下翻转数次，混合均匀。

3. 注意事项

（1）基准试剂须按药典规定干燥恒重后，精密称定。

（2）溶解过程注意防止溶质溅失，若有加热，需冷却后方可转移。

（二）间接配制法

1. 方法原理　有些物质因吸湿性强，不稳定，常不能准确称量，不能采用直接配制法，只能先将物质配制成与标示浓度近似的溶液，再以基准物质或已知准确浓度的滴定液标定，以求得准确浓度，这就是间接配制法，也称为标定法。标定是用基准试剂或另一种已知准确浓度的滴定液通过滴定的方法测定滴定液的准确浓度的操作过程，包括基准物质标定法和比较标定法。

2. 方法步骤

（1）粗略配制

1）计算　计算所需溶质的质量或体积。

2）称量　用托盘天平称取溶质或用量筒量取溶质并放入烧杯中。

3）溶解　加溶剂溶解。

4）定容　加溶剂至规定体积。

5）混合　混合均匀，置于瓶中。

（2）基准物质法标定

1）基准试剂的准备　精密称取基准试剂于锥形瓶中，溶解，加指示剂。

2）滴定液的准备　将滴定液装于滴定管中，排气泡，调零。

3）滴定　滴定至终点，记录消耗滴定液的体积。

4）计算　根据基准试剂的质量和终点时消耗滴定液的体积，由基准试剂和滴定液的计量关系计算滴定液的准确浓度。

（3）比较法标定

1）已知准确浓度的滴定液的准备　精密量取已知准确浓度的滴定液于锥形瓶中，加指示剂（或者装于滴定管中）。

2）滴定液的准备　将待标定的滴定液装于滴定管中，排气泡，调零（或精密量取一定体积于锥形瓶中）。

3）滴定　滴定至终点，记录消耗滴定液的体积。

4）计算　根据已知准确浓度的滴定液和终点时消耗滴定液的体积，由两者的计量关系计算滴定液的准确浓度。

二、标准系列溶液的制备

在分析化学实验中，常用标准曲线法进行定量分析，通常情况下的标准工作曲线是一条直线，它是以标准溶液及介质组成的标准系列标绘出来的曲线。标准系列溶液的配制：先配一个储备液，然后再取一定量的储备液稀释成另一个浓度的中间储备液，然后再逐级稀释成所需要的系列标准溶液。

练一练

用基准物质配制滴定液应选用的方法为（　　）。

A. 多次称量配制法　　　　　　　　B. 移液管配制法

C. 直接配制法　　　　　　　　　　D. 间接配制法

答案解析

任务三　称量仪器

PPT

一、托盘天平

（一）托盘天平的构造

托盘天平由底座、托盘架、托盘（两只）、称量标尺、游码、横梁、平衡螺母、分度盘、指针等组成（图 4-1）。

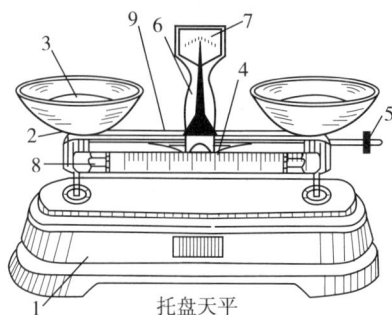

图 4-1 托盘天平

1. 底座；2. 托盘架；3. 托盘；4. 标尺；5. 平衡螺母；6. 指针；7. 分度盘；8. 游码；9. 横梁

（二）精密度及最大负载

实验室常用的托盘天平，属于精确度不高的天平。精确度一般为 0.1g 或 0.2g。最大荷载一般是 100g 或 200g。以量程为 200g 的托盘天平为例，说明如下。

1. 一般配备的砝码分别是：5g×1 个、10g×1 个、20g×2 个、50g×1 个、100g×1 个，并配备 1 个镊子（最小砝码 5g；最大砝码 100g；砝码总重 205g）。

2. 此种托盘天平的游码是 5.0g 制，最小分度 0.2g。

（三）天平的使用

1. 使用天平时，将天平放在水平工作台，天平底座调至水平。

2. 使用前，将游码移至称量标尺左端的"0"刻度线上；调节平衡螺母，使指针尖对准分度标尺的中央刻度线。

3. 天平的左盘放置需称量的物品，右盘放置砝码，添加砝码并移动游码，使指针对准分度标尺的中央刻度线，此时砝码质量与称量标尺上的示数值（游码左边所对应的示数）之和，即为所称量物品的质量，即：被测物体的质量＝右侧砝码的质量＋游码的读数质量。

4. 整理托盘天平将其恢复到原状，取砝码时，必须用镊子夹取，不能用手直接拿取。

二、电子天平

（一）原理及结构

电子天平是根据电磁平衡原理直接称量，全量程不需砝码，放上被称物后，在几秒钟内即达到平衡，具有称量速度快、精度高、使用寿命长、性能稳定、操作简便和灵敏度高等特点，能称准到 0.001g（即千分之一克）、0.0001g（即万分之一克）甚至 0.00001g（即十万分之一克），在定量分析中常用，结构如图 4-2 所示。

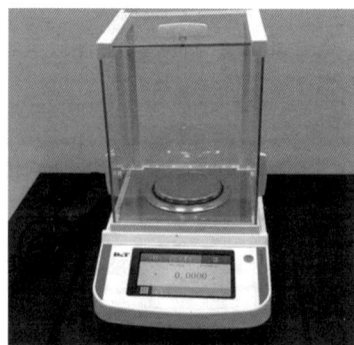

图 4-2 电子天平

（二）称量方法

根据试样的不同性质和分析工作的不同要求，电子天平的称量可分别采用直接称量法、固定质量称量法和减重称量法。

1. 直接称量法 指直接准确称量物体质量的方法，适用于称量洁净干燥的器皿。也可称量某些在空气中不易潮解或升华的块状固体试样。

2. 固定质量称量法 又称指定质量称样法或增量法。此法用于称量某一固定质量的试剂（如基准物）或试样。此法操作的速度很慢，适宜称量不易潮解、在空气中能稳定存在的粉末状或固体小颗粒样品。

3. 减重称量法　又称为递减称量法或差量称量法。此法适用于称量在空气中易吸水、易氧化或易与 CO_2 反应的试样。

（三）电子天平的使用

1. 称量前

（1）接通电源　将电源插头插入符合规定的电源插座内。

（2）检查、调节水平　调整水平调节螺丝，使得水平仪内气泡位于圆环正中央。

（3）开机、自检　按下开关键，接通显示器，电子称量系统自动进入自检功能。

（4）预热　在初次接通电源或长时间断电后，应至少预热 30 分钟。

（5）清洁天平。

2. 称量

（1）按去皮键清零，显示 0.0000g。

（2）将干燥的装样仪器（如称量瓶），放置在天平盘中央，关闭天平门称量。待显示器上数字稳定后，读数并记录称量结果 m_1。称量瓶的拿取方法如图 4-3 所示。将称量瓶取出，在接收器的上方，倾斜瓶身，用纸片夹取出瓶盖，用瓶盖轻轻敲瓶口上部使试样慢慢落入容器中，如图 4-4 所示。当倾出的试样接近所需量时，一边继续用瓶盖轻敲瓶口，一遍逐渐将瓶身竖立，使黏附在瓶口的试样落下，然后盖上瓶盖。将称量瓶及剩余试样放回天平称盘上，准确称取其质量 m_2。两次称量质量之差 m_1-m_2，即为敲出部分试样的质量。按上述方法连续递减，可称量多份试样。倾样时，一般很难一次敲准，常需几次（一般不超过 3 次）敲样过程，才能称取一份符合要求的样品。

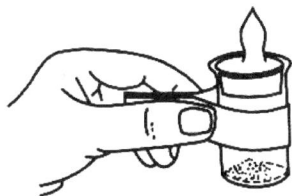

图 4-3　称量瓶的拿取方法　　　　　　　图 4-4　试样敲打的方法

3. 称量后　取出称量物，按要求摆放或处理。关闭并清洁天平，填写使用登记本，整理台面卫生。

（四）注意事项

1. 电子天平应放在专用的水泥或大理石台面上，台面要求水平而光滑；在称量之前一定要检查仪器是否水平，不能随意移动。

2. 称量的物品严禁超出天平的最大载荷。

3. 严禁将样品直接放在托盘上称量，以免污染腐蚀托盘。

4. 天平箱内应保持清洁干燥，如落入杂物或试剂，应及时用毛刷扫除，干燥剂（变色硅胶）应及时更换（干燥时呈蓝色，吸水后形成 $CoCl_3 \cdot 6H_2O$ 呈粉红色），烘干后可重复使用。

5. 过冷或过热的物品应放置至室温再进行称量。

6. 操作时不能将试样洒落于天平盘等接收容器以外的地方。

7. 称量时所用的称量瓶均需事前洗净、烘干，备用。

8. 读数时应关好边门，以免受气流影响。

9. 整个操作过程，动作要轻。

10. 如果发现天平不正常，应及时报告指导教师或实验室工作人员，不要自行处理。

PPT

任务四 常用的玻璃仪器

一、化学分析常用仪器

化学实验仪器种类繁多，应根据进行的实验项目选择合适规格的仪器。表4-2为化学实验中常见仪器的规格、用途和注意事项。

表4-2 化学实验常见仪器简介

仪器	规格	用途	注意事项
试管、离心管	分硬质和软质。有普通试管、离心试管。试管以管口外径×长度表示，离心试管以毫升表示	用作少量试剂的反应容器，便于操作和观察。离心试管还可用于少量溶液中的沉淀分离	反应液体不要超过试管体积的1/2；加热时不要超过体积的1/3。加热固体时，管口应向下倾斜。离心试管只能水浴加热
烧瓶	以容积表示。分硬质、软质，平底、圆底，长径、厚口等	用作反应物多，且需长时间加热时的反应器。液体蒸馏，少量气体发生装置	盛放液体不超过容量的2/3。加热时应放在石棉网上
烧杯	以容积大小表示。分硬质、软质，有刻度、无刻度等	用作反应物较多时的反应容器，使反应物混匀。配制溶液用	反应液体不超过烧杯容量的2/3。加热前应先将外壁擦干，再放置在石棉网上
锥形瓶	以容积表示。分硬质、软质，有塞、无塞，广口、细口等	反应容器，振荡方便，适用于滴定操作	盛放液体不能太多，加热时应放置在石棉网上
漏斗	以直径大小表示。有玻璃质、瓷质，分长颈、短颈	用于过滤等操作，长颈漏斗特别适合于定量分析中的过滤操作	不能用火直接加热
分液漏斗	以容积（ml）、漏斗颈长短表示，分球形、梨形、筒形、锥形等	用于互不相溶的液-液分离。气体发生器装置中加液用	不能用火直接加热。磨口的漏斗塞子不能互换，活栓处不能漏液。萃取时，振荡过程应放气数次

续表

仪器	规格	用途	注意事项
吸滤瓶、布氏漏斗	吸滤瓶以容积表示。布氏漏斗为瓷质，以容量或口径表示	两者配套使用于无机制备中晶体或沉淀的减压过滤	不能用火直接加热。滤纸要小于漏斗内径
表面皿	以直径大小表示	盖在烧杯上防止液体迸溅或其他用途	不能用火直接加热
量筒 量杯	以容积表示	用于量取一定体积的液体	不能加热，不能作为反应容器
容量瓶	以刻度以下的容积表示	配制准确浓度的溶液时用	不能加热，不能代替试剂瓶存放液体
细口瓶、广口瓶	以容积大小表示。有无色、棕色、磨口、不磨口等	细口瓶盛放液体药品，广口瓶盛放固体药品，不带磨口塞子的广口瓶可作为集气瓶	不能加热，瓶塞不能互换，盛放碱液要用橡胶塞
移液管、吸管	以刻度最大标度表示。分刻度管形和单刻度胖肚形两种	精确移取一定体积的液体时用	用时应先用少量待移取液淋洗3次
滴定管	按刻度最大标度表示。分酸式、碱式两种	滴定时用于控制、衡量滴定剂的加入量。用以量取较准确体积的液体	酸管、碱管不能对调使用。装液前用预装液淋洗3次
滴瓶	以容积大小表示。分棕色和无色两种	盛放少量液体试剂或溶液，便于取用	滴管专用，不能吸得太满，不能平放、倒放，不能弄乱、弄脏

续表

仪器	规格	用途	注意事项
称量瓶	以外径×高表示。分为扁形和高形两种	用于准确称取定量固体时用	瓶和塞子是配套的，不能互换。瓶盖不能随意放在桌子上
研钵	以直径大小表示。有瓷质、玻璃质、玛瑙质和铁质等	用于研磨固体物质。按固体的性质和硬度选择不同材质的研钵	研磨物质不能超过容积的1/3。易爆炸物只能轻压，不能研磨
蒸发皿	以容积或直径表示。有瓷质、石英质、铂质	蒸发液体用。根据液体性质选用不同材质的蒸发皿	耐高温，但不能骤冷。蒸发溶液时，一般放在石棉网上加热，也可用火直接加热
铁架台	铁制品	固定或放置反应容器。铁圈可以代替漏斗架使用	加热后的铁圈不能撞击或摔落在地。防止受潮腐蚀

二、常用仪器的洗涤

为了保证实验结果的真实性，实验仪器必须洗涤干净，一般来说，附着在仪器上的污物分为可溶性物质、不溶性物质、油污及有机物等。应根据实验要求、污物的性质和污染程度来选择适宜的洗涤方法，常用的洗涤方法如下。

1. 水洗 包括冲洗和刷洗。先用自来水冲洗仪器外部，然后向仪器中注入少量（不超过容量的1/3）的水，稍用力振荡后把水倾出，如此反复冲洗数次。对于仪器内部附有不易冲掉的污物，可选用适当大小的毛刷刷洗，利用毛刷对器壁的摩擦去掉污物，来回柔力刷洗，如此反复几次，将水倒掉，最后用少量蒸馏水冲洗2~3遍。

2. 用肥皂液或合成洗涤剂洗 对于不溶性及用水刷洗不掉的污物，特别是仪器被油脂等有机物污染或实验准确度要求较高时，需要用毛刷蘸取肥皂液或合成洗涤剂来刷洗，然后用自来水冲洗，最后用蒸馏水冲洗2~3遍。

3. 用铬酸洗液洗 对于难以清除或不便用毛刷刷洗的污物，可用少量铬酸洗液。方法是：往仪器中倒入（或吸入）少量洗液，然后使仪器倾斜并慢慢转动，使仪器内部全部被洗液湿润，再转动仪器，使洗液在内壁流动，转动几圈后，将洗液倒回原瓶。对污染严重的仪器可用洗液浸泡一段时间，倒出洗液后用自来水冲洗干净，最后用少量蒸馏水冲洗2~3遍。

由于洗液成本较高而且有毒性和强腐蚀性，因此，能用其他方法洗涤干净的仪器，就不要用铬酸洗液洗。

4. 其他洗涤方法 根据仪器器壁上附着物化学性质不同，选择适当的洗涤方法。例如：仪器器壁上的二氧化锰、氧化铁等，可用草酸溶液或浓盐酸洗涤；硫黄可用煮沸的石灰水清洗；难溶的银盐可用硫代硫酸钠溶液清洗；附在器壁上的铜或银可用硝酸洗涤；装过碘溶液或装过奈氏试剂的瓶子常用 KI 溶液或 $Na_2S_2O_3$ 溶液洗涤。

玻璃仪器洗净的标准是：清洁透明，水沿器壁流下，形成均匀水膜而不挂水珠。洗净的仪器，不要用布或软纸擦干，以免在器壁上沾少量纤维而污染了仪器。最后用蒸馏水冲洗仪器 2～3 遍时，要遵循"少量多次"的原则节约蒸馏水。

三、常用仪器的干燥

实验用的仪器除要求洗净外，有些实验还要求仪器必须干燥。例如，用于精密称量中的盛载器皿，用于盛放准确浓度溶液的仪器及用于高温加热的仪器。视情况不同，可采用以下方法干燥。

（一）可以用加热的方法来干燥容器

1. 烘干法　需要干燥较多仪器时可用烘箱进行烘干。烘箱内温度一般控制在 110～120℃，烘干 1 小时。

2. 烤干法　急用的试管、烧杯和蒸发皿等可以烤干。加热前先将仪器外壁擦干，然后用小火烤。烤干试管时，可用试管夹夹持试管直接在火焰上加热，试管口要始终保持略向下倾斜，并不断移动试管，使其受热均匀；烤干烧杯、蒸发皿时，将其置于石棉网上，用小火加热。

（二）在不加热的情况下干燥容器

1. 晾干　不急用的并且要求一般干燥的仪器洗净后倒出积水，挂在晾板（图 4－5）上或倒置于干燥无尘处，任其自然干燥。

2. 吹干　急用而又要求干燥的仪器可用冷－热风机或气流烘干器吹干。

3. 快干法　此法一般只在实验中临时使用。将仪器洗净后倒置稍控干，然后注入少量能与水互溶且易挥发的有机溶剂（如无水乙醇或丙酮等），将仪器倾斜并转动，使器壁全部浸湿后倒出溶剂，少量残留溶剂很

图 4－5　晾板

快挥发而使仪器干燥。若用电吹风向仪器中吹风，则干燥得更快。此法尤其适用于不能烤干、烘干的计量仪器。

带有刻度的玻璃仪器不能用加热方法进行干燥，加热会影响这些仪器的精密度，也可能造成仪器破裂。

四、滴定分析仪器及其操作方法

滴定分析中常用的玻璃量器可分为量出式（如移液管、吸量管、滴定管等）和量入式（如容量瓶等），这些仪器的正确使用是滴定分析实验最重要的基本操作技术。

（一）滴定管

1. 滴定管简介　滴定管是滴定时可准确测量滴定剂体积的玻璃量具。它的管身是由细长且内径均匀的玻璃管制成，上面刻有均匀的分度线，滴定管容积分别为 25.00ml 和 50.00ml，最小分度值为 0.1ml，读数可估计到 0.01ml。下端的流液口采用尖嘴，中间通过玻璃旋塞或乳胶管（配以玻璃珠）连接以控制滴定速度。滴定管分为酸式滴定管（图 4－6）和碱式滴定管（图 4－7），目前最常用的是聚四氟乙烯滴定管，可以取代酸式滴定管和碱式滴定管，其使用方法同酸式滴定管。滴定管可用于常规分析中的经常性滴定操作。

自动定零位滴定管（图 4－8）是将贮液瓶与具塞滴定管通过磨口塞连接在一起的滴定装置，加液

方便，能够自动调节零点，可以用于日耗量较大的滴定操作。

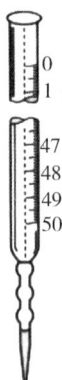

图 4-6　酸式滴定管　　　　　图 4-7　碱式滴定管　　　　　图 4-8　侧边旋塞自动定零位滴定管

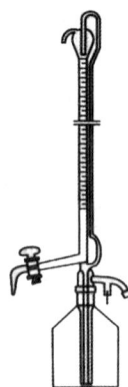

2. 滴定管的使用

（1）使用前的准备

1）洗涤　滴定管可用自来水冲洗或用细长的刷子蘸洗液洗刷，若洗刷后内壁仍有油脂或有其他能用铬酸洗液洗去的污垢，可用铬酸洗液荡洗或浸泡。对于碱式滴定管应除去乳胶管，用橡胶管将滴定管下口堵住，防止洗液腐蚀乳胶管。滴定管中可装入约 10ml 洗液，双手平托滴定管的两端，不断转动滴定管，使洗液润洗滴定管内壁，操作时管口对准洗液瓶口，以防洗液外流。洗完后，将洗液分别由两端放出。若滴定管太脏，可将滴定管装满洗液夹在滴定台上，浸泡一段时间，然后将洗液倒回原瓶，再用自来水、蒸馏水洗净。

2）涂凡士林　使用酸式滴定管时，为了使旋塞旋转灵活而又不漏液，一般需要涂上一薄层凡士林。

3）检漏　将滴定管用水充满至"0"刻线附近，夹在滴定管架的蝴蝶夹上，用吸水纸将外壁擦干，静置 1~2 分钟，检查尖嘴及旋塞周围是否有水渗出，然后将旋塞转动 180°，重新检查，如有漏水，必须重新涂凡士林。

4）加入滴定剂　加入滴定液前，先用纯水将干净的滴定管冲洗 3 次，再将滴定液直接倒入滴定管中润洗滴定管 2~3 次，每次 10~15ml。最后装入溶液，左手持滴定管上端无刻度处，使滴定管略倾斜，右手握住盛溶液的细口试剂瓶，将溶液直接加入滴定管。

5）排气泡　滴定管充满操作液后，应检查管的出口下部尖嘴部分是否充满溶液，是否留有气泡。对于碱式滴定管，可将碱式滴定管垂直地夹在滴定管架上，左手拇指和示指捏住玻璃珠部位，使胶管向上弯曲翘起，并捏挤胶管，使溶液从管口喷出，即可排除气泡。对于酸式滴定管，一般用右手拿滴定管上部无刻度处，并使滴定管倾斜 30°，左手迅速打开旋塞，使溶液冲出管口，反复数次，一般即可达到排除酸管出口处气泡的目的，排除气泡后随即关闭旋塞。

6）调零点和读数　为便于读数准确，在管装满或放出溶液后，静置 1~2 分钟，使附在内壁的溶液流下后再调节零点或读数。读数时应将滴定管从滴定架上取下，用右手大拇指和示指捏住滴定管上部无刻度处，其他手指从旁辅助，使滴定管保持垂直，然后读数。对于无色和浅色溶液的弯月面读数时应读弯月面最低点与分度线上边缘水平相切的位置（图 4-9），深色溶液由于无法观察到弯月面，读数时应读弯月面上边缘与分度线上边缘水平相切的位置（图 4-10）。读取的数值必须读至毫升小数点后第二位，即要求估计到 0.01ml。

图 4-9　无色或浅色溶液读数

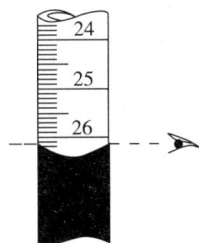

图 4-10　深色溶液读数

对于蓝带滴定管，读数方法与上述相同。当蓝带滴定管盛溶液后将有似两个弯月面的上下两个尖端相交，此上下两尖端相交点的位置，即为蓝带管的读数的正确位置。

（2）滴定操作　将滴定管固定在滴定管架上，滴定管下端插入锥形瓶口下 1~2cm 处，酸式滴定管操作如下：用左手控制旋塞，拇指在前，中指和示指在后，无名指及小指向手心弯曲，手心内凹，以防止顶着旋塞而造成漏液，适当转动旋塞，以控制流速。注意不要将旋塞向外顶，以免推出旋塞，造成漏液；也不要太向里紧扣，以免旋塞转动困难（图 4-11）。碱式滴定管的操作如下：以左手拇指和示指捏玻璃珠部位，其他三个手指辅助夹住出口管。操作时，用拇指与示指的指尖捏挤玻璃珠右侧的乳胶管，胶管与玻璃珠之间形成小缝隙，溶液即可流出。注意不要用力捏玻璃珠，也不要使玻璃珠上下移动，不要捏玻璃珠下部胶管，以免空气进入而形成气泡，影响读数。

滴定操作一般在锥形瓶中进行，左手握滴定管滴加溶液，右手的拇指、示指和中指拿住锥形瓶，其余两指辅助在下侧，使瓶底离滴定台高 2~3cm。左手按前述方法控制滴速，边滴加溶液，边用右手摇动锥形瓶。

图 4-11　酸式滴定管操作方法

快到滴定终点时，要一边摇动，一边逐滴加入，甚至是半滴半滴地滴加。用酸式滴定管放出半滴溶液时，应先将半滴溶液悬挂在滴定管的尖嘴上，再用瓶口内壁接触液滴，最后用少量纯化水吹洗；对于碱式滴定管，加半滴溶液时，应先松开拇指与示指，将悬挂的半滴溶液接触锥形瓶内壁，再放开无名指和中指，这样可避免出口管尖出现气泡。滴入半滴溶液时，可采用倾斜锥形瓶的方法，将附于壁上的溶液冲入至瓶中。

（二）移液管 e 微课

移液管［图 4-12（a）］是用于准确量取一定体积溶液的量出式玻璃量器，正规名称是"单标线吸量管"。它的中间有一膨大部分，管颈上部刻有一圈标线，用来控制所取溶液的体积。移液管的规格有 1ml、2ml、5ml、10ml、25ml、50ml、100ml 等，其容量为 20℃时按规定方式排空后所流出纯水的体

43

积。移液管的正确使用方法如下。

1. 洗涤 使用前，移液管应用洗液浸泡，再经自来水冲洗，蒸馏水淋洗 3 次至内壁及外壁不挂水珠。

2. 润洗 移取溶液前，可用滤纸片将洗干净的管的尖端内外残留的水吸干，然后用待吸溶液润洗 3 次。方法是：用洗净并烘干的小烧杯倒出一部分欲量取的溶液，用移液管吸取溶液至球部的四分之一，立即用右手示指堵住管口，将移液管横放，用两手的拇指及示指分别捏住移液管的两端，转动移液管并使溶液布满全管内壁，当溶液流至距上口 2 ~ 3cm 时，将管直立，使溶液由尖端放出。如此反复 3 次。润洗是保证移液管与待吸溶液处于同一浓度状态。

3. 移取溶液 将移液管尖端插入待吸溶液液面以下 1 ~ 2cm 处，当洗耳球慢慢放松时，管中的液面徐徐上升，当液面上升至标线以上时，迅速移去洗耳球，同时用右手示指堵住管口，左手改拿盛待吸液的容器。用滤纸擦干移液管外壁上的溶液，将移液管的尖端紧靠容器（容器倾斜约 30°）内壁，右手示指轻轻松动，用拇指及中指轻轻捻转管身，使液面缓慢下降，直到视线平视时弯月面与标线的上边缘水平相切，此时用示指按紧管口，溶液不再流出。

4. 放液 左手改拿接收容器，并将接收容器倾斜 30°左右，移液管尖端紧贴容器内壁，松开示指，溶液自由地沿壁流下，待液面下降至尖端后，等待 15 秒左右，取出移液管。

除特别注明"吹"（blowout）字的以外，一般不能把尖端残留的溶液吹入接收容器中。

（三）吸量管

吸量管［图 4 - 12（b）］是具有分刻度的玻璃管，又称为"分度吸量管"。它一般只用于量取小体积的溶液。吸量管有 0.1ml、0.2ml、0.5ml、1ml、2ml、5ml、10ml、20ml、50ml 等规格。吸量管移取溶液的操作与移液管基本相同。

（四）容量瓶的使用

1. 容量瓶概述及使用前准备 容量瓶是一种细颈梨形的平底玻璃瓶，带有磨口玻璃塞或塑料塞，可用橡皮筋将塞子系在容量瓶的颈上。颈上有标度刻线，表示在所指温度（一般为 20℃）时，液体充满至标线时的准确容积。容量瓶主要用于配置准确浓度的溶液或定量地稀释溶液，故常和分析天平、移液管配合使用。容量瓶使用前的准备包括检漏和洗涤。

（1）检漏 容量瓶使用前应检查是否漏水，检查方法如下：注入自来水至标线附近，盖好瓶塞，将瓶外水珠拭净，用左手示指按住瓶塞，其余手指拿住瓶颈标线以上部分，用右手指尖托住瓶底边缘（图 4 - 13）。将瓶倒立 2 分钟，观察瓶塞周围是否有水渗出，如果不漏，将瓶直立，把瓶塞旋转 180°，再倒立 2 分钟，如不漏水，即可使用。

（2）洗涤 洗涤容量瓶的原则与洗涤滴定管的相同。不要将容量瓶磨口玻璃塞随便取下放在桌面上，以免被污染或混淆，可用橡皮筋或细绳将瓶塞系在瓶颈上。当使用平顶的塑料塞时，操作时将塞子倒置在桌面上放置。

2. 溶液的配制 有由固体试剂配制溶液和由液体试剂配制溶液两种。固体试剂配制溶液主要步骤如下。

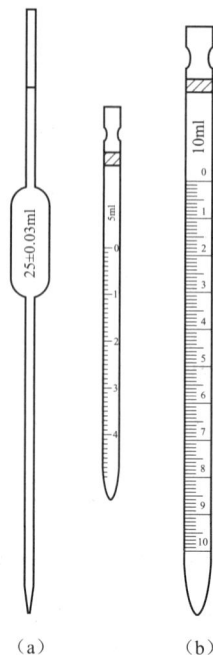

图 4 - 12 移液管和吸量管

图 4 - 13 检漏

（1）溶解　准确称取一定质量的固体试剂于小烧杯中，加水或其他溶剂至完全溶解。

（2）转移　定量转移溶液时，右手拿玻璃棒，左手拿烧杯，使烧杯嘴紧靠玻璃棒，而玻璃棒则悬空伸入容量瓶口中下方1～2cm处，棒的下端应靠在瓶颈内壁上，使溶液沿玻璃棒和内壁流入容量瓶中（图4-14）。烧杯中溶液流完后，玻璃棒和烧杯稍微向上提起，并使烧杯直立，再将玻璃棒放回烧杯中。然后，用洗瓶吹洗玻璃棒和烧杯内壁，再将溶液定量转入容量瓶中。如此吹洗、转移操作应重复3次以上。

（3）平摇　加水至容量瓶的2/3～3/4容积时，平摇几次，初步混匀。

（4）定容　继续加水至距离标度刻线约1cm处后，等1～2分钟使附着在瓶颈内壁上的溶液流下后，再用细而长的滴管加水至弯月面下缘与标度刻线相切。

（5）摇匀　当加水至容量瓶的标度刻线时，盖上干的瓶塞，用左手示指按住塞子，其余手指拿住瓶颈标线以上部分，而用右手的全部指尖托住瓶底边缘，将容量瓶倒转，使气泡完全上升，振摇容量瓶（图4-15），再将瓶直立，再将容量瓶倒转振摇，反复7次左右；最后再将瓶塞旋转180°，重复上述摇匀操作，即可配置好溶液。

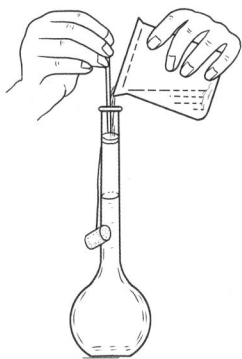

图4-14　转移操作

图4-15　振荡容量瓶

由液体试剂配制溶液（稀释溶液）：用移液管移取一定体积的溶液于容量瓶中，加水至标度刻线，按固体试剂配制溶液方法混匀溶液。

3. 溶液的储存　配制好的溶液，如果不立即使用，应该转移到磨口试剂瓶或者滴瓶中储存。对于见光易分解的溶液应盛装于棕色试剂瓶，性质比较稳定的溶液应盛装于白色试剂瓶中。对于碱液或浓盐液等，应选用配有胶塞或软木塞的非磨口试剂瓶。对于酸、非强碱性试剂或有机试剂等对玻璃侵蚀性小的物质应选用磨口试剂瓶。

任务五　典型工作任务分析

一、容量仪器的校准

待校准的量器应按国标推荐的方法清洗干净，加蒸馏水到待校准分度线以上几毫米处，将液面调定至分度线，倾斜接收容器与流液口端接触以除去黏附于流液口的所有液滴，接着让水通畅地注入已知质量的称量瓶中，在室温下准确称量（室温波动不得大于1℃/h，称量的准确度应高于规定允差的10%）。则

45

$$V_t = \frac{M_t}{\rho} \tag{4-1}$$

式中，V_t 为容器实际体积；M_t 为一定温度下（t℃）水的称量质量；ρ 为水的密度（可从表4-3中查找）。

表 4 - 3　水的密度

温度（℃）	密度（g/ml）	温度（℃）	密度（g/ml）
15	0.999098	26	0.996782
16	0.998941	27	0.996511
17	0.998773	28	0.996232
18	0.998593	29	0.995943
19	0.998403	30	0.995645
20	0.998202	31	0.995339
21	0.997990	32	0.995024
22	0.997768	33	0.994701
23	0.997536	34	0.994369
24	0.997294	35	0.994030
25	0.997043		

案例解析 1：容量瓶的校正

［链接《中国药典》（2020 年版）］20℃时水的密度为 0.9982g/ml。

【任务分析】

1. 提出问题

（1）新买的容量瓶能不校正直接使用吗？为什么？

（2）如何校正容量瓶？校正时，对环境有什么要求？

2. 开动脑筋　容量瓶是实验室配制一定体积和浓度的溶液常用的玻璃仪器，由于仪器刻度是否准确，会直接影响容量分析的准确度，在准确度要求较高的分析中，应当对容量仪器进行校正。容量仪器的容积规定为20℃时玻璃仪器的容积，校正的方法是称量指定容积时纯水的质量，再根据公式，算出仪器在20℃时的体积。

【任务实施】

1. 工作准备

（1）仪器　电子天平（ES-224DS型）、干燥器（规格）、容量瓶（100ml）等。

（2）药品　超纯水等。

2. 动手操作　将室温调至20℃，清洗并且干燥容量瓶备用。加蒸馏水到待校准分度线以下5mm处，将液面调定至刻度线，在室温下用减重称量法精密称定（室温波动不得大于1℃/h，称量的准确度应高于规定允差的10%）。根据公式 $V_t = \frac{M_t}{\rho}$ 计算出 100ml 容量瓶的实际体积。

二、溶液的配制和盐酸含量测定

（一）溶液的配制

案例解析2：重铬酸钾滴定液[$c(1/6K_2Cr_2O_7) = 0.01667mol/L$]的配制

[链接《中国药典》（2020年版）] 取基准重铬酸钾，在120℃干燥至恒重后，称取4.093g，置1000ml容量瓶中，加水适量使溶解并稀释至刻度，摇匀，即得。

【任务分析】

1. 提出问题

（1）重铬酸钾滴定液的配制采用的是哪一种配制方法？

（2）如何计算所配制重铬酸钾滴定液的浓度？

2. 开动脑筋 重铬酸钾滴定液的配制采用直接配制法，其浓度为 $c_{K_2Cr_2O_7} = \dfrac{m}{M \cdot V} \times 10^{-3}$。

【任务实施】

1. 工作准备

（1）仪器 烘干箱、电子天平（0.1mg）、容量瓶（1000ml）、烧杯（500ml）。

（2）试剂 重铬酸钾基准物。

2. 动手操作

测定步骤	操作内容	数据记录
计算	（1）根据药典规定或根据配制的浓度和体积即可计算所需的重铬酸钾的质量	
基准试剂的准备	（2）取在120℃干燥至恒重后的基准试剂重铬酸钾，用增量法或减量法称取重铬酸钾约4.903g于干燥洁净的烧杯中	重铬酸钾的质量 $m = $ _____
溶解	（3）用约500ml蒸馏水，玻棒搅拌溶解	
转移	（4）将烧杯中的溶液用玻棒引流转移至容量瓶中，用蒸馏水洗涤烧杯、玻棒3次，洗涤液并入容量瓶中	
定容	（5）加水至液面与容量瓶刻度线相切	
混合均匀	（6）盖好瓶盖，上下翻转数次，混合均匀	
计算浓度	（7）计算重铬酸钾的浓度，贴上标签（注明溶液名称、浓度、配制者、配制日期等）	$c_{K_2Cr_2O_7} = $ _____

？ 想一想

若本案例中重铬酸钾基准物未干燥，则配制的重铬酸钾溶液浓度如何变化？

答案解析

（二）盐酸含量测定

案例解析3：盐酸含量测定

[链接《中国药典》（2020年版）] 取本品约3ml，置贮有水约20ml并已精密称定质量的具塞锥形瓶中，精密称定，加水25ml与甲基红指示液2滴，用氢氧化钠滴定液（1mol/L）滴定。每1ml氢氧化

钠滴定液（1mol/L）相当于 36.46mg 的 HCl。

【任务分析】

1. 提出问题

（1）药典中盐酸含量的测定方法中，测定的是哪种物质的含量？

（2）1mol/L 的氢氧化钠滴定液能直接配制吗？为什么？

（3）滴定管和锥形瓶在使用前是否需要润洗？为什么？

（4）确定滴定终点的指示剂是什么？

（5）如何计算盐酸准确含量？

2. 开动脑筋 测定的是盐酸的含量。盐酸、氢氧化钠分别是强酸强碱，性质不稳定，在含量测定和配制溶液时，只能用标定法，根据酸碱反应达到化学计量点时，$c_{H^+} \times V_{H^+} = c_{OH^-} \times V_{OH^-}$，酸碱溶液体积比，只要知道其中任一种溶液的准确浓度，即可算出另一种溶液的准确浓度。

由于氢氧化钠在空气中易吸潮，易与 CO_2 发生反应，因此 NaOH 滴定液不能直接采用直接配制法。

终点的确定可借助于酸碱指示剂：氢氧化钠（NaOH）滴定液滴定盐酸时选用酚酞，终点溶液颜色从无色变为微红色；盐酸滴定氢氧化钠时选用甲基橙，终点溶液颜色从黄色变为橙红色；符合颜色由浅到深的变化，因此，本实验盐酸含量的测定选酚酞作指示剂。

盐酸含量的测定就是测定盐酸中 HCl 的质量分数。根据盐酸的质量和终点时消耗氢氧化钠的体积，可以计算出盐酸中 HCl 的含量为

$$\omega_{HCl}(\%) = \frac{c_{NaOH} \times V_{NaOH} \times 36.46}{1000 \times m_{盐酸}} \times 100\%$$

式中，ω 为盐酸中 HCl 的含量，%；c_{NaOH} 为 NaOH 滴定液的浓度，mol/L；V_{NaOH} 为 NaOH 滴定液的体积，ml；HCl 的摩尔质量为 36.46g/mol；m_{HCl} 为盐酸样品的质量，g。

【任务实施】

1. 工作准备

（1）仪器 量筒（25ml）、试剂瓶（50ml）、烘箱、具塞锥形瓶（250ml）、电子天平（0.1mg）、移液管（5ml）、酸碱两用滴定管（50ml）、一次性滴管（2ml）等。

（2）试剂 浓盐酸（分析纯）、纯水、氢氧化钠滴定液、酚酞指示剂等。

2. 动手操作

测定步骤	操作内容	数据记录
精密称取盐酸	（1）用 25ml 量筒量取 20ml 水于具塞锥形瓶中，盖上瓶塞，称重，记 m_1 （2）继续向锥形瓶中加 3ml 左右浓盐酸，立即盖上瓶塞，摇匀冷却后称重，记 m_2	锥形瓶质量 $m_1 =$ _____ $m_2 =$ _____
稀释	（3）用 25ml 量筒量取 25ml 水于具塞锥形瓶	
加指示剂	（4）滴加酚酞指示液 2 滴于锥形瓶	指示剂
装管	（5）将氢氧化钠滴定液装于滴定管中，排气泡，调零	
滴定	（6）用氢氧化钠滴定液滴定溶液至微红色 （7）读取消耗盐酸滴定液的体积，并记录。平行做三次	$V_1 =$ _____；$V_2 =$ _____ $V_3 =$ _____
数据处理	（8）计算 （9）数据处理	$\omega_1 =$ _____；$\omega_2 =$ _____；$\omega_3 =$ _____ $\overline{\omega} =$ _____；相对极差 = _____

❤ 药爱生命

　　盐酸是氯化氢与水的混合物，在药物中常作为 pH 调节剂及药用辅料，广泛用于各种食品和药物制剂中。将药物制成盐酸盐，在药学领域被称为"成盐"，即两种离子状态的分子通过离子键结合在一起，往往能够极大程度地改变药物的物理化学性质。它也可被稀释成各种浓度的稀盐酸，稀盐酸除了作为药用辅料外还有治疗作用，因其是胃酸的主要成分，静脉注射可治疗代谢性碱中毒，口服治疗胃酸缺乏。使用稀的或低浓度的盐酸通常不会引起任何不良作用。但是，高浓度溶液的腐蚀性很强，与眼睛和皮肤相接触或吞入都会引起严重损伤。

👁 看一看

药用辅料

　　药用辅料系指生产药品和调配处方时使用的赋形剂和附加剂；是除活性成分或前体以外，在安全性方面已进行了合理的评估，并且包含在药物制剂中的物质。在作为非活性物质时，药用辅料除了赋形、充当载体、提高稳定性外，还具有增溶、助溶、调节释放等重要功能，是可能会影响到制剂的质量、安全性和有效性的重要成分。因此，应关注药用辅料本身的安全性以及药物 – 辅料相互作用及其安全性。

目标检测

答案解析

一、选择题

（一）单项选择题

1. 做滴定分析遇到下列情况时，会造成系统误差的是（　　）

  A. 称样用的双盘天平不等臂　　　　　B. 移液管转移溶液后管尖处残留有少量溶液

  C. 滴定管读数时最后一位估计不准　　D. 确定终点的颜色略有差异

2. 用 50ml 滴定管滴定时下列记录正确的应该为（　　）

  A. 21ml　　　　　　　　　　　　　　B. 21.0ml

  C. 21.00ml　　　　　　　　　　　　D. 21.002ml

3. 能够用直接法配置滴定液的试剂必须是（　　）

  A. 纯净物　　　　　　　　　　　　　B. 化合物

  C. 单质　　　　　　　　　　　　　　D. 基准物质

4. 下列关于差量法称量操作描述，正确的是（　　）

  A. 此法适用于称量在空气中易吸水、易氧化或易与 CO_2 反应的试样

  B. 称量时需把试样放在称量瓶内，按去皮键，倒出一份试样前后两次称量之差，即为该份试样的质量

  C. 适宜称量不易潮解、在空气中能稳定存在的粉末状或固体小颗粒样品

  D. 如果发现天平不正常，可自行处理

（二）多项选择题

1. 在定量分析中，下列说法错误的是（　　）

    A. 用 100ml 量杯，可以准确量取 15.00ml 溶液

    B. 从 50ml 滴定管中，可以准确放出 15.00ml 标准溶液

    C. 标准物质必须是纯物质

    D. 用万分之一电子天平称量的质量都是四位有效数字

    E. 容量瓶可以长期存储溶液

2. 下列不是基准物质的有（　　）

    A. 硼砂　　　　　　　　　　　B. 氢氧化钠

    C. 无水碳酸钠　　　　　　　　D. 盐酸

    E. 草酸

二、综合问答题

1. 基准物质必须符合哪些条件？

2. 标准溶液该如何配置？

3. 20℃时由滴定管中放出 25.01ml 水，称其质量为 25.01g，已知 20℃时 1ml 水的质量为 0.9982g，请计算该滴定管的实际体积。

书网融合……

        📄 重点回顾　　　　　　e 微课　　　　　　📋 习题

项目五　数据处理

学习目标

知识目标：

1. 掌握　误差产生的原因和减免方法；准确度和精密度的概念及表示方法；有效数字及其运算规则；分析结果的表示方法和标准曲线的绘制；滴定方式和滴定分析结果计算。

2. 熟悉　测量误差对分析结果的影响；偶然误差的规律性；异常值的取舍规则；分析化学中常用法定计量单位和计算基础。

3. 了解　误差和有效数字在分析化学中的意义；统计学中的几个基本概念。

技能目标：

能够分析误差的来源，并在实际检验中减免。

素质目标：

通过数据处理的过程，培养实事求是的科学意识；通过正确记录分析结果及运算，培养数据处理能力。

导学情景

情景描述［链接《中国药典》（2020 年版）］：［维生素 C 的含量测定］取本品约 0.2g，精密称定，加新沸过的冷水 100ml 与稀醋酸 10ml 使溶解，加淀粉指示液 1ml，立即用碘滴定液（0.05mol/L）滴定至溶液显蓝色并在 30 秒内不褪色。每 1ml 碘滴定液（0.05mol/L）相当于 8.806mg 的 $C_6H_8O_6$。

$$含量（\%） = \frac{V \times T \times F \times 10^{-3}}{m} \times 100\%$$

情景分析：在新沸过的冷水和稀醋酸溶液中，维生素 C 中的烯二醇基团可与碘滴定液定量结合成二酮。在滴定过程中，维生素 C 分子中烯二醇基，具有较强的还原性，能被 I_2 定量氧化。当其生成完全后，稍过量的 I_2 与淀粉结合形成蓝色，指示终点。平行做 3 次，取平均值，并计算相对平均偏差。

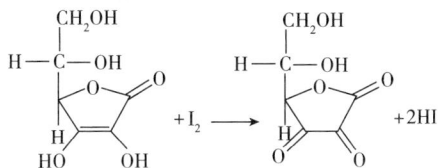

讨论：1. 氧化还原滴定法中如何计算和表达分析结果？

2. 每1ml碘滴定液（0.05mol/L）相当于8.806mg的$C_6H_8O_6$是什么意思？

学前导语：定量分析的任务是测量待测组分的含量，测得的实验数据需要正确记录、判断、取舍、处理并将分析结果正确地计算表示出来，这其中涉及准确度、精密度、误差、偏差、可疑值的取舍、数据处理等知识。

任务一　定量分析中的误差

PPT

一、准确度和精密度

（一）准确度

准确度是指测量值与真实值相接近的程度，用误差（error）表示。分析结果的准确度高低由误差来表示，即误差的绝对值越大，准确度越低；反之，准确度越高。误差包括绝对误差、相对误差。

1. 绝对误差（E）　是测量值（x）与真实值（μ）的差。

$$E = x - \mu \qquad (5-1)$$

2. 相对误差（RE）　是绝对误差（E）在真实值（μ）中所占的百分比。

$$RE = \frac{E}{\mu} \times 100\% \qquad (5-2)$$

［例5-1］用分析天平称量两试样的质量为：$x_1 = 0.2630g$ 和 $x_2 = 0.0263g$，假设二者的真实质量分别为 $\mu_1 = 0.2631g$ 和 $\mu_2 = 0.0264g$，求两试样的绝对误差和相对误差。

解：二者称量的绝对误差为

$$E_1 = x_1 - \mu_1 = 0.2630 - 0.2631 = -0.0001g$$
$$E_2 = x_2 - \mu_2 = 0.0263 - 0.0264 = -0.0001g$$

相对误差为

$$RE_1 = \frac{E_1}{\mu_1} = \frac{0.0001}{0.2631} \times 100\% = -0.038\%$$

$$RE_2 = \frac{E_2}{\mu_2} = \frac{0.0001}{0.0264} \times 100\% = -0.38\%$$

由上可知，两物体称量的绝对误差相等，但相对误差却并不相同。一般绝对误差取决于仪器的精度，被测量的值（真实值）较大时，相对误差就较小，测量结果的准确度也就较高。绝对误差和相对误差都有正值和负值，正值表示分析结果偏高，负值表示分析结果偏低。分析结果的准确度常用相对误差来表示。

在实际工作中，真实值虽客观存在，但却很难测得，一般情况下用理论真值（如标准品的含量等）、约定真值（如相对原子质量、相对分子质量等）、相对真值（如采用可靠方法及精密仪器由多名分析工作人员对同一试样多次反复测量后所得的平均值）作为真实值，用测量值与公认的真实值之差作为分析误差，来评价分析结果的准确度。

练一练5-1

测量某双氧水的含量，测量值为30.04%，已知真实值为30.02%，求绝对误差和相对误差。

答案解析

（二）精密度

在相同条件下，一组平行测量结果（3 次以上）相接近的程度称为精密度。精密度的大小表示测量结果的稳定性和重现性，用偏差（deviation）表示。偏差的大小是衡量精密度高低的量度。一般偏差越小，表明测量结果的精密度越高。偏差分为绝对偏差、相对偏差、平均偏差、相对平均偏差、标准偏差、相对标准偏差等。

1. 绝对偏差和相对偏差

（1）绝对偏差（d_i） 个别测量值（x_i）与测量平均值（$\bar{x}$）的差值。

$$d_i = x_i - \bar{x} \tag{5-3}$$

（2）相对偏差（Rd） 绝对偏差在平均值中所占的百分比。

$$Rd = \frac{d_i}{\bar{x}} \times 100\% \tag{5-4}$$

2. 平均偏差和相对平均偏差

（1）平均偏差（$\bar{d}$） 各次测量值绝对偏差绝对值的平均值。

$$\bar{d} = \frac{1}{n}\sum_{i=1}^{n}|d_i| = \frac{1}{n}\sum_{i=1}^{n}|x_i - \bar{x}| \tag{5-5}$$

（2）相对平均偏差（$R\bar{d}$） 平均偏差在平均值中所占的百分比。

$$R\bar{d} = \frac{\bar{d}}{\bar{x}} \times 100\% \tag{5-6}$$

3. 标准偏差和相对标准偏差

当分析项目要求较高，测量次数较多，测量数据的分散程度较大时，用平均偏差和相对平均偏差表示精密度则不够精确。用数理统计方法处理数据时，常用标准偏差（standard deviation）来衡量精密度。对于少量的测量结果而言（$n \leq 20$），标准偏差 S 为

$$S = \sqrt{\frac{\sum_{i=1}^{n}(x_i - \bar{x})^2}{n-1}} \tag{5-7}$$

相对标准偏差（RSD）又称变异系数，是标准偏差在平均值中所占的百分比。

$$RSD = \frac{s}{\bar{x}} \times 100\% \tag{5-8}$$

[例 5-2] 标定 NaOH 标准溶液的浓度，平行测定 4 次，测量数据分别为 0.1023、0.1021、0.1024 和 0.1028mol/L，计算分析结果的平均值、平均偏差和标准偏差。

解：将测得的数据由小到大排列为 0.1021、0.1023、0.1024 和 0.1028，计算过程如下表所示。

测量次数	测量值 x_i	测量平均值 $\bar{x}$	个别测量值偏差 d_i
1	0.1021		−0.0003
2	0.1023	0.1024	−0.0001
3	0.1024		0
4	0.1028		+0.0004
$\sum|d_i| = 0.0008$			

$$平均值\ \bar{x} = \frac{|0.1021 + 0.1023 + 0.1024 + 0.1028|}{4} = 0.1024$$

$$平均偏差\ \bar{d} = \frac{|-0.0003| + |-0.0001| + |0| + |0.0004|}{4} = \frac{0.0008}{4} = 0.02\%$$

$$标准偏差 S = \sqrt{\frac{\sum (x_i - \bar{x})^2}{n-1}} = \sqrt{\frac{(-0.0003)^2 + (-0.0001)^2 + (0)^2 + (0.0004)^2}{4-1}} = 0.0003$$

用标准偏差表示精密度，更能说明数据的分散程度。

练一练5-2

用滴定分析法测得某试样中锌离子的百分含量为：20.01%、20.03%、20.04%、20.05%，计算分析结果的平均值、平均偏差和标准偏差。

答案解析

（三）准确度与精密度的关系

测定结果的好坏应从准确度和精密度两个方面进行衡量。准确度取决于系统误差和偶然误差，表示测量结果与真实值的接近程度；精密度取决于偶然误差，表示测量结果的重现性。准确度与精密度的关系可用图来说明。如图5-1所示为甲、乙、丙、丁四人测量某药物中钙离子含量，每人平行测定6次。由图可见，甲所得结果的准确度与精密度均较好，结果可靠；乙的分析结果精密度虽然很高，但准确度较低；丙的精密度和准确度都很差；丁的精密度很差，平均值虽然接近真值，但这是由于大的正负误差相互抵消的结果，因此丁的分析结果也是不可靠的。

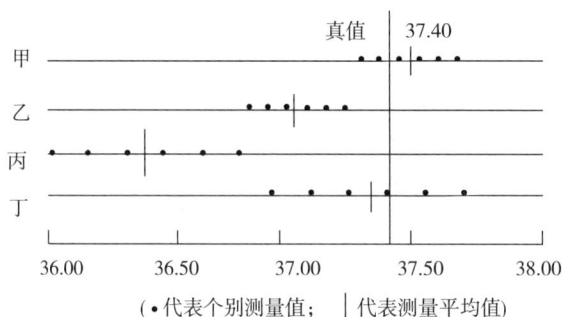

图 5-1 不同人员的测量结果

由上述例子可知：

（1）准确度高一定需要精密度好，如甲。

（2）但精密度高，测量结果的准确度不一定高，如乙。若精密度低，说明所测结果不可靠，如丁，虽然由于测量的次数多可能使正负偏差相互抵消，但已失去衡量准确度的意义。

（3）准确度、精密度都低，结果不可靠，如丙。

（4）精密度是保证准确度的前提，评价分析结果时，在确认消除了系统误差的情况下，可用精密度表达测量的准确度。即在消除了系统误差存在的情况下，可根据测量结果的精密度来衡量分析结果是否可靠。

二、误差来源及消除方法

（一）误差来源

定量分析中的误差按其来源和性质可分为系统误差和偶然误差。

1. 系统误差 又称可测误差，是由测量过程中某些固定的原因所造成的，具有重复性、单向性的特点，对分析结果的影响比较固定。即系统误差相同条件下重复测量会重复出现，大小、方向（正、负）是固定的，也是可测的，并可设法减免或消除。按其产生的原因不同，可将系统误差分为方法误差、试剂误差、仪器误差、操作误差。

（1）**方法误差** 由于分析方法本身不够完善而引入的误差。例如，在重量分析法中沉淀的溶解或共沉淀；在滴定分析法中，反应不能定量完成，滴定终点和化学计量点不吻合等所造成的误差。

（2）**试剂误差** 由于所用的试剂不纯或配制溶液所用的蒸馏水含有杂质而引起的误差。例如水中含有微量的待测组分或干扰物质等。

（3）**仪器误差** 由于仪器本身不够准确或没有校准所造成的误差。例如，天平两臂长度不一致；滴定管、砝码、容量瓶等未经校正而引入的误差。

（4）**操作误差** 由于操作人员主观原因造成的误差。例如，滴定分析法对终点颜色辨别不够敏锐，有人偏深，有人偏浅；滴定管读数偏高或偏低等所造成的误差。

2. 偶然误差 又称不可测误差（或随机误差），是由于分析过程中某些难以控制或无法避免的偶然因素所造成的误差。例如，在分析过程中，由于气压、湿度、温度等的偶然变化，测量仪器的微小波动，电压瞬间波动等所引起的误差。偶然误差对分析结果的影响在一定范围内是可变的，正负、大小也是不确定的。

偶然误差难于觉察，较难预测和控制。如果消除系统误差后，相同条件下对同一试样进行多次平行测定，将测量数据进行统计处理，则可发现其符合正态分布（normal distribution），又称高斯分布（Gaussian distribution），如图 5 - 2 所示。偶然误差的特点如下。

（1）绝对值相等的正负误差出现的概率相等。

（2）小误差出现的概率大，大误差出现的概率小，特别大的误差出现的概率极小。

在分析化学中，除了上述两类误差外，还有一种由于操作者的粗心大意或不遵守操作规程引起的"过失误差"。例如，溶液

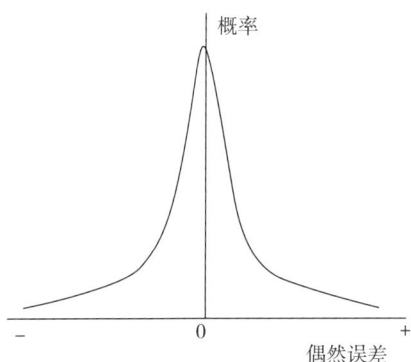

图 5 - 2 偶然误差的正态分布规律

溅失、加错试剂、读错刻度、记录和计算不正确等。这种错误是人为造成的，不属于误差之列。只要在操作过程中认真细致，严格遵守操作规程，这种错误是可以避免的。在分析工作中出现较大的误差时，应该查明原因，若为过失造成的错误，应将此次测量结果删除不用。

（二）误差的克服与消除

1. 选择适当的分析方法，消除方法误差 不同的分析方法，有不同的灵敏度和准确度。一般来说，常量组分的测量选择化学分析法；微量组分或痕量组分的测量选择仪器分析法。

2. 减少测量误差 为了保证分析结果的准确度，必须尽量减小各次的测量误差。例如，在称量时，就要减小称量误差。万分之一分析天平的称量误差为 ± 0.0001g（减重法称量误差 ± 0.0002g），为了使称量时的相对误差不大于 0.1%，所以固定质量称量法、直接称量法称量试样就不能小于 0.1g，减重法称量试样就不能小于 0.2g。滴定分析中要减小读数误差，一般滴定管读数可有 ± 0.01ml 的绝对误差，一次滴定需要读数两次，可能造成的最大误差是 ± 0.02ml，为了使滴定读数的相对误差不大于 0.1%，所消耗滴定液的体积就不能小于 20ml。

但有时太过准确的测量也无必要。一般测量的准确度和分析方法的准确度相当即可。

3. 增加平行测量次数，减小偶然误差 在消除系统误差的前提下，平行测量次数越多，平均值越接近于真实值，因此偶然误差的减少，可通过增加平行测量次数取平均值作为测定结果等方法实现。

4. 消除测量中的系统误差

（1）**校准仪器** 仪器不准确引起的系统误差，可以通过校准仪器加以消除。例如，在准确度要求较高的试验中，对所用的仪器如滴定管、移液管、容量瓶、天平砝码等，必须进行校准，求出校正值，

并在试验结果中加以校正，以消除由仪器带来的误差。

（2）空白试验　由试剂、蒸馏水、实验仪器和环境带入杂质所造成的系统误差，可以通过空白试验来减少或消除。空白试验是在不加试样的情况下，按照测定试样的条件和方法进行测量的试验。得到的结果叫作"空白值"。从试验结果中扣除空白值，就可以得到比较准确的分析结果。

（3）对照试验　是检查系统误差的有效方法，可检查试剂是否失效、反应条件是否正常、测量方法是否可靠等。常用已知准确含量的标准试样（或纯物质配成的试液）代替待测试样，在完全相同的条件下进行分析来对照；也可用被证实可靠（法定）的分析方法对试样分析对照；还可以向试样中加入已知量的被测组分，通过加入的被测组分能否被定量回收来进行对照。

例如，在进行新的分析方法研究时常用标准试样来检验方法的准确度。如果用所拟定的方法分析若干种标准试样，均能得到满意的结果，则说明这种方法是可靠的。或者用国家标准规定的标准方法，或公认可靠的"经典"分析方法分析同一试样，将结果同所拟定方法的测定值进行对照，如果一致，也说明新的分析方法可靠。

为了消除操作者之间或环境、仪器之间存在的系统误差，分析部门将安排几个分析人员同时做同一试样，比较其检验结果，此叫内检；有时将试样送到外单位检验，此叫外检，以消除环境之间的系统误差。

（4）回收试验　多用于确定低含量试样组分的分析方法或条件是否存在系统误差。回收试验是向几份（$n \geqslant 5$）相同试样中分别加入已知量的待测组分纯品，然后用所建立的方法，在相同条件下进行测量，按下式计算回收率：

$$回收率(\%) = \frac{加入待测组分纯品后试样的测得量 - 加入前试样的测得量}{待测组分纯品的加入量} \times 100\%$$

回收率越接近 100%，则系统误差越小，方法的准确度越高。一般来说，回收率在 95% ~ 105% 可认为不存在系统误差，即方法可靠。

任务二　有效数字及运算规则

PPT

在定量分析中，为了得到准确的分析结果，需要准确地测定，同时还需要正确记录数据并计算。数据记录和运算需要根据仪器精度来确定保留数字的位数。

一、有效数字

有效数字是在分析工作中能测量到的有实际意义的数字，包括所有准确测量的数字和最后一位可疑数字。在记录数据时，可疑数字只能保留一位。

例如，用万分之一的分析天平称量某试样的质量是 0.1256g，为 4 位有效数字，这一数值中 0.125 是准确无误的，最后一位"6"是根据分析天平准确度 ±0.1mg 估计的，存在误差，是可疑数字。即其实际质量是在（0.1256 ±0.0001）g 范围内。

又如，滴定管读数 12.16ml，为 4 位有效数字，前三位是从滴定管刻度准确读取的，第四位数字因没有刻度是估计值，即其实际体积是在（12.16 ±0.01）ml 范围内。

确定有效数字的位数，要注意以下几点。

1. 数字"0"在数据中具有双重意义。在数字（1~9）中间或之后的"0"是有效数字；在数字（1~9）之前的"0"只起定位作用，不是有效数字。例如：

6.0309g	1.0608%	五位有效数字
0.8000g	7.066%	四位有效数字
0.0230g	6.66×10^{-5}	三位有效数字
0.060g	0.88%	两位有效数字

2. 对数有效数字的位数只取决于小数点后面数字的位数，因为整数部分只说明真数的方次，即仅起定位作用，不是有效数字。如 pH =12.68，即 $[H^+]$ =2.1 $\times 10^{-13}$ mol/L，其有效数字为两位，而不是四位。

3. 数学上的常数 e、π 以及倍数或分数（如 6、1/2 等）并非测量所得，应视为无误差数字或无限多位有效数字。

4. 若有效数字第一位数字大于或等于 8 时，其有效数字位数应多算一位。例如，9.66 实际上虽然只有三位，但已接近于 10，故可以认为是四位有效数字。

❓ 想一想5-1

对于 pH、pK、lg$K$ 等对数值，有效数字的位数，为什么只取决于小数点后面数字的位数？

答案解析

二、运算规则

（一）有效数字修约规则

根据测量数据计算分析结果时，各测量数据有效数字位数可能不同，须根据一定的规则舍弃多余的数字，合理保留有效数字的位数，此过程称为有效数字的修约。修约采用"四舍六入五留双"的规则。即四要舍，六要入，五后有数要进位，五后没数看前方，前为奇数要进位，前为偶数全舍光。

1. 被修约数字≤4 时，舍弃；≥6 时，进位。例如，将 3.2324 和 11.781 修约为四位和三位有效数字，修约后分别为 3.232 和 11.8。

2. 被修约数字等于 5，5 后无数字或全为零时，若 5 前面是奇数，则进位，是偶数，则舍弃，即修约后的数字最后一位是双数；若 5 后还有不全为 0 的数字，则进位。例如，将 4.3550 和 12.85 修约为三位有效数字，应分别写成 4.36 和 12.8；6.22501 修约为三位有效数字为 6.23。

3. 修约要一次完成，不能分次修约。如 5.3548 修约为三位有效数字，不能先修约为 5.355，再修约为 5.36，只能一次修约为 5.35。

计算偏差或误差时，通常只取一位有效数字，最多取两位有效数字，一般采用只进不舍，即将偏差或误差看大一些较好。如标准偏差为 0.000221，修约为 0.00023 或 0.0003。

（二）有效数字运算规则

在计算分析结果时，各测量值的误差都会传递到分析结果中去，为了确保分析结果的准确性，必须遵守有效数字的运算规则，合理取舍各测量值有效数字的位数。

1. 加减法运算　当几个数据相加或相减时，和或差有效数字的保留，应以小数点后位数最少（绝对误差最大）的数据为依据进行修约，再计算。例如，0.0135 +25.64 +1.05782：由于 25.64 小数点后位数最少（绝对误差最大），所以应以 25.64 为准，将其余两个数据修约到只保留两位小数。因此，0.0135 应写成 0.01；1.05782 应写成 1.06，三者之和为

$$0.01 +25.64 +1.06 = 26.71$$

2. 乘除法运算 几个数据相乘除时，积或商有效数字的保留，应以有效数字位数最少（相对误差最大）的数据为准修约后，再进行计算。例如，$0.0121 \times 25.62 \times 1.05743$；$0.0121$ 有效数字位数为三位（相对误差最大），应以此数据为依据，确定其他数据的位数。

$$0.0121 \times 25.6 \times 1.06 = 0.328$$

（三）有效数字在定量分析中的应用

1. 正确记录实验数据 记录测量数据时，应根据分析仪器和分析方法的准确度正确读出和记录测量值，且只保留一位可疑数字。如用万分之一的分析天平进行称量时，结果必须记录到以克为单位小数点后第四位，如 $0.5000g$；读取 50ml 滴定管读数时，必须记录到以毫升为单位小数点后第二位，如 $10.00ml$。

2. 选择合适的仪器 实验操作中可以根据试剂用量和方法的准确度选择合适的仪器，也可以根据所用仪器和方法的准确度确定合适的试剂用量。

? 想一想5-2

用固定质量称量法称取 $0.1g$ 试样，要求测量相对误差不超过 0.1%，应使用何种天平才能达到上述要求？

答案解析

3. 正确表示分析结果 分析结果的准确度要与分析方法的准确度保持一致。如甲、乙两位实验员测量某药品有效成分的含量，用万分之一的分析天平称量 $0.5000g$ 试样，最后的测定结果甲测出的含量为 50.00%，乙为 50.000%，应采用哪种结果？因甲的分析结果和称量的有效数字位数一致，故应采用甲的结果。

此外，在分析化学的实际计算中，确定其有效数字位数与待测组分在试样中的相对含量有关，一般具体要求如下：对于高含量组分（$>10\%$）的测量，取四位有效数字；中含量组分（$1\% \sim 10\%$），取三位有效数字；微量组分（$<1\%$），取两位有效数字。

任务三　分析数据的处理

PPT

在分析检验工作中，一般对同一样品都要进行多次平行测定。在平行测定的一组分析数据中，往往有个别数据与其他数据相差较远，这一数据称为异常值（或可疑值）。如果异常值确实为过失误差所造成，应舍弃。否则不能随意舍去，应用统计检验的方法，经计算后决定取舍。

一、分析结果数据的取舍 e 微课

非过失误差造成的异常值常用的取舍方法一般有 Q 检验法和 G 检验法。

（一）Q 检验法

Q 检验法是一种简便易行的可疑值取舍的统计方法，较适用于测定次数 $3 \sim 10$ 次时。根据所要求的置信度，按下述步骤进行异常值的取舍。

1. 将测量数据由小到大排列为 x_1、x_2、x_3……、x_n，其中 x_1 或 x_n 为异常值。

2. 求出最大值与最小值之差即极差，异常值与邻近值之差即邻差，按下式计算出 Q 值。

$$Q = \frac{邻差}{极差} = \frac{|异常值 - 邻近值|}{最大值 - 最小值} \tag{5-9}$$

3. 根据所要求的置信度和测定次数，查 Q 值表（表5-1），得临界 $Q_表$ 值。比较 $Q_计$ 值与 $Q_表$ 值，若 $Q_计 > Q_表$，异常值应舍去；若 $Q_计 < Q_表$，则异常值应保留。

表5-1 Q 值表

n	3	4	5	6	7	8	9	10
$Q_{0.90}$	0.94	0.76	0.64	0.56	0.51	0.47	0.44	0.41
$Q_{0.95}$	0.97	0.84	0.73	0.64	0.59	0.54	0.51	0.49

（二）G 检验法

测定次数较少时，G 检验法准确可靠，是应用较多的检验方法，其方法如下。

1. 将测得的数据由小到大排列为 x_1、x_2、x_3……、x_n，其中 x_1 或 x_n 为异常值。

2. 计算所有数据的平均值 $\bar{x}$，所有数据的标准偏差 S，按下式计算 G 值。

$$G = \frac{|x_{可疑} - \bar{x}|}{S} \tag{5-10}$$

3. 根据所要求的置信度和测定次数，查 G 值表（表5-2），得临界 $G_表$ 值。比较 $G_计$ 值与 $G_表$ 值，若 $G_计 > G_表$，异常值应舍去；若 $G_计 < G_表$，异常值应保留。

表5-2 G 值表

n	3	4	5	6	7	8	9	10
$G_{0.90}$	1.15	1.46	1.67	1.82	1.94	2.03	2.11	2.18
$G_{0.95}$	1.15	1.48	1.71	1.89	2.02	2.13	2.21	2.29

［例5-3］标定 NaOH 标准溶液的浓度，平行测定4次，数据分别为：0.1023、0.1021、0.1024 和 0.1028mol/L，请问测定值 0.1028 是否应舍去？（95% 的置信度）

解：将测得的数据由小到大排列为 0.1021、0.1023、0.1024 和 0.1028，异常值为 0.1028。

（1）Q 检验法

$$Q = \frac{邻差}{极差} = \frac{|异常值 - 邻近值|}{最大值 - 最小值} = \frac{|0.1028 - 0.1024|}{0.1028 - 0.1021} = 0.57$$

查表得 $Q_{0.95} = 0.84 (n=4)$

$Q_计 < Q_表$，所以 0.1028 应保留。

（2）G 检验法

$$\bar{x} = \frac{|0.1021 + 0.1023 + 0.1024 + 0.1028|}{4} = 0.1024$$

$$S = \sqrt{\frac{\sum(x_i - \bar{x})^2}{n-1}} = \sqrt{\frac{(-0.0003)^2 + (-0.0001)^2 + (0)^2 + (0.0004)^2}{4-1}} = 0.0003$$

$$G = \frac{|x_{可疑} - \bar{x}|}{S} = \frac{|0.1028 - 0.1024|}{0.0003} = 1.33$$

查表得 $G_{0.95} = 1.48 (n=4)$，$G_计 < G_表$，所以 0.1028 应保留。

如果 Q 检验法与 G 检验法的判断所得结论不一致，一般用 G 检验法结论，这是因为这种方法的可靠性更高。

二、分析结果的表示方法

（一）分析结果的一般表示方法

在常规分析中，分析工作者只要严格遵守操作规程，在对系统误差进行减免和校正后，一般平行测量 3~4 次，取平均值，计算相对平均偏差，如相对平均偏差小于或等于 0.2%，可认为符合要求，取平均值作为分析结果。否则，应重新进行测量。

（二）分析结果的统计处理方法

对于准确度要求较高的分析项目，如制定分析标准、涉及到科研项目或重大问题的试样分析时，数据就不能这样简单处理。一般需增加平行测量的次数，并用数理统计的方法进行分析数据的处理。

在实际分析工作中，通常都是进行有限次数的测量，在提出报告时，不仅要计算出样本的平均值，还应指出以样本平均值表示的总体平均值（在无系统误差时即真实值）所在的范围（称为置信区间），以及它落在此范围内的概率（称为置信度），借以说明样本平均值的可靠程度。

在消除了系统误差的前提下，对于有限次数的测量，平均值的置信区间为

$$\mu = \bar{x} \pm t\frac{S}{\sqrt{n}} \tag{5-11}$$

式中，$\bar{x}$ 为样本平均值；t 为概率系数（也称置信因数），其数值随置信度（P）和测定自由度（用 φ 表示，$\varphi = n - 1$）而定，可从表 5-3 中查得；P 为置信度（也称置信概率），指总体平均值（无限次测量中的真实值）落在置信区间的概率；S 为标准偏差；n 为测量次数。

表 5-3　t 值表（部分）

φ	1	2	3	4	5	6	7	8	9	10	20	∞
$t_{0.90}$	6.31	2.92	2.35	2.13	2.02	1.94	1.90	1.86	1.83	1.81	1.72	1.64
$t_{0.95}$	12.71	4.30	3.18	2.78	2.57	2.45	2.36	2.31	2.26	2.23	2.09	1.96
$t_{0.99}$	63.66	9.92	5.84	4.60	4.03	3.71	3.50	3.36	3.25	3.17	2.84	2.58

[例 5-4] 某法测量试样中 Al 的含量，9 次测量的标准偏差为 0.039%，平均值为 9.65%，请估计在 95% 和 99% 的置信度时平均值的置信区间。

解：（1）查 t 表，$P = 95\%$，$n = 9$，$\varphi = 9 - 1 = 8$，$t = 2.31$

$$\mu = \bar{x} \pm t\frac{S}{\sqrt{n}} = 9.65\% \pm 2.31 \times \frac{0.039\%}{\sqrt{9}} = 9.65\% \pm 0.030\%$$

（2）$P = 99\%$ 时，$t = 3.36$

$$\mu = \bar{x} \pm t\frac{S}{\sqrt{n}} = 9.65\% \pm 3.36 \times \frac{0.039\%}{\sqrt{9}} = 9.65\% \pm 0.044\%$$

计算表明，在该测定中，总体平均值在 9.62% ~ 9.68% 的概率为 95%，在 9.61% ~ 9.69% 的概率为 99%，即真实值分别有 95% 和 99% 的可能落在上述两区间。

由此可见，增加置信度，必须扩大置信区间，但 100% 的置信度下的置信区间为无穷大，没有实际意义，50% 的置信度下的置信区间比较小，可靠性不能保证，因此，在作统计判断时，必须同时兼顾置信度和置信区间。既要使置信区间足够窄，以使其对真值的估计比较准确，又要使置信度较高，以使置信区间包含真值的把握性较大。在分析化学中，通常取 95% 的置信度。

三、分析结果数据的显著性检验

在分析工作中，需要对分析结果的精密度和准确度是否存在显著性差异作出判断，常用 F 检验法和 t 检验法。

（一）F 检验法

该检验法是通过比较两组数据的方差（标准偏差的平方即 S^2），以确定它们的精密度是否存在显著

性差异。F 检验法先是计算出两个样本的方差，然后计算方差比，用 F 表示。

$$F = \frac{S_1^2}{S_2^2} \ (S_1 > S_2) \tag{5-12}$$

计算时规定大方差为分子，小方差为分母。根据上式求出 $F_{计}$ 值，然后查表 5 - 4 得置信度为 95% 的 $F_{表}$ 临界值，并比较 $F_{计}$ 值和 $F_{表}$ 值，若 $F_{计} < F_{表}$，说明两组数据的精密度不存在显著性差异。若 $F_{计} > F_{表}$，说明存在显著性差异。

表 5 - 4　95% 置信度时的部分 F 值

φ_2	φ_1									
	2	3	4	5	6	7	8	9	10	∞
2	19.00	19.16	19.25	19.30	19.33	19.35	19.37	19.38	19.39	19.50
3	9.55	9.28	9.12	9.01	8.94	8.89	8.85	8.81	8.79	8.53
4	6.94	6.59	6.39	6.26	6.16	6.09	6.04	6.00	5.96	5.63
5	5.79	5.41	5.19	5.05	4.95	4.88	4.82	4.77	4.74	4.36
6	5.14	4.76	4.53	4.39	4.28	4.21	4.15	4.10	4.06	3.67
7	4.74	4.35	4.12	3.97	3.87	3.79	3.73	3.68	3.64	3.23
8	4.46	4.07	3.84	3.69	3.58	3.50	3.44	3.39	3.35	2.93
9	4.26	3.86	3.63	3.48	3.37	3.29	3.23	3.18	3.15	2.71
10	4.10	3.71	3.48	3.33	3.22	3.14	3.07	3.02	2.98	2.54
∞	3.00	2.60	2.37	2.21	2.10	2.01	1.94	1.88	1.83	1.00

［例 5 - 5］用两种方法测量某试样中的某组分。用第一种方法测 7 次，标准偏差为 0.075；用第二种方法测 5 次，标准偏差为 0.032。问这两种方法的测定结果是否存在显著性差异？

解：$S_1 = 0.075$，$S_2 = 0.032$；$\varphi_1 = 6$，$\varphi_2 = 4$

$$F = \frac{S_1^2}{S_2^2} = \frac{0.075^2}{0.032^2} = 5.5$$

查表可知 $F_{表} = 6.16$，$F_{计} < F_{表}$，说明 S_1 和 S_2 无显著差异，即两种方法的精密度相当。

（二）t 检验法

在分析过程中，t 检验法主要用于样本平均值与标准值之间的比较；判定两组有限次测量数据的样本平均值间是否存在显著性差异等，以此来检查操作过程或某一分析方法是否存在较大的系统误差。

1. 样本平均值（$\bar{x}$）与标准值（μ）的比较　根据公式 $\mu = \bar{x} \pm t \dfrac{S}{\sqrt{n}}$，可计算出 t 值。

$$t = \frac{|\bar{x} - \mu|}{S} \sqrt{n} \tag{5-13}$$

根据置信度（通常取 95%）和自由度，由 t 值表查出 $t_{表}$ 值。若 $t_{计} < t_{表}$，说明 $\bar{x}$ 与 μ 不存在显著性差异，表示该操作过程或操作方法不存在显著的系统误差；反之，则表示存在显著的系统误差。

［例 5 - 6］某药厂生产维生素丸，要求含铁量为 4.800%。现从某一批次产品中抽样进行 5 次测量，测得含铁量分别为 4.744%、4.790%、4.790%、4.798%、4.822%，试问这批产品是否合格？

解：

$$\bar{x} = \frac{4.744 + 4.790 + 4.790 + 4.798 + 4.822}{5} = 4.789\%$$

$$S = \sqrt{\frac{(-0.045)^2 + 0.001^2 + 0.001^2 + 0.009^2 + 0.033^2}{4}} = 0.028\%$$

$$t_{计}= |4.789 - 4.800| \times \frac{\sqrt{5}}{0.028} = 0.87$$

查 t 值表，置信度为95%，$\varphi = 4$ 时 $t_{表} = 2.78$，$t_{计} < t_{表}$，说明该批次的产品含铁量的样本平均值与标准值无显著性差异，产品合格。

2. 两个样本平均值的 t 检验 在对同一样品进行检测时，不同的分析方法、不同的分析人员的分析结果是否存在显著性差异，或用相同的分析方法和分析人员分析不同样品中的相同成分的分析结果是否存在显著性差异时，也可用 t 检验法。此时

$$t = \frac{|\bar{x_1} - \bar{x_2}|}{S} \sqrt{\frac{n_1 n_2}{n_1 + n_2}} \tag{5-14}$$

式中，S 为合并的标准偏差 $$S = \sqrt{\frac{(n_1 - 1)S_1^2 + (n_2 - 1)S_2^2}{n_1 + n_2 - 2}} \tag{5-15}$$

同样根据置信度（通常取95%）和自由度（$\varphi = \varphi_1 + \varphi_2$），由 t 值表查出 $t_{表}$ 值。若 $t_{计} < t_{表}$，说明两组数据的平均值不存在显著性差异，可以认为两个均值属于同一总体，即 $\mu_1 = \mu_2$。反之，说明两组均值间存在着系统误差。

［例 5-7］检验同一试样中 Fe（Ⅲ）的含量，用氨水作沉淀剂（经典重量法）的测得结果为：18.89%、19.20%、19.00%、19.70%、19.40%。现试用一种新的重量法（用有机沉淀剂），测得结果为：20.10%、20.50%、18.65%、19.25%、19.40%、19.99%。这两种方法有无差别？

解：将测得结果由小到大排列

经典重量法 18.89%、19.00%、19.20%、19.40%、19.70%

新的重量法 18.65%、19.25%、19.40%、19.99%、20.10%、20.50%

$$\bar{x_1} = \frac{18.89 + 19.00 + 19.20 + 19.40 + 19.70}{5} = 19.24\%$$

$$\bar{x_2} = \frac{18.65 + 19.25 + 19.40 + 19.99 + 20.10 + 20.50}{6} = 19.65\%$$

$$S_1^2 = \frac{(-0.35)^2 + (-0.24)^2 + (-0.04)^2 + (0.16)^2 + (0.46)^2}{5 - 1} = 0.10$$

$$S_2^2 = \frac{(-1)^2 + (-0.4)^2 + (-0.25)^2 + (0.34)^2 + (0.45)^2 + (0.85)^2}{6 - 1} = 0.45$$

$$S = \sqrt{\frac{(5-1) \times S_1^2 + (6-1) \times S_2^2}{5 + 6 - 2}} = \sqrt{\frac{4 \times 0.10 + 5 \times 0.45}{9}} = 0.54$$

$$t = \frac{|19.24 - 19.65|}{0.54} \times \sqrt{\frac{5 \times 6}{5 + 6}} = 1.25$$

查表置信度为95%，$\varphi = 4 + 5 = 9$ 时 $t_{表} = 2.26$，$t_{计} < t_{表}$，说明这两个平均值之间没有显著性差别，也就是说这两种方法可以互相替代。

通常在对数据做统计处理时，两组数据的显著性检验顺序是先进行 F 检验，确定两组数据的精密度（偶然误差）无显著性差异后，才能进行两组数据的均值是否存在系统误差的 t 检验。

四、相关与回归和标准曲线的计算机绘制

（一）相关与回归

1. 相关分析 在分析化学特别是仪器定量分析中，通常利用可测的物理量与浓度（或含量）的线性关系来测定待测组分的含量。例如，直接电位法测定的原电池电动势 E 与溶液浓度 c 的线性关系，

分光光度法中测定的吸光度 A 与溶液浓度 c 的关系，色谱法测定的峰面积或峰高与物质含量的线性关系，通过这些线性关系可求被测组分的含量。

在实际测定中，先配制被测组分标准品的标准系列溶液，分别测定某一物理量，然后在直角坐标上以 x 轴表示标准系列溶液浓度（自变量），以 y 轴表示物理量（因变量），标出测量点，由此绘制标准曲线。用试样的测定值在标准曲线上直接查得组分的浓度计算组分含量。

在统计学中，研究两个变量之间是否存在一定相关关系，称为相关分析（correlation analysis），两变量相关的密切程度可用相关系数（correlation coefficient, r）来表达。

设两个变量 x 和 y 的 n 次测量值分别为 (x_1, y_1)，(x_2, y_2)，(x_3, y_3)，$\cdots$，(x_n, y_n)，可按照下式计算相关系数 r 值。

$$r = \frac{n\sum\limits_{i=1}^{n} x_i y_i - \sum\limits_{i=1}^{n} x_i \sum\limits_{i=1}^{n} y_i}{\sqrt{n\sum\limits_{i=1}^{n} x_i^2 - \left(\sum\limits_{i=1}^{n} x_i\right)^2}\sqrt{n\sum\limits_{i=1}^{n} y_i^2 - \left(\sum\limits_{i=1}^{n} y_i\right)^2}} \tag{5-16}$$

当两个变量之间完全存在线性关系，所有的点都落在一条直线时，$r=1$；$r=0$，表示两个变量之间不存在线性关系；r 在 $0 \sim 1$，表示两个变量存在相关关系，r 越接近 1，表示线性关系越好。

2. 回归分析　在实际分析工作中，由于分析仪器精密度、测量条件等因素的微细变化，各个测量点不可能完全落在一条直线，这就需要用统计学的方法找到一条最接近各个测量点的直线，这条直线就是最佳的标准曲线，称为回归线。较好的方法是对测量点数据进行回归分析。

回归分析是研究随机现象中变量之间关系的一种数理统计方法。在实际分析工作中，两个变量的一元线性回归用得最多。以 x 表示浓度（或含量），y 表示物理量值，若两个变量存在线性关系，则一元线性方程式为

$$y = a + bx$$

式中，a 为直线截距；b 为直线斜率；a、b 为回归系数。

设作标准曲线时 n 次测量值分别为 (x_1, y_1)，(x_2, y_2)，(x_3, y_3)，$\cdots$，(x_n, y_n)，依据最小二乘法，测量点 $y_{i测}$ 值与回归线 $y_{i计}$ 值之差平方和为最小，用求极值方法可推导出 a、b 计算公式为

$$a = \frac{\sum\limits_{i=1}^{n} y_i - b\sum\limits_{i=1}^{n} x_i}{n} = \bar{y} - b\bar{x} \tag{5-17}$$

$$b = \frac{\sum\limits_{i=1}^{n} (x_i - \bar{x})(y_i - \bar{y})}{\sum\limits_{i=1}^{n} (x_i - \bar{x})^2} \tag{5-18}$$

式中，$\bar{x}$、$\bar{y}$ 分别为 x、y 的平均值，当 a、b 确定了，一元线性回归方程和标准曲线就确定了。

（二）标准曲线的计算机绘制

在坐标纸上用肉眼观察绘制标准曲线，操作麻烦，难于确定数据相关性，影响分析结果的准确性；按公式算工作量较大。目前利用 Excel 或 Origin 软件绘制标准曲线，操作简单、快速、准确，可直接得到一元线性回归方程和相关系数的平方值。下面以邻二氮菲分光光度法测量水中微量铁的工作任务为例，介绍用 Excel 绘制标准曲线和计算铁的含量。

在最大吸收波长下，用 1cm 吸收池，以不含铁的试剂溶液为参比，分别测量各标准系列显色溶液和试样显色溶液的吸光度（表 5-5），绘制标准曲线，求出试样中铁含量。

表5-5　在最大吸收波长下铁标准系列显色溶液和试样显色溶液测得的吸光度

c_{Fe}（μg/ml）	空白	0.80	1.60	2.40	3.20	4.00	试样
吸光度（A）	0.000	0.156	0.324	0.480	0.636	0.798	0.465

在 Excel 中，将铁标准溶液含量和相应的吸光度分别输入第一列和第二列单元格，选定此数据区，点击"插入—图表—散点图"，可得两组数据———对应的散点图，如图5-3所示。

选中散点，单击鼠标右键"添加趋势线"，可得标准曲线。在趋势线格式"选项"框，设置截距，选择"显示公式"及"显示 R^2"复选框，如图5-4所示，即可得到一元线性回归方程和相关系数。设置坐标轴格式，编辑图表区域格式，并设计图表布局，即得标准曲线（图5-5）。

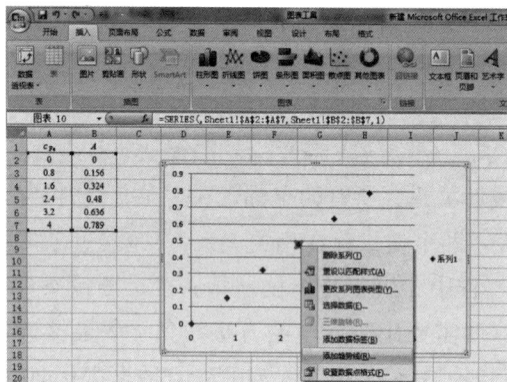

图5-3　绘制标准曲线散点图

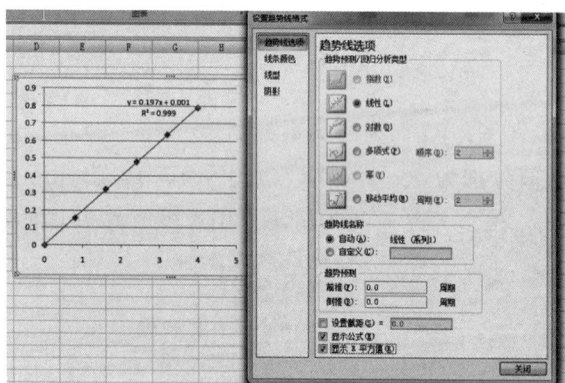

图5-4　加趋势线选项对话框

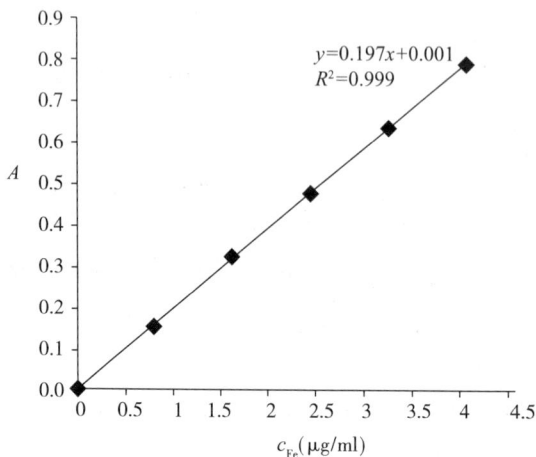

$y=0.197x+0.001$
$R^2=0.999$

图5-5　编辑得到的标准曲线、一元线性回归方程和相关系数的平方值

根据标准曲线和一元线性回归方程，计算吸光度为 0.465 的试样溶液铁含量为 2.36μg/ml。标准曲线还可以用 Origin 软件绘制，准确、快速、方便。

任务四 分析化学中的计量关系

PPT

一、常用的法定计量单位

我国的法定计量单位是以国际单位制单位为基础，结合我国的实际情况制定。在定量分析中常用的物理量有物质的量、质量、溶液的体积等，其国际单位及常用法定单位见表 5-6。

表 5-6 分析化学中常用的法定计量单位

量的名称	量的符号	单位名称	单位符号	换算关系	说明
物质的量	n	摩尔	mol	$1mol = 10^3 mmol$ $1mmol = 10^3 \mu mol$	国际单位
		毫摩尔	mmol		
		微摩尔	μmol		
质量	m	千克（公斤）	kg	$1kg = 10^3 g$ $1g = 10^3 mg$ $1mg = 10^3 \mu g$	国际单位
		克	g		
		毫克	mg		
		微克	μg		
体积	V	立方米	m³	$1m^3 = 10^3 L$ $1L = 10^3 ml$ $1ml = 10^3 \mu l$	国际单位
		升	L		
		毫升	ml		
		微升	μl		
密度	ρ	克/毫升	g/ml		
长度		米	m		国际单位
时间		秒	s		国际单位
热力学温度		开［尔文］	K		国际单位
能量		焦［耳］	J	$1eV = 1.60217653(14) \times 10^{-19} J$	国际单位
		电子伏	eV		
电位、电压、电动势		伏［特］	V		国际单位
相对原子质量	A_r			平均原子质量与 ^{12}C 原子质量的 1/12 之比	
摩尔质量	M_B	克/摩尔	g/mol		

二、计算基础

（一）物质的量和物质的量浓度

1. 物质的量 是以摩尔为计量单位来表示物质组成的物理量，用 n 表示。单位物质的量的物质所具有的质量，称为摩尔质量，用 M 表示。当物质的质量以克为单位时，摩尔质量的单位为 g/mol，在数值上等于该物质的化学式量。因此，物质的量与物质的质量、物质的摩尔质量之间的定量关系如下：

$$n_B = \frac{m_B}{M_B} \tag{5-19}$$

式中，n_B 为 B 物质的量，mol；m_B 为 B 物质的质量，g；M_B 为 B 物质的摩尔质量，g/mol。

2. 物质的量浓度 单位体积溶液中所含溶质的物质的量，称为物质的量浓度，简称浓度，用符号 c

表示，即

$$c_B = \frac{n_B}{V} \tag{5-20}$$

或

$$n_B = c_B V \tag{5-21}$$

式中，c_B 为溶质 B 的物质的量浓度，mol/L；n_B 为溶质 B 的物质的量，mol。

（二）反应物质之间的化学计量关系

化学定量分析常涉及溶液的配制和溶液浓度的计算，利用化学反应进行定量分析，用物质的量浓度来表示溶液的组成较为方便。

若标准溶液 A 与被测物质 B 之间的滴定反应为

$$aA + bB = cC + dD$$

当 A 和 B 完全反应，到达化学计量点时，A、B 的物质的量 n_A、n_B 之比等于化学反应系数 a、b 之比，即

$$\frac{n_A}{n_B} = \frac{a}{b}$$

或

$$n_A = \frac{a}{b} n_B$$

若标准溶液 A 浓度为 c_A，体积为 V_A，被测物质 B 浓度为 c_B，体积为 V_B，则

$$\frac{c_A V_A}{c_B V_B} = \frac{a}{b}$$

或

$$c_A V_A = \frac{a}{b} c_B V_B$$

若被测物质 B 质量为 m_B，摩尔质量为 M_B，则

$$c_A V_A = \frac{a}{b} \frac{m_B}{M_B}$$

或

$$m_B = \frac{b}{a} c_A V_A M_B$$

[例 5-8] 0.1010mol/L 的 HCl 标准溶液滴定 20.00ml 的 NaOH，终点时消耗 HCl 标准溶液 21.12ml，问 NaOH 溶液浓度为多少？

解：写出有关反应方程式　　HCl + NaOH = NaCl + H₂O

根据式

$$\frac{c_{HCl} V_{HCl}}{c_{NaOH} V_{NaOH}} = \frac{1}{1}$$

$$c_{NaOH} = \frac{c_{HCl} V_{HCl}}{V_{NaOH}} = \frac{0.1010 \times 21.12}{20.00} = 0.1067 mol/L$$

[例 5-9] 用无水碳酸钠为基准物质标定盐酸标准溶液，甲基橙作指示剂，实验结果如下。

测定次数	1	2	3	4
无水碳酸钠质量（g）	0.1204	0.1209	0.1226	0.1231
消耗盐酸体积（ml）	21.87	21.97	22.28	22.34

求盐酸浓度平均值和相对平均偏差。

解：写出有关反应方程式　　2HCl + Na₂CO₃ = 2NaCl + CO₂ + H₂O

根据式

$$c_{HCl} V_{HCl} = \frac{2}{1} \times \frac{m_{Na_2CO_3}}{M_{Na_2CO_3}}$$

得 $$c_{\mathrm{HCl}(1)}=\frac{2}{1}\times\frac{m_{\mathrm{Na_2CO_3}}}{M_{\mathrm{Na_2CO_3}}V_{\mathrm{HCl}}}=\frac{2}{1}\times\frac{0.1204}{105.99\times\dfrac{21.87}{1000}}=0.1039\mathrm{mol/L}$$

同理可求，$c_{\mathrm{HCl}(2)}=0.1038\mathrm{mol/L}$，$c_{\mathrm{HCl}(3)}=0.1038\mathrm{mol/L}$，$c_{\mathrm{HCl}(4)}=0.1040\mathrm{mol/L}$

因此，盐酸浓度平均值 $c_{\mathrm{HCl}}=0.1039\mathrm{mol/L}$

$$平均偏差\ \bar{d}=\frac{0.0003}{4}=7.5\times10^{-5}$$

$$相对平均偏差\ R\bar{d}=\frac{\bar{d}}{\bar{x}}\times100\%=\frac{7.5\times10^{-5}}{0.1039}\times100\%=0.07\%$$

👁 **看一看**

定量分析结果的表达

分析结果通常以被测组分实际存在形式的含量表示。若被测组分实际存在形式不清楚，则分析结果最好以元素或氧化物形式的含量表示。

固体试样中的被测组分含量，通常以质量分数表示，符号为 w_{B}，定义为被测物质 B 的质量 m_{B} 与试样的质量 m_{S} 之比，即 $w_{\mathrm{B}}=\dfrac{m_{\mathrm{B}}}{m_{\mathrm{S}}}$。

由于液体试样可用质量或体积来计算，所以被测组分的含量可用下列几种方式表示。①物质的量浓度：被测物质的物质的量除以试液的体积。②质量摩尔浓度：被测物质的物质的量除以溶剂的质量。③质量浓度：被测物质的物质的质量除以溶液的体积。④质量分数：被测物质的物质的量除以试液的质量，量纲为1。⑤体积分数：被测物质的体积除以试液的体积。⑥摩尔分数：被测物质的物质的量除以试液的物质的量。

气体试样中的常量或微量组分含量常以质量浓度或体积分数来表示。

任务五　滴定度和滴定分析结果的计算

滴定分析法是根据一种已知准确浓度的试剂溶液（称为标准溶液或滴定液）与被测物质完全反应时所消耗的体积及其浓度来计算被测组分含量的方法。滴定分析计算涉及标准溶液浓度的表示和计算、不同滴定方式、有关物质的量的关系及其计算。

一、滴定度

（一）滴定度的定义

滴定度是指每毫升标准溶液 A 相当于被测组分 B 的质量。以 $T_{\mathrm{A/B}}$ 表示，A 为标准溶液溶质的化学式，B 为被测物质的化学式，单位为 g/ml。

$$T_{\mathrm{A/B}}=\frac{m_{\mathrm{B}}}{V_{\mathrm{A}}} \tag{5-22}$$

例如，$T_{\mathrm{HCl/NaOH}}=0.004000\mathrm{g/ml}$，表示用 HCl 标准溶液滴定被测组分 NaOH 时，1ml HCl 标准溶液与 0.004000g NaOH 完全反应，1ml HCl 标准溶液相当于 0.004000g NaOH。

若滴定终点时消耗 HCl 标准溶液 20.00ml，则试样中被测组分 NaOH 的质量为

$$m_{\mathrm{NaOH}}=T_{\mathrm{HCl/NaOH}}\times V_{\mathrm{HCl}}=0.004000\times20.00=0.08000\mathrm{g}$$

这样求算被测物质的质量就比较方便了。

(二) 滴定度与物质的量浓度换算

根据 $aA + bB \Longrightarrow cC + dD$ 得 $\dfrac{n_A}{n_B} = \dfrac{a}{b}$，根据 $n_A = c_A V_A$，$n_B = \dfrac{m_B}{M_B}$，

可得 $c_A V_A = \dfrac{a}{b} \dfrac{m_B}{M_B}$，变形

得
$$m_B = \frac{b}{a} c_A V_A M_B$$

令 $V_A = 1\text{ml}$，根据 $T_{A/B} = \dfrac{m_B}{V_A}$ 得，$m_B = T_{A/B}$，代入 $m_B = \dfrac{b}{a} c_A V_A M_B$ 可得

$$T_{A/B} = \frac{b}{a} \frac{c_A M_B}{1000} \qquad (5-23)$$

[例 5 – 10] 0.1010mol/L 盐酸标准溶液滴定 Na_2CO_3，甲基橙作指示剂，T_{HCl/Na_2CO_3} 为多少？（已知 $M_{Na_2CO_3} = 105.99\text{g/mol}$）

解：写出有关反应方程式 $2HCl + Na_2CO_3 \Longrightarrow 2NaCl + CO_2 + H_2O$

根据式

$$T_{HCl/Na_2CO_3} = \frac{1}{2} \times \frac{c_{HCl} M_{Na_2CO_3}}{1000} = \frac{1}{2} \times \frac{0.1010 \times 105.99}{1000} = 0.005352\text{g/ml}$$

二、滴定分析结果计算

在滴定分析中有多种滴定方式，如直接滴定法、返滴定法、置换滴定法、间接滴定法等。

(一) 直接滴定法

适合滴定分析的化学反应，应符合下列要求。

1. 反应必须按一定的化学计量关系完全进行（完全程度达到 99.9% 以上），没有副反应。这是滴定分析计算的定量基础。

2. 反应必须迅速进行。对于较慢的反应，可通过加热或加入催化剂来加速反应。

3. 必须有适当简便的方法确定滴定终点。一般用指示剂确定滴定终点，有时也可用电化学方法确定滴定终点。

如果滴定反应符合上述条件，可直接将标准溶液从滴定管滴定到被测物质溶液中，这种滴定方式称为直接滴定法，是滴定分析最常用、最基本的滴定方式。如用 HCl 标准溶液滴定 Na_2CO_3、I_2 标准溶液滴定维生素 C 等。直接滴定法被测物质含量计算比较简单直接。

根据 $aA + bB \Longrightarrow cC + dD$ 得 $\dfrac{n_A}{n_B} = \dfrac{a}{b}$，根据 $n_A = c_A V_A$，$n_B = \dfrac{m_B}{M_B}$

可得 $c_A V_A = \dfrac{a}{b} \dfrac{m_B}{M_B}$，变形得 $m_B = \dfrac{b}{a} c_A V_A M_B$

代入 $w_B = \dfrac{m_B}{m_S}$ 式即可求得，公式为

$$w_B = \frac{m_B}{m_S} = \frac{\dfrac{b}{a} c_A V_A M_B}{m_S} \qquad (5-24)$$

如果用滴定度乘以滴定液体积计算被测物质含量就更简单了。

[例 5 – 11] 称取维生素 C 原料试样 m_S 为 0.2027g，按《中国药典》规定，用 $c(I_2) = 0.05060\text{mol/L}$

I$_2$标准溶液滴定至终点用去 20.89ml，计算维生素 C 的含量。每 1ml 0.05000mol/L I$_2$标准溶液相当于 0.008806g 维生素 C。

解题分析：因《中国药典》I$_2$标准溶液规定浓度为 0.05000mol/L，用 $c_{规定}$ 表示，本题实际 I$_2$标准溶液是 0.05060mol/L，用 $c_{实际}$ 表示。因此，0.008806g/ml 是 0.05000mol/L I$_2$标准溶液的滴定度（称为规定滴定度，用 $T_{规定}$ 表示），要换算成 0.05060mol/L I$_2$标准溶液的滴定度（称为实际滴定度，用 $T_{实际}$ 表示）。

解：根据式 $T_{A/B} = \dfrac{b}{a}\dfrac{c_A M_B}{1000}$，可知滴定度与物质的量浓度成正比例，可得

$$\frac{T_{A/B实际}}{T_{A/B规定}} = \frac{c_{A实际}}{c_{A规定}} \tag{5-25}$$

$$T_{A/B实际} = T_{A/B规定}\frac{c_{A实际}}{c_{A规定}} \tag{5-26}$$

其中 $\dfrac{c_{A实际}}{c_{A规定}}$ 称为换算因素，用 F 表示。

因此，被测物质 B 的质量分数 $\qquad w_B = \dfrac{m_B}{m_S} = \dfrac{T_{A/B规定}FV_A}{m_S}$ $\qquad\qquad$ (5-27)

代入数据得

$$w_{维生素C} = \frac{T_{A/B规定}FV_A}{m_S} = \frac{0.008806 \times \dfrac{0.0506}{0.05} \times 20.89}{0.2027} = 0.9184$$

在药物分析的含量测定中，都采取上式计算有关物质含量。

（二）返滴定法（剩余滴定法）

当反应较慢（如 EDTA 与 Al^{3+}）或反应物不溶于水（如盐酸与固体 CaCO$_3$）时，就不能直接滴定了。但可在被测物质溶液中加入一种定量且过量的标准溶液 1，待反应完全后，再用另一种标准溶液 2 滴定剩余的前一种标准溶液 1。此滴定方式称为返滴定法，又称为剩余滴定法。

例如，Al^{3+} 的含量测定。

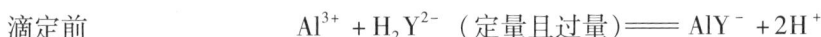

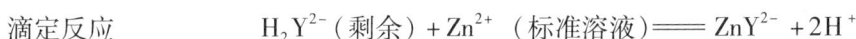

滴定前 $\qquad\qquad\qquad$ Al^{3+} + H$_2$Y^{2-}（定量且过量）$=\!=\!=$ AlY$^-$ + 2H$^+$

滴定反应 $\qquad\qquad\qquad$ H$_2$Y^{2-}（剩余）+ Zn^{2+}（标准溶液）$=\!=\!=$ ZnY^{2-} + 2H$^+$

返滴定法涉及两个或多个化学反应有关物质的量的关系，计算复杂一些。

［例 5-12］称取含有 Al$_2$O$_3$ 的试样 0.2359g，酸溶解后加入 0.02016mol/L EDTA 标准溶液 50.00ml，控制条件使 Al^{3+} 与 EDTA 完全配合反应，再以 0.02003mol/L Zn^{2+} 标准溶液返滴定剩余的 EDTA，用去 Zn^{2+} 标准溶液 21.57ml，求样品中 Al$_2$O$_3$ 的质量分数。

解：写出有关反应方程式 $\qquad$ Al$_2$O$_3$ + 6H$^+$ $=\!=\!=$ 2Al^{3+} + 3H$_2$O

$$\text{Al}^{3+} + \text{H}_2\text{Y}^{2-} =\!=\!= \text{AlY}^- + 2\text{H}^+$$

$$\text{H}_2\text{Y}^{2-}（剩余）+ \text{Zn}^{2+}（标准溶液）=\!=\!= \text{ZnY}^{2-} + 2\text{H}^+$$

根据前两个化学反应计量关系，可得

$$n_{\text{Al}_2\text{O}_3} = \frac{1}{2}n_{\text{Al}^{3+}} = \frac{1}{2}n_{\text{EDTA}}$$

根据第二、三个化学反应计量关系，可得 Al^{3+} 所消耗的 EDTA 的物质的量为

$$n_{\text{EDTA}} = (c_{\text{EDTA}}V_{\text{EDTA}} - c_{\text{Zn}^{2+}}V_{\text{Zn}^{2+}})$$

$$m_{\text{Al}_2\text{O}_3} = \frac{1}{2}n_{\text{EDTA}}M_{\text{Al}_2\text{O}_3} = \frac{1}{2}(c_{\text{EDTA}}V_{\text{EDTA}} - c_{\text{Zn}^{2+}}V_{\text{Zn}^{2+}})M_{\text{Al}_2\text{O}_3}$$

因此

$$w_{Al_2O_3} = \frac{m_{Al_2O_3}}{m_S} = \frac{\frac{1}{2} \times \left(0.02016 \times \frac{50.00}{1000} - 0.02003 \times \frac{21.57}{1000}\right) \times 101.96}{0.2359} = 0.1245$$

（三）置换滴定法

当反应没有定量关系或伴随有副反应（如 $Na_2S_2O_3$ 与 $K_2Cr_2O_7$ 反应）时，不能直接进行滴定。此时可用某试剂与被测物质反应，置换出与被测物质有确定计量关系的另一生成物，再用标准溶液滴定该生成物，从而计算出被测组分的含量，此法称置换滴定法。

例如，$Cr_2O_7^{2-}$ 的含量测定。

滴定前　　　　　　$Cr_2O_7^{2-} + 6I^- + 14H^+ \rule[0.5ex]{1.5em}{0.4pt} 2Cr^{3+} + 3I_2 + 7H_2O$

滴定反应　　　　　$I_2 + 2S_2O_3^{2-}$（标准溶液）$\rule[0.5ex]{1.5em}{0.4pt} 2I^- + S_4O_6^{2-}$

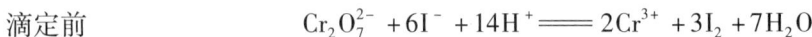

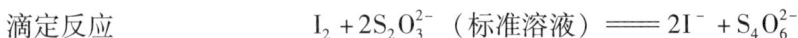

置换滴定法被测物质含量的计算和直接滴定法一样，只不过标准溶液与被测物质的物质的量关系在两个或多个化学反应式之间获得。

♥ 药爱生命

维生素 C，分子式为 $C_6H_8O_6$，分子量为 176.13；为白色结晶或结晶性粉末；无臭，味酸；久置色渐变微黄；水溶液显酸性反应；熔点为 190～192℃。又叫 L - 抗坏血酸，是一种水溶性维生素。食物中的维生素 C 被人体小肠上段吸收。一旦吸收，就分布到体内所有的水溶性结构中。维生素 C 的主要作用是提高免疫力，预防癌症、心脏病、脑卒中，保护牙齿和牙龈等。另外，坚持按时服用维生素 C 还可使皮肤黑色素沉着减少，减少黑斑和雀斑，使皮肤白皙。富含维生素 C 的食物有花菜、青辣椒、橙子、葡萄汁、西红柿等蔬菜、水果。正常成年人体内的维生素 C 代谢活性池中约有 1500mg 维生素 C，最高储存峰值为 3000mg 维生素 C。

（四）间接滴定法

某些待测组分不能直接与滴定剂反应，但可通过其他的化学反应，间接测定其含量。对于不能直接与滴定剂反应的某些物质，可预先通过其他反应使其转变成能与滴定剂定量反应的产物，从而间接测定。例如，有些金属离子（如碱金属等）与 EDTA 形成的络合物不稳定，而非金属离子则不与 EDTA 络合，这些情况有时可以采用间接法测定，所利用的是一些能定量进行的沉淀反应，且沉淀的组成要恒定。

例如，Ca^{2+} 的含量测定。

$$Ca^{2+} + C_2O_4^{2-} \rule[0.5ex]{1.5em}{0.4pt} CaC_2O_4$$
$$CaC_2O_4 + 2H^+ \rule[0.5ex]{1.5em}{0.4pt} H_2C_2O_4 + Ca^{2+}$$
$$2MnO_5^- + 5H_2C_2O_4 + 6H^+ \rule[0.5ex]{1.5em}{0.4pt} 2Mn^{2+} + 10CO_2 + 8H_2O$$
$$2MnO_5 \longrightarrow 5H_2C_2O_4 \longrightarrow 5CaC_2O_5 \longrightarrow 5CaCl_2$$

根据 $KMnO_4$ 滴定液的浓度和用量，可间接测定 Ca^{2+} 含量。

目标检测

答案解析

一、选择题

（一）单项选择题

1. 砝码被腐蚀引起的误差为（　　）

A. 偶然误差　　　　　　　　　　B. 试剂误差

C. 方法误差　　　　　　　　　　D. 仪器误差

2. 下列各数中，有效数字位数为四位的是（　　）

A. 0.1034mol/L　　　　　　　　B. pH = 10.31

C. 1000　　　　　　　　　　　　D. π = 3.141

3. 称量时电压不稳引起的误差为（　　）

A. 偶然误差　　　　　　　　　　B. 试剂误差

C. 方法误差　　　　　　　　　　D. 过失误差

4. （　　）可以反映测量结果的准确度

A. 相对误差　　　　　　　　　　B. 绝对偏差

C. 标准偏差　　　　　　　　　　D. 相对标准偏差

5. （　　）可以减小偶然误差

A. 回收试验　　　　　　　　　　B. 多次测量，取平均值

C. 校准仪器　　　　　　　　　　D. 对照试验

（二）多项选择题

1. （　　）可以减小测量的系统误差

A. 对照试验　　　　　　　　　　B. 空白试验

C. 多次测定，取平均值　　　　　　D. 校准仪器

2. （　　）能提高分析结果的准确度

A. 选择适当的分析方法　　　　　　B. 减小测量误差

C. 改善实验环境　　　　　　　　D. 减少平行测量次数

3. 下列属于仪器误差的是（　　）

A. 读错刻度　　　　　　　　　　B. 滴定管活塞处漏液

C. 容量瓶刻度不准　　　　　　　D. 天平不等臂

4. 下列属于操作误差的是（　　）

A. 读数偏高　　　　　　　　　　B. 读数偏低

C. 读错刻度　　　　　　　　　　D. 颜色辨别不敏锐

二、计算题

1. 将下列有效数字的位数修约为四位。

①28.745　　②10.0654　　③0.386550　　④2.345501 × 10^{-3}

⑤108.445　　⑥9.9864　　⑦0.37426　　⑧4.565491

2. 按有效数字的运算规则计算下列各式。

①0.0235 + 18.56 + 5.26782

②0.372 × 23.64 × 2.05782

③6.58436 + 0.3216 − 4.03

④$\dfrac{4.237}{0.50356 \times 23.1}$

⑤6.8 + 0.463 × 2.1564

3. 有一铁矿试样，经 3 次测量，铁含量分别为 24.87%、24.93%、24.91%，而铁的实际含量为 25.05%。试计算测定结果的绝对误差和相对误差。

4. 某试样经分析测得有效成分（%）为：41.24、41.27、41.23 和 41.26，求分析结果的平均偏差和标准偏差。

5. 精密称取 $CaCO_3$ 样品 0.5492g，溶于 25.00ml 0.4985mol/L 的 HCl 溶液中，煮沸除去 CO_2 后，过量的 HCl 溶液用 0.1025mol/L NaOH 标准溶液滴定消耗了 20.20ml，计算试样中 $CaCO_3$ 的百分含量。

书网融合……

重点回顾　　　微课　　　习题

项目六　酸碱滴定法

>> **项目导航**

　　酸碱滴定法是应用物质间酸碱反应对物质进行定量分析的一种分析方法，是分析检测过程中应用最广泛的化学分析方法之一。

学习目标

知识目标：

1. 掌握　各种类型酸碱滴定曲线的特点；影响滴定突跃范围的因素；化学计量点酸度的计算和指示剂的选择原则；一元弱酸（弱碱）及多元酸（碱）能被准确滴定的条件；酸碱滴定法的应用。

2. 熟悉　酸碱指示剂的作用原理；常用酸碱指示剂的变色范围及其影响因素；混合酸碱的测定方法。

3. 了解　混合指示剂的特点；滴定误差产生的原因。

技能目标：

学会酸碱滴定的基本操作，能正确使用滴定管；能够配制与标定常用酸碱滴定液；可以判定酸碱滴定过程中的滴定终点。

素质目标：

培养团队合作精神；通过对滴定终点的掌握，培养精益求精的工匠精神；通过对实验废液的处理，培养环保理念。

导学情景

情景描述［🔗链接《中国药典》（2020 年版）］：［NaHCO$_3$的测定］取本品约 1g ，精密称定，加水 50ml 使溶解，加甲基红-溴甲酚绿混合指示液 10 滴，用盐酸滴定液（0.5mol/L）滴定至溶液由绿色转变紫红色，煮沸 2 分钟，冷却至室温，继续滴定至溶液由绿色变为暗紫色。每 1ml 盐酸滴定液（0.5mol/L）相当于 42.00mg 的 NaHCO$_3$。

$$含量（\%）= \frac{V \times T \times F \times 10^{-3}}{m} \times 100\%$$

情景分析：甲基红－溴甲酚绿混合指示液在碱性环境呈现绿色，在酸性环境呈现酒红色。碱性碳酸氢钠与酸性盐酸反应，生成中性的氯化钠。滴定终点前后，溶液由碱性变为酸性，甲基红－溴甲酚绿混合指示液的颜色由绿色变为暗紫色。

讨论：自然界中有很多在酸碱环境中呈现不同颜色的化合物，这些化合物都可以当作酸碱滴定的指示剂吗，为什么？

学前导语：酸碱滴定法是一种被基于酸碱中和反应的滴定法，滴定时，随着滴定剂的加入，溶液 pH 不断发生变化。在化学计量点附近 pH 突跃，从而引起指示剂颜色发生变化，指示终点。

任务一　概　述

一、酸碱的定义

酸碱质子理论认为：凡能给出质子的物质是酸；凡能接受质子的物质是碱。

$$HA \rightleftharpoons H^+ + A^-$$
酸

$$A^- + H^+ \rightleftharpoons HA$$
碱

从上述关系式可以看出，酸给出质子变成碱；碱结合质子变成酸。通过一个质子的得失，相互转化的一对酸碱，称为共轭酸碱对。酸给出质子生成其共轭碱，碱得到质子变成其共轭酸。

共轭酸碱对解离平衡常数满足以下关系：

$$HA \rightleftharpoons H^+ + A^- \qquad\qquad K_a = \frac{[H^+][A^-]}{[HA]}$$

$$A^- + H_2O \rightleftharpoons HA + OH^- \qquad\qquad K_b = \frac{[HA][OH^-]}{[H_2O][A^-]}$$

$$K_a \times K_a = \frac{[H^+][A^-]}{[HA]} \times \frac{[HA][OH^-]}{[H_2O][A^-]} = \frac{[H^+][OH^-]}{[H_2O]} = [H^+][OH^-]$$

有一类物质如 HCO_3^-、$H_2PO_3^{2-}$ 等，既可以给出质子，又可以接受质子，这类物质叫作两性物质。

二、酸碱反应的实质

酸碱反应的实质是酸碱间通过质子的转移生成另外一种碱和酸的过程。

$$HAc + NH_3 \rightleftharpoons NH_4^+ + Ac^-$$

在反应过程中，HAc 给出质子后生成其共轭碱 Ac^-；NH_3 接受质子后生成其共轭酸 NH_4^+。

三、水的解离平衡和溶液的酸碱性

（一）水的解离平衡

水是一种重要的溶剂，其既可以给出质子，又可以接受质子，是两性物质。质子由于其体积小，不能单独存在，都以合质子的形式存在，例如水合质子（H_3O^+），为了书写方便一般直接写作 H^+。

水的电离的过程为

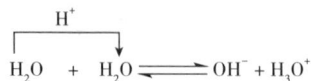

$$H_2O + H_2O \xrightleftharpoons{\ H^+\ } OH^- + H_3O^+$$

上述反应称为水的质子自递反应。其平衡常数可以表示为

$$K_w = \frac{[H^+][OH^-]}{[H_2O]^2}$$

因为水的解离程度较弱，解离前后水的浓度几乎未变，可把其浓度看作"1"。所以，上式可写为

$$K_w = [H^+][OH^-]$$

K_w 称为水的离子积常数，简称水的离子积。水的离子积常数是水的离子自递常数，类似于反应平衡常数，因此水的离子积常数是一个只与温度有关的常数。根据试验测定，298.15K 时，水的离子积常

数 $K_w = 1.0 \times 10^{-14}$。

(二) 溶液的酸碱性

根据溶液中 H^+、OH^- 的浓度大小比较，溶液可以分为酸性、中性和碱性。

(1) $[H^+] = [OH^-]$　溶液显中性。

(2) $[H^+] > [OH^-]$　溶液显酸性。

(3) $[H^+] < [OH^-]$　溶液显碱性。

水溶液中 H^+ 和 OH^- 浓度都比较小，通常利用 pH 或 pOH 表达溶液酸碱性。

pH 是溶液中氢离子浓度的负对数

$$pH = -\lg[H^+]$$

pOH 是溶液中氢氧根浓度的负对数

$$pOH = -\lg[OH^-]$$

pH 与 pOH 的关系为

$$pK_w = -\lg[H^+] + (-\lg[OH^-])$$
$$pK_w = pH + pOH = 14$$

298.15K 时，在纯水中，

$$K_w = 1.0 \times 10^{-14}, \quad [H^+] = [OH^-]$$
$$pH = pOH = 7$$

水的离子积常数只与温度有关，因为，在所有含水溶液中 $K_w = [H^+][OH^-] = 1.0 \times 10^{-14}$。

所以 298.15K 时水溶液的 pH 的大小与溶液酸碱性的关系如下。

(1) $pH < 7(pOH > 7)$　溶液呈酸性。

(2) $pH = 7(pOH = 7)$　溶液呈中性。

(3) $pH > 7(pOH < 7)$　溶液呈碱性。

注意，水的离子积常数与温度有关，pH = 7 水溶液为中性溶液，仅作为 298.15K 时溶液的判定标准。判断溶液酸碱性的标准仍应以 H^+、OH^- 的浓度大小来判定。

练一练

298.15K 时，在 0.1mol/l 的盐酸溶液中，存在 OH^- 吗？若存在，$[OH^-]$ 是多少？

答案解析

任务二　酸碱指示剂

PPT

一、变色原理和变色范围

在酸碱滴定中，绝大部分被测物质、滴定液及其反应产物都没有颜色，因此滴定反应过程，没有明显的、可供参考的、指示反应进程的现象。为了可以掌握反应进程，需要在滴定反应过程中引入指示剂，利用指示剂的颜色变化来反映滴定反应的进程。

(一) 指示剂的变色原理

酸碱指示剂一般是有机弱酸或弱碱。其在溶液中可发生电离，其未电离前的分子结构和电离后的离子结构颜色明显不同。

现以有机弱酸酚酞为例，对酸碱指示剂的变色原理加以说明。酚酞的酸式结构用"HIn"表示，与酸对应的共轭碱用"In⁻"表示。

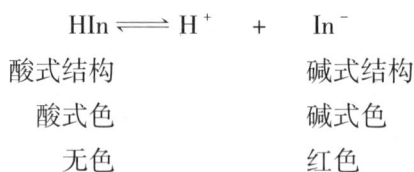

$$HIn \rightleftharpoons H^+ + In^-$$

酸式结构　　　　　　碱式结构

酸式色　　　　　　　碱式色

无色　　　　　　　　红色

根据平衡移动原理，在酸性环境中酚酞主要以酸式结构形式存在，溶液无色。滴定过程中，随着溶液 pH 不断变大时，平衡向右移动，指示剂从分子型（酸式结构）变为离子型（碱式结构），颜色从无色（酸式色）变为红色（碱式色）。

（二）指示剂变色范围

指示剂是有机弱酸（弱碱），其解离平衡满足酸（碱）解离平衡表达式：

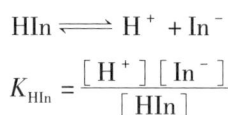

$$HIn \rightleftharpoons H^+ + In^-$$

$$K_{HIn} = \frac{[H^+][In^-]}{[HIn]}$$

$$[H^+] = K_{HIn}\frac{[HIn]}{[In^-]}$$

两边取负对数，得
$$pH = pK_{HIn} + \lg\frac{[In^-]}{[HIn]}$$

pK_{HIn} 是指示剂的解离平衡常数，只与温度有关，因此，溶液的 pH 影响溶液中指示剂碱式结构与酸式结构的浓度比，即溶液 pH 不同，溶液中呈现两种不同颜色的结构浓度也不同。

两种颜色同时存在于一种溶液中，浓度低的颜色易被浓度高的颜色所掩盖，从而难以被识别。局限于眼睛对颜色的辨别力，一般只有当低浓度颜色的浓度大于高浓度颜色浓度的1/10时，人眼可以从高浓度颜色中识别出低浓度颜色。因此：

$\frac{[In^-]}{[HIn]} \leq \frac{1}{10}$ 时，溶液呈现 HIn 的颜色，此时 [HIn] 继续增大，颜色无变化。

$$pH < pK_{HIn} - 1$$

$\frac{1}{10} \leq \frac{[In^-]}{[HIn]} \leq 10$ 时，In⁻颜色可以被识别出来，溶液呈现 In⁻ 和 HIn 的混合颜色。

$$pK_{HIn} - 1 < pH < pK_{HIn} + 1$$

$\frac{[In^-]}{[HIn]} \geq 10$ 时，HIn 颜色被 In⁻掩盖，溶液呈现 In⁻ 的颜色，继续增大 [In⁻]，颜色不变。

综上所述，在两种颜色形态的浓度比值在 $\frac{1}{10} \leq \frac{[In^-]}{[HIn]} \leq 10$ 时，溶液颜色逐渐由 HIn 向 In⁻ 过渡，即在 $pK_{HIn} - 1 \leq pH \leq pK_{HIn} + 1$ 范围内，指示剂颜色有变化，超出此范围指示剂颜色变化不能被肉眼识别。因此指示剂在 $pH = pK_{HIn} \pm 1$ 范围内有颜色变化，即指示剂的变色范围 $pH = pK_{HIn} \pm 1$。

[HIn] 与[In⁻] 的相等时，即 $\frac{[In^-]}{[HIn]} = 1$ 时，显示两种结构的混合色，此时酸式结构和碱式结构浓度的微小变化都能引起溶液颜色的剧烈变化，指示剂的变色最敏锐，称为指示剂的理论变色点。

pK_{HIn} 与指示剂的种类相关，不同的指示剂 pK_{HIn} 不同，变色范围不同。

人眼对于不同颜色的敏感性不同，导致实际能观察到的变色范围，与理论计算结果略有差异。如甲基橙的 $pK_{HIn} = 3.4$，由于人的视觉对红色更加敏感，导致能观察到碱式色的 pH 比理论计算的 pH 更大，其变色范围为 3.1～4.4。常用酸碱指示剂 pK_{HIn} 和变色范围见表 6-1。

表 6-1　常用酸碱指示剂 pK_{HIn} 和变色范围

指示剂	pK_{HIn}	pH 变色范围	指示剂	
			酸式色	碱式色
百里酚蓝	1.7	2.2 ~ 2.8	红	黄
	8.9	8.0 ~ 9.6	黄	蓝
甲基橙	3.4	3.0 ~ 4.4	红	黄
溴酚蓝	4.1	3.6 ~ 4.6	黄	紫 – 蓝
甲基红	5.2	4.4 ~ 6.2	红	黄
溴百里酚蓝	7.3	6.0 ~ 7.6	黄	蓝
酚酞	9.4	8.2 ~ 10.0	无	红
百里酚酞	10.0	9.3 ~ 10.5	无	蓝

二、影响酸碱指示剂变色范围的因素

1. 温度　指示剂的变色范围主要受解离平衡常数 K_{HIn} 的影响。K_{HIn} 主要受温度和溶剂种类的影响，人眼的识别能力也是影响主观判断的误差来源之一。K_{HIn} 随温度的变化而变化，指示剂变色范围随之改变（表 6-2）。

表 6-2　温度对常用酸碱指示剂变色范围的影响

指示剂	变色范围	
	18℃	100℃
百里酚蓝	1.2 ~ 2.8	1.2 ~ 2.6
甲基橙	3.0 ~ 4.4	2.5 ~ 3.7
溴酚蓝	3.0 ~ 4.6	3.0 ~ 4.5
甲基红	4.4 ~ 6.2	4.0 ~ 6.0
酚红	6.4 ~ 8.0	6.6 ~ 8.2
酚酞	8.0 ~ 10.0	8.0 ~ 9.2

2. 溶剂　溶剂种类不同，接受质子或给出质子能力不同，影响指示剂 pK_{HIn}。所以相同指示剂在不同的溶剂中，变色范围可能有差异。例如甲基橙在水溶液中 $pK_{HIn} = 3.4$，而在甲醇中 $pK_{HIn} = 3.8$。

3. 指示剂用量　每种颜色都有肉眼观察的最佳浓度，若指示剂浓度太大，可能导致最佳浓度提前出现，若浓度太低可能导致变色不明显，导致滴定终点延后出现。另外，指示剂本身就是一类弱酸或弱碱，存在一定的酸碱性，也会消耗一定的滴定液。

4. 滴定程序　由于肉眼对不同颜色的敏感程度不同，滴定时应注意滴定的顺序。例如，若用甲基橙作指示剂，肉眼对红色比对黄色更加敏感，所以终点由黄色变成红色时，变色敏锐；而终点由红色变成黄色时，变色不敏锐，容易致使滴定液过量。

三、混合指示剂

某些滴定，由于其滴定突跃 pH 范围很窄，难以选择合适的单一指示剂指示终点，因此可选用混合指示剂。混合指示剂是利用两种或两种以上指示剂混合，利用多种指示剂颜色互补原理，使终点颜色变化更加敏锐，变色范围变窄，可提高测定的准确度。

（一）在某种指示剂中加入一种惰性颜料的混合指示剂

例如，在甲基橙中加入靛蓝，靛蓝是一种惰性颜料，颜色不随环境变化，作为甲基橙的背景色。

pH > 4.4 时，溶液显绿色（黄与蓝混合色）；pH < 3.1 时，溶液显紫色（红色与蓝色的混合色）；pH = 4 时，溶液几乎无色。与甲基橙的黄色橙色红色相比较，变色非常敏锐。此类指示剂颜色变化主要依据单一指示剂的浓度变化，变色范围与单一指示剂相同。

（二）两种或两种以上的指示剂混合而成的混合指示剂

如溴甲酚绿和甲基红组成的混合指示剂，此类混合指示剂的酸式和碱式结构的颜色互补，使颜色变化更加明显，变色更加敏锐，变色范围也会发生相应的变化，变色范围变窄（表6-3）。

表6-3 常用混合指示剂变色范围

指示剂的组成	变色点	颜色		备注
		酸色	碱色	
0.1%甲基橙：0.25%靛蓝二磺酸钠（1:1）	4.1	紫	黄绿	pH = 4.1 灰色
0.2%甲基红：0.1%溴甲酚绿（1:3）	5.1	酒红	绿	pH = 5.1 灰色
0.1%中性红：0.1%亚甲基蓝（1:1）	7.0	蓝紫	绿	pH = 7.0 蓝紫色
0.1%甲基绿：0.1%酚酞（2:1）	8.9	绿	紫	pH = 8.8 浅蓝色 pH = 9.0 紫色
0.1%百里酚：0.1%酚酞（1:1）	9.9	无色	紫	pH = 9.6 玫瑰色 pH = 10.0 紫色

❓ 想一想

用氢氧化钠滴定液滴定盐酸时，选择酚酞而不选用甲基橙作为指示剂的原因是什么？

答案解析

任务三　酸碱滴定

PPT

在酸碱滴定法中，随着滴定液的加入，溶液的 pH 将不断发生规律性的变化。在酸碱滴定过程中，以加入滴定液的体积为横坐标，以溶液的 pH 为纵坐标，绘制而成的曲线称为酸碱滴定曲线。酸碱滴定曲线准确地描述了滴定过程中溶液 pH 的变化情况。这种变化的规律性对于人们正确选择指示剂、准确判断滴定终点具有很重要的意义。

一、强酸（强碱）的滴定 🅴 微课

（一）滴定曲线

以 NaOH 滴定液（0.1000mol/L）滴定 20.00ml 0.1000mol/L HCl 溶液为例，讨论强酸（强碱）的滴定曲线。

强碱强酸基本反应　　　　　　　　$H^+ + OH^- \Longrightarrow H_2O$

滴定过程分为四个阶段。

1. 滴定前　溶液的 $[H^+]$ 等于 0.1000mol/L HCl 的初始浓度。

$$[H^+] = 0.1000mol/L$$

$$pH = 1.00$$

2. 滴定开始到化学计量点前　此阶段溶液中盐酸过量，溶液中的 $[H^+]$ 取决于滴入 NaOH 滴定液后，反应剩余的 HCl 的量，$[H^+]$ 按下式计算

$$[H^+] = \frac{c_{HCl} V_{HCl} - c_{NaOH} V_{NaOH}}{V_{HCl} + V_{NaOH}}$$

当加入 NaOH 溶液 18.00ml 时

$$[H^+] = \frac{20.00 \times 0.1000 - 18.00 \times 0.1000}{20.00 + 18.00} = 5.26 \times 10^{-3} mol/L$$

$$pH = 2.28$$

当加入 NaOH 溶液 19.98ml 时，距化学计量点差 0.02ml 滴定液（约半滴），溶液 pH 为

$$[H^+] = 5.00 \times 10^{-5} mol/L \quad pH = 4.30$$

3. 化学计量点时 NaOH 和 HCl 反应完全，此时溶液呈中性。

$$[OH^-] = [H^+] = 1.00 \times 10^{-7} mol/L \quad pH = 7.00$$

4. 化学计量点后 体系中盐酸反应完全，溶液的 pH 取决于过量滴入的 NaOH 滴定液的浓度。

$$[OH^-] = \frac{c_{NaOH} V_{NaOH} - c_{HCl} V_{HCl}}{V_{HCl} + V_{NaOH}}$$

当加入 NaOH 溶液 20.02ml 时，即多加 0.02ml 滴定液（约半滴），溶液 pH 为

$$[OH^-] = 5.00 \times 10^{-5} mol/L \quad pOH = 4.30$$

$$pH = 14 - pOH = 9.70$$

如此逐一计算滴定过程溶液的 pH，计算结果列入表 6-4。

表 6-4 NaOH 滴定液（0.1000mol/L）滴定 20.00ml HCl 溶液(0.1000mol/L) pH 的变化

加入 V_{NaOH} (ml)	HCl 被滴定百分数(%)	剩余 V_{HCl} (ml)	过量 V_{NaOH} (ml)	$[H^+]$ (mol/L)	pH
0.00	0.00	20.00		1.00×10^{-1}	1.00
18.00	90.00	2.00		5.26×10^{-3}	2.28
19.80	99.00	0.20		5.02×10^{-4}	3.30
19.98	99.90	0.02		5.00×10^{-5}	4.30
20.00	100.00	0.00		1.00×10^{-7}	7.00
20.02	100.1		0.02	2.00×10^{-10}	9.70
20.20	101.0		0.20	2.01×10^{-11}	10.70
22.00	110.0		2.00	2.10×10^{-12}	11.68
40.00	200.0		20.00	2.00×10^{-13}	12.70

若以 NaOH 滴定液加入量（或酸碱滴定的百分数）为横坐标，溶液的 pH 为纵坐标作图，可以得到强碱滴定强酸的滴定曲线，如图 6-1 所示。

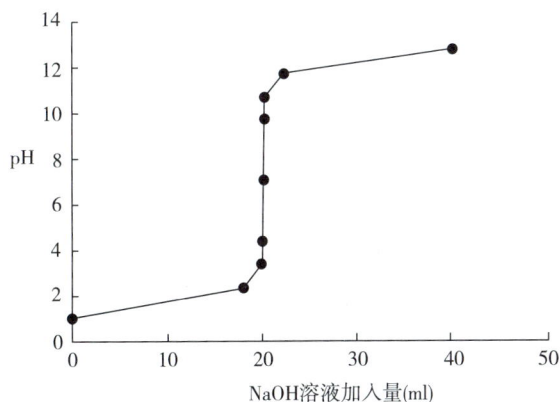

图 6-1 NaOH 滴定液（0.1000mol/L）滴定 20.00ml HCl 溶液（0.1000mol/L）的滴定曲线

（二）强酸（强碱）滴定曲线的特点

由表 6-4 和图 6-1 可看出：

1. 曲线的起点是 $[H^+]=[HCl]$，pH = 1.00。

2. 当滴定液 NaOH 滴定液的加入量为 19.98ml（误差为 -0.1%）时，溶液 pH 从 1.00 增加到 4.30，ΔpH = 3.30，变化缓慢，曲线平坦。

3. 当滴定液 NaOH 溶液的加入量从 19.98ml（误差为 -0.1%）到 20.02ml（误差为 +0.1%）时，$\Delta V_{NaOH}=0.04$ml（约 1 滴），溶液 pH 从 4.30 增加到 9.70，ΔpH = 5.40。这种在化学计量点前后，极少量滴定液加入，引起溶液的 pH 发生剧烈变化的现象称为滴定突跃。在化学计量点前后 ±0.1% 的误差范围内，溶液 pH 的变化范围称为酸碱滴定突跃范围。

4. 化学计量点 pH = 7.00，溶液呈中性。

5. 滴定突跃后，继续加入 NaOH 滴定液，滴定曲线又变得平坦。

（三）影响滴定突跃范围的因素

对于强酸强碱，影响溶液 pH 的主要因素是浓度，因此酸碱的浓度决定了滴定突跃范围。酸碱溶液浓度越高，滴定突跃范围越大，可选择的指示剂范围越宽，但同时，滴定终点误差越大。因此酸碱滴定中溶液浓度的最佳范围为 0.1~1.0mol/L，滴定液与待测溶液浓度相近。

二、一元弱酸（碱）的滴定

（一）滴定曲线

以 NaOH 滴定液（0.1000mol/L）滴定 20.00ml 0.1000mol/L 醋酸溶液为例，讨论一元弱酸（弱碱）滴定过程。

滴定反应为

$$HAc + OH^- \rightleftharpoons Ac^- + H_2O$$

1. 滴定前 醋酸为弱酸，不完全电离，pH 计算按照一元弱酸最简式计算 0.1000mol/L 醋酸，其 $[H^+]$ 为

$$[H^+]=\sqrt{K_a c}=\sqrt{1.76\times10^{-5}\times0.1000}=1.33\times10^{-3}mol/L$$

$$pH = 2.87$$

2. 滴定开始到化学计量点前 体系中有多余的醋酸，反应产物为醋酸钠。所以此溶液为 NaAc-HAc 缓冲体系，溶液的 pH 按下式计算。

$$pH = pK_a + \lg\frac{c_{Ac^-}}{c_{HAc}}$$

当加入 NaOH 滴定液 19.98ml 时，有 0.02ml HAc 未参与反应。

$$pH = pK_a + \lg\frac{c_{Ac^-}}{c_{HAc}}=4.75+\lg\frac{0.1000\times19.98}{0.1000\times0.02}=7.75$$

3. 化学计量点时 NaOH 和 HAc 恰好按化学计量关系反应完全。溶液的组成为 NaAc 和水，Ac^- 为一元弱碱，溶液的 pH 按一元弱碱溶液 pH 的最简式进行计算。

$$[OH^-]=\sqrt{c_{Ac^-}K_b}=\sqrt{c_{Ac^-}\frac{K_w}{K_a}}=5.33\times10^{-6}mol/L$$

$$pOH = 5.27$$

$$pH = 14 - pOH = 14 - 5.27 = 8.73$$

4. 化学计量点后　溶液由强碱和强碱弱酸盐组成，溶液 pH 主要取决于强碱 NaOH 的量。

$$[OH^-] = \frac{c_{NaOH}V_{NaOH} - c_{HAc}V_{HAc}}{V_{HAc} + V_{NaOH}}$$

例如，当加入 NaOH 溶液 20.02ml 时

$$[OH^-] = 5.00 \times 10^{-5} \text{mol/L}$$

$$pOH = 4.30$$

$$pH = 14 - pOH = 9.70$$

如此逐一计算，滴定过程中溶液的 pH 变化见表 6-5。

表 6-5　NaOH 滴定液（0.1000mol/L）滴定 20.00ml HAc 溶液（0.1000mol/L）pH 的变化

V_{NaOH}（ml）	HAc 被滴定百分数	溶液组成	[H⁺] 的计算公式	pH
0.00	0.00	HAc	$[H^+] = \sqrt{K_a c_{HAc}}$	2.88
10.00	50.00			4.75
18.00	90.00	HAc	$[H^+] = \sqrt{K_a \dfrac{c_{HAc}V_{HAc} - c_{NaOH}V_{NaOH}}{V_{HAc} + V_{NaOH}}}$	5.70
19.80	99.00	Ac⁻		6.74
19.98	99.90			7.75
20.00	100.00	Ac⁻	$[OH^-] = \sqrt{K_b c_{Ac^-}} = \sqrt{\dfrac{K_w}{K_b} c_{Ac^-}}$	8.73
20.02	100.10			9.70
20.20	101.00	OH⁻	$[OH^-] = \dfrac{c_{NaOH}V_{NaOH} - c_{HAc}V_{HAc}}{V_{HAc} + V_{NaOH}}$	10.70
22.00	110.00	Ac⁻		11.68
40.00	200.00			12.70

若以 NaOH 滴定液加入量为横坐标，溶液的 pH 为纵坐标，可以得到强碱滴定一元弱酸的滴定曲线，如图 6-2 所示。

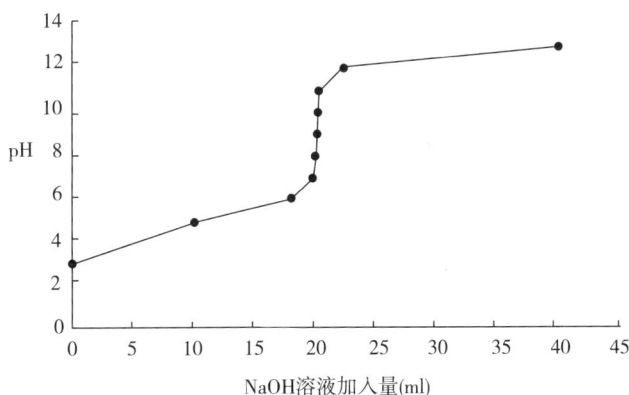

图 6-2　NaOH 滴定液（0.1000mol/L）滴定 20.00ml HAc 溶液（0.1000mol/L）的滴定曲线

（二）弱酸（强碱）滴定曲线的特点

比较图 6-1 和图 6-2，可以看出强碱滴定一元弱酸有以下特点。

1. 滴定曲线起点 pH 高，其 pH = 2.87，因为弱酸的 pH 不但与浓度有关，还与解离平衡常数有关。

2. 滴定开始至化学计量点前的曲线，与强酸强碱相比变化复杂。初始阶段，溶液中只有弱酸，滴定液加入后 pH 变化明显。随着滴定液的加入，生成更多醋酸钠，与醋酸组成缓冲溶液，缓冲滴定液加入引起的 pH 变化，曲线变缓。随着滴定液的加入，醋酸浓度逐渐降低，缓冲能力逐渐下降，曲线又逐渐变陡。

3. 化学计量点时，溶液组成 NaAc 和水，NaAc 电离生成 Ac⁻ 为一元弱碱，pH 大于 7.00。

4. 滴定突跃小。由于生成缓冲体系，导致化学计量点前，pH 变化不明显。与强酸强碱相比，滴定突跃小。

（三）影响滴定突跃范围的因素

从一元弱酸 pH 计算的讨论中可以知道，弱酸溶液氢离子浓度不仅与酸的浓度有关，还与弱酸解离平衡常数有关。滴定突跃反映的是溶液中氢离子浓度水平，弱酸浓度越大，弱酸的解离常数 K_a 越大，则滴定突跃越大；反之越小。

大量实验表明，只有当弱酸的 $cK_a \geq 10^{-8}$ 时，用强碱滴定该弱酸时才会出现明显的滴定突跃范围，可以选择合适的指示剂，该弱酸能够被强碱准确滴定。同理，对于弱碱，只有当 $cK_b \geq 10^{-8}$ 时，能用强酸进行准确滴定。

（四）指示剂的选择原则

酸碱指示剂通过颜色变化反映酸碱滴定反应的进程。在滴定反应中，指示剂在化学计量点前后允许误差范围内有颜色变化，才可以起到指示反应进程的目的。在滴定反应中，化学计量点前后误差允许范围，即为突跃范围。所以，在滴定突跃范围内，指示剂应有颜色变化，即指示剂的变色范围应有一部分或全部落在滴定突跃范围内。

三、多元酸（碱）的滴定

常见的多元酸多数不是强酸，在水溶液中是分步解离的。多元酸其分级电离出的氢离子能否被分别滴定，取决于其两级平衡常数的差距，若两级电离平衡常数差距足够大，其可以被分步滴定。若其两级电离平衡常数接近，两级电离产生的滴定突跃很接近，甚至相互重叠，则其不能被分步滴定。大量研究表明，若两级电离可以被分步滴定，则其两级电离平衡常数的比值必须大于等于 10^4。

对于二元弱酸，根据可能出现的情况，按下述原则进行判断。

（1）当 $cK_{a_1} \geq 10^{-8}$，$cK_{a_2} \geq 10^{-8}$，$K_{a_1}/K_{a_2} \geq 10^4$，两级电离产生的氢离子都可被准确滴定，且两级电离可被分步滴定。

（2）当 $cK_{a_1} \geq 10^{-8}$，$cK_{a_2} \geq 10^{-8}$，$K_{a_1}/K_{a_2} < 10^4$，两级电离产生的氢离子都可被准确滴定，但不能分步滴定。

（3）当 $cK_{a_1} \geq 10^{-8}$，$cK_{a_2} < 10^{-8}$，只有第一级解离的氢离子能被准确滴定，而第二级解离的氢离子不能被准确滴定。

三元及以上酸，同样适用以上条件。

现以 HCl 滴定液（0.1000mol/L）滴定 20.00ml Na_2CO_3 溶液（0.1000mol/L）为例，说明多元酸碱分步滴定情况。

CO_3^{2-} 是二元弱碱，

$$CO_3^{2-} + H^+ \rightleftharpoons HCO_3^- \qquad K_{b_1} = 1.8 \times 10^{-4}$$

$$HCO_3^- + H^+ \rightleftharpoons H_2CO_3 \qquad K_{b_2} = 2.4 \times 10^{-8}$$

$$cK_{b_1} = 0.1 \times 1.8 \times 10^{-4} = 1.8 \times 10^{-5} > 10^{-8} \qquad cK_{b_2} = 0.1 \times 2.4 \times 10^{-8} = 2.4 \times 10^{-9} \approx 10^{-8}$$

$$K_{b_1}/K_{b_2} = 7.5 \times 10^3 \approx 10^4$$

所以，可用强酸分步滴定。

第一化学计量点时，产物 HCO_3^-，是两性物质，溶液的 pH 按照两性物质溶液 pH 的最简式进行计算，则：$[H^+] = \sqrt{K_{a_1}K_{a_2}}$，pH = 8.31。可选酚酞为指示剂。

第二化学计量点时，产物是 H_2CO_3，为多元弱酸，此时溶液的 pH 可按照多元弱酸溶液 pH 的最简式进行计算，则：$[H^+] = \sqrt{cK_{a_1}}$，pH = 3.88。可选甲基橙为指示剂。

任务四 酸碱滴定法的典型工作任务分析

PPT

案例解析1：盐酸滴定液（0.1mol/L）的配制与标定

［配制］取盐酸9ml，加水适量使成1000ml，摇匀。

［标定］取在270~300℃干燥至恒重的基准无水碳酸钠约0.15g，精密称定，加水50ml使溶解，加甲基红–溴甲酚绿混合指示液10滴，用本液滴定至溶液由绿色转变为紫红色时，煮沸2分钟，冷却至室温，继续滴定至溶液由绿色变为暗紫色。每1ml盐酸滴定液（0.1mol/L）相当于5.30mg的无水碳酸钠。根据本液的消耗量与无水碳酸钠的取用量，算出本液的浓度，即得。

【任务分析】

1. 提出问题

（1）盐酸滴定液应该用什么方法配制？为什么？

（2）滴定过程中有哪些注意事项保证标定结果的准确性？

2. 开动脑筋 浓盐酸具有极强的挥发性，无法取到一定准确量浓盐酸，因此不能用浓盐酸直接配制成已知准浓度的盐酸溶液，必须采用间接配制法进行配制。

标定反应为酸碱反应，水中溶解的二氧化碳，会影响溶液pH，应用新沸的冷水，以除去水中溶解的二氧化碳，保证实验结果的准确。盐酸与碳酸钠反应生成二氧化碳，影响结果准确性，同样应除去。

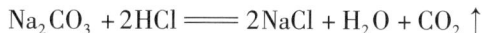

$$Na_2CO_3 + 2HCl = 2NaCl + H_2O + CO_2\uparrow$$

【任务实施】

1. 工作准备

（1）仪器 滴定管（50ml）、锥形瓶（300ml）、量筒（50ml）、电炉、电子天平（0.1mg）。

（2）试剂 新沸的冷水、无水碳酸钠（AR）、甲基红–溴甲酚绿指示剂。

2. 动手操作

测定步骤	操作内容	数据记录
盐酸滴定液的配制	取盐酸9ml，加水适量使成1000ml，摇匀	
盐酸滴定液的标定	取在270~300℃干燥至恒重的基准无水碳酸钠约0.15g，精密称定，加水50ml使溶解，加甲基红–溴甲酚绿混合指示液10滴，滴定至溶液由绿色转变为紫红色时，煮沸2分钟，冷却至室温，继续滴定至溶液由绿色变为暗紫色。记录滴定液体积	$m_1 = $____；$V_1 = $____ $m_2 = $____；$V_2 = $____ $m_3 = $____；$V_3 = $____
计算盐酸滴定液的准确浓度	根据本液的消耗量与无水碳酸钠的取用量，算出本液的浓度，即得。计算公式：$\bar{c} = R\bar{d} = \dfrac{\sum\limits_{i=1}^{3} c_i - \bar{c}}{3 \times \bar{c}} \times 100\%$，$c = \dfrac{2 \times m \times 1000}{M \times V_{NaOH}}$	$c_1 = $____ $c_2 = $____ $c_3 = $____ $\bar{c} = $____ $R\bar{d} = $____；$F = \dfrac{\bar{c}}{c_{规定}}$

案例解析2：氢氧化钠（0.1mol/L）的配制与标定

［配制］取氢氧化钠适量，加水振摇使溶解成饱和溶液，冷却后，置聚乙烯塑料瓶中，静置数日，澄清后备用。取澄清的氢氧化钠饱和溶液5.6ml，加新沸过的冷水使成1000ml，摇匀。

［标定］取在105℃干燥至恒重的基准邻苯二甲酸氢钾约0.6g，精密称定，加新沸过的冷水50ml，振摇，使其尽量溶解；加酚酞指示液2滴，用本液滴定；在接近终点时，应使邻苯二甲酸氢钾完全溶

解，滴定至溶液显粉红色。每 1ml 氢氧化钠滴定液（1mol/L）相当于 20.42mg 的邻苯二甲酸氢钾。根据本液的消耗量与邻苯二甲酸氢钾的取用量，算出本液的浓度，即得。

【任务分析】

1. 提出问题

（1）氢氧化钠滴定液配制时为什么不可以直接称量固体氢氧化钠配制成近似浓度的氢氧化钠溶液？

（2）使用新煮沸过的冷水作为溶剂的目的是什么？

2. 开动脑筋 氢氧化钠易吸收空气中的水分和二氧化碳，生成碳酸钠，故氢氧化钠固体中，常有碳酸钠杂质，所以不能直接称量固体氢氧化钠配制成近似浓度的氢氧化钠溶液。碳酸钠在饱和氢氧化钠溶液中溶解度极低，在配制氢氧化钠时，可以将氢氧化钠配制成饱和溶液，以除去氢氧化钠中的碳酸钠。

【任务实施】

1. 工作准备

（1）仪器 滴定管（50ml）、锥形瓶（300ml）、量筒（50ml）、电子天平（0.1mg）。

（2）试剂 新沸的冷水、邻苯二甲酸氢钾（基准）、酚酞指示剂。

2. 动手操作

测定步骤	操作内容	数据记录
氢氧化钠滴定液的配制	取氢氧化钠适量，加水振摇使溶解成饱和溶液，冷却后，置聚乙烯塑料瓶中，静置数日，澄清后备用。取澄清的氢氧化钠饱和溶液 5.6ml，加新沸过的冷水使成 1000ml，摇匀	
氢氧化钠滴定液的标定	取在 105℃ 干燥至恒重的基准邻苯二甲酸氢钾约 0.6g，精密称定，加新沸过的冷水 50ml，振摇，使其尽量溶解；加酚酞指示液 2 滴，用本液滴定；在接近终点时，应使邻苯二甲酸氢钾完全溶解，滴定至溶液显粉红色。记录滴定液体积	$m_1 = $ ____；$V_1 = $ ____ $m_2 = $ ____；$V_2 = $ ____ $m_3 = $ ____；$V_3 = $ ____
计算氢氧化钠滴定液的准确浓度	根据本液的消耗量与邻苯二甲酸氢钾的取用量，算出本液的浓度，即得。计算公式：$c = \dfrac{m \times 1000}{M \times V_{NaOH}}$ $R\bar{d} = \dfrac{\sum\limits_{i=1}^{3}\mid c_i - \bar{c} \mid}{3 \times \bar{c}} \times 100\%$	$c_1 = $ ____；$c_2 = $ ____ $c_3 = $ ____；$\bar{c}$ ____ $R\bar{d} = $ ____ $F = \dfrac{\bar{c}}{c_{规定}}$

案例解析 3：阿司匹林的含量测定

[链接《中国药典》（2020 年版）] 取本品约 0.4g，精密称定，加中性乙醇（对酚酞指示液显中性）20ml 溶解后，加酚酞指示液 3 滴，用氢氧化钠滴定液（0.1mol/L）滴定。每 1ml 氢氧化钠滴定液（0.1mol/L）相当于 18.02mg 的 $C_9H_8O_4$。

【任务分析】

1. 提出问题 溶剂为什么要使用中性乙醇？什么是中性乙醇？

2. 开动脑筋 中性乙醇指的是对指示剂酚酞呈中性的乙醇，其 pH 为 8～10。使用中性乙醇的目的是排除溶剂对指示剂的干扰，使滴定更加准确。

【任务实施】

1. 工作准备

（1）仪器 滴定管（50ml）、电子分析天平（0.1mg）、锥形瓶（300ml）。

（2）试剂 阿司匹林、中性乙醇（AR）、氢氧化钠滴定液（0.1mol/L）、酚酞指示剂、邻苯二甲酸氢钾（基准）。

2. 动手操作

测定步骤	操作内容	数据记录
氢氧化钠滴定液的配制	（1）取氢氧化钠适量，加水振摇使溶解成饱和溶液，冷却至聚乙烯塑料瓶中，静置澄清后备用 （2）取澄清的氢氧化钠饱和溶液5.6ml，加新沸过的冷水使成1000ml，摇匀	
氢氧化钠滴定液的标定	（3）取在105℃干燥至恒重的基准邻苯二甲酸氢钾约0.6g，加新沸过的冷水50ml，振摇，使其溶解 （4）加酚酞指示液2滴，用本液滴定，滴至溶液显粉红色。记录滴定液消耗体积	$m_1 = \underline{\quad}$；$V_1 = \underline{\quad}$ $m_2 = \underline{\quad}$；$V_2 = \underline{\quad}$ $m_3 = \underline{\quad}$；$V_3 = \underline{\quad}$
计算氢氧化钠滴定液的准确浓度	（5）据本液的消耗量与邻苯二甲酸氢钾的取用量，算出本液的浓度，即得。计算公式：$c = \dfrac{m}{M \times V_{\text{NaOH}}}$	$c_1 = \underline{\quad}$；$c_2 = \underline{\quad}$ $c_3 = \underline{\quad}$；$\bar{c} = \underline{\quad}$ $F = \dfrac{\bar{c}}{c_{规定}}$
供试品的准备	（6）取本品约0.4g，精密称定，加中性乙醇（对酚酞指示液显中性）20ml溶解后，加酚酞指示液3滴	$m_1 = \underline{\quad}$ $m_2 = \underline{\quad}$ $m_3 = \underline{\quad}$
装管	（7）将氢氧化钠滴定液装于碱式滴定管中，排气泡，调零	
滴定	（8）用氢氧化钠滴定液滴至溶液由无色变为粉红色。记录消耗氢氧化钠滴定液的体积	$V_1 = \underline{\quad}$；$V_2 = \underline{\quad}$ $V_3 = \underline{\quad}$
数据处理	（9）计算公式：$\omega(\%) = \dfrac{V \times T \times F \times 10^{-3}}{m} \times 100\%$	$\omega_1 = \underline{\quad}$ $\omega_2 = \underline{\quad}$ $\omega_3 = \underline{\quad}$ $R\bar{d} = \underline{\quad}$

任务五 非水酸碱滴定法

PPT

一、概述

某些弱酸或弱碱，由于其在水溶液中酸性或碱性较弱，或在水溶液中溶解度太小，导致其溶液中氢离子浓度或氢氧根浓度过低，当 $cK_a < 10^{-8}$ 或 $cK_b < 10^{-8}$ 时，使用滴定液滴定时，不能形成有效的滴定突跃，因此在水溶液中不能准确滴定。解离平衡常数大小，与使用溶剂种类有关，如果采用非水溶剂作为滴定溶剂，则有可能增大解离平衡常数，使以上问题迎刃而解。

（一）溶剂的类型

根据路易斯酸碱质子理论，非水滴定中的溶剂可以分为质子性溶剂和非质子性溶剂两大类。

1. 质子性溶剂 是指有给出或接受质子倾向的溶剂，包括以下三种类型。

（1）酸性溶剂 指给出质子能力比较强的溶剂，如甲酸、冰醋酸、醋酐等。

（2）碱性溶剂 指接受质子能力比较强的溶剂，如乙二胺、丁胺、乙醇胺等。

（3）两性溶剂 指既易给出质子又易接受质子的一类溶剂，属于两性溶剂，如甲醇、乙醇、乙二醇等。

2. 非质子性溶剂

（1）非质子亲质子性溶剂 这类溶剂本身无质子，但却有较弱的接受质子的能力和形成氢键的能力，如二甲基甲酰胺等酰胺类、酮类、吡啶类等溶剂。

（2）惰性溶剂　指既不给出质子，也不接受质子，亦不形成氢键的溶剂，如苯、三氯甲烷、四氯化二氧六环碳等。

（二）溶剂的性质

物质的酸碱性不仅与其本身的性质有关，还与溶剂的性质有关。以酸 HA 溶解在溶剂 HB 中为例：

$$HA + HB \rightleftharpoons H_2B^+ + A^-$$

$$K_{(a)HB}^{HA} = \frac{[H_2B^+][A^-]}{[HA][HB]} = \frac{[H^+][A^-]}{[HA]} \times \frac{[H_2B^+]}{[H^+][HB]} = \frac{K_a^{HA}}{K_a^{HB}} = K_a^{HA} \times K_b^{HB}$$

酸解离平衡常数的大小，与溶剂接受质子能力相关。在不同的溶剂中，同一种酸表现出不同的酸度。

因此，对于弱碱性物质，若使用给出质子能力更强的酸性溶剂，弱碱的碱性就会更强；对于弱酸性物质，若使用结合质子能力更强的碱性溶剂，弱酸的酸性就会得到加强。在测定部分碱性较弱胺类，生物碱等在水溶液中因碱性太弱，不能被准确滴定的物质时，可选择冰醋酸作为溶剂，以增强其碱性，使滴定突跃更明显。

（三）溶剂的选择

非水滴定中溶剂的选择是关系到滴定成败的重要因素之一。选择溶剂应遵循以下原则。

1. 滴定弱酸性物质选择碱性溶剂，滴定弱碱性物质选择酸性溶剂，以增强其酸碱性。

2. 溶剂要对样品有良好的溶解能力，应能完全溶解被测样品以及滴定产物，必要时可以使用质子性溶剂–惰性溶剂的混合溶剂，以增强其溶解度。

3. 不发生副反应，例如测定某些与醋酐发生乙酰化反应的芳伯胺和芳仲胺类化合物时，不能选择醋酐作为溶剂。溶剂中若有水，应除掉，例如在高氯酸滴定液中加入少量醋酐，以除去水分。

4. 溶剂应安全环保、价格低廉、黏度低、挥发性小、易于精制和回收。

二、分类

（一）碱的滴定

对于水溶液中不能被能准确滴定的弱碱，使用酸性溶剂，可以增强其酸度，使滴定突跃明显。一般弱碱的滴定中，使用冰醋酸作为溶剂。市售冰醋酸中常含少量水分，一般需要加入少量醋酐，反应掉其中水分。碱的滴定最常使用的滴定液是高氯酸滴定液，市售高氯酸（70%～72%）通常含有部分水（70%～72%），需要加入醋酐以除去其中的水分。非水滴定中常用结晶紫为指示剂，终点颜色应以电位滴定时的突跃点为准。

水的膨胀系数（$2.1 \times 10^{-4}/℃$）较小，每改变 11℃ 体积约变化 0.02%，以水为溶剂的滴定液浓度受温度影响较小，一般可忽略。与水相比，有机溶剂的膨胀系数一般较大，例如冰醋酸（$1.07 \times 10^{-3}/℃$），温度每改变 1℃，体积约变化 0.11%。因此高氯酸滴定液的使用温度和标定温度不同时，应对高氯酸滴定液进行温度矫正或重新标定，《中国药典》规定若滴定供试品与标定高氯酸滴定液时的温度差超过 10℃，则应重新标定；若未超过 10℃，则可根据下式将高氯酸滴定液的浓度加以校正：

$$c_{使用} = \frac{c_{标定}}{1 + 0.0011(T_{使用} - T_{标定})}$$

（二）酸的滴定

在水溶液中 $cK_a < 10^{-8}$ 的弱酸，不能用碱标准液直接滴定，若选用碱性溶剂，可以增强弱酸的酸

性，增大滴定突跃。滴定不太弱的羧酸时，可用甲醇、乙醇等醇类溶剂；滴定弱酸或极弱酸，则以碱性溶剂乙二胺溶剂增强酸性。酸的滴定最常使用的滴定液是甲醇钠滴定液和氢氧化四丁基铵滴定液，以麝香草酚蓝、溴酚蓝、偶氮紫等作为指示剂。

三、典型工作任务分析

案例解析4：枸橼酸钠的含量测定

[链接《中国药典》（2020年版）] 取本品约80mg，精密称定，加冰醋酸5ml，加热溶解后，放冷，加醋酐10ml，照电位滴定法（通则0701），用高氯酸滴定液（0.1mol/L）滴定，并将滴定的结果用空白试验校正。每1ml高氯酸滴定液（0.1mol/L）相当于8.602mg的$C_6H_5Na_3O_7$。

【任务分析】

1. 提出问题 在枸橼酸钠溶液里加入醋酐的目的是什么？

2. 开动脑筋 本滴定为非水滴定，醋酐与水反应生成醋酸，加入醋酐的目的是除掉样品溶液中的水分。

【任务实施】

1. 工作准备

（1）仪器 电子分析天平（0.1mg）、电位滴定仪。

（2）试剂 枸橼酸钠（AR）、冰醋酸（AR）、醋酐（AR）、高氯酸（AR）、邻苯二甲酸氢钾（基准）、结晶紫指示剂。

2. 动手操作

测定步骤	操作内容	数据记录
高氯酸滴定液的配制	取无水冰醋酸（按含水量计算，每1g水加醋酐5.22ml）750ml，加入高氯酸（70%~72%）8.5ml，摇匀，在室温下缓缓滴加醋酐23ml，边加边摇，加完后再振摇均匀，放冷，加无水冰醋酸适量使成1000ml，摇匀，放置24小时	
高氯酸滴定液的标定	取在105℃干燥至恒重的基准邻苯二甲酸氢钾约0.16g，精密称定，加无水醋酸20ml使溶解，加结晶紫指示液1滴，用本液缓缓滴定至蓝色，并将滴定的结果用空白试验校正。每1ml高氯酸滴定液（0.1mol/L）相当于20.42mg的邻苯二甲酸氢钾	$m_1 =$ ___ ；$V_0 =$ ___ $m_2 =$ ___ ；$V_1 =$ ___ $m_3 =$ ___ ；$V_2 =$ ___ $V_3 =$ ___
计算高氯酸滴定液的准确浓度	根据本液的消耗量与邻苯二甲酸氢钾的取用量，算出本液的浓度，即得。计算公式：$c = \dfrac{m \times 1000}{M \times (V - V_0)}$	$c_1 =$ ___ ；$c_2 =$ ___ $c_3 =$ ___ ；$\bar{c} =$ ___ $F = \dfrac{\bar{c}}{c_{规定}}$
供试品的准备	取本品约80mg，精密称定，加冰醋酸5ml，加热溶解后，放冷，加醋酐10ml	$m_1 =$ ___ ；$m_2 =$ ___ $m_3 =$ ___
滴定	使用玻璃-饱和甘汞电极，用电位滴定仪滴定	$V_0 =$ ___ ；$V_1 =$ ___ $V_2 =$ ___ ；$V_3 =$ ___
数据处理	计算公式： $\omega\,(\%) = \dfrac{(V - V_0) \times T \times F \times 10^{-3}}{m} \times \dfrac{1}{1 + 0.0011\,(T_{使用} - T_{标定})}$ $\times 100\%$	$\omega_1 =$ ___ $\omega_2 =$ ___ $\omega_3 =$ ___ $R\bar{d} =$ ___

👁 看一看

酸碱滴定终点误差分析

终点误差是由于指示剂的变色点与化学计量点不一致，导致滴定终点与化学计量点不重合，从而导致的误差。滴定误差可用林邦误差公式计算：

$$TE\% = \frac{10^{\Delta pH} - 10^{-\Delta pH}}{\sqrt{cK_t}}$$

式中，ΔpH 为滴定终点 pH 与化学计量点 pH 之差；K_t 为滴定反应平衡常数［强酸强碱滴定 $K_t = 1/K_w$；强酸（碱）滴定弱碱（酸）$K_t = K_a/K_w$（$K_t = K_b/K_w$）］；c 与计量点时滴定产物总浓度 c_{sp} 有关［强酸强碱滴定 $c = c_{sp}^2$；强酸（碱）滴定弱碱（酸）$c = c_{sp}$］。

由上式可见，化学计量点与指示剂变色点差距越小，终点误差越小；滴定反应产物浓度越大，终点误差越小；滴定反应平衡常数越大，终点误差越小。

目标检测

答案解析

一、选择题

（一）单项选择题

1. 酸碱指示剂的化学本质是（　　）
   A. 惰性颜料
   B. 有机弱酸（弱碱）
   C. 带颜色的金属离子
   D. 与酸（碱）产生沉淀的物质

2. 酸碱指示剂的变色范围是（　　）
   A. $pH = pK_{HIn} + 1$
   B. $pH = pK_{HIn} - 1$
   C. $pH = pK_{HIn} \pm 1$
   D. $pH = pK_{HIn}$

3. 甲基橙指示剂的变色范围是（　　）
   A. $8 \sim 10$
   B. $10 \sim 12$
   C. $3.1 \sim 4.4$
   D. 3.4

4. 弱酸可以被准确滴定的条件是（　　）
   A. $cK_a \geq 10^{-8}$
   B. $cK_a \leq 10^{-8}$
   C. $K_a \leq 10^{-8}$
   D. $K_a \geq 10^{-8}$

5. 指示剂的选择原则是（　　）
   A. 指示剂可以变色
   B. 指示剂变色范围恰好与突跃范围没有重叠
   C. 指示剂变色范围与滴定突跃有重叠
   D. 指示剂变色范围必须全部落在滴定突跃范围内

6. 二元弱酸可被分步滴定的条件是（　　）
   A. $cK_{a_1} \geq 10^{-8}$
   B. $cK_{a_2} \geq 10^{-8}$
   C. $cK_{a_1} \geq 10^{-8}$、$cK_{a_2} \geq 10^{-8}$ 且 $K_{a_1}/K_{a_2} \geq 10^4$
   D. $K_{a_1}/K_{a_2} \geq 10^4$

7. 非水滴定的优点是（　　）
   A. 成本更低
   B. 滴定液更加容易获取

　C. 滴定液配制更加简单　　　　　　　　　D. 可适用于某些水溶液中不能准确滴定的物质

8. 非水滴定中常用来滴定弱碱的滴定液是（　　）

　A. 盐酸滴定液　　　　　　　　　　　　　B. 甲醇钠滴定液

　C. 冰醋酸滴定液　　　　　　　　　　　　D. 高氯酸滴定液

（二）多项选择题

1. 滴定液的配制方法有（　　）

　A. 直接配制法　　　　　　　　　　　　　B. 间接配制法

　C. 混合配制法　　　　　　　　　　　　　D. 酸碱配制法

2. 酸碱滴定过程中，符合（　　）的指示剂可以选用

　A. 指示剂一个变色点落在滴定突跃范围内

　B. 指示剂两个变色点都落在滴定突跃范围内

　C. 指示剂可以变色

　D. 指示剂变色点恰好与化学计量点重合

3. 与强碱滴定强酸的滴定曲线相比，强碱滴定弱酸的滴定曲线（　　）

　A. pH 起点更高　　　　　　　　　　　　B. 化学计量点前，曲线变化更简单

　C. 化学计量点时，pH 更高　　　　　　　D. 突跃范围更大

4. 混合指示剂的优点是（　　）

　A. 颜色变化更加敏锐　　　　　　　　　　B. 变色范围更窄

　C. 与单一指示剂相比较配制方法更加简洁　D. 可适用于突跃更窄的滴定

5. 非水滴定中常用的滴定液有（　　）

　A. 盐酸滴定液　　　　　　　　　　　　　B. 甲醇钠滴定液

　C. 氢氧化钠　　　　　　　　　　　　　　D. 高氯酸滴定液

二、简答题

非水滴定中，加入醋酐的目的是什么？

书网融合……

📄 重点回顾　　　　　ℯ 微课　　　　　📄 习题

项目七　沉淀滴定法和重量分析法

> 沉淀滴定法和重量分析法是以沉淀溶解平衡反应为基础，利用沉淀的生成或溶解进行物质的提纯、制备、分离以及组成的测定。沉淀滴定法包括莫尔法、佛尔哈德法、法扬斯法；重量分析法包括挥发法、沉淀法和电解法。本项目主要介绍银量法、挥发重量法。

学习目标

知识目标：

1. 掌握 银量法的三种指示终点方法的原理、滴定条件及应用；沉淀重量法的原理和计算；挥发重量法的应用。

2. 熟悉 沉淀滴定法对沉淀反应的要求；滴定液的配制及标定；沉淀的洗涤方法和洗涤剂的选择原则。

3. 了解 银量法的分类；重量分析法的特点、分类；萃取重量法的原理。

技能目标：

能正确选择沉淀剂和用量；能正确选择洗涤剂；会计算沉淀重量法的分析结果；会配制和标定硝酸银、硫氰酸铵的滴定液；会测定胞磷胆碱钠氯化钠注射液中氯化钠的含量；会测定磺胺嘧啶银的含量；会利用沉淀重量法测定硫酸钠的含量。

素质目标：

通过对仪器设备的规范操作，佩戴防护用品，加强个人安全防护及环保意识，培养精益求精的工匠精神和劳动意识，养成保持实验台面整齐干净的良好职业素养。

导学情景

情景描述 [🔗 链接《中国药典》（2020 年版）]：[胞磷胆碱钠氯化钠注射液中氯化钠的含量测定] 精密量取本品 10ml，置锥形瓶中，加铬酸钾指示液 5 滴，用硝酸银滴定液（0.1mol/L）滴定。每 1ml 硝酸银滴定液（0.1mol/L）相当于 5.844mg 的 NaCl。

$$含量（g/L）= \frac{V \times T \times 10^{-3}}{V}$$

情景分析： 在胞磷胆碱钠氯化钠注射液中，氯化钠中的氯离子可与银离子定量结合成氯化银。在滴定过程中，以硝酸银滴定液作滴定剂、铬酸钾作指示剂，当其滴定完全后，稍过量的银离子与铬酸根离子生成铬酸银沉淀，溶液由黄色变砖红色，即达到滴定终点。

讨论： 1. 沉淀滴定法的原理是什么？如何确定终点？

2. 沉淀滴定法在药物分析和食品检验中有什么应用？

学前导语： 沉淀滴定法是一种用沉淀反应为基础的滴定方法。常用的莫尔法在滴定时，以铬酸钾作指示剂，硝酸银为滴定液。随着滴定剂硝酸银的加入，溶液中被测离子浓度不断减小，银离子浓度逐渐增加，当达到铬酸银的 K_{sp} 时，产生铬酸银的砖红色沉淀，达到滴定终点。在化学计量点附近可以观察到溶液颜色的变化，就可以确定滴定终点，进而进行样品含量测定。

任务一　沉淀滴定法

PPT

一、概述

沉淀滴定法是以沉淀反应为基础的滴定分析方法。用于沉淀滴定的反应必须具备以下条件。

1. 反应能定量地完成，沉淀的溶解度要小，在沉淀过程中也不易发生共沉淀现象。

2. 反应速度要快，不易形成过饱和溶液。

3. 有适当的方法确定滴定终点。

4. 沉淀的吸附现象不影响滴定终点的确定。

虽然沉淀反应比较多，但由于受上述条件的限制，许多沉淀反应不能满足滴定分析要求，能用于沉淀滴定的不多。因此，沉淀滴定法应用并不广泛，目前应用较多的是生成难溶银盐的反应。

$$Ag^+ + X^- \Longrightarrow AgX\downarrow \qquad K_{sp} = [Ag^+][X^-]$$
$$X^- = Cl^-, Br^-, I^-, CN^-, SCN^-$$

生成难溶性银盐的这类滴定方法，习惯上称为银量法。银量法按照确定终点的方法不同，分为莫尔法、佛尔哈德法和法扬斯法。

（一）莫尔法 微课

莫尔法是以 K_2CrO_4 为指示剂，在中性或弱碱性介质中用 $AgNO_3$ 滴定液测定卤素离子含量的方法。

1. 指示剂的作用原理　以测定 Cl^- 为例。在含有 Cl^- 的中性或弱碱性溶液中，以 K_2CrO_4 作指示剂，用 $AgNO_3$ 滴定液滴定。这个方法的依据是多级沉淀原理，由于 AgCl 的溶解度比 Ag_2CrO_4 的溶解度小，因此在用 $AgNO_3$ 滴定液滴定时，AgCl 先析出沉淀，当滴定剂 Ag^+ 与 Cl^- 达到化学计量点时，微过量的 Ag^+ 与 CrO_4^{2-} 反应析出砖红色的 Ag_2CrO_4 沉淀，指示滴定终点的到达。其反应为

$$Ag^+ + Cl^- \Longrightarrow AgCl\downarrow \qquad 白色$$
$$2Ag^+ + CrO_4^{2-} \Longrightarrow Ag_2CrO_4\downarrow \qquad 砖红色$$

2. 滴定条件

（1）指示剂作用量　用 $AgNO_3$ 滴定液滴定 Cl^-，指示剂 K_2CrO_4 的用量对于终点指示有较大的影响，CrO_4^{2-} 浓度过高或过低，Ag_2CrO_4 沉淀的析出就会过早或过迟，从而产生一定的终点误差。因此，要求 Ag_2CrO_4 沉淀应该恰好在滴定反应的化学计量点时出现。化学计量点时 c'_{Ag^+} 为

$$c'_{Ag^+} = c'_{Cl^-} = \sqrt{K_{sp}^{\ominus}} = \sqrt{1.56 \times 10^{-10}} = 1.25 \times 10^{-5} \, mol/L$$

若此时恰有 Ag_2CrO_4 沉淀，则

$$c'_{CrO_4^{2-}} = \frac{K_{sp,Ag_2CrO_4}^{\ominus}}{(c'_{Ag^+})^2} = \frac{5.04 \times 10^{-12}}{(1.25 \times 10^{-5})^2} = 5.76 \times 10^{-2} \, mol/L$$ 在滴定时，由于 K_2CrO_4 显黄色，当其浓度较高时颜色较深，不易判断砖红色的出现。为了能观察到明显的终点，指示剂的浓度以略低一些为好。实验证明，滴定溶液中 $c_{K_2CrO_4}$ 为 $5 \times 10^{-3} \, mol/L$ 是确定滴定终点的适宜浓度。

显然，K_2CrO_4 浓度降低后，要使 Ag_2CrO_4 析出沉淀，必须多加些 $AgNO_3$ 滴定液，这时滴定剂就过量了，终点将在化学计量点后出现，但由于产生的终点误差一般都小于 0.1%，不会影响分析结果的准确

度。分析中，通常使用 0.1mol/L 的硝酸银溶液，如果溶液较稀，如用 0.01000mol/L $AgNO_3$ 滴定液滴定 0.01000mol/L Cl^- 溶液，滴定误差可达 0.6%，影响分析结果的准确度，应做指示剂空白试验进行校正。

（2）滴定时的酸度　在酸性溶液中，CrO_4^{2-} 有如下反应。

$$2CrO_4^{2-} + 2H^+ \rightleftharpoons 2HCrO_4^- \rightleftharpoons Cr_2O_7^{2-} + H_2O$$

因而降低 CrO_4^{2-} 的浓度，使 Ag_2CrO_4 沉淀出现过迟，甚至不会沉淀。

在强碱性溶液中，会有棕黑色 $Ag_2O\downarrow$ 沉淀析出。

$$2Ag^+ + 2OH^- \rightleftharpoons Ag_2O\downarrow + H_2O$$

因此，莫尔法只能在中性或弱碱性（pH = 6.5 ~ 10.5）溶液中进行。若溶液酸性太强，可用 $NaHCO_3$ 中和；若溶液碱性太强，可用稀 HNO_3 溶液中和；而在有 NH_4^+ 存在时，滴定的 pH 范围应控制在 6.5 ~ 7.2。

3. 应用范围　莫尔法主要用于测定 Cl^-、Br^- 和 Ag^+，如氯化物、溴化物纯度测定以及天然水中氯含量的测定。当试样中 Cl^- 和 Br^- 共存时，测得的结果是它们的总量。若测定 Ag^+，应采用返滴定法，即向 Ag^+ 的试液中加入过量的 NaCl 滴定液，然后再用 $AgNO_3$ 滴定溶液滴定剩余的 Cl^-（若直接滴定，先生成的 Ag_2CrO_4 转化为 AgCl 的速度缓慢，滴定终点难以确定）。莫尔法不宜测定 I^- 和 SCN^-，因为滴定生成的 AgI 和 AgSCN 沉淀表面会强烈吸附 I^- 和 SCN^-，使滴定终点过早出现，造成较大的滴定误差。

莫尔法的选择性较差，凡能与 CrO_4^{2-} 或 Ag^+ 生成沉淀的阳、阴离子均干扰滴定。前者如 Ba^{2+}、Pb^{2+}、Hg^{2+} 等；后者如 SO_3^{2-}、PO_4^{3-}、AsO_4^{3-}、S^{2-}、$C_2O_4^{2-}$ 等。

［例 7 - 1］测定氯化钠含量时，准确称取试样 3.8560g，加水溶解后定量转移至 250ml 容量瓶中，用水稀释至刻度，摇匀。准确吸取 10ml 于 250ml 锥形瓶中，加 40ml 水，加铬酸钾指示剂，在充分摇动下，用 0.09730 硝酸银滴定剂滴定到浑浊溶液突变为微红色，消耗 22.43ml。求试样中 NaCl 的百分含量。已知 M_{NaCl} = 58.44g/mol。

解：由题可知，测定氯化钠含量采用莫尔法直接滴定。

$$\omega_{NaCl} = \frac{c_{AgNO_3} \times V_{AgNO_3} \times M_{NaCl}}{m \times \dfrac{10.00ml}{250ml}} \times 100\%$$

$$= \frac{0.09730mol/L \times 22.43 \times 10^{-3}L \times 58.44g/mol}{3.8560 \times \dfrac{10.00ml}{250ml}} \times 100\%$$

$$= 82.69\%$$

故试样中 NaCl 的百分含量为 82.69%。

（二）佛尔哈德法

佛尔哈德法是在酸性介质中，以铁铵矾［$NH_4Fe(SO_4)_2 \cdot 12H_2O$］作指示剂来确定滴定终点的一种银量法。根据滴定方式的不同，佛尔哈德法分为直接滴定法和返滴定法两种。

1. 直接滴定法测定 Ag^+　在含有 Ag^+ 的 HNO_3 介质中，以铁铵矾作指示剂，用 NH_4SCN 滴定液直接滴定，当滴定到化学计量点时，微过量的 SCN^- 与 Fe^{3+} 结合生成红色的 ［$FeSCN$］$^{2+}$ 即为滴定终点。其反应为

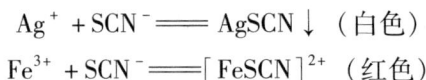

$$Ag^+ + SCN^- \rightarrow AgSCN\downarrow（白色）$$

$$Fe^{3+} + SCN^- \rightarrow [FeSCN]^{2+}（红色）$$

由于指示剂中的 Fe^{3+} 在中性或碱性溶液中将形成［$Fe(OH)$］$^{2+}$、［$Fe(OH)_2$］$^+$ 等深色配合物，碱度

再大，还会产生 $Fe(OH)_3$ 沉淀，因此滴定应在酸性（$0.3\sim1mol/L$）溶液中进行。

用 NH_4SCN 溶液滴定 Ag^+ 溶液时，生成的 AgSCN 沉淀能吸附溶液中的 Ag^+，使 Ag^+ 浓度降低，以致红色的出现略早于化学计量点。因此在滴定过程中需剧烈摇动，使被吸附的 Ag^+ 释放出来。

2. 返滴定法测定卤素离子　佛尔哈德法测定卤素离子（如 Cl^-、Br^-、I^- 和 SCN^-）时应采用返滴定法。即在酸性（HNO_3 介质）待测溶液中，先加入已知过量的 $AgNO_3$ 滴定液，再用铁铵矾作指示剂，用 NH_4SCN 滴定液回滴剩余的 Ag^+。反应如下

$$Ag^+ + Cl^- = AgCl\downarrow$$
（过量）

$$Ag^+ + SCN^- = AgSCN\downarrow$$
（剩余量）

终点指示反应　　　　　　$Fe^{3+} + SCN^- = [FeSCN]^{2+}$

用佛尔哈德法测定 Cl^-，滴定到临近终点时，经摇动后形成的红色会褪去，这是因为 AgSCN 的溶解度小于 AgCl 的溶解度，加入的 NH_4SCN 将与 AgCl 发生沉淀转化反应

$$AgCl + SCN^- = AgSCN\downarrow + Cl^-$$

沉淀的转化速率较慢，滴加 NH_4SCN 形成的红色随着溶液的摇动而消失。这种转化作用将继续进行到 Cl^- 与 SCN^- 浓度之间建立一定的平衡关系，才会出现持久的红色，无疑滴定多消耗了 NH_4SCN 标准滴定溶液。为了避免上述现象的发生，通常采用以下措施。

（1）试液中加入一定过量的 $AgNO_3$ 滴定液之后，将溶液煮沸，使 AgCl 沉淀凝聚，以减少 AgCl 沉定对 Ag^+ 的吸附。滤去沉淀，并用稀 HNO_3 充分洗涤沉淀，然后用 NH_4SCN 标准滴定溶液回滴滤液中的过量 Ag^+。

（2）在滴入 NH_4SCN 滴定液之前，加入有机溶剂硝基苯或邻苯二甲酸二丁酯或 1,2 - 二氯乙烷。用力摇动后，有机溶剂将 AgCl 沉淀包住，使 AgCl 沉淀与外部溶液隔离，阻止 AgCl 沉淀与 NH_4SCN 发生转化反应。此法方便，但硝基苯有毒。

（3）提高 Fe^{3+} 的浓度以减小终点时 SCN^- 的浓度，从而减小上述误差（一般溶液中 $c_{Fe^{3+}} = 0.2mol/L$ 时，终点误差将小于 0.1%）。

佛尔哈德法在测定 Br^-、I^- 和 SCN^- 时，滴定终点十分明显，不会发生沉淀转化，因此不必采取上述措施。但是在测定碘化物时，必须加入过量 $AgNO_3$ 溶液之后再加入铁铵矾指示剂，以免 I^- 对 Fe^{3+} 的还原作用而造成误差。

［例 7 - 2］取烧碱试样 3.1270g，溶解后酸化转移至 250ml 容量瓶中稀释至刻度。移取 25.00ml 于锥形瓶中，加入 $c_{AgNO_3} = 0.06082mol/L$ 的 $AgNO_3$ 滴定液 25.00ml，用 $c_{NH_4SCN} = 0.05024mol/L$ 的 NH_4SCN 滴定液返滴定过量的 $AgNO_3$ 滴定液，消耗了 24.47ml，计算烧碱中氯化钠的百分含量。已知 $M_{NaCl} = 58.44g/mol$。

解：依题意该烧碱试样的测定采用佛尔哈德法返滴定。

$$Ag^+ + Cl^- = AgCl\downarrow$$
（过量）　　　　　（白色）

$$Ag^+ + SCN^- = AgSCN\downarrow$$
（剩余量）　　　　（白色）

终点时：　　　　　　$Fe^{3+} + SCN^- = FeSCN^{2+}$（红色）

$$\omega_{NaCl} = \frac{(c_{AgNO_3} \times V_{AgNO_3} - c_{NH_4SCN} \times V_{NH_4SCN}) \times M_{NaCl}}{m \times \frac{25.00ml}{250ml}} \times 100\%$$

$$= \frac{(0.06082 \times 0.02500 - 0.05024 \times 0.02447)mol \times 58.44g/mol}{3.1270 \times \frac{25.00ml}{250ml}} \times 100\%$$

$$= 5.44\%$$

（三）法扬斯法

法扬斯法是以吸附指示剂确定滴定终点的一种银量法。

1. 吸附指示剂的作用原理　吸附指示剂是一类有机染料，它的阴离子在溶液中易被带正电荷的胶状沉淀吸附，吸附后结构改变，从而引起颜色的变化，指示滴定终点的到达。

现以 $AgNO_3$ 滴定液滴定 Cl^- 为例，说明指示剂荧光黄的作用原理。

荧光黄是一种有机弱酸，用 HFI 表示，在水溶液中可离解为荧光黄阴离子 FI^-，呈黄绿色：

$$HFI \rightleftharpoons FI^- + H^+$$

在化学计量点前，生成的 AgCl 沉淀在过量的 Cl^- 溶液中，AgCl 沉淀吸附 Cl^- 而带负电荷，形成的 $(AgCl) \cdot Cl^-$ 不吸附指示剂阴离子 FI^-，溶液呈黄绿色。达到化学计量点时，微过量的 $AgNO_3$ 可使 AgCl 沉淀吸附 Ag^+ 形成 $(AgCl) \cdot Ag^+$ 而带正电荷，此带正电荷的 $(AgCl) \cdot Ag^+$ 吸附荧光黄阴离子 FI^-，结构发生变化呈现粉红色，使整个溶液由黄绿色变成粉红色，指示终点的到达。

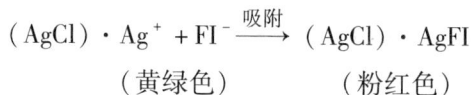

$$(AgCl) \cdot Ag^+ + FI^- \xrightarrow{吸附} (AgCl) \cdot AgFI$$
$$\quad\quad (黄绿色) \quad\quad\quad\quad (粉红色)$$

2. 使用吸附指示剂的注意事项

（1）保持沉淀呈胶体状态　由于吸附指示剂的颜色变化发生在沉淀微粒表面上，因此，应尽可能使卤化银沉淀呈胶体状态，具有较大的表面积。为此，在滴定前应将溶液稀释，并加糊精或淀粉等高分子化合物作为保护剂，以防止卤化银沉淀凝聚。

（2）控制溶液酸度　常用的吸附指示剂大多是有机弱酸，而起指示剂作用的是它们的阴离子。酸度大时，H^+ 与指示剂阴离子结合成不被吸附的指示剂分子，无法指示终点。酸度的大小与指示剂的离解常数有关，离解常数大，酸度可以大些。例如荧光黄其 $pK_a \approx 7$，适用于 $pH = 7 \sim 10$ 的条件下进行滴定，若 $pH < 7$ 荧光黄主要以 HFI 形式存在，不被吸附。

（3）避免强光照射　卤化银沉淀对光敏感，易分解析出银使沉淀变为灰黑色，影响滴定终点的观察，因此在滴定过程中应避免强光照射。

（4）吸附指示剂的选择　沉淀胶体微粒对指示剂离子的吸附能力，应略小于对待测离子的吸附能力，否则指示剂将在化学计量点前变色。但不能太小，否则终点出现过迟。卤化银对卤化物和几种吸附指示剂的吸附能力的次序如下：

$$I^- > SCN^- > Br^- > 曙红 > Cl^- > 荧光黄$$

因此，滴定 Cl^- 不能选曙红，而应选荧光黄。表 7-1 中列出了几种常用的吸附指示剂及其应用。

表 7-1　常用吸附指示剂

指示剂	被测离子	滴定剂	滴定条件	终点颜色变化
荧光黄	Cl^-、Br^-、I^-	$AgNO_3$	pH 7~10	黄绿→粉红

指示剂	被测离子	滴定剂	滴定条件	终点颜色变化
二氯荧光黄	Cl^-、Br^-、I^-	$AgNO_3$	pH 4～10	黄绿→红
曙红	Br^-、SCN^-、I^-	$AgNO_3$	pH 2～10	橙黄→红紫
溴酚蓝	生物碱盐类	$AgNO_3$	弱酸性	黄绿→灰紫
甲基紫	Ag^+	NaCl	酸性溶液	黄红→红紫

3. 应用范围　法扬斯法可用于测定 Cl^-、Br^-、I^- 和 SCN^- 及生物碱盐类（如盐酸麻黄碱）等。此法终点明显，方法简便，但反应条件要求较严，应注意溶液的酸度、浓度及胶体的保护等。

二、典型工作任务分析

《中国药典》规定用沉淀滴定法测定胞磷胆碱钠氯化钠注射液中氯化钠的含量，沉淀滴定法广泛应用于含有氯化钠的药物中氯化钠含量的测定，也用于磺胺嘧啶银的含量测定。

案例解析1：胞磷胆碱钠氯化钠注射液中氯化钠的含量测定

［链接《中国药典》（2020年版）］本品为胞磷胆碱钠与氯化钠的灭菌水溶液。含胞磷胆碱钠（$C_{14}H_{25}N_4NaO_{11}P_2$）应为标示量的 90.0%～110.0%。含氯化钠（NaCl）应为标示量的 95.0%～105.0%。

【任务分析】

1. 提出问题

（1）应采用哪种方法测定氯化钠的含量？

（2）测定用的指示剂是什么？用量有何要求？

（3）滴定分析的 pH 应控制的范围是多少？

2. 开动脑筋　根据沉淀滴定分析方法分类，胞磷胆碱钠氯化钠注射液中氯化钠的含量测定可以选用莫尔法，应选用铬酸钾作指示剂，滴定溶液中 $c_{K_2CrO_4}$ 为 5×10^{-3} mol/L 是确定滴定终点的适宜浓度。莫尔法只能在中性或弱碱性（pH=6.5～10.5）溶液中进行。若溶液酸性太强，可用 $Na_2B_4O_7 \cdot 10H_2O$ 或 $NaHCO_3$ 中和；若溶液碱性太强，可用稀 HNO_3 溶液中和；而在有 NH_4^+ 存在时，滴定的 pH 范围应控制在 6.5～7.2。

【任务实施】

1. 工作准备

（1）仪器　棕色四氟滴定管（50ml）、容量瓶（100ml）、锥形瓶（250ml）、分析天平（0.1mg）、移液管（25ml）、量筒（25ml）、小烧杯、干燥器。

（2）试剂　胞磷胆碱钠氯化钠注射液、硝酸银、NaCl 基准试剂（在 500～600℃ 灼烧半小时后，放置干燥器中冷却，也可将 NaCl 置于带盖的瓷坩埚中，加热，并不断搅拌，待爆炸声停止后，将坩埚放入干燥器中冷却后使用）、铬酸钾（5%）。

2. 动手操作

测定步骤	操作内容	数据记录
准备	（1）准备并清洗仪器 （2）润洗滴定管、移液管 （3）待测溶液的准备 （4）滴定所用试剂的配制	供试品的名称、批号、生产厂家、规格、温度；仪器的规格型号；滴定液的名称和浓度

续表

测定步骤	操作内容	数据记录
滴定液的配制及标定	（5）称量硝酸银8.5g溶解于500ml不含Cl⁻的蒸馏水中，将溶液转入棕色试剂瓶中，置暗处保存，以防止见光分解 （6）准确称取0.5～0.65g基准NaCl，置于小烧杯中，用蒸馏水溶解后，转入100ml容量瓶中，加水稀释至刻度，摇匀。准确移取25.00ml NaCl滴定液注入锥形瓶中，加入25ml水，加入1ml 5% K₂CrO₄溶液，在不断摇动下，用AgNO₃溶液滴定至呈现砖红色即为终点 （7）计算硝酸银滴定液的准确浓度	基准物质名称 滴定液消耗体积 V_1 = _____ V_2 = _____ V_3 = _____ $\bar{c}_{AgNO_3}$ = _____
测定	（8）精密量取本品10ml，置锥形瓶中，加铬酸钾指示液5滴，在不断摇动下，用上述硝酸银滴定液滴定至呈现微砖红即为终点。平行测定三份 （9）计算胞磷胆碱钠氯化钠注射液中氯化钠的平均含量	V_1 = _____ V_2 = _____ V_3 = _____ $\overline{w}_{NaCl}$（%） = _____
结果判定	（10）判断该注射液中氯化钠含量是否符合要求	结论：
结束工作	（11）测定完毕，清洗滴定管、容量瓶和锥形瓶等，仪器还原	

✎ **练一练**

莫尔法测定Cl⁻含量时，要求介质的pH在6.5～10.0范围内，若酸度过高，则（　　）。

A．AgCl沉淀不完全　　　　　　B．AgCl沉淀易胶溶，形成溶胶

C．AgCl沉淀吸附Cl⁻增强　　　D．Ag₂CrO₄沉淀不易形成

答案解析

案例解析2：磺胺嘧啶银的含量测定

〔链接《中国药典》（2020年版）〕取本品约0.5g，精密称定，置具塞锥形瓶中，加硝酸8ml溶解后，加水50ml与硫酸铁铵指示液2ml，用硫氰酸铵滴定液（0.1mol/L）滴定。每1ml硫氰酸铵滴定液（0.1mol/L）相当于35.71mg的$C_{10}H_9AgN_4O_2S$。

【任务分析】

1. 提出问题

（1）磺胺嘧啶银的含量通常采取什么方法测定？

（2）测定用的指示剂是什么？终点发生什么反应？

（3）滴定需要酸性条件，还是碱性条件？

2. 开动脑筋　磺胺嘧啶银的含量测定，通常选择佛尔哈德直接滴定法。在HNO₃介质中，以铁铵矾作指示剂，用NH₄SCN滴定液直接滴定，当滴定到化学计量点时，微过量的SCN⁻与Fe³⁺结合生成红色的[FeSCN]²⁺即为滴定终点。其反应为

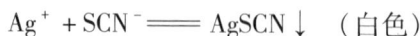

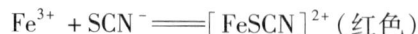

$$Ag^+ + SCN^- \Longrightarrow AgSCN\downarrow \quad （白色）$$

$$Fe^{3+} + SCN^- \Longrightarrow [FeSCN]^{2+} \quad （红色）$$

【任务实施】

1. 工作准备

（1）**仪器**　电子天平（0.1mg）、刻度吸量管（2ml、A级）、具塞锥形瓶（250ml）、滴定管（50ml、A级）、取样勺、量筒（10ml、500ml）、移液管（250ml）。

（2）**试剂**　硫氰酸铵（AR）、硝酸银滴定液（0.1mol/L）、铁铵矾指示剂、硝酸（AR）。

2. 动手操作

测定步骤	操作内容	数据记录
准备	（1）准备并清洗仪器 （2）润洗滴定管、移液管 （3）待测溶液的准备 （4）滴定所用试剂的配制	供试品的名称、批号、生产厂家、规格、温度；仪器的规格型号；滴定液的名称和浓度
滴定液的配制及标定	（5）在台秤上称取 8.0g 硫氰酸铵固体，溶于 1000ml 水中，摇匀，浓度待标定 （6）用移液管准确移取 25.00ml 0.1mol/L 的硝酸银标准滴定溶液于锥形瓶中，加 50ml 蒸馏水、2ml 硝酸、2ml 硫酸铁铵指示液，在摇动下用配制好的硫氰酸铵标准滴定液滴定。终点前摇动溶液至完全清亮后，继续滴定至溶液呈浅红棕色，保持 30 秒不褪色为终点 （7）计算硫氰酸铵滴定液的准确浓度	基准物质名称 滴定液消耗体积 $V_1 = $ ＿＿＿＿＿＿＿＿ $V_2 = $ ＿＿＿＿＿＿＿＿ $V_3 = $ ＿＿＿＿＿＿＿＿ $\overline{c}_{NH_4SCN} = $ ＿＿＿＿＿＿
测定	（8）精密称定本品约 0.5g，置具塞锥形瓶中，加硝酸 8ml 溶解后，加水 50ml 与硫酸铁铵指示液 2ml，用硫氰酸铵滴定液（0.1mol/L）滴定。平行测定 3 份 （9）计算磺胺嘧啶银的含量	$V_1 = $ ＿＿＿＿＿＿＿＿ $V_2 = $ ＿＿＿＿＿＿＿＿ $V_3 = $ ＿＿＿＿＿＿＿＿ $\overline{w}_{NaCl}$（%）＿＿＿＿＿＿＿
结果判定	（10）判断磺胺嘧啶银含量是否符合要求	
结束工作	（11）测定完毕，清洗滴定管、容量瓶和锥形瓶等，仪器还原	

❓ 想一想

磺胺嘧啶银的含量通常选择佛尔哈德直接滴定法，滴定液 NH_4SCN 能否采用直接法配制？

答案解析

任务二　重量分析法

PPT

一、概述

（一）定义

重量分析法是通过适当方法把被测组分从试样中离析出来，转化为可准确称量的形式，然后用称量的方法测定该组分的含量的分析方法。

（二）重量分析法的分类

1. 挥发法　利用物质的挥发性，通过加热或其他方法使试样中的待测组分挥发逸出，根据试样质量的减少计算该组分的含量。

2. 沉淀法　使欲测组分转化为难溶化合物从溶液中沉淀出来，经过滤、洗涤、干燥或灼烧后称量而进行测定的方法。

例如，测定试液中 SO_4^{2-} 含量时，在试液中加入过量 $BaCl_2$ 溶液，使 SO_4^{2-} 完全生成难溶的 $BaSO_4$ 沉淀，经过滤、洗涤、干燥后，称量 $BaSO_4$ 的质量，从而计算试液中硫酸根离子的含量。

3. 电解法　用电子作沉淀剂，使金属离子在电极上还原析出，然后称量。

（三）重量分析法的特点

1. 成熟的经典法，无标样分析法，用于仲裁分析。

2. 用于常量组分的测定，准确度高，相对误差在 0.1% ~ 0.2%。

3. 耗时多、周期长，操作繁琐。

4. 常量的硅、硫、镍等元素的精确测定仍采用重量法。

（四）沉淀重量法的分析过程与对沉淀的要求

1. 沉淀形式　即沉淀的化学组成。沉淀重量分析法对沉淀形式的要求如下。

（1）溶解度小，以保证沉淀完全。

（2）沉淀的结晶形态好，以便于过滤、洗涤。

（3）沉淀的纯度高。

2. 称量形式　沉淀经烘干或灼烧后，供最后称量的化学组成称为称量形式。沉淀重量分析法对称量形式的要求如下。

（1）有确定的化学组成。

（2）稳定，不易与 CO_2、H_2O、O_2 反应。

（3）摩尔质量足够大，以减小称量误差。

（四）沉淀剂的特点和选择

1. 沉淀剂的特点和分类　按照物质的组成不同，沉淀剂可分为无机沉淀剂和有机沉淀剂。无机沉淀剂的选择性较差，产生的沉淀溶解度较大，吸附杂质较多。如果生成的是无定形沉淀时，不仅吸附杂质多，而且不易过滤和洗涤。下面主要讨论有机沉淀剂。

（1）特点　与无机沉淀剂相比较，有机沉淀剂具有下列特点。

1）选择性高　有机沉淀剂在一定条件下，一般只与少数离子起沉淀反应。

2）沉淀的溶解度小　由于有机沉淀的疏水性强，所以溶解度较小，有利于沉淀完全。

3）沉淀吸附杂质少　因为沉淀的极性小，吸附杂质离子少，故易于获得纯净的沉淀。

4）沉淀称量形式的摩尔质量大。

（2）分类　按作用原理不同，有机沉淀剂可以大致分为生成螯合物的沉淀剂和生成离子缔合物的沉淀剂两种类型。

2. 沉淀剂的选择

（1）选用具有较好选择性的沉淀剂。

（2）选用能与待测离子生成溶解度最小沉淀的沉淀剂。

（3）尽可能选用易挥发或经灼烧易除去的沉淀剂。

（4）选用溶解度较大的沉淀剂。

二、沉淀的溶解度及其影响因素

沉淀溶解平衡与其他化学平衡类似，溶解度数值大小由难溶化合物的本性决定，同时受外界条件如溶液中的相同离子、离子强度、温度、溶剂、沉淀颗粒度大小、溶液酸度、氧化还原物质、配位剂等的影响，下面主要讨论前五个影响因素。

（一）同离子效应

根据化学平衡移动规律，在难溶电解质体系中加入含有相同离子的易溶强电解质时，体系中多相离子平衡体系向生成沉淀的方向移动，难溶物质的溶解度降低，这种现象称为沉淀反应的同离子效应。

［例 7-3］已知 $K^\ominus_{sp, BaSO_4} = 8.7 \times 10^{-9}$。试比较 $BaSO_4$ 在 1.0L 纯水，以及在 1.0L $c_{SO_4^{2-}} = 0.10mol/L$ 溶液中的溶解损失。

解：①设纯水中$BaSO_4$的溶解度为S_1

$$S_1 = \sqrt{K_{sp,BaSO_4}^{\Theta}} = \sqrt{8.7 \times 10^{-9}} = 9.33 \times 10^{-5}$$

溶解损失

$$m_1 = S_1 \times V \times M = 9.33 \times 10^{-5} \times 1.0 \times 233.4 \times 10^3 = 21.78mg$$

②设在SO_4^{2-}溶液中$BaSO_4$的溶解度为S_2

$$c'_{Ba^{2+}} \times c'_{SO_4^{2-}} = S_2(S_2 + 0.010) = K_{sp}^{\Theta} = 8.7 \times 10^{-9}$$

因S_2不会太大，$S_2 + 0.10 \approx 0.10$

解得$S_2 = 8.7 \times 10^{-9}$

溶解损失：$m_2 = 8.7 \times 10^{-9} \times 1.0 \times 233.4 = 0.002031mg$

计算结果表明，平衡体系中SO_4^{2-}离子浓度增加时，溶解度从纯水中的9.33×10^{-5}mol/L降低到8.7×10^{-9}mol/L，溶解损失$BaSO_4$的质量从21.78mg降低为0.002031mg，减少约万倍。

不同的应用领域对溶解损失的要求是不同的。分析化学中的重量分析一般要求溶解损失不得超过分析天平的称量误差（0.2mg）。即使工业生产中也要尽量减少沉淀的溶解损失，避免浪费和环境污染，降低生产成本。

因此，在进行沉淀时，可以加入适当过量的沉淀剂，以减少沉淀的溶解损失。对一般的沉淀分离或制备，沉淀剂一般过量20%~50%即可；而重量分析中，对不易挥发的沉淀剂，一般过量20%~30%，易挥发的沉淀剂，一般过量50%~100%。另外，洗涤沉淀时，也可以根据情况及要求选择合适的洗涤剂以减少洗涤过程的溶解损失。

（二）盐效应

在难溶电解质体系中加入其他易溶电解质，由于溶液中的离子强度增大，会使难溶电解质的溶解度增大，而且加入的电解质浓度越大，难溶物的溶解度也越大，这种现象称为盐效应。

盐效应主要是由于活度系数的改变而引起的。图7-2表示$AgCl$和$BaSO_4$在不同浓度的KNO_3溶液中的溶解度变化。

很明显，随着KNO_3浓度的不断增大，$AgCl$和$BaSO_4$的溶解度均随之增大；另外还可以看出，在相同的KNO_3浓度条件下，盐效应对$BaSO_4$溶解度的影响要大于对$AgCl$的影响，这是高价离子的活度系数受离子强度的影响大的结果。

其实，在发生同离子效应时，盐效应也存在，只是它的影响一般要比同离子效应小得多。表7-2中$PbSO_4$在不同浓度Na_2SO_4溶液中的溶解度变化就能说明这点。

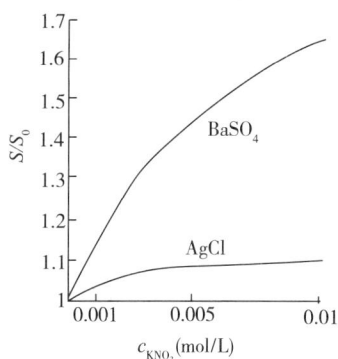

图7-2　$AgCl$和$BaSO_4$在不同浓度的KNO_3溶液中的溶解度变化

表7-2　$PbSO_4$在不同浓度Na_2SO_4溶液中的溶解度（实验值）

Na_2SO_4浓度（mol/L）	0	0.01	0.04	0.10	0.20
$PbSO_4$溶解度（mol/L）	1.5×10^{-4}	1.6×10^{-5}	1.3×10^{-5}	1.6×10^{-5}	2.3×10^{-5}

由表7-3可见，当Na_2SO_4浓度在0.01~0.04mol/L时，同离子效应占主导作用，$PbSO_4$溶解度较水中的溶解度低；当Na_2SO_4浓度大于0.04mol/L时，盐效应的作用开始抵消同离子效应，$PbSO_4$溶解度反而增大。

一般只有当强电解质浓度>0.05mol/L时，盐效应才会较为显著，特别是非同离子的其他电解质存在，否则一般可以忽略。

（三）温度

不同物质溶解度的温度系数一般是不同的。大多数沉淀物质的溶解过程为吸热过程。因此，一般沉淀的溶解度是随温度的升高而增大的。例如 $Ba(OH)_2 \cdot 8H_2O$ 随温度由从0℃上升到80℃，其在100g水中的溶解度从1.67g上升到101.4g。可是，有的沉淀的溶解却是放热过程，因而溶解度随温度的升高而降低。例如 $Ca(OH)_2$ 随温度由从0℃上升到100℃，其在100g水中的溶解度从0.185g下降到0.077g。

（四）溶剂

一般无机物沉淀在有机溶剂中的溶解度要比在水中的溶解度小。如 $CaSO_4$ 在水中的溶解度较大，只有在 Ca^{2+} 离子浓度很大时才能沉淀，一般情况下难以析出沉淀。但是，若加入乙醇，便会产生沉淀。

另外，不同无机物在同一有机溶剂中的溶解度一般不同；同一无机物在不同有机溶剂中的溶解度也不同。

（五）沉淀的颗粒度

一般来说，对于同一种沉淀，颗粒越小，溶解度越大。例如，$SrSO_4$ 沉淀，晶粒直径为0.05μm时，溶解度为 6.7×10^{-4} mol/L；当晶粒直径减小至0.01μm时，溶解度增大到 9.3×10^{-4} mol/L。

对于有些沉淀，刚生成的亚稳态晶型沉淀经放置一段时间后转变成稳定晶型，溶解度往往会大大降低。例如，CoS沉淀初生时为 α 型，其 $K_{sp}^{\ominus}$ 为 4.0×10^{-21}，经放置后转变为 β 型，$K_{sp}^{\ominus}$ 为 2.0×10^{-25}。

👁 看一看

沉淀是从液相中产生一个可分离的固相的过程，或是从过饱和溶液中析出的难溶物质。产生沉淀的化学反应称为沉淀反应。物质的沉淀和溶解是一个平衡过程，通常用溶度积常数 K_{sp} 来判断难溶盐是沉淀还是溶解。溶度积常数是指在一定温度下，在难溶电解质的饱和溶液中，组成沉淀的各离子浓度的乘积，为一常数。沉淀可分为晶形沉淀和非晶形沉淀两大类型，沉淀类型和颗粒大小，既取决于物质的本性，又取决于沉淀的条件。在实际工作中，根据不同的沉淀类型选择不同的沉淀条件，以获得符合要求的沉淀。

三、重量分析的计算

（一）重量分析中的换算因数

重量分析是根据称量形式的质量来计算待测组分的含量。称量形式与待测组分的形式往往是不同的，待测组分与称量形式乘以适当系数（保证分子与分母中待测元素的原子数相等）后的摩尔质量之比称为化学因数。待测组分的化学分数可按下式计算。

$$\omega_B = \frac{mF}{m_S} \times 100\%$$

式中，m 为待测组分称量形式的质量；m_S 为待测试样的质量。

1. 当最后称量形与被测组分形式一致时，计算其分析结果就比较简单了。例如，测定要求计算 SiO_2 的含量，重量分析最后称量形也是 SiO_2，其分析结果按下式计算。

$$\omega_{SiO_2} = \frac{m_{SiO_2}}{m_S} \times 100\%$$

式中，ω_{SiO_2} 为 SiO_2 的质量分数（数值以%表示）；m_{SiO_2} 为 SiO_2 的沉淀质量，g；m_S 为试样质量，g。

2. 如果最后称量形与被测组分形式不一致时，分析结果就要进行适当的换算。如测定钡时，得到

$BaSO_4$沉淀0.5051g，可按下列方法换算成被测组分钡的质量。

$$BaSO_4 \longrightarrow Ba$$
$$233.4 \qquad 137.4$$
$$0.5051g \qquad m_{Ba}g$$

$$m_{Ba} = 0.5051 \times \frac{137.4}{233.4} = 0.2973g$$

即

$$m_{Ba} = m_{BaSO_4} \times \frac{M_{Ba}}{M_{BaSO_4}}$$

式中，m_{BaSO_4} 为称量形式 $BaSO_4$ 的质量，g；$\frac{M_{Ba}}{M_{BaSO_4}}$ 是将 $BaSO_4$ 的质量换算成 Ba 的质量的分式，此分式是一个常数，与试样质量无关。这一比值通常称为换算因数或化学因数（即欲测组分的摩尔质量与称量形式的摩尔质量之比，常用 F 表示）。将称量形式的质量换算成所要测定组分的质量后，即可按前面计算 SiO_2 分析结果的方法进行计算。

说明：求算换算因数时，一定要注意使分子和分母所含被测组分的原子或分子数目相等，所以在待测组分的摩尔质量和称量形式摩尔质量之前有时需要乘以适当的系数。例如，待测组分的形式为 Fe、Fe_3O_4，它们的换算因数分别为

$$F = \frac{M_{Fe}}{M_{\frac{1}{2}Fe_2O_3}}$$

$$F = \frac{M_{\frac{1}{3}Fe_3O_4}}{M_{\frac{1}{2}Fe_2O_3}}$$

分析化学手册中可查到常见物质的换算因数。表 7-3 中列出几种常见物质的换算因数。

表 7-3 几种常见物质的换算因数

被测组分	沉淀形式	称量形式	换算因数
Fe	$Fe_2O_3 \cdot nH_2O$	Fe_2O_3	$2M_{Fe}/M_{Fe_2O_3} = 0.6994$
Fe_3O_4	$Fe_2O_3 \cdot nH_2O$	Fe_2O_3	$2M_{Fe_3O_4}/3M_{Fe_2O_3} = 0.9666$
P	$MgNH_4PO_4 \cdot 6H_2O$	$Mg_2P_2O_7$	$2M_P/M_{Mg_2P_2O_7} = 0.2783$
P_2O_5	$MgNH_4PO_4 \cdot 6H_2O$	$Mg_2P_2O_7$	$M_{P_2O_5}/M_{Mg_2P_2O_7} = 0.6377$
MgO	$MgNH_4PO_4 \cdot 6H_2O$	$Mg_2P_2O_7$	$2M_{MgO}/M_{Mg_2P_2O_7} = 0.3621$
S	$BaSO_4$	$BaSO_4$	$M_S/M_{BaSO_4} = 0.1374$

（二）结果计算示例

[例 7-4] 测定某试样中铁的含量时，称取样品重 m_x 为 0.2500g，经处理后其沉淀形式为 $Fe(OH)_3$，然后灼烧为 Fe_2O_3，称得其质量 m_s 为 0.1245g，求此试样中铁的百分含量质量分数，若以 Fe_3O_4 表示结果，其组成百分含量质量分数又为多少？

解：以铁表示时

$$\omega_{Fe} = \frac{m_s \times \frac{2M_{Fe}}{M_{Fe_2O_3}}}{m_x} \times 100\%$$

$$= \frac{0.1245g \times \frac{2 \times 55.85g/mol}{159.7g/mol}}{0.2500g} \times 100\%$$

$$= 34.83\%$$

以 Fe_3O_4 表示时

$$\omega_{Fe_3O_4} = \frac{m_s \times \dfrac{2M_{Fe_3O_4}}{3M_{Fe_2O_3}}}{m_x} \times 100\%$$

$$= \frac{0.1245g \times \dfrac{2 \times 231.54g/mol}{3 \times 159.7g/mol}}{0.2500g} \times 100\%$$

$$= 48.13\%$$

用不同形式表示分析结果时,由于化学因数不同,所得结果也不同。

[例7-5] 称取含铝试样0.5000g,溶解后用8-羟基喹啉沉淀。烘干后称得Al(C_9H_6NO)$_3$质量0.3280g。计算样品中铝的质量分数。若将沉淀灼烧成Al_2O_3称重,可得称量形式多少克?

解:称量形式为Al($C_9H_6NO_3$)时

$$\omega_{Al} = \frac{m_{Al(C_9H_6NO)_3} \times \dfrac{M_{Al}}{M_{Al(C_9H_6NO)_3}}}{m_s} \times 100\%$$

$$= \frac{0.3280g \times \dfrac{26.98g/mol}{459.39g/mol}}{0.5000g} \times 100\%$$

$$= 3.853\%$$

同量的Al若以Al_2O_3形式称重时

$$\omega_{Al} = \frac{m_{Al_2O_3} \times \dfrac{2M_{Al}}{M_{Al_2O_3}}}{m_s} \times 100\%$$

$$= \frac{m_{Al_2O_3} \times 0.5293}{m_s} \times 100\%$$

$$= 3.853\%$$

则

$$m_{Al_2O_3} = \frac{3.853 \times 0.5000g}{0.5293 \times 100} = 0.03640g$$

后一测定由于称量形式摩尔质量小,同量的Al所得称量形式的质量较小,称量造成的误差就大。可见称量形式摩尔质量大,有利于少量组分的测定。

四、典型工作任务分析

案例解析3:沉淀重量法测定硫酸钠的含量

【任务分析】

1. 提出问题

(1)硫酸钠含量测定的原理是什么?

(2)沉淀完全的条件是什么?怎样检验沉淀完全?

2. 开动脑筋 在酸性溶液中,以$BaCl_2$作沉淀剂使硫酸盐成为晶形沉淀析出,经陈化、过滤、洗涤、灼烧后,以$BaSO_4$沉淀形式称量,即可计算样品中Na_2SO_4的含量。

在HCl酸性溶液中进行沉淀,可防止CO_3^{2-}、$C_2O_4^{2-}$等离子与Ba^{2+}沉淀,但酸度可增加$BaSO_4$沉淀的溶解度,降低其相对过饱和度,有利于获得较好的晶形沉淀。由于过量Ba^{2+}的同离子效应存在,所以溶解度损失可忽略不计。

Cl^-、NO_3^-、ClO_3^- 等阴离子和 K^+、Na^+、Ca^{2+} 等阳离子均可参与共沉淀，故应在热稀溶液中进行沉淀，以减少共沉淀的发生。因 $BaSO_4$ 的溶解度受温度影响较小，可用热水洗涤沉淀。

【任务实施】

1. 工作准备

（1）仪器　烧杯（100ml、400ml）、玻璃棒、表面皿、滴管、洗瓶、量筒（10ml、100ml）、定量滤纸（9mm）、长颈漏斗、坩埚（25ml，灼烧至恒重）、坩埚钳、干燥器、电炉、石棉网、马弗炉、分析天平（0.1mg）。

（2）试剂　硫酸钠样品（Na_2SO_4）、稀盐酸（6mol/L）、$BaCl_2$（0.1mol/L）、$AgNO_3$溶液（0.1mol/L）。

2. 动手操作

测定步骤	操作内容	数据记录
准备	（1）准备重量分析常用仪器设备 （2）洗涤仪器 （3）待测溶液的准备 （4）分析所用试剂的配制	供试品的名称、批号、生产厂家、规格、温度；仪器的规格型号；溶液的名称
样品溶液的配制	（5）精密称取 Na_2SO_4 样品 0.4g（或其他可溶性硫酸盐，含硫量约90mg），置于 400ml 烧杯中，加 25ml 蒸馏水使其溶解，稀释至200ml	称量瓶＋样品重（g）= _____ 称量瓶重（g）= _____ 样品重（g）= _____
沉淀的制备	（6）在上述溶液中加稀 HCl 1ml，盖上表面皿，置于电炉石棉网上，加热近沸。取 $BaCl_2$ 溶液 30～35ml 于小烧杯中，加热近沸，然后用滴管将热 $BaCl_2$ 溶液逐滴加入样品溶液中，同时不断搅拌溶液。当 $BaCl_2$ 溶液即将加完时。静置，于 $BaSO_4$ 上清液中加入 1～2 滴 $BaCl_2$ 溶液，观察是否有白色浑浊出现，用以检验沉淀是否已完全。盖上表面皿，置于电炉（或水浴）上，在搅拌下继续加热，陈化约半小时，然后冷却至室温	
沉淀的过滤和洗涤	（7）将上清液用倾注法倒入漏斗中的滤纸上，用一洁净烧杯收集滤液（检验有无沉淀穿滤现象），若有，应重新换滤纸 （8）用少量热蒸馏水洗涤沉淀 3～4 次（每次加入热水 10～15ml），然后将沉淀小心地转移到滤纸上。用洗瓶吹洗内壁，洗涤液并入漏斗中，并用撕下的滤纸角擦拭玻璃棒和烧杯内壁，将滤纸角放入漏斗中，再用少量蒸馏水洗涤滤纸上的沉淀（约 10 次），至滤液不显 Cl^- 离子反应为止（用 $AgNO_3$ 溶液检查）	
沉淀的干燥和灼烧	（9）取下滤纸，将沉淀包好，置于已恒重的坩埚中，先用小火烘干碳化，再用大火灼烧至滤纸灰化 （10）将坩埚转入马弗炉中，在 800～850℃ 灼烧约 30 分钟，取出坩埚，待红热退去，置于干燥器中，冷却 30 分钟后称量 （11）重复灼烧20分钟，冷却，取出，称量，直至恒重	灼烧后恒重（坩埚＋$BaSO_4$）w（g） m_1 = _____ m_2 = _____ m_3 = _____ $BaSO_4$重/$w-w_0$（g）= _____
结果计算	（12）计算 Na_2SO_4 的百分含量	Na_2SO_4 的含量(%) = _____
结束工作	（13）测定完毕，清洗仪器，仪器设备还原	

❤ **药爱生命**

磺胺嘧啶银是一种磺胺类/银盐抗细菌药，化学式为 $C_{10}H_9AgN_4O_2S$，白色或类白色的结晶性粉末，遇光或遇热易变质，在水、乙醇、三氯甲烷或乙醚中均不溶解。用于治疗烧烫伤创面感染，除控制感染外，还可促使创面干燥、结痂和促进愈合。涂药后，遇光渐变成深棕色。磺胺嘧啶银为治疗全身感染的短效磺胺药，具有磺胺嘧啶的抗菌作用和银盐的收敛作用。抗菌谱广，对多数革兰阳性菌和阴性菌有良好的抗菌活性，抗菌作用不受脓液中 PABA（对氨苯甲酸）的影响；用于预防和治疗Ⅱ度、Ⅲ度烧伤或者烫伤继发的创面感染。

目标检测

答案解析

一、单项选择题

1. 在 AgCl 沉淀的溶液中加入 NaCl，沉淀增加，这是因为（　）

    A. 盐效应　　　　　　　　　　　　B. 同离子效应

    C. 酸效应　　　　　　　　　　　　D. 配位效应

2. 沉淀滴定法中佛尔哈德法的指示剂是（　）

    A. 铬酸钾　　　　　　　　　　　　B. 重铬酸钾

    C. 铁铵矾　　　　　　　　　　　　D. 荧光黄

3. 莫尔法测定含量时，若溶液的酸度过高，则（　）

    A. $AgCl\downarrow$ 不完全　　　　　　　　　B. $Ag_2CrO_4\downarrow$ 不容易形成

    C. 形成 $Ag_2O\downarrow$　　　　　　　　　D. 易形成 $AgCl_2^-$

4. 晶形沉淀的沉淀条件是（　）

    A. 浓、热、慢、搅、陈　　　　　　B. 稀、热、快、搅、陈

    C. 稀、热、慢、搅、陈　　　　　　D. 稀、冷、慢、搅、陈

5. 下列说法违反无定形沉淀条件的是（　）

    A. 沉淀可在浓溶液中进行

    B. 沉淀应在不断搅拌下进行

    C. 在沉淀后放置陈化

    D. 沉淀在热溶液中进行

6. 某难溶盐的分子式为 MX，则其溶解度 S 和 K_{sp} 的关系为（　）

    A. $S = K_{sp}$　　　　　　　　　　B. $S^2 = K_{sp}$

    C. $2S^3 = K_{sp}$　　　　　　　　　D. $4S^3 = K_{sp}$

7. 下述说法正确的是（　）

    A. 称量形式和沉淀形式应该相同

    B. 称量形式和沉淀形式必须不同

    C. 称量形式和沉淀形式可以不同

    D. 称量形式和沉淀形式中都不能含有水分子

8. 氯化银在 1mol/L 的 HCl 中比在水中较易溶解，是因为（　）

    A. 酸效应　　　　　　　　　　　　B. 盐效应

    C. 同离子效应　　　　　　　　　　D. 络合效应

二、计算题

1. 用 $BaSO_4$ 重量法测定黄铁矿中硫的含量时，称取试样 0.1819g，最后得到 $BaSO_4$ 沉淀 0.4821g，计算试样中硫的质量分数。

2. 在 1.0×10^{-3} mol/L 的 SO_4^{2-} 离子溶液中，加入 $BaCl_2$ 溶液，欲使 SO_4^{2-} 沉淀完全，平衡时 Ba^{2+} 的浓度至少为多大？ ［已知 $K_{sp}^{\ominus}(BaSO_4) = 8.7 \times 10^{-9}$］

书网融合……

重点回顾   微课   习题

项目八 氧化还原滴定法

项目导航

氧化还原滴定法是以氧化还原反应为基础的一类滴定分析方法，包括碘量法、高锰酸钾法、亚硝酸钠法、硫酸铈法、重铬酸钾法等。本项目主要介绍碘量法、高锰酸钾法、亚硝酸钠法。

学习目标

知识目标：

1. 掌握 氧化还原指示剂的选择原则及适用条件；高锰酸钾法、碘量法、亚硝酸钠法的滴定原理及操作、滴定液的配制与标定方法、滴定终点的确定方法、应用范围及结果计算。

2. 熟悉 氧化还原反应的原理；影响氧化还原反应的方向；程度和速度的因素；氧化还原滴定曲线；氧化还原滴定的指示剂及其确定滴定终点的机制。

3. 了解 氧化还原滴定法的种类；氧化还原平衡的相关概念；影响氧化还原反应速度的因素。

技能目标：

学会硫代硫酸钠滴定液的配制与标定、维生素 C 的含量测定、磺胺嘧啶的含量测定。

素质目标：

通过碘量法中滴定条件控制的学习，培养严谨全面的分析问题、解决问题的能力；通过硫代硫酸钠滴定液的标定实验，培养持之以恒的的实验理念和求真务实的实验精神。

导学情景

情景描述： [🔗链接《中国药典》（2020 年版）] [葡萄糖酸锑钠注射液含量的测定] 取本品约 0.3g，精密称定，置具塞锥形瓶中，加水 100ml、盐酸 15ml 与碘化钾试液 10ml，密塞，振摇后，在暗处静置 10 分钟，用硫代硫酸钠滴定液（0.1mol/L）滴定，至近终点时，加淀粉指示液，继续滴定至蓝色消失，并将滴定的结果用空白试验校正。

情景分析： 葡萄糖酸锑钠注射液用于治疗黑热病。黑热病为地方性传染病，分布很广。葡萄糖酸锑钠可以和碘化钾发生氧化还原反应生成碘，碘再与硫代硫酸钠反应。通过一系列氧化还原反应，可以测定葡萄糖酸锑钠的含量。

情景讨论： 什么是氧化还原反应？什么是氧化还原滴定法？氧化还原滴定法在药物分析和食品检验中有什么应用？

学前导语： 氧化还原滴定法是化学定量分析"四大滴定"方法之一，该法在药物分析和食品检验中应用广泛，是一类重要的滴定分析方法。氧化还原滴定法不仅能测定具有氧化性或还原性的物质，还能间接测定不具有氧化性或还原性的物质；既能测无机物，又能测有机物。

任务一 概 述

PPT

一、氧化还原滴定法的定义

氧化还原滴定法（oxidation – reduction titration）是以氧化还原反应为基础的一类滴定方法。氧化还原反应是基于氧化剂和还原剂之间电子转移的反应。其中，氧化剂得电子，化合价降低；还原剂失电子，化合价升高。物质氧化还原能力（得失电子能力）的大小，可以用电极电位来衡量。

二、氧化还原平衡

（一）电极电位

各种不同的氧化剂的氧化能力和还原剂的还原能力是不相同的，其氧化还原能力的大小，可以用电极电位来衡量。氧化还原电对的电极电位越高，其氧化型的氧化能力就越强；反之电对的电极电位越低，其还原型的还原能力就越强。

1. 标准电极电位 对于任何一个可逆氧化还原电对

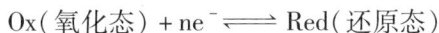

$$Ox(氧化态) + ne^- \rightleftharpoons Red(还原态)$$

当达到平衡时，其电极电位与氧化态、还原态之间的关系遵循能斯特方程式。

$$\varphi_{Ox/Red} = \varphi_{Ox/Red}^{\ominus} + \frac{RT}{nF}\ln\frac{a_{Ox}}{a_{Red}} \tag{8-1}$$

式中，$\varphi_{Ox/Red}^{\ominus}$ 为电对 Ox/Red 的标准电极电位；a_{Ox} 和 a_{Red} 分别为电对氧化态和还原态的活度；R 为气体常数，8.314J/（K·mol）；T 为绝对温度，K；F 为法拉第常数，96485C/mol；n 为电极反应中转移的电子数。将以上常数代入式（8-1），并取常用对数，于25℃时得：

$$\varphi_{Ox/Red} = \varphi_{Ox/Red}^{\ominus} + \frac{0.059}{n}\lg\frac{a_{Ox}}{a_{Red}} \tag{8-2}$$

可见，在一定温度下，电对的电极电位与氧化态和还原态的浓度有关。

当 $a_{Ox} = a_{Red} = 1\text{mol/L}$ 时

$$\varphi_{Ox/Red} = \varphi_{Ox/Red}^{\ominus}$$

因此，标准电极电位是指在一定的温度下（通常为25℃），当 $a_{Ox} = a_{Red} = 1\text{mol/L}$ 时（若反应物有气体参加，则其分压等于100kPa）的电极电位。

2. 条件电极电位 实际应用中，通常已知的是物质在溶液中的浓度，而不是其活度。为简化起见，常常忽略溶液中离子强度的影响，用浓度值代替活度值进行计算。但是只有在浓度极稀时，这种处理方法才是正确的，当浓度较大，尤其是高价离子参与电极反应时，或有其他强电解质存在下，计算结果就会与实际测定值发生较大偏差。因此，若以浓度代替活度，应引入相应的活度系数 γ_{Ox} 及 γ_{Red}。

即
$$a_{Ox} = \gamma_{Ox}[Ox] \qquad a_{Red} = \gamma_{Red}[Red]$$

此外，当溶液中的介质不同时，氧化态、还原态还会发生某些副反应。如酸效应、沉淀反应、配位效应等会影响电极电位，所以必须考虑这些副反应的发生，引入相应的副反应系数 α_{Ox} 和 α_{Red}。则

$$a_{Ox} = \gamma_{Ox}[Ox] = \gamma_{Ox}\frac{c_{Ox}}{\alpha_{Ox}} \; ; \; a_{Red} = \gamma_{Red}[Red] = \gamma_{Red}\frac{c_{Red}}{\alpha_{Red}}$$

将上述关系代入能斯特方程式得

$$\varphi_{Ox/Red} = \varphi_{Ox/Red}^{\ominus} + \frac{0.059}{n}\lg\frac{\gamma_{Ox}\alpha_{Red}c_{Ox}}{\gamma_{Red}\alpha_{Ox}c_{Red}}$$

当 $c_{Ox} = c_{Red} = 1\text{mol/L}$ 时得

$$\varphi_{Ox/Red}^{\Theta'} = \varphi_{Ox/Red}^{\Theta} + \frac{0.059}{n} \lg \frac{\gamma_{Ox} \alpha_{Red}}{\gamma_{Red} \alpha_{Ox}} \qquad (8-3)$$

$\varphi_{Ox/Red}^{\Theta'}$ 称为条件电极电位，它是在一定的介质条件下，氧化态和还原态的总浓度均为 1mol/L 时的电极电位。

条件电极电位反映了离子强度和各种副反应影响的总结果，是氧化还原电对在客观条件下的实际氧化还原能力。它在一定条件下为一常数。在进行氧化还原平衡计算时，应采用与给定介质条件相同的条件电极电位。若缺乏相同条件的 $\varphi_{Ox/Red}^{\Theta'}$ 数值，可采用介质条件相近的条件电极电位数据。对于没有相应条件电极电位的氧化还原电对，则采用标准电极电位。

（二）氧化还原反应速度

1. 影响氧化还原反应速度的因素　在采用氧化还原反应进行滴定时，应使反应迅速进行，以达到滴定分析的要求。影响氧化还原反应速度的因素除了反应物本身的性质外，还包括以下几方面。

（1）反应物浓度　许多氧化还原反应是分步进行的，整个反应速度由最慢的一步所决定的。因此不能从总的氧化还原反应方程式来判断反应物浓度对反应速度的影响。但一般来说，增加反应物的浓度能加快反应的速度。

（2）催化剂　催化剂的使用是提高反应速度的有效方法。催化剂分为正催化剂和负催化剂两类。正催化剂加快反应速度，负催化剂减慢反应速度。例如，MnO_4^- 与 $C_2O_4^{2-}$ 的反应速度慢，但若加入 Mn^{2+} 能催化反应迅速进行。如果不加入 Mn^{2+}，而利用 MnO_4^- 与 $C_2O_4^{2-}$ 发生作用后生成的微量 Mn^{2+} 作催化剂，反应也可进行。这种生成物本身引起催化作用的反应称为自动催化反应。

（3）温度　对大多数反应来说，升高溶液的温度可以加快反应速度，通常情况下，溶液温度每增高 10℃，反应速度可增大 2~3 倍。

（4）诱导反应　在氧化还原反应中，有些反应在一般情况下进行得非常缓慢或实际上并不发生，可是当存在另一反应的情况下，此反应就会加速进行。这种因某一氧化还原反应的发生而促进另一种氧化还原反应进行的现象，称为诱导作用，反应称为诱导反应。例如，$KMnO_4$ 氧化 Cl^- 反应速度极慢，对滴定几乎无影响。但如果溶液中同时存在 Fe^{2+} 时，MnO_4^- 与 Fe^{2+} 的反应可以加速 MnO_4^- 与 Cl^- 的反应，使测定的结果偏高。MnO_4^- 与 Fe^{2+} 的反应就是诱导反应。

2. 提高氧化还原反应速度的方法　①增大反应物的浓度；②升高溶液的温度；③使用催化剂。

（三）氧化还原反应进行的程度

氧化还原滴定要求氧化还原反应进行得越完全越好。反应进行的完全程度常用反应的平衡常数 K 的大小来衡量。平衡常数可根据能斯特方程式，从有关电对的条件电位或标准电极电位求出。在滴定分析中，常用分析浓度代替活度，因此，求出的平衡常数称为条件平衡常数 K'。如氧化还原反应

$$n_2 Ox_1 + n_1 Red_2 \rightleftharpoons n_2 Red_1 + n_1 Ox_2$$

当反应达到平衡时

$$\lg K' = \frac{n_1 n_2 (\varphi_1^{\Theta'} - \varphi_2^{\Theta'})}{0.059} \qquad (8-4)$$

若设 $n_1 \cdot n_2 = n$，n 为最小公倍数，则

$$\lg K' = \frac{n(\varphi_1^{\Theta'} - \varphi_2^{\Theta'})}{0.059} \qquad (8-5)$$

可见，两电对的条件电位相差越大，氧化还原反应的条件平衡常数 K' 就越大，反应进行也越完全。一般认为两电对的条件电位差 $\Delta\varphi \geq 0.35V$ 时，反应就能进行地完全，从而达到定量分析的要求。在氧化还原滴定中往往通过选择强氧化剂作滴定剂或控制介质改变电对电位来满足这个条件。

三、氧化还原滴定法的分类

通常根据氧化还原滴定中滴定剂的不同，将氧化还原滴定法分为以下几类。

1. 碘量法 利用 I_2 的氧化性和 I^- 的还原性进行滴定分析的方法。碘量法又可以分为直接碘量法和间接碘量法。

2. 亚硝酸钠法 是以亚硝酸钠为滴定液的氧化还原滴定法。亚硝酸钠法又包括两种方法，即重氮化滴定法和亚硝基化滴定法。

3. 高锰酸钾法 是以高锰酸钾为滴定液的氧化还原滴定法。它利用了高锰酸钾在酸性介质中可与还原性物质发生定量的氧化还原反应的性质。

4. 重铬酸钾法 是以重铬酸钾为滴定液的氧化还原滴定法。重铬酸钾是一种较强的氧化剂，在酸性溶液中可以被还原剂还原为 Cr^{3+}。

5. 硫酸铈法 是以硫酸铈为滴定液的氧化还原滴定法。硫酸铈是强氧化剂，在酸性溶液中可以被还原为 Ce^{3+}。

此外，还有溴酸钾法和钒酸盐法等。

👁 **看一看**

氧化还原滴定曲线与滴定突跃

在氧化还原滴定的过程中，随着滴定剂的不断加入，溶液中还原剂和氧化剂的浓度不断改变，使有关电对的电位也发生变化。在化学计量点附近，溶液的电位值出现突跃性的改变，这种现象称之为电位突跃或滴定突跃。以加入的滴定剂体积或者百分数作横坐标、以电对电位作纵坐标作图，所得曲线称为氧化还原滴定曲线。滴定过程中各点的电位可以用仪器进行测量，也可以根据能斯特公式进行计算。

四、氧化还原滴定法的指示剂

在氧化还原滴定中，除用电势法确定滴定终点外，还可利用某些物质在化学计量点时颜色的改变指示滴定终点。氧化还原滴定中常用的指示剂主要有以下几种类型。

（一）自身指示剂

有些滴定剂本身有很深的颜色，而滴定产物为无色或颜色很浅，在这种情况下，滴定时可不必另加指示剂，它们本身的颜色变化就起着指示剂的作用，这些滴定剂又被称为自身指示剂。例如 $KMnO_4$ 本身显紫红色，用它来滴定 Fe^{2+}、$C_2O_4^{2-}$ 溶液时，反应产物 Mn^{2+}、Fe^{3+} 等颜色很浅或是无色，滴定到化学计量点后，只要 $KMnO_4$ 稍微过量半滴就能使溶液呈现淡红色，指示滴定终点的到达。$KMnO_4$ 就是一种自身指示剂。

（二）特殊指示剂

特殊指示剂本身并不具有氧化还原性，但能与滴定剂或被测定物质发生显色反应，而且显色反应是可逆的，因而可以指示滴定终点。这类指示剂最常用的是淀粉，如可溶性淀粉与碘溶液反应生成深蓝色的化合物，当 I_2 被还原为 I^- 时，蓝色就突然褪去。因此，在碘量法中，多用淀粉溶液作指示液。用淀粉指示液可以检出约 10^{-5} mol/L 的碘溶液，但淀粉指示液与 I_2 的显色灵敏度、淀粉的性质、加入时间、温度及反应介质等条件有关。

（三）氧化还原指示剂

氧化还原指示剂本身是氧化剂或还原剂，其氧化态和还原态具有不同的颜色。在滴定过程中，指示剂由氧化态转为还原态或由还原态转为氧化态时,溶液颜色随之发生变化,从而指示滴定终点。例如用 $K_2Cr_2O_7$ 滴定 Fe^{2+} 时,常用二苯胺磺酸钠为指示剂。二苯胺磺酸钠的还原态无色,当滴定至化学计量点时,稍过量的 $K_2Cr_2O_7$ 使二苯胺磺酸钠由还原态转变为氧化态,溶液显紫红色,从而指示滴定终点的到达。表 8 – 1 列出了部分常用的氧化还原指示剂。

表 8 – 1　常用的氧化还原指示剂及其颜色

指示剂	$\varphi^{\ominus'}(V)$	颜色变化	
	$c(H^+)=1mol/L$	氧化态	还原态
次甲基蓝	0.36	蓝	无色
二苯胺	0.76	紫	无色
二苯胺磺酸钠	0.84	红紫	无色
邻苯胺基苯甲酸	0.89	红紫	无色
邻二氮杂菲 – 亚铁	1.06	浅蓝	红
硝基邻二氮杂菲 – 亚铁	1.25	浅蓝	紫红

氧化还原指示剂不仅对某种离子有特效,而且对氧化还原反应普遍适用,因而是一种通用指示剂,应用范围比较广泛。选择这类指示剂的原则是:指示剂变色点的电位应当处在滴定体系的电位突跃范围内。

(四) 外指示剂

外指示剂是在滴定过程中不加入被滴定的溶液中,而是在临近终点时,将被滴定溶液用细玻璃棒蘸取少许,在溶液外面与该种指示剂接触,根据颜色变化来判断终点,这种指示剂称为外指示剂。亚硝酸钠滴定法中用到的碘化钾 – 淀粉指示剂就是一种外指示剂。它不能直接加到被滴定的溶液里去。否则,滴入的亚硝酸钠会先和碘化钾作用,生成碘,使滴定终点无法观察,造成误差。

(五) 不可逆指示剂

不可逆指示剂是在滴定液稍微过量的情况下,可以发生颜色的不可逆变化,以此指示滴定终点的到达。例如,在溴酸钾法中,当滴定液溴化钾稍微过量时,在酸性环境中会析出溴,而溴可以破坏指示剂甲基红或甲基橙的分子结构,使其颜色发生不可逆变化而指示滴定终点。

👁 看一看

氧化还原反应在环境保护中的应用——超薄二维材料光/电催化 CO_2 还原

环境污染是全人类面临的巨大挑战,对化石燃料的过度依赖使 CO_2 的排放量急剧增加,如何将过量的温室气体通过清洁的方式转变为燃料或其他高值化学品,已成为全球范围内的研究热点和难点。

在过去几十年的研究中,通过太阳能和电化学方法来还原 CO_2 被证明是十分清洁有效的方法,可以有效降低全球碳足迹,实现化石资源的高效利用。近几年来,超薄二维材料(诸如水滑石、氧化物、钙钛矿等)在催化领域的卓越性引起了人们的广泛关注,其电子结构存在更多的调变可能,并且可以通过修饰其表面,使其在更多催化反应中发挥作用。其中,LDH 材料因其已经实现大规模工业生产并且适用于各种调控手段,已成为 CO_2 还原领域最有潜力的催化剂之一。超薄二维材料不断改进,必将在 CO_2 还原领域作出更大的贡献。

? 想一想8-1

氧化还原滴定中常用指示剂有哪几类？$KMnO_4$ 可以用作指示剂吗？

答案解析

任务二　碘量法 微课

PPT

碘量法（iodimetry method）是利用 I_2 的氧化性和 I^- 的还原性来进行滴定的氧化还原滴定方法，其基本反应是

$$I_2 + 2e^- \rightleftharpoons 2I^-$$

固体 I_2 在水中溶解度很小（298K 时为 1.18×10^{-3} mol/L）且易挥发，所以通常将 I_2 溶解于 KI 溶液中，此时它以 I_3^- 配离子形式存在，其半反应为

$$I_3^- + 2e^- \rightleftharpoons 3I^- \qquad\qquad \varphi^{\ominus}_{I_3^-/I^-} = 0.545V$$

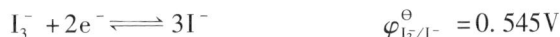

从 $\varphi^{\ominus}$ 值可以看出，I_2 是较弱的氧化剂，能与较强的还原剂作用；而 I^- 是中等强度的还原剂，能与许多氧化剂作用。因此碘量法可以用直接滴定或间接滴定两种方式进行。

碘量法既可测定氧化剂，又可测定还原剂。I_3^-/I^- 电对反应的可逆性好，副反应少，又有很灵敏的淀粉指示剂指示终点，因此碘量法的应用范围很广。碘量法根据滴定方式可分为直接碘量法和间接碘量法。

一、直接碘量法

用 I_2 配成的标准滴定液可以直接滴定电位值比 $\varphi^{\ominus}_{I_3^-/I^-}$ 低的还原性物质，如 S^{2-}、SO_3^{2-}、Sn^{2+}、$S_2O_3^{2-}$、As（Ⅲ）、维生素 C 等，这种方法称为直接碘量法，又叫碘滴定法。该方法不能在强碱性溶液中进行滴定，只能在弱碱性、中性或者酸性溶液中进行。如果溶液的 pH 大于9，碘可以与碱发生歧化反应。

$$3I_2 + 6OH^- \rightleftharpoons IO_3^- + 5I^- + 3H_2O$$

直接碘量法可以测定那些能被碘直接迅速氧化的强还原性物质，如维生素 C、亚硫酸盐、硫化物、亚砷酸盐等。

二、间接碘量法

电位值比 $\varphi^{\ominus}_{I_3^-/I^-}$ 高的氧化性物质，可在一定的条件下，用 I^- 还原，然后用 $Na_2S_2O_3$ 滴定液滴定释放出的 I_2，这种方法称为间接碘量法，又称滴定碘法。间接碘量法的基本反应为

$$I_2 + 2S_2O_3^{2-} \rightleftharpoons S_4O_6^{2-} + 2I^-$$

利用这一方法可以测定很多氧化性物质，如 Cu^{2+}、$Cr_2O_7^{2-}$、IO_3^-、BrO_3^-、AsO_4^{3-}、ClO^-、NO_2^-、H_2O_2、MnO_4^-、和 Fe^{3+} 等。

间接碘量法多在中性或弱酸性溶液中进行，因为在碱性溶液中 I_2 与 $S_2O_3^{2-}$ 发生如下反应：

$$S_2O_3^{2-} + 4I_2 + 10OH^- \rightleftharpoons 2SO_4^{2-} + 8I^- + 5H_2O$$

同时，I_2 在碱性溶液中还会发生歧化反应：

$$3I_2 + 6OH^- \rightleftharpoons IO_3^- + 5I^- + 3H_2O$$

在强酸性溶液中，$Na_2S_2O_3$ 溶液会发生分解反应：

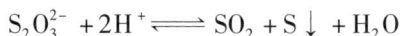

$$S_2O_3^{2-} + 2H^+ \Longleftrightarrow SO_2 + S \downarrow + H_2O$$

同时，I^-在酸性溶液中易被空气中的O_2氧化：

$$4I^- + 4H^+ + O_2 \Longleftrightarrow 2I_2 + 2H_2O$$

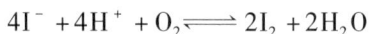

三、碘量法的指示剂

碘量法通常用淀粉作为指示剂。

碘与淀粉在含有I^-的溶液中，可以生成蓝色的可溶性吸附化合物。变色反应非常灵敏而且是可逆的。

直接碘量法用淀粉指示液指示终点时，应在滴定开始时加入。到达终点时，溶液由无色突变为蓝色，以此确定滴定终点。间接碘量法用淀粉指示液指示终点时，当溶液的蓝色突然消失，可以确定滴定终点的到达。而且在操作时应等到临近终点时（I_2的黄色很浅）再加入淀粉指示液。如果过早加入淀粉，它与I_2会紧紧吸附在一起，到终点时蓝色不易褪去，使滴定终点延迟，造成误差。I_2与淀粉呈现蓝色，其显色灵敏度除与I_2的浓度有关以外，还与淀粉的性质、加入的时间、温度及反应介质等条件有关。

👁 看一看

碘量法的误差来源和防止措施

碘量法的误差来源于两个方面：①I_2易挥发；②在酸性溶液中I^-易被空气中的O_2氧化。为了防止I_2挥发和空气中的O_2氧化I^-，测定时要加过量的KI，使I_2生成I_3^-离子，并使用碘瓶，滴定时不要剧烈摇动，以减少I_2的挥发。由于I^-被空气氧化的反应，随光照及酸度增高而加快，因此在反应时，应将碘瓶置于暗处；滴定前调节好酸度，析出I_2后立即进行滴定。此外，Cu^{2+}、NO_2^-等离子催化空气对I^-离子的氧化，应设法消除干扰。

四、滴定液的配制与标定

（一）I_2滴定液的配制与标定

1. I_2滴定液（0.05mol/L）的配制 用升华法制得的纯碘，可直接配制成滴定液。但通常是用市售的碘先配成近似浓度的碘溶液，然后用基准试剂或已知准确浓度的$Na_2S_2O_3$滴定液来标定碘溶液的准确浓度。由于I_2难溶于水，易溶于KI溶液，故配制时应将I_2、KI与少量水一起研磨后再用水稀释，并保存在棕色试剂瓶中待标定。

操作步骤：称取13g碘及35g碘化钾，溶于100ml水中，稀释至1000ml，摇匀，贮存于棕色瓶中。

2. I_2滴定液（0.05mol/L）的标定 I_2滴定液通常可用As_2O_3（俗称砒霜，剧毒）基准物来标定。As_2O_3难溶于水，易溶解于碱溶液，故多用NaOH溶解，使之生成亚砷酸钠，再用I_2滴定液滴定AsO_3^{3-}。反应如下：

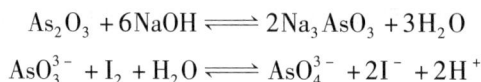

$$As_2O_3 + 6NaOH \Longleftrightarrow 2Na_3AsO_3 + 3H_2O$$

$$AsO_3^{3-} + I_2 + H_2O \Longleftrightarrow AsO_4^{3-} + 2I^- + 2H^+$$

上述反应为可逆反应，为使反应快速定量地向右进行，可加入$NaHCO_3$保持溶液$pH \approx 8$。

根据称取的As_2O_3质量和滴定时消耗I_2溶液的体积，可计算出I_2滴定液的浓度。计算公式为

$$c_{I_2} = \frac{2 \times m_{As_2O_3} \times 10^3}{M_{As_2O_3} \times V_{I_2}} \qquad (8-6)$$

式中，$m_{As_2O_3}$为称取As_2O_3的质量；$M_{As_2O_3}$为As_2O_3的摩尔质量（197.8g/mol）；V_{I_2}为滴定时消耗I_2溶液的体积。

操作步骤：精密称取在 105℃ 干燥至恒重的基准物质 As_2O_3 约 0.18g（准确至 0.1mg，平行称 3 份），置于碘量瓶中，加 6ml NaOH 标准滴定液（1mol/L）溶解，再加纯化水 50ml、酚酞指示剂（10g/L）2 滴，然后用硫酸标准滴定溶液（1mol/L）滴定至溶液无色，再加碳酸氢钠 3g、纯化水 50ml、淀粉指示液（10g/L）2ml，用待标定的碘滴定液滴定至溶液显浅蓝紫色，即为终点。同时做空白试验。记录消耗碘滴定液的体积，计算碘滴定液的浓度。

（二）$Na_2S_2O_3$ 滴定液的配制与标定

1. $Na_2S_2O_3$ 滴定液（0.1mol/L）的配制　市售硫代硫酸钠（$Na_2S_2O_3 \cdot 5H_2O$）一般都含有少量杂质，因此配制 $Na_2S_2O_3$ 标准滴定溶液不能用直接法，只能用间接法。配制好的 $Na_2S_2O_3$ 溶液在空气中不稳定，容易分解，这是由于在水中的微生物、CO_2、空气中 O_2 作用下，发生下列反应。

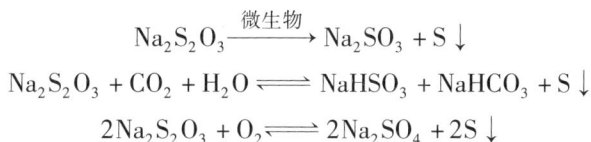

$$Na_2S_2O_3 \xrightarrow{微生物} Na_2SO_3 + S \downarrow$$
$$Na_2S_2O_3 + CO_2 + H_2O \Longleftrightarrow NaHSO_3 + NaHCO_3 + S \downarrow$$
$$2Na_2S_2O_3 + O_2 \Longleftrightarrow 2Na_2SO_4 + 2S \downarrow$$

此外，水中微量的 Cu^{2+} 或 Fe^{3+} 等也能促进 $Na_2S_2O_3$ 溶液分解，因此配制 $Na_2S_2O_3$ 溶液时，应当用新煮沸并冷却的蒸馏水，并加入少量 Na_2CO_3，使溶液呈弱碱性，以抑制细菌生长。配制好的 $Na_2S_2O_3$ 溶液应贮于棕色瓶中，于暗处放置，然后再标定；标定后的 $Na_2S_2O_3$ 溶液在贮存过程中如发现溶液变浑浊，应重新标定或弃去重配。

操作步骤：称取无水碳酸钠 0.10g，加入新煮沸冷却的纯化水适量，搅拌使其溶解，再加入 13g $Na_2S_2O_3 \cdot 5H_2O$，搅拌使其完全溶解，并稀释至 500ml，摇匀，煮沸 10 分钟，冷却。贮存于试剂瓶中，暗处放置 7~14 天后，滤过。

2. $Na_2S_2O_3$ 滴定液（0.1mol/l）的标定　标定 $Na_2S_2O_3$ 溶液的基准物质有 $K_2Cr_2O_7$、KIO_3、$KBrO_3$ 及升华 I_2 等。除 I_2 外，其他物质都需在酸性溶液中与 KI 作用析出 I_2 后，再用配制的 $Na_2S_2O_3$ 溶液滴定。若以 $K_2Cr_2O_7$ 作基准物为例，则 $K_2Cr_2O_7$ 在酸性溶液中与 I^- 发生如下反应。

$$Cr_2O_7^{2-} + 6I^- + 14H^+ \Longleftrightarrow 2Cr^{3+} + 3I_2 + 7H_2O$$

反应析出的 I_2 以淀粉为指示剂，用待标定的 $Na_2S_2O_3$ 溶液滴定。

$$I_2 + 2S_2O_3^{2-} \Longleftrightarrow 2I^- + S_4O_6^{2-}$$

用 $K_2Cr_2O_7$ 标定 $Na_2S_2O_3$ 溶液时应注意：$Cr_2O_7^{2-}$ 与 I^- 反应较慢。为加速反应，须加入过量的 KI 并适当提高溶液的酸度，酸度过高也会加速空气氧化 I^-。因此，酸度一般应控制为 0.2~0.4mol/L。而且须在暗处放置，以保证反应顺利进行。

根据称取 $K_2Cr_2O_7$ 的质量和滴定时消耗 $Na_2S_2O_3$ 滴定液的体积，可计算出 $Na_2S_2O_3$ 滴定液的浓度。计算公式为

$$c_{Na_2S_2O_3} = \frac{6 \times m_{K_2Cr_2O_7} \times 10^3}{M_{K_2Cr_2O_7} \times V_{Na_2S_2O_3}}$$

式中，$m_{K_2Cr_2O_7}$ 为 $K_2Cr_2O_7$ 的质量；$V_{Na_2S_2O_3}$ 为滴定时消耗 $Na_2S_2O_3$ 滴定液的体积；$M_{K_2Cr_2O_7}$ 为 $K_2Cr_2O_7$ 的摩尔质量（294g/mol）。

操作步骤：精密称取在 120℃ 干燥至恒重的基准物质重铬酸钾约 0.18g（准确至 0.1mg，平行称 3 份），置碘量瓶中，加纯化水 150ml 使其溶解，加 2g 碘化钾及 20ml 硫酸溶液（20%），摇匀，密塞。在暗处放置 10 分钟后，加纯化水 150ml（15~20℃），用待标定的硫代硫酸钠滴定液滴定至近终点时，加 2ml 淀粉指示液（10g/L），继续滴定至溶液由蓝色变为亮绿色。且 5 分钟内不返蓝，即到达终点。同时做空白试验。记录消耗的硫代硫酸钠滴定液的体积。根据硫代硫酸钠溶液的消耗量与重铬酸钾的

取用量，计算出硫代硫酸钠溶液的浓度。

案例解析1：硫代硫酸钠滴定液的配制和标定

【任务分析】

1. 提出问题

（1）为什么配制 $Na_2S_2O_3$ 溶液时，应当用新煮沸并冷却的蒸馏水？

（2）用 $K_2Cr_2O_7$ 标定 $Na_2S_2O_3$ 溶液时，为什么要加入过量的碘化钾？还要置于暗处？

（3）为什么在标定硫代硫酸钠溶液浓度的操作中，淀粉指示液不能加入过早？

2. 开动脑筋 $Na_2S_2O_3$ 作为间接碘量法的滴定液，只能用间接法配制。配制 $Na_2S_2O_3$ 溶液时，由于水中的微生物、CO_2、O_2 可以和 $Na_2S_2O_3$ 发生反应，而且水中微量的 Cu^{2+} 或 Fe^{3+} 等也能促进 $Na_2S_2O_3$ 溶液分解，所以应当用新煮沸并冷却的蒸馏水配制。标定 $Na_2S_2O_3$ 溶液的基准物质是 $K_2Cr_2O_7$。用 $K_2Cr_2O_7$ 标定 $Na_2S_2O_3$ 滴定液时应注意：$Cr_2O_7^{2-}$ 与 I^- 反应较慢，为加速反应，须加入过量的 KI 并适当提高溶液的酸度，酸度过高也会加速空气氧化 I^-。因此，酸度一般应控制为 $0.2 \sim 0.4 mol/L$。而且须在暗处放置，以保证反应顺利进行。另外，淀粉指示剂应该在近终点时加入，如果当溶液还有很多 I_2 时就加入淀粉指示剂，那么大量的 I_2 被淀粉牢固地吸附，不易完全释放，使滴定终点难以确定。

【任务实施】

1. 工作准备

（1）**仪器** 电子天平（0.1mg）、台秤（0.1g）、滴定管（50ml）、碘量瓶（250ml）、锥形瓶（250ml）、棕色试剂瓶（500ml）、烧杯（500ml）、量筒（50ml）、移液管（25ml）。

（2）**试剂** $Na_2S_2O_3 \cdot 5H_2O$（AR）、$K_2Cr_2O_7$（基准物质）、Na_2CO_3（AR）、KI（AR）、盐酸（AR）、淀粉指示液（0.5% 水溶液，临用时配制）、硫酸溶液（0.5mol/L）。

2. 动手操作

测定步骤	操作内容	数据记录
0.1mol/L 硫代硫酸钠滴定液的配制	（1）称取无水碳酸钠 0.20g （2）加入新煮沸冷却的纯化水适量，搅拌使其溶解 （3）再加入 $Na_2S_2O_3 \cdot 5H_2O$ 26g，搅拌使其完全溶解，并稀释至 1000ml，摇匀，缓缓煮沸 10 分钟，冷却 （4）贮存于试剂瓶中，暗处放置两周后，滤过	
0.1mol/L 硫代硫酸钠滴定液的标定	（5）精密称取在 120℃ 干燥至恒重的基准重铬酸钾约 0.18g 3 份（准确至 0.1mg） （6）置碘量瓶中，加纯化水 25ml 使其溶解 （7）加 2g 碘化钾及 20ml 硫酸溶液（20%），摇匀，密塞 （8）在暗处放置 10 分钟后，加纯化水 150ml（15～20℃） （9）用待标定的硫代硫酸钠滴定液滴定至近终点时，加淀粉指示液（10g/L）2ml，继续滴定至溶液由蓝色变为亮绿色，且 5 分钟内不返蓝，即到达终点。同时做空白试验	
测定消耗 $Na_2S_2O_3$ 的体积 V（ml）	（10）测定消耗 $Na_2S_2O_3$ 的体积	$V_1 = \underline{\quad\quad}$；$V_2 = \underline{\quad\quad}$ $V_3 = \underline{\quad\quad}$
计算 $Na_2S_2O_3$ 的浓度 c（mol/L）	（11）计算 $Na_2S_2O_3$ 的浓度 $\bar{c}$	$c_1 = \underline{\quad\quad}$；$c_2 = \underline{\quad\quad}$ $c_3 = \underline{\quad\quad}$
计算 $Na_2S_2O_3$ 的平均浓度 $\bar{c}$（mol/L）	（12）计算 $Na_2S_2O_3$ 的平均浓度 $\bar{c}$	$\bar{c} = \underline{\quad\quad}$
结束工作	（13）实验完毕，清洗滴定管、锥形瓶、碘量瓶、移液管等玻璃仪器	

五、典型工作任务分析

采用直接碘量法可以测定很多还原性药物的含量，如维生素 C、安乃近、二巯基丙醇等的含量；采用间接碘量法可以测定许多氧化性物质的含量，如高锰酸钾、葡萄糖酸锑钠、葡萄糖、铜盐等。

（一）维生素 C 的含量测定

案例解析 2：维生素 C 的含量测定

【任务分析】

1. 提出问题

（1）为什么要在加入稀醋酸的条件下测定维生素 C？

（2）为什么要用新煮沸过的冷蒸馏水溶解维生素 C？

2. 开动脑筋 维生素 C 又称抗坏血酸（$C_6H_8O_6$，摩尔质量为 176.13g/mol）。由于维生素 C 分子中的烯二醇基，具有还原性，所以它能被 I_2 定量地氧化成二酮基，其反应为

应该注意的是：维生素 C 在碱性溶液中还原性更强，故滴定时须加入 HAc，使溶液保持一定的酸度，以减少维生素 C 与 I_2 以外的其他氧化剂作用。维生素 C 的还原能力强，在空气中易被氧化，所以在 HAc 酸化后应立即滴定。由于蒸馏水中溶解有氧，因此蒸馏水必须事先煮沸，用新煮沸过的冷蒸馏水溶解维生素 C，否则会使测定结果偏低。如果试液中有能被 I_2 直接氧化的物质存在，则对测定有干扰。

操作步骤：取维生素 C 样品约 0.2g，精密称定，加入新煮沸过的冷蒸馏水 100ml 与稀醋酸 10ml 使溶解，加入淀粉指示液 1ml，立即用 I_2 滴定液（0.05mol/L）滴定，至溶液显蓝色并在 30 秒内不褪色，即为终点。记录所消耗的 I_2 滴定液的体积。平行测 3 次。根据 I_2 滴定液的消耗量，计算出维生素 C 的质量，求出维生素 C 的含量（%）。每 1ml I_2 滴定液（0.05mol/L）相当于 8.806mg 的维生素 C。

$$维生素 C 含量 = \frac{c_{I_2} \times V_{I_2} \times M_{维生素C} \times 10^{-3}}{m_S} \times 100\% \qquad (8-7)$$

式中，$M_{维生素C}$ 为 176.13g/mol。

【任务实施】

1. 工作准备

（1）仪器 电子天平（0.1mg）、酸式滴定管（50ml）、锥形瓶（250ml）、量筒（10ml）。

（2）试剂 0.05mol/L 碘滴定液、药用维生素 C、稀醋酸（2mol/L）、淀粉指示液（0.5% 水溶液，临用时配制）。

2. 动手操作

测定步骤	操作内容	数据记录
称量	（1）精密称取维生素 C 样品约 0.2g（准确至 0.1mg，平行称三份）	
溶解	（2）加入新煮沸过的冷纯化水 100ml、稀醋酸 10ml 使溶解，加入淀粉指示液 1ml	
滴定	（3）立即用 I_2 滴定液滴定，至溶液显蓝色并在 30 秒内不褪色，即为滴定终点	

续表

测定步骤	操作内容	数据记录
记录	（4）记录消耗碘滴定液的体积 V（ml）	$V_1 = \underline{\hspace{3cm}}$ $V_2 = \underline{\hspace{3cm}}$ $V_3 = \underline{\hspace{3cm}}$
计算维生素C含量	（5）计算维生素C含量及其平均值	$w_1\% = \underline{\hspace{3cm}}$ $w_2\% = \underline{\hspace{3cm}}$ $w_3\% = \underline{\hspace{3cm}}$ $\bar{w} = \underline{\hspace{3cm}}$
结束工作	（6）实验完毕，清洗滴定管、锥形瓶等玻璃仪器	

（二）二巯丙醇注射液的含量测定

二巯丙醇（$C_3H_8OS_2$）为解毒药，主要用于含砷或含汞毒物的解毒，也可用于某些重金属（如铋、锑、镉等）的解毒。其分子结构中具有两个巯基，能与金属或类金属离子结合成为环状络合物，使金属或类金属成为低毒或无毒的可溶性物质，随尿液排出体外，被抑制的酶恢复活性，而达到解毒目的。具体操作如下：用移液管精密量取二巯基丙醇注射液约1ml，置于锥形瓶中，用无水乙醇 – 三氯甲烷（3∶1）10ml分数次洗涤移液管内壁，洗液并入锥形瓶中，再加入无水乙醇 – 三氯甲烷（3∶1）40ml，摇匀。用碘滴定液（0.05mol/L）滴定至溶液显持续的微黄色，并将滴定的结果用空白试验校正。每1ml碘滴定液（0.05mol/L）相当于6.211mg的二巯基丙醇。

（三）安钠咖注射液中无水咖啡因的含量测定

安钠咖（$C_8H_{10}N_4O_2 \cdot C_7H_5O_2 \cdot Na$）注射液含无水咖啡因和苯甲酸钠，咖啡因小剂量时可增强大脑皮层兴奋过程，振奋精神，剂量增大时能兴奋呼吸中枢和血管运动中枢，特别当中枢处于抑制状态时，作用显著。《中国药典》对安钠咖注射液中无水咖啡因的含量测定采用了间接碘量法。

👁 看一看

卡尔 – 费休法

卡尔 – 费休法是世界公认的测定物质水分含量的经典方法，属于碘量法，它是非水溶液中的氧化还原滴定法，适用于许多无机化合物和有机化合物中含水量的测定。其测定是依据 I_2 与 SO_2 发生氧化还原反应时，需要 H_2O 参加反应。在滴定时，常用"卡氏试剂"（由 I_2、SO_2 和吡啶按一定比例溶于无水乙醇）作为滴定剂。可以通过目测 I_2 颜色变化判断滴定终点，也可采用永停滴定法进行判断。

任务三 高锰酸钾法

PPT

一、高锰酸钾法的基本原理

高锰酸钾法是以高锰酸钾滴定液为滴定剂的氧化还原滴定法。

高锰酸钾法通常利用自身紫红色指示终点，滴定不需要外加指示剂；高锰酸钾滴定法，氧化能力强，能与许多物质起反应，应用范围广。高锰酸钾与还原性物质的反应历程比较复杂，易发生副反应。其滴定液不能直接配制，不稳定，需经常标定。高锰酸钾是一种强氧化剂，其氧化能力与溶液的酸度有关。

在强酸性介质中，$KMnO_4$ 与还原剂作用被还原成 Mn^{2+}

$$MnO_4^- + 8H^+ + 5e^- \Longleftrightarrow Mn^{2+} + 4H_2O \qquad \varphi^\Theta = 1.51V$$

在微酸性、中性或碱性介质中 $KMnO_4$ 被还原成 MnO_2

$$MnO_4^- + 2H_2O + 3e^- \Longleftrightarrow MnO_2 + 4OH^- \qquad \varphi^\Theta = 0.59V$$

在强碱性溶液中 $KMnO_4$ 被还原成 MnO_4^{2-}

$$MnO_4^- + e^- \Longleftrightarrow MnO_4^{2-} \qquad \varphi^\Theta = 0.56V$$

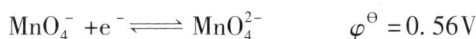

高锰酸钾在强酸性溶液中的氧化能力最强，故高锰酸钾法常在强酸性溶液中进行。

二、高锰酸钾滴定液的配制与标定

市售高锰酸钾常含有少量 MnO_2 等杂质纯化水，也常有微量的灰尘，溶液在配制初期不够稳定，浓度常降低，因此高锰酸钾溶液不能用直接法配制，采用间接法配制。要先配制成近似所需的浓度。

1. 配制　称取稍多于理论用量的固体高锰酸钾，用新煮沸并冷却的纯化水溶解，放置两天以上或加热至沸，并保持微沸，使各种还原性物质完全氧化，用垂熔玻璃器过滤，除去 MnO_2 等沉淀，摇匀，储存于棕色瓶中，暗处密闭保存。

2. 标定　常用于标定高锰酸钾滴定液的基准物有 $Na_2C_2O_4$、$NH_4C_2O_4$、$FeSO_4 \cdot 7H_2O$ 等。其中以 $Na_2C_2O_4$ 最常用，因它易提纯，较稳定。标定反应为

$$2MnO_4^- + 5C_2O_4^{2-} + 16H^+ \Longleftrightarrow 2Mn^{2+} + 10CO_2\uparrow + 8H_2O$$

案例解析3：高锰酸钾滴定液的配制和标定

【任务分析】

1. 提出问题

（1）配制 $KMnO_4$ 溶液时，为什么要采用间接配制法？

（2）标定 $KMnO_4$ 溶液时，需要加入别的指示剂吗？

（3）配制好的 $KMnO_4$ 溶液为什么要置于棕色瓶中？

2. 开动脑筋　$KMnO_4$ 中常含有少量杂质，配制 $KMnO_4$ 溶液时，采用间接配制法；标定 $KMnO_4$ 溶液时，常采用 $Na_2C_2O_4$ 作为基准物，$KMnO_4$ 作指示剂，不需要加入别的指示剂。由于 $KMnO_4$ 氧化性很强，易被水中微量还原性物质还原产生 MnO_2，如果见光则分解得更快，为了得到稳定的 $KMnO_4$ 溶液，配制好的 $KMnO_4$ 溶液要置于棕色瓶中。在标定时为了使标定反应能定量地快速进行，还应注意以下条件：标定反应的温度；溶液保持足够的酸度；滴定的速度；滴定终点的判断。

【任务实施】

1. 工作准备

（1）仪器　电子天平（0.1mg）、台秤（0.1g）、酸式滴定管（50ml）、锥形瓶（250ml）、棕色试剂瓶（500ml）、烧杯（500ml）、量筒（50ml）、表面皿、垂熔玻璃漏斗、玻璃棒。

（2）试剂　$KMnO_4$（AR）、$Na_2C_2O_4$（基准物质）、H_2SO_4（AR）。

2. 动手操作

测定步骤	操作内容	数据记录
配制 $KMnO_4$ 滴定液 （0.02mol/L）	（1）称取 $KMnO_4$ 3.3g 溶于 50ml 新煮沸并冷却的纯化水中 （2）混匀，放冷，置于棕色试剂瓶中 （3）置于暗处放置两周 （4）用垂熔玻璃漏斗过滤，保存于另一个洁净的棕色玻璃瓶中	

续表

测定步骤	操作内容	数据记录
标定	(5) 精密称取在 105℃ 干燥至恒重的基准物质 $Na_2C_2O_4$ 约 0.25g 3 份（准确至 0.1mg），置于 3 个锥形瓶中 (6) 各加 100ml 新煮沸的并已经放冷的纯化水使之溶解 (7) 再加硫酸 15ml 摇匀 (8) 然后迅速滴加上面已经配制的 $KMnO_4$ 溶液，并加热至 65℃，继续滴定 $KMnO_4$ 至溶液显微红并保持 30 秒不褪色即为终点	
测定	(9) 记录消耗高锰酸钾滴定液的体积。平行测定 3 次	$V_1 =$ _____ $V_2 =$ _____ $V_3 =$ _____
计算 $KMnO_4$ 溶液的浓度 c（mol/L）	(10) 计算 $KMnO_4$ 溶液的浓度 c	$c_1 =$ _____ $c_2 =$ _____ $c_3 =$ _____
计算 $KMnO_4$ 溶液的平均浓度 c（mol/L）	(11) 计算 $KMnO_4$ 溶液的平均浓度 c	$\bar{c} =$ _____
结束工作	(12) 实验完毕，清洗滴定管、锥形瓶、垂熔玻璃漏斗等玻璃仪器	

三、典型工作任务分析

（一）直接滴定法

应用 $KMnO_4$ 作滴定剂，在酸性溶液中可以直接测定许多还原性物质，如过氧化物、草酸盐、亚铁盐、亚砷酸盐等。

案例解析 4：过氧化氢溶液的含量测定

【任务分析】

1. 提出问题

（1）请问能否用碘量法测定双氧水的含量？

（2）请问用高锰酸钾测定双氧水含量时，能否用 HNO_3 或 HCl 来控制酸度？

2. 开动脑筋 过氧化氢溶液，又被称作双氧水。属于消毒防腐药，在酸性溶液中能被 $KMnO_4$ 定量氧化生成氧气和水。其含量的测定可依据《中国药典》（2020 年版），其具体方法为：取本品精密称定，置容量瓶中，加稀硫酸，用高锰酸钾滴定液滴定。根据高锰酸钾滴定液消耗的体积，计算过氧化氢的含量。市售的 H_2O_2 溶液中含有一些具有还原性的有机物杂质，可以与高锰酸钾滴定液反应，这时可以采用碘量法测定 H_2O_2。在用高锰酸钾测定双氧水含量时，不能用 HNO_3 或 HCl 来控制酸度。因为 HNO_3 具有强氧化性，可以氧化 H_2O_2；HCl 有还原性，可以被 $KMnO_4$ 氧化。

【任务实施】

1. 工作准备

（1）仪器 电子天平（0.1mg）、台秤（0.1g）、酸式滴定管（50ml）、锥形瓶（250ml）、棕色试剂瓶（500ml）、烧杯（500ml）、量筒（50ml）、移液管、玻璃棒、容量瓶。

（2）试剂 0.02mol/L $KMnO_4$ 滴定液、H_2SO_4（3mol/L）、H_2O_2 样品（市售，质量分数约为 30%）。

2. 动手操作

测定步骤	操作内容	数据记录
配制过氧化氢溶液	（1）用移液管吸取 1.00ml 双氧水样品（含量约 5%） （2）置于 250ml 容量瓶中 （3）加水稀释至标线，混合均匀	
滴定	（4）吸取 25ml 上述稀释液 3 份，分别置于三个 250ml 锥形瓶中 （5）各加入 5ml 的 H_2SO_4 （6）用 $KMnO_4$ 滴定液滴定，滴定至显微红色即达终点	
测定	（7）记录消耗高锰酸钾滴定液的体积。平行测定 3 次	$V_1 = \underline{\qquad}$ $V_2 = \underline{\qquad}$ $V_3 = \underline{\qquad}$
计算	（8）计算 H_2O_2 含量及其平均值	$w_1 = \underline{\qquad}$ $w_2 = \underline{\qquad}$ $w_3 = \underline{\qquad}$ $\overline{w} = \underline{\qquad}$
结束工作	（9）实验完毕，清洗滴定管、锥形瓶等玻璃仪器	

（二）间接滴定法

用 $KMnO_4$ 作滴定剂，也能间接测定一些非还原性物质，如 Ca^{2+}、Ba^{2+}、Zn^{2+} 等。

（三）返滴定法

应用 $KMnO_4$ 作滴定剂，与 $Na_2C_2O_4$ 或 $NH_4C_2O_4$、$FeSO_4$ 滴定液配合，可以测定氧化性物质，如 MnO_2、PbO_2、CrO_4^{2-}、ClO_4^-、BrO_3^- 和 IO_3^- 等。

（四）测定有机物

如甲醇、甲醛、甲酸、葡萄糖及酒石酸等。

👁 看一看

化学需氧量（COD）的测定

化学需氧量（COD）是水体质量的控制项目之一，它是度量水中还原性污染物的重要指标。COD 值越大，水体受污染程度越高。化学耗氧量测定的常用方法是高锰酸钾法、重铬酸钾法等。在高锰酸钾法中，高锰酸钾是一种强氧化剂，它可以把水样中的还原性物质氧化。根据高锰酸钾溶液的消耗量，计算水样的化学需氧量（COD）。

✎ 练一练

下列（　　）可以作为标定 $KMnO_4$ 溶液的基准物。

A. $Na_2C_2O_4$　　　　　　B. $H_2C_2O_4$　　　　　　C. $K_2Cr_2O_7$

D. $FeSO_4 \cdot 7H_2O$　　　　E. $(NH_4)_2C_2O_4$

答案解析

任务四　亚硝酸钠法

PPT

一、亚硝酸钠法的基本原理

亚硝酸钠法（sodium nitrite method）是以亚硝酸钠为滴定液，在盐酸存在下测定芳香族伯胺和仲胺类化合物的氧化还原滴定法。

亚硝酸钠法又分为重氮化滴定法（diazotization titration）和亚硝基化滴定法（nitrosation titration）。

（一）重氮化滴定法

芳香伯胺类药物，在盐酸存在下，能定量地与亚硝酸钠发生重氮化反应。依此，用已知浓度的亚硝酸钠滴定液滴定（用永停法指示终点），根据消耗的亚硝酸钠滴定液的浓度和毫升数，可计算出芳伯胺类药物的含量。

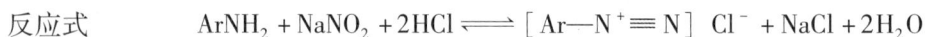

反应式　　　　$ArNH_2 + NaNO_2 + 2HCl \rightleftharpoons [Ar—N^+\equiv N]\ Cl^- + NaCl + 2H_2O$

重氮化滴定法在滴定时应该注意以下条件。

1. 酸的种类及浓度　重氮化反应的速度与酸的种类有关，在 HBr 中反应比在 HCl 中速度快，在 HNO_3 或 H_2SO_4 中则较慢，但因 HBr 的价格较昂贵，故仍以 HCl 最为常用。此外，芳香伯胺类盐酸盐的溶解度也较大。重氮化反应的速度与酸的浓度有关，一般常在 1～2mol/L 酸度下滴定，这是因为酸度高时反应速度快，容易进行完全，且可增加重氮盐的稳定性。当然，酸的浓度也不可过高，否则将阻碍芳伯胺的游离，反而影响重氮化反应的速度。

2. 滴定速度　重氮化反应为分子间反应，速度较慢。滴定速度不宜过快，而且需不断搅拌。为加快反应速度，可采用快速滴定法，即：将滴定管的尖端插入液面下约 2/3 处，用亚硝酸钠滴定液迅速滴定，随滴随搅拌，至近终点时，将滴定管的尖端提出液面，用少量水淋洗尖端，洗液并入溶液中，继续缓缓滴定，至永停仪的电流计指针突然偏转，并持续 1 分钟不再恢复，即为滴定终点。

3. 反应温度　重氮化反应随温度的升高而加快，但生成的重氮盐也能随温度的升高而加速分解。

$$[Ar—N^+\equiv N]\ Cl^- + H_2O \rightleftharpoons Ar—OH + N_2\uparrow + HCl$$

另外，温度高时 HNO_2 易分解逸失，导致测定结果偏高。实践证明，温度在 15℃ 以下，虽然反应速度稍慢，但测定结果却较准确。如果采用"快速滴定"法，则在 30℃ 以下均能得到满意结果。

4. 苯环上取代基团的影响　苯胺环上，特别是在对位上，有其他取代基团存在时，能影响重氮化反应的速度。亲电子基团，如 $—NO_2$、$—SO_3H$、$—COOH$、$—X$ 等，使反应加速；斥电子基团，如 $—CH_3$、$—OH$、$—OR$ 等，使反应减慢。

（二）亚硝基化滴定法

芳香仲胺类药物，在盐酸溶液中能定量地与亚硝酸钠发生亚硝基化反应。所以，用已知浓度的亚硝酸钠滴定（用永停法指示终点），根据消耗的亚硝酸钠滴定液的浓度和毫升数，可计算出芳仲胺类药物的含量。该方法称为亚硝基化滴定法。

$$Ar—NHR + NO_2^- + H^+ \rightleftharpoons Ar—N(R)—NO + H_2O$$

二、指示终点的方法

（一）外指示剂法

外指示剂法是把含锌碘化钾和淀粉混合做成糊状或者做成试纸来使用。该种指示剂不加入被滴定的溶液中，故称为外指示剂。当亚硝酸钠滴定液与被测物质作用，滴定达到化学计量点后，稍微过量的亚硝酸钠可以将碘化钾氧化成为 I_2，生成的 I_2 遇淀粉显示蓝色。

需要注意的是，碘化钾 – 淀粉指示剂不能直接加入被滴定的溶液。通常在临近终点时，将溶液用细玻璃棒蘸取少许，在溶液外面与 KI – 淀粉指示剂接触，以是否立即出现蓝色来确定终点。

（二）内指示剂法

内指示剂法是将指示剂加入被滴定的溶液中来指示终点的方法。亚硝酸钠法常用的内指示剂有中性红、橙黄 IV – 亚甲蓝、二苯胺及亮甲酚蓝等。

（三）永停滴定法

永停滴定法又称双电流滴定法。它是根据滴定过程中电流的突变确定滴定终点的方法，在重氮化法中被用来指示终点。由于其操作简单，指示终点准确，故得到广泛应用。《中国药典》（2020 年版）中收载了该方法。

三、亚硝酸钠滴定液的配制与标定

1. NaNO$_2$ 滴定液（0.1mol/L）的配制 亚硝酸钠的水溶液不稳定，放置时其浓度易发生改变。亚硝酸钠溶液在 pH = 10 左右最稳定，所以在配制亚硝酸钠滴定液时须加入少量碳酸钠作为稳定剂。

操作步骤：称取亚硝酸钠 7.2g，加入无水碳酸钠（Na$_2$CO$_3$）0.10g，加入新煮沸的冷蒸馏水适量使溶解，稀释到 1000ml，摇匀，贮存于试剂瓶中备用。

2. NaNO$_2$ 滴定液（0.1mol/L）的标定 通常用对氨基苯磺酸作为标定 NaNO$_2$ 滴定液的基准物质。对氨基苯磺酸难溶于水，因此必须先用氨水溶解，然后用盐酸中和后，再进行标定。

操作步骤：称取在 120℃ 干燥至恒重的基准对氨基苯磺酸约 0.5g，精密称定，加水 30ml 与浓氨试液 3ml，溶解后，加入盐酸（1→2）20ml 搅拌，在 30℃ 以下用本液迅速滴定，滴定时将滴定管尖端插入液面下约 2/3 处，随滴随搅拌；至近终点时，将滴定管尖端提出液面，用少量水洗涤尖端，洗液并入溶液中，继续缓缓滴定，用永停法指示终点。每 1ml 亚硝酸钠滴定液（0.1mol/L）相当于 17.32mg 的对氨基苯磺酸。根据本液的消耗量与对氨基苯磺酸的取用量，算出本液浓度，即得。

四、典型工作任务分析

1. 磺胺嘧啶的含量测定 磺胺嘧啶（C$_{10}$H$_{10}$N$_4$O$_2$S，摩尔质量为 250.28）属于磺胺类抗菌药，是磺胺类药的优良品种，其抗菌作用较强，疗效较好，用于治疗由溶血性链球菌、肺炎球菌、脑膜炎球菌、淋病双球菌、大肠埃希菌所致的感染。磺胺嘧啶分子结构中具有芳伯氨基，在酸性条件下可以与亚硝酸钠发生重氮化反应而生成重氮盐。其反应为

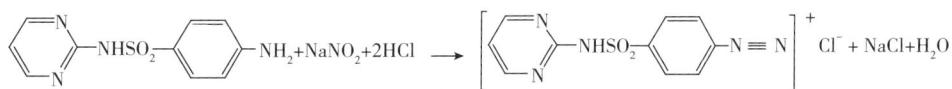

《中国药典》（2020 年版）对磺胺嘧啶的含量测定采用了亚硝酸钠滴定法。具体操作如下：取磺胺嘧啶约 0.5g，精密称定，照永停滴定法，用亚硝酸钠滴定液（0.1mol/L）滴定。每 1ml 亚硝酸钠滴定液（0.1mol/L）相当于 25.03mg 的磺胺嘧啶。

磺胺嘧啶的含量计算公式为

$$磺胺嘧啶含量 = \frac{c_{\text{NaNO}_2} \times V_{\text{NaNO}_2} \times M_{\text{C}_{10}\text{H}_{10}\text{O}_2\text{N}_4\text{S}} \times 10^{-3}}{m_\text{S}} \times 100\%$$

$M_{\text{C}_{10}\text{H}_{10}\text{O}_2\text{N}_4\text{S}}$ 为 250.3g/mol。

$$(8-9)$$

2. 盐酸普鲁卡因的含量测定　盐酸普鲁卡因属于芳伯胺基药物，为酯类局麻药，能暂时阻断神经纤维的传导而具有麻醉作用。盐酸普鲁卡因分子结构中具有芳伯胺基，在酸性条件下可与亚硝酸钠定量反应生成重氮化合物，可采用永停法指示终点。

目标检测

答案解析

一、选择题

（一）单项选择题

1. 配制 I_2 滴定液时，正确的是（　　）

　　A. 碘溶于碘化钾溶液中　　　　　B. 碘直接溶于蒸馏水中

　　C. 碘溶解于水后，加碘化钾　　　D. 碘能溶于酸性溶液中

2. 重氮化滴定测定的对象是（　　）

　　A. 芳伯胺类化合物　　　　　　　B. 重氮盐

　　C. 亚硝基化合物　　　　　　　　D. 芳仲胺类化合物

3. 碘量法可选用的指示剂是（　　）

　　A. KI – 淀粉　　　　　　　　　　B. I_2 液或淀粉液

　　C. 亚甲蓝　　　　　　　　　　　D. 铬黑 T

4. 间接碘量法的误差主要来源是（　　）

　　A. 淀粉指示剂的系统误差　　　　B. I_2 的氧化性

　　C. I_2 的颜色影响　　　　　　　D. I_2 的挥发性和 I^- 易被氧化

5. 配制碘滴定液时要加入一定量的碘化钾，其作用是（　　）

　　A. 增加碘在水中的溶解度

　　B. 增加碘的还原性

　　C. 增加碘的氧化性

　　D. 消除碘中氧化性杂质

6. 间接碘量法中加入淀粉指示剂的适宜时间是（　　）

　　A. 滴定开始前　　　　　　　　　B. 滴定开始后

　　C. 滴定至近终点时　　　　　　　D. 滴定至红棕色褪尽至无色时

7. 用氧化还原滴定法测定维生素 C 含量时，具体采用的是（　　）

　　A. 直接碘量法　　　　　　　　　B. 重氮化滴定法

　　C. 间接碘量法　　　　　　　　　D. 高锰酸钾法

8. 下列不属于氧化还原滴定法的是（　　）

　　A. 碘量法　　　　　　　　　　　B. 亚硝酸钠法

　　C. 铬酸钾指示剂法　　　　　　　D. 高锰酸钾法

9. 亚硝酸钠法用来调节溶液酸度的试剂是（　　）

　　A. HBr　　　　　　　　　　　　B. HCl

　　C. H_2SO_4　　　　　　　　　　D. HNO_3

10. 标定 $KMnO_4$ 溶液常选用的基准物质是（　　）

　　A. 重铬酸钾　　　　　　　　　　B. 三氧化二砷

C. 草酸钠　　　　　　　　　　　　D. 硫代硫酸钠

（二）多项选择题

1. 氧化还原法中常用的滴定液有（　　）

  A. 碘滴定液　　　　　　　　　　B. 硝酸银滴定液

  C. 亚硝酸钠滴定液　　　　　　　D. 高氯酸滴定液

  E. 高锰酸钾滴定液

2. 氧化还原滴定中用到的指示剂类型有（　　）

  A. 外指示剂　　　　　　　　　　B. 不可逆指示剂

  C. 氧化还原指示剂　　　　　　　D. 特殊指示剂

  E. 自身指示剂

3. 采用碘量法可以测定（　　）的含量

  A. 安乃近　　　　　　　　　　　B. 葡萄糖酸锑钠

  C. 磺胺嘧啶　　　　　　　　　　D. 对乙酰氨基酚

  E. 维生素 C

4. 在配制硫代硫酸钠滴定液时，用新煮沸并冷却后的蒸馏水是因为（　　）

  A. 消灭细菌　　　　　　　　　　B. 除去水中的 CO_2

  C. 除去水中的一些杂质　　　　　D. 除去水中的 O_2

  E. 以上原因都不对

5. 下面指示剂中，氧化还原滴定法所采用的指示剂有（　　）

  A. 高锰酸钾　　　　　　　　　　B. 铬黑 T

  C. 二苯磺胺酸钠　　　　　　　　D. 淀粉

  E. 甲基橙

6. 影响氧化还原反应速度的因素包括（　　）

  A. 反应物的浓度　　　　　　　　B. 反应的催化剂

  C. 溶剂的极性　　　　　　　　　D. 溶液的温度

  E. 反应物本身的性质

7. 重氮化滴定中应该注意的条件有（　　）

  A. 滴定速度要快速

  B. 酸的浓度不可过高

  C. 滴定时不断搅拌

  D. 滴定时，温度最好控制在 15℃以下

  E. 滴定速度不宜过快

8. 在 $Na_2S_2O_3$ 溶液配制过程中，下面操作正确的是（　　）

  A. 用普通纯化水配制即可

  B. 加入少量碳酸钠

  C. 用新煮沸而且冷却后的纯化水配制

  D. 新配好的溶液应置于棕色瓶中

  E. 新配好的溶液应置在暗处存放

二、计算题

1. 称取 0.1340g 基准物质 $Na_2C_2O_4$（$M_{Na_2C_2O_4}=134g/mol$），以 $KMnO_4$ 滴定液滴定，终点时消耗

20.00ml，计算 KMnO₄溶液的浓度。

2. 将 0.1963g 分析纯 $K_2Cr_2O_7$ 试剂溶于水，酸化后加入过量 KI，析出的 I_2 需用 33.61ml $Na_2S_2O_3$ 溶液滴定，计算 $Na_2S_2O_3$ 溶液的浓度。

书网融合……

重点回顾　　　　微课　　　　习题

项目九　配位滴定法

>> 项目导航

　　配位滴定法是以配位反应为基础的滴定分析法，又称络合滴定法。是《中国药典》中含金属类药物的常用含量测定方法，本项目主要介绍配位滴定法的方法原理、方法分类及方法应用。

学习目标

知识目标：

1. **掌握**　EDTA 与金属离子配位反应的特点；配位滴定的原理；准确滴定的条件；金属指示剂的变色原理、使用条件及常用金属指示剂；EDTA 滴定液的配制和标定。

2. **熟悉**　EDTA 结构；金属指示剂具备的条件；提高配位滴定选择性的方法；水硬度及 Ca^{2+}、Mg^{2+}、Al^{3+} 等离子的测定方法。

3. **了解**　副反应和副反应系数及条件稳定常数的意义；指示剂的封闭现象和僵化现象及消除方法。

能力目标

学会 EDTA 滴定液的配制、标定和直接法测定金属离子含量的操作技能及计算。

素质目标：

通过对配位滴定的指示剂和测定条件的准确选择，培养精益求精的工匠精神；通过对常见金属离子的含量测定方法的掌握，培养实事求是的科学作风和良好的团队协作精神。

导学情景

　　情景描述：葡萄糖酸钙属于补钙类药物，用于预防和治疗钙缺乏症，如骨质疏松、佝偻病、骨软化症等。此外葡萄糖酸钙还可作为镁中毒、氟中毒的解毒剂。

　　[链接《中国药典》(2020 年版)]：取本品 0.5g，精密称定，加水 100ml，微温使溶解，加氢氧化钠试液 15ml 与钙紫红素指示剂 0.1g，用乙二胺四乙酸二钠（简称 EDTA）滴定液（0.05mol/L）滴定至溶液自紫红色转变为纯蓝色。每 1ml 乙二胺四乙酸二钠滴定液（0.05mol/L）相当于 22.42mg 的葡萄糖酸钙（$C_{12}H_{22}CaO_{14} \cdot H_2O$）。

$$含量(\%) = \frac{c_{EDTA} V_{EDTA} M_{C_{12}H_{22}CaO_{14} \cdot H_2O}}{m_样} \times 100\%$$

　　情景分析：本法加氢氧化钠的目的是调节溶液的 pH 为 12～13，在此条件下，Ca^{2+} 首先与钙紫红素结合生成紫红色配合物，用 EDTA 滴定液滴定，当溶液中游离的 Ca^{2+} 被 EDTA 滴定完全时，稍过量的 EDTA 夺取 Ca^{2+} 指示剂配合物中的 Ca^{2+}，将钙紫红素释放出来，溶液由紫红色转变为纯蓝色指示滴定终点的到达。

讨论： 1. 什么是配位滴定法？其原理是什么？

2. 乙二胺四乙酸二钠的结构特点是什么？它与金属离子配位有何特点？

3. 钙紫红素属于哪一类指示剂？本法加入氢氧化钠的目的是什么？

学前导语： 配位滴定法常用的配位剂是乙二胺四乙酸二钠，与其他滴定方法类似，配位滴定法同样需要借助指示剂的颜色转变确定滴定终点，所使用的金属指示剂自身也是配位剂。葡萄糖酸钙的含量测定用的就是配位滴定法。

任务一　概　述

PPT

一、配位滴定法的条件

不是所有的配位反应都能应用于滴定分析，要进行配位滴定分析必须满足以下条件。

（一）滴定条件

1. 反应必须迅速，并按化学反应式的计量关系定量反应完全。

2. 生成的配合物易溶于水且有足够的稳定性。

3. 有适当的方法指示化学计量点。

配位反应中的配位剂有无机配位剂和有机配位剂两类。其中无机配位剂多为单齿配体，与金属离子形成的配合物稳定常数较小，且反应多为分级进行，相邻各级配合物的稳定常数较为接近，稳定性差别不大，反应的计量关系难以确定，因此，无机配位剂能用于配位滴定的并不多。有机配位剂多为多齿配体，又称螯合剂，与金属离子配位时形成具有环状结构的螯合物，具备稳定常数大、稳定性高、多数易溶于水、配位比固定、反应完全程度高等特点，因此在配位滴定中得到了广泛应用。目前应用最多的是氨羧配位剂，如乙二胺四乙酸。

（二）乙二胺四乙酸的结构

氨羧配位剂是以氨基二乙酸 [$—N(CH_2COOH)_2$] 为基体的有机配位剂的总称。含有配位能力很强的氨基氮和羧基氧两种配位原子，几乎能与所有的金属离子配位，形成稳定的可溶性螯合物。由于有机配位剂的出现，克服了无机配位剂的不足，使配位滴定法得到快速发展。目前已知的氨羧配位剂有几十种，其中应用最广泛的是乙二胺四乙酸，简称 EDTA。

EDTA 结构简式为

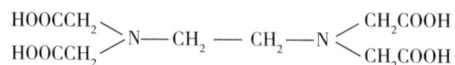

$$\begin{matrix} HOOCCH_2 \\ HOOCCH_2 \end{matrix} > N—CH_2—CH_2—N < \begin{matrix} CH_2COOH \\ CH_2COOH \end{matrix}$$

从结构上看它属于四元有机羧酸，可用化学式 H_4Y 表示。N 原子上有一对孤对电子，在强酸性溶液中，两个羧基上的氢可转移到两个 N 原子上形成双偶极离子 H_6Y^{2+} 的六元酸。

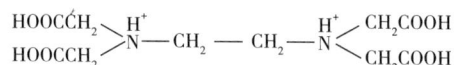

$$\begin{matrix} HOOCCH_2 \\ HOOCCH_2 \end{matrix} > \overset{H^+}{N}—CH_2—CH_2—\overset{H^+}{N} < \begin{matrix} CH_2COOH \\ CH_2COOH \end{matrix}$$

H_6Y^{2+} 为六元酸，在溶液中分六步解离：

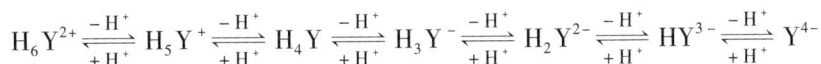

$$H_6Y^{2+} \underset{+H^+}{\overset{-H^+}{\rightleftharpoons}} H_5Y^+ \underset{+H^+}{\overset{-H^+}{\rightleftharpoons}} H_4Y \underset{+H^+}{\overset{-H^+}{\rightleftharpoons}} H_3Y^- \underset{+H^+}{\overset{-H^+}{\rightleftharpoons}} H_2Y^{2-} \underset{+H^+}{\overset{-H^+}{\rightleftharpoons}} HY^{3-} \underset{+H^+}{\overset{-H^+}{\rightleftharpoons}} Y^{4-}$$

H_6Y^{2+} 各级解离平衡的 pK_a 为

$$pK_{a_1} = 0.9 \quad pK_{a_2} = 1.6 \quad pK_{a_3} = 2.0 \quad pK_{a_4} = 2.67 \quad pK_{a_5} = 6.16 \quad pK_{a_6} = 10.26$$

在水溶液中，EDTA 主要以 H_6Y^{2+}、H_5Y^+、H_4Y、H_3Y^-、H_2Y^{2-}、HY^{3-}、Y^{4-} 等七种形式存在，溶液总浓度 c_{EDTA} 为七种形式之和。

$$c_{EDTA} = [H_6Y^{2+}] + [H_5Y^+] + [H_4Y] + [H_3Y^-] + [H_2Y^{2-}] + [HY^{3-}] + [Y^{4-}]$$

其中，只有 Y^{4-} 可直接与金属离子配位，因此，$[Y^{4-}]$ 又称为 EDTA 的有效离子浓度。可见EDTA 在碱性溶液中与金属离子配位能力较强，不同 pH 条件下 EDTA 的主要存在形式，见表 9-1。

表 9-1 EDTA 的主要存在形式与 pH 之间的关系

pH	<0.9	0.9~1.6	1.6~2.0	2.0~2.67	2.67~6.16	6.16~10.26	>10.26
存在形式	H_6Y^{2+}	H_5Y^+	H_4Y	H_3Y^-	H_2Y^{2-}	HY^{3-}	Y^{4-}

EDTA 是一种白色粉末状结晶，无臭、无味、无毒，由于溶解度太小不宜配制滴定液。利用 EDTA 溶于氨水和氢氧化钠的特性，实验室常将其制备成相应的钠盐，即 EDTA 二钠盐（$Na_2H_2Y \cdot 2H_2O$ 习惯上也简称为 EDTA）来使用，22℃ 时溶解度为 11.1g/100ml，饱和溶液的浓度为 0.03mol/L，pH 约为 4.4。

（三）EDTA 与金属离子配位反应的特点

1. EDTA 与金属离子按 1∶1 配位 EDTA 能满足绝大多数金属离子对配位数的要求，与金属离子形成的配位化合物的配位比一般情况下都是 1∶1，计量关系简单。若用 M 表示金属离子，Y 表示 ED-TA，其反应可简写为：$M + Y \rightleftharpoons MY$。

2. EDTA 与金属离子形成配合物的稳定性增加，产物绝大多数易溶于水 EDTA 作为多齿配体，与金属离子配位形成五元环或六元环的螯合物，这种螯合物的稳定性很高，而且大多数可溶于水，这为 EDTA 在配位滴定中的广泛应用提供了可能。

3. EDTA 与金属离子配位反应速率快 EDTA 与绝大多数金属离子的配位反应都能迅速完成。

4. EDTA 与金属离子形成配合物的颜色特点 EDTA 与无色金属离子配位，形成的配合物无色；与有色的金属离子配位，形成的配合物颜色加深。几种有色金属离子与 EDTA 配合物的颜色见表 9-2。

表 9-2 几种有色金属离子与 EDTA 配合物的颜色

配合物	CoY^-	CrY^-	CuY^{2-}	FeY^-	$Fe(OH)Y^{2-}$	MnY^{2-}
颜色	紫红	深紫色	深蓝色	黄色	棕色（pH≈6）	紫色

二、配位平衡

（一）配合物的稳定常数

EDTA 与金属离子的反应：$M + Y \rightleftharpoons MY$

在一定温度下，配合物的形成和解离达到平衡后，平衡常数 K 即配合物的稳定常数可用 K_{MY} 表示。

$$K_{MY} = \frac{[MY]}{[M][Y]} \tag{9-1}$$

EDTA 与金属离子形成配合物的稳定性大小，可用 K_{MY} 来衡量。K_{MY} 越大，表示生成配合物的倾向越大，解离倾向越小，即生成的配合物越稳定。不同的金属离子与 EDTA 形成配合物的稳定常数不相同，所以 K_{MY} 又称绝对稳定常数，可用 $K_稳$ 表示。EDTA 与部分金属离子形成配合物的稳定常数对数值如表 9 – 3 所示。

表 9 – 3　EDTA 与金属离子形成配合物的稳定常数对数值（20℃）

金属离子	$\lg K_稳$	金属离子	$\lg K_稳$	金属离子	$\lg K_稳$
Na^+	1.66	Fe^{2+}	14.33	Ni^{2+}	18.56
Li^+	2.79	Ce^{3+}	15.98	Cu^{2+}	18.70
Ag^+	7.32	Al^{3+}	16.11	Hg^{2+}	21.80
Ba^{2+}	7.86	Co^{2+}	16.31	Sn^{2+}	22.11
Mg^{2+}	8.64	Pt^{3+}	16.40	Cr^{3+}	23.40
Be^{2+}	9.2	Cd^{2+}	16.40	Fe^{3+}	25.10
Ca^{2+}	10.67	Zn^{2+}	16.50	Bi^{3+}	27.94
Mn^{2+}	13.87	Pb^{2+}	18.30	Co^{3+}	36.00

由表 9 – 3 可知，除碱金属离子与 EDTA 配位能力较弱外，大多数金属离子与 EDTA 均能形成较为稳定的配合物。在无外界因素影响时，通常只要满足 $\lg K_稳 \geq 8$，就能用于配位滴定分析。但在配位滴定中，M 和 Y 的反应常受到其他因素的影响。

（二）副反应和副反应系数

配位滴定中，除被测金属离子 M 与 Y 之间的主反应外，还存在溶液中的 H^+、OH^-，其他配体 L、其他阳离子 N 等引起的副反应，可用以下通式表示。

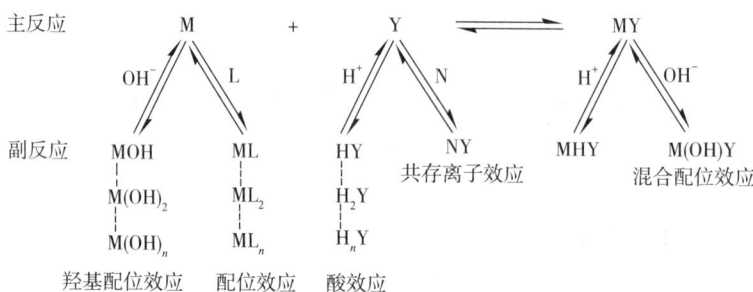

依据化学平衡原理，反应物 M 与 Y 的各种副反应将使主反应受到抑制，不利于配位滴定。这些副反应包括 EDTA 与干扰离子的配位效应和酸效应，金属离子 M 与其他配体发生的配位效应及水解效应。与生成物 MY 发生的副反应则有利于主反应的进行，对配位滴定是有利的，一般忽略不计。副反应的发生，使配位反应并非简单地按照主反应进行，为了定量表达副反应对主反应的影响程度则引入副反应系数 α。

1. 酸效应系数　如有 H^+ 存在，溶液中的 H^+ 也会与 Y 结合，形成 Y 的各级形式，导致 Y 参加主反应的能力降低。这种由于 H^+ 引起的对配位剂 Y 的副反应，影响主反应进行程度的现象，称为 EDTA 的酸效应。酸效应系数可以用来定量衡量酸效应的大小，用 $\alpha_{Y(H)}$ 表示，定义为：在一定 pH 下，未与金属 M 配位的 EDTA 的总浓度 $[Y']$ 与平衡浓度 $[Y]$（即 $[Y^{4-}]$）之比。

总浓度：$[Y'] = [Y^{4-}] + [HY^{3-}] + [H_2Y^{2-}] + [H_3Y^-] + [H_4Y] + [H_5Y^+] + [H_6Y^{2-}]$

则有
$$\alpha_{Y(H)} = \frac{[Y']}{[Y]} = \frac{[Y^{4-}] + [HY^{3-}] + [H_2Y^{2-}] + [H_3Y^-] + \cdots + [H_6Y^{2-}]}{[Y^{4-}]} \tag{9-2}$$

由此可见 $\alpha_{Y(H)}$ 是 $[H^+]$ 的函数，当溶液中 $[H^+]$ 增加时，$\alpha_{Y(H)}$ 增大，酸效应增强，副反应干扰严重；反之，酸效应减弱，副反应干扰较小。当 $\alpha_{Y(H)} = 1$ 时，$[Y'] = [Y]$ 表示 EDTA 未发生副反应。而当溶液 pH 一定时，$\alpha_{Y(H)}$ 亦为一定值，不同 pH 时 EDTA 的酸效应系数对数值如表 9 - 4 所示。

表 9 - 4 EDTA 在不同 pH 时的 $\lg\alpha_{Y(H)}$ 值

pH	$\lg\alpha_{Y(H)}$	pH	$\lg\alpha_{Y(H)}$	pH	$\lg\alpha_{Y(H)}$	pH	$\lg\alpha_{Y(H)}$	pH	$\lg\alpha_{Y(H)}$
0.00	23.64	3.00	10.60	5.80	4.98	8.80	1.48	11.20	0.05
0.40	21.30	3.40	9.70	6.00	4.65	9.00	1.28	11.40	0.03
0.60	20.18	3.80	6.30	6.50	3.92	9.20	1.10	11.50	0.02
1.00	18.01	4.00	8.44	6.80	3.55	9.50	0.83	11.60	0.02
1.10	17.49	4.30	7.84	7.00	3.32	9.80	0.59	11.80	0.01
1.40	16.02	4.50	7.44	7.40	2.88	10.00	0.45	12.00	0.01
1.80	14.27	4.80	6.84	7.80	2.47	10.20	0.33	12.10	0.01
2.00	13.51	5.00	6.45	8.00	2.27	10.50	0.20	12.20	0.0050
2.30	12.50	5.20	6.07	8.30	1.97	10.80	0.11	13.00	0.0008
2.80	11.09	5.50	5.51	8.60	1.67	11.00	0.07	13.90	0.0001

2. 金属离子的副反应及副反应系数 如果溶液中有其他配位剂 L 或 OH^- 浓度较高时，M 可与 L 或 OH^- 发生副反应，生成 ML 或 MOH 的金属羟基配合物。这种由于 L 或 OH^- 的存在，使 M 与 Y 主反应能力降低的现象，称为配位效应。配位效应系数可以用来定量衡量配位效应的大小，用 $\alpha_{Y(H)}$ 表示，定义为：在一定 pH 下，未与 Y 配位的金属离子各种形式的的总浓度 $[M']$ 与游离金属浓度 $[M]$ 之比。

金属离子总浓度：$[M'] = [M] + [ML] + [ML_2] + [ML_3] \cdots + [ML_n]$

$$\alpha_{M(L)} = \frac{[M']}{[M]} = \frac{[M] + [ML] + [ML_2] + \cdots + [ML_n]}{[M]} \tag{9-3}$$

由此可见 $\alpha_{Y(H)}$ 越大，其他配位剂 L 对主反应的影响越大，副反应越严重；当 $\alpha_{Y(H)} = 1$ 时，$[M'] = [M]$，表示该金属离子不存在配位效应，即未发生副反应。

滴定时所加的缓冲溶液，防止金属离子水解所加的辅助配位剂，为消除干扰所加的掩蔽剂等，均可能产生配位效应。在 pH 较高条件下进行滴定，L 为 OH^-。

除上述 EDTA 酸效应和金属离子的配位效应两种副反应外，还有 MY 与 H^+、OH^- 发生的副反应，生成的 MHY 和 M(OH)Y 大多数情况下不稳定，且对主反应有利，可忽略不计。在 EDTA 滴定中，前两种副反应效应尤其是酸效应是主要的。在综合考虑副反应效应对主反应影响的情况下，MY 稳定性应该用条件稳定常数 K'_{MY} 描述更为切合实际。

（三）配合物的条件稳定常数

金属离子 M 与 Y 的反应，在没有副反应发生时，可用 K_{MY}（$K_稳$）来判断配位反应的完全程度。但在实际进行配位滴定时，由于各种因素导致实际发生的反应非常复杂，在这种情况下，必须将副反应的影响因素考虑在内，用发生的副反应对应的副反应系数对 K_{MY} 进行校正，可以获得实际条件下的稳定常数，称为配合物的条件稳定常数，用 K'_{MY} 表示，其表达形式与 K_{MY} 一致。只是将 MY、M、Y 分别用 MY'、M'、Y'代替，即

$$K'_{MY} = \frac{[MY']}{[M'][Y']} \tag{9-4}$$

条件稳定常数 K'_{MY} 与稳定常数 K_{MY} 的关系为

$$K'_{MY} = \frac{[MY']}{[M'][Y']} = \frac{\alpha_{MY}[MY]}{\alpha_{M(L)}[M]\alpha_{Y(H)}[Y]} = [K_{MY}]\frac{\alpha_{MY}}{\alpha_{M(L)}\alpha_{Y(H)}} \tag{9-5}$$

K_{MY} 是常数，在一定条件下条件 $\alpha_{Y(H)}$、$\alpha_{M(L)}$、α_{MY} 为定值，因此，当条件一定时，K'_{MY} 为一常数，称为配位反应的条件稳定常数。当条件改变时，K'_{MY} 的数值也随之发生改变。条件稳定常数 K'_{MY} 表示：在一定条件下有副反应发生时主反应进行的真实程度。对（9-5）式两边取对数则有

$$\lg K'_{MY} = \lg K_{MY} - \lg\alpha_{Y(H)} - \lg\alpha_{M(L)} + \lg\alpha_{MY} \tag{9-6}$$

由于 α_{MY} 对主反应是有利的，故不考虑。对主反应有较大影响的副反应主要是酸效应和配效应，尤其是酸效应，则上式（9-6）可简化为

$$\lg K'_{MY} = \lg K_{MY} - \lg\alpha_{Y(H)} \tag{9-7}$$

综上所述，在实际滴定中由于副反应的发生，导致配合物的实际稳定常数发生变化。特别是当酸效应、配位效应、共存离子效应等增强时，使 M 与 Y 的主反应程度降低，影响滴定分析结果的准确性。因此，在配位滴定中，需控制适当的滴定条件，而控制酸度条件尤为重要。

［例9-1］分别计算 pH=2.0 和 pH=6.0 时，Al^{3+} 与 EDTA 配位反应的条件稳定常数，并说明其意义。

解：查表9-3得 $\lg K_{AlY}=16.11$

（1）pH=2.0 时，查表9-4得 $\lg\alpha_{Y(H)}=13.51$

代入式（9-7）得 $\lg K'_{MY}=\lg K_{MY}-\lg\alpha_{Y(H)}=16.11-13.51=2.60$

（2）pH=6.0 时，查表9-4得 $\lg\alpha_{Y(H)}=4.65$

代入式（9-7）得 $\lg K'_{MY}=\lg K_{MY}-\lg\alpha_{Y(H)}=16.11-4.65=11.46$

由计算可知，在 pH=2.0 时滴定 Al^{3+}，由于酸效应严重，条件稳定常数仅为 2.60，AlY 在此条件下很不稳定，配位反应进行不完全，不符合配位滴定分析条件。

而在 pH=6.0 时滴定 Al^{3+}，酸效应影响显著降低，其 $\lg K'_{AlY}=11.46$，表明 AlY 在此条件下相当稳定，配位反应进行完全，能满足配位滴定分析条件。

此例说明在配位滴定中，选择和控制酸度有非常重要的意义。

（四）配位滴定条件的选择

1. 配位滴定准确性判断 若金属离子 M 能被 EDTA 准确滴定，则测定结果能够满足滴定分析误差要求，即相对误差 $RE \leqslant \pm 0.1\%$。对配位滴定而言，要达到此要求，则应满足

$$\lg c_M K'_{MY} \geqslant 6 \tag{9-8}$$

当被测金属离子浓度醇 $c_M=0.01mol/L$ 时，则应满足

$$\lg K'_{MY} \geqslant 8 \tag{9-9}$$

式（9-8）和式（9-9）是能否准确进行配位滴定的判别式。需要说明的是，终点误差要求不同，判别式的形式也不完全相同。EDTA 几乎能与所有的金属离子配位生成稳定的配合物，应用范围广泛。但在实际分析中，由于分析试样较复杂，为使 EDTA 能够准确滴定，必须控制一定的条件以减小酸效应、配位效应及共存离子等副反应的影响，选择合适的配位滴定条件，同时提高分析方法的选择性。

2. 酸度选择 在副反应中，酸效应和羟基配位效应都取决于溶液的 pH（酸度），pH 小（酸度大），酸效应强；pH 大（酸度小），羟基配位效应强。两者均不利于主反应的进行，因此需控制溶液的 pH（酸度）在适当范围之内。

（1）**最高酸度（最低 pH）** 不同的 MY 配合物稳定性不同，酸度对其主反应的影响程度也不同。稳定性较低的 MY 配合物在酸性较弱的情况下即可发生解离；而稳定性较高的 MY 配合物只有在酸性较强的情况下才会发生解离。也就是说，不同的 MY 配合物保持稳定所允许的最高酸度是不同的，这种能够保持 MY 配合物稳定存在的最高酸度称为最低 pH。EDTA 滴定部分金属离子的最低 pH 如表9-5所示。

表 9 – 5　EDTA 滴定部分金属离子的最低 pH

金属离子	lgK_{MY}	pH	金属离子	lgK_{MY}	pH	金属离子	lgK_{MY}	pH
Mg^{2+}	8.64	9.8	Co^{2+}	15.98	4.0	Cu^{2+}	18.70	2.9
Ca^{2+}	10.69	7.5	Cd^{2+}	16.40	3.9	Hg^{2+}	21.80	1.9
Mn^{2+}	13.87	5.2	Zn^{2+}	16.50	3.9	Sn^{2+}	22.11	1.7
Fe^{2+}	14.33	5.0	Pb^{2+}	18.30	3.2	Fe^{3+}	25.10	1.0
Al^{3+}	16.11	4.2	Ni^{2+}	18.56	3.0	Bi^{3+}	27.94	0.6

练一练

金属离子的稳定常数越大，能承受的 pH 就（　　）。

A. 越大　　　B. 越小　　　C. 不变　　　D. 与稳定常数无关

答案解析

在满足一定准确度要求的情况下，滴定任何一种金属离子，都要有一个适宜的酸度范围。当溶液酸度高时，副反应以酸效应为主，条件稳定常数要求满足式（9 – 7），即

$$\lg K'_{MY} = \lg K_{MY} - \lg\alpha_{Y(H)} \geqslant 8$$
$$\lg\alpha_{Y(H)} \leqslant \lg K_{MY} - 8 \tag{9-10}$$

$\lg K_{MY}$ 为一常数，金属离子一旦确定，其数值可由表 9 – 3 查得，再由式（9 – 10）计算出 $\lg\alpha_{Y(H)}$，从表 9 – 4 查出对应的 pH，就是滴定这一金属离子的最低 pH（最高酸度）。若低于此值，会导致 $\lg K'_{MY} < 8$，将不能准确滴定。

[例 9 – 2] 计算用 0.010mol/L 的 EDTA 滴定同浓度的 Zn^{2+} 溶液的最低 pH。

解：查表 9 – 3 得 $\lg K_{ZnY} = 16.50$

代入式（9 – 10）得 $\lg\alpha_{Y(H)} \leqslant \lg K_{MY} - 8 = 16.50 - 8 = 8.50$

再查表 9 – 4，查得 $\lg\alpha_{Y(H)} = 8.5$ 时，所对应的 pH 约为 4.0，所以滴定 Zn^{2+} 溶液的最低 pH 为 4.0。

当几种金属离子共存，若它们的最低 pH 相差较大，可通过控制溶液的酸度进行选择性滴定或分别滴定。

（2）最高 pH（最低酸度）　随着溶液酸度的降低，酸效应逐步减小，对滴定有利。但若溶液 pH 太高（酸度太低），又会使羟基的配位效应增强，金属离子水解析出氢氧化物沉淀而影响滴定，因而滴定金属离子的最高 pH（最低酸度）是这种金属离子开始水解析出氢氧化物沉淀的酸度，可用氢氧化物溶度积进行计算。即

$$[OH^-] \leqslant \sqrt[n]{\frac{K_{sp}}{c_M}} \tag{9-11}$$

综上所述，配位滴定酸度应控制在最低 pH 和最高 pH 之间，这一 pH 范围称为配位滴定的适宜 pH 范围。

想一想

用 0.010mol/L 的 EDTA 滴定同浓度的 Fe^{3+} 的适宜酸度范围是多少？

答案解析

3. 掩蔽和解蔽作用　EDTA 能与绝大多数金属离子配位，当被测溶液中含有共存金属离子 N 时，

EDTA 不仅能与被测离子 M 配位，也能与共存离子 N 配位，对主反应产生干扰。如前所述若它们的最低 pH 相差较大，则可通过控制溶液的酸度进行选择性滴定或分别滴定，以消除 N 离子的干扰。但如果被测离子的 K_{MY} 与干扰离子的 K_{NY} 相差不大时，就无法用此法。可向被测溶液中加入某种能与干扰离子 N 发生反应的试剂，降低 N 的游离浓度，以消除 N 的干扰。这种加入适当试剂以降低干扰离子对主反应的影响，提高测定选择性的方法称为掩蔽法，所加试剂称为掩蔽剂。根据反应类型不同，掩蔽法可分为配位掩蔽法、沉淀掩蔽法和氧化还原掩蔽法。

（1）配位掩蔽法　加入某种配位剂（掩蔽剂）与干扰离子 N 形成稳定的配合物，从而降低溶液中 N 的游离浓度，达到选择性滴定 M 的目的。

$$M、N共存时 \quad M + Y \rightleftharpoons MY$$
$$\downarrow N \quad \xrightarrow{L} \quad NLn \qquad \lg K'_{NL} > \lg K'_{NY}$$
$$NY$$

常用的部分配位掩蔽剂及使用 pH 范围如表 9-6 所示。

表 9-6　部分配位掩蔽剂

掩蔽剂	pH 范围	被掩蔽的金属离子
KCN（氰化钾）	>8	Co^{2+}、Ni^{2+}、Cu^{2+}、Zn^{2+}、Hg^{2+}、Ag^+、Ti^+
三乙醇胺	碱性溶液	Fe^{3+}、Al^{3+}、Ti^{4+}、Sn^{4+}
NH_4F（氟化铵）	4~6	Al^{3+}、Ti^{4+}、Sn^{4+}、Zr^{4+}、W^{6+}
	10	Al^{3+}、Mg^{2+}、Ca^{2+}、Sr^{2+}、Ba^{2+} 及稀土元素
酒石酸	1.5~2	Fe^{3+}、Sb^{3+}、Mn^{2+}、Sn^{4+}
	5.5	Fe^{3+}、Al^{3+}、Sn^{4+}
	6~7.5	Fe^{3+}、Al^{3+}、Cu^{2+}、Mg^{2+}、Sb^{3+}、Mo^{4+}
	10	Al^{3+}、Sn^{4+}
硫脲	弱酸性	Cu^{2+}、Ti^+、Hg^2
草酸	氨性溶液	Fe^{3+}、Al^{3+}、Th^{4+}、Mn^{2+}

（2）沉淀掩蔽法　加入某种沉淀剂与干扰离子 N 形成难溶沉淀，从而降低溶液中 N 的游离浓度，以消除 N 离子的干扰。

（3）氧化还原掩蔽法　加入某种氧化剂或还原剂，与干扰离子 N 发生氧化还原反应，从而改变 N 离子的价态，降低溶液中 N 离子的游离浓度，以消除 N 离子的干扰。

用以上方法均不能消除干扰时，只能采用分离的方法除去干扰。利用一种试剂，将已被掩蔽剂掩蔽的金属离子释放出来，这一过程称为解蔽，所用试剂称解蔽剂。解蔽作用可提高配位滴定的选择性。

👁 **看一看**

铜合金中 Zn^{2+} 和 Pb^{2+} 的含量测定

采用配位滴定法测定铜合金中 Zn^{2+} 和 Pb^{2+} 的含量测定，就是掩蔽和解蔽的典型应用。将待测试样溶解后加氨水中和，再加 KCN，Cu^{2+} 被 CN^- 还原为 Cu^+，Cu^+ 和 Zn^{2+} 成 $[Cu(CN)_4]^{3-}$ 和 $[Zn(CN)_4]^{2-}$ 配离子而被 KCN 掩蔽。在 pH=10 时，以铬黑 T 为指示剂，用 EDTA 滴定液滴定 Pb^{2+}，终点后，在溶液中加入甲醛（或三氯乙醛），$[Zn(CN)_4]^{2-}$ 配离子可被解蔽而释放出 Zn^{2+}，再用 EDTA 继续滴定至终点，便可达到分别测定 Zn^{2+} 和 Pb^{2+} 的目的。

掩蔽反应如下

$$[Zn(CN)_4]^{2-} + 4HCHO + 4H_2O \Longrightarrow Zn^{2+} + 4H_2C(OH)CN + 4OH^-$$

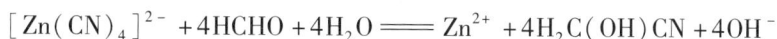

$[Cu(CN)_4]^{3-}$ 不能被甲醛解蔽，Cu^+ 就不被滴定，在实际操作过程中，要注意甲醛的用量、加入速度和溶液温度等条件的控制，否则将引起部分 $[Cu(CN)_4]^{3-}$ 离子解蔽。

三、金属指示剂 🔲 微课

与其他滴定方法类似，配位滴定法同样需要借助指示剂的颜色转变确定滴定终点。配位滴定法中使用的指示剂自身就属于配位剂，它们与金属离子配位前和配位后颜色有显著性差异，可用来指示滴定过程中金属离子浓度的变化，因而称为金属指示剂。

（一）金属指示剂的变色原理

金属指示剂大多为有机染料，变色原理如下。

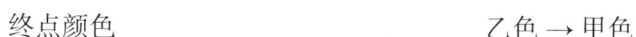

滴定前	M(少量) + In(甲色) $\Longrightarrow$ MIn(乙色)
终点前	M + Y $\Longrightarrow$ MY(无色)
终点时	MIn + Y $\Longrightarrow$ MY + In(甲色)
终点颜色	乙色 → 甲色

作为金属指示剂需要具备以下条件。

1. 指示剂（In）自身的颜色与其金属离子配合物（MIn）的颜色有明显区别，且生成的配合物易溶于水。

2. 指示剂与金属离子形成的配合物（MIn）足够稳定，一般要求 MIn 的 $K'_{MIn} \geq 10^4$，这样可以避免终点提前。但其稳定性要小于 MY 的稳定性，即 $K'_{MY}/K'_{MIn} \geq 10^2$。

3. 显色反应要迅速、灵敏，且有良好的可逆性和选择性。

4. 金属指示剂有较好的稳定性，便于储存与使用。

（二）常见金属指示剂

1. 铬黑 T　简称 EBT，是一种偶氮萘类染料，其化学名为：1-(1-羟基-2-萘偶氮)-6-硝基-2-萘酚-4-磺酸钠。铬黑 T 是黑褐色粉末，在水溶液中主要以阴离子形式存在，分子结构中有两个酚羟基，所以属于二元弱酸，通常简写为 H_2In^-，在水溶液中 H_2In^- 存在以下平衡。

$$H_2In^- \xrightleftharpoons{pK_a = 6.3} HIn^{2-} \xrightleftharpoons{pK_a = 11.6} In^{3-}$$

$$pH < 6.3 \qquad pH = 6.3 \sim 11.6 \qquad pH > 11.6$$

$$紫红 \qquad\qquad 蓝色 \qquad\qquad\qquad 橙色$$

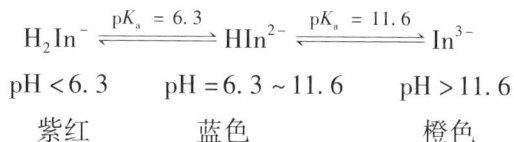

铬黑 T 与金属离子配位生成紫红色的配合物，因此在 pH < 6.3 或 pH > 11.6 的溶液中，由于颜色变化不明显，通常将 pH 控制在 6.3 ~ 11.6，而最佳 pH 使用范围为 9 ~ 10.5，终点由紫红色变为纯蓝色，颜色变化明显，终点易于判定。

测定 Mg^{2+}、Zn^{2+}、Pb^{2+}、Mn^{2+}、Cd^{2+}、Hg^{2+} 等离子时常用铬黑 T 作指示剂。固体铬黑 T 很稳定，但其水溶液易发生聚合而变质，在 pH < 6.5 时尤为严重，可加入三乙醇胺减慢其聚合速度。在碱性溶液中，铬黑 T 易被氧化而褪色，加入盐酸羟胺或抗坏血酸等还原剂，可以防止氧化。

常用铬黑 T 的配制方法有以下两种。

（1）固体合剂　铬黑 T 与干燥的 NaCl 按 1 : 100 的比例混合研细后混匀，保存在干燥器中备用。此法所配指示剂稳定性较高，在使用时需注意控制用量。

（2）液体合剂　称取铬黑 T 0.1g 溶于 15ml 三乙醇胺中，再加 5ml 无水乙醇混匀即可。此溶液可保存数月不变质。

2. 钙指示剂 简称 NN，又称为钙红或钙紫红素，也是一种偶氮萘类染料，其化学名为：2-羟基-1-(2-羟基-4-磺基-1-萘偶氮)-3-萘甲酸。钙指示剂纯品为黑紫色粉末，在水溶液中主要以阴离子形式存在，通常简写为 H_2In^-。水溶液中 H_2In^- 存在以下平衡。

$$H_2In^- \xrightleftharpoons{pK_a = 7.4} HIn^{2-} \xrightleftharpoons{pK_a = 13.5} In^{3-}$$

$$pH < 8 \qquad pH = 8 \sim 13 \qquad pH > 13$$

$$粉红色 \qquad 蓝色 \qquad 粉红色$$

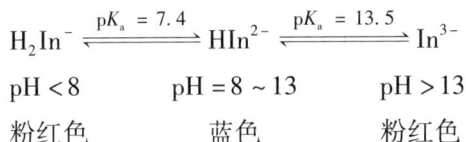

钙指示剂在 pH <8 和 pH >13 的溶液中均为粉红色，在 pH =8 ~13 时为蓝色，与 Ca^{2+} 配位生成紫红色的配合物。因此在 pH <8 或 pH >13 的溶液中，由于颜色变化不明显，通常将 pH 控制在 8 ~13。作为 EDTA 滴定 Ca^{2+} 的指示剂，最适宜 pH 范围为 12 ~13，终点时溶液由紫红色变为纯蓝色。

钙指示剂在水溶液和乙醇溶液中都不稳定，通常将其与干燥的 NaCl 按 1∶100 的比例混合研细后混匀，配成固体试剂使用。

3. 二甲酚橙 简称 XO，为红棕色结晶性粉末，易溶于水，难溶于无水乙醇。作为指示剂常配制成 0.2% 的水溶液。

其水溶液的颜色变化为：pH <6.3 时呈黄色，pH >6.3 时呈红色，二甲酚橙与金属离子配位时形成的配合物都呈红紫色，因此二甲酚橙通常在 pH <6.3 的酸性溶液中使用。直接滴定法终点由红紫色变为黄色；用返滴定法时终点由黄色变为红紫色；终点颜色转变明显，易于判定。

(三) 金属指示剂在使用中存在的问题

1. 指示剂的封闭现象 在配位滴定中若 $lgK'_{MIn} > lgK'_{MY}$，达到化学计量点时，即使滴入过量的 EDTA 也不能把金属指示剂（In）从 MIn 中置换出来，以至指示剂无法发生颜色转变，这称为指示剂的封闭现象。消除方法如下。

(1) 被测离子引起的封闭现象，采用返滴定法给予消除。

(2) 干扰离子引起的封闭现象，要加入掩蔽剂，掩蔽具有封闭作用的干扰离子给予消除。

例如，用 EDTA 滴定 Ca^{2+}（使用钙指示剂）时，若溶液中有 Fe^{3+}、Al^{3+}、Co^{2+}、Ni^{2+}、Cu^{2+} 等离子存在，能造成指示剂的封闭现象，可加入三乙醇胺和 KCN 作掩蔽剂掩蔽这些离子，从而消除对滴定的干扰。

2. 指示剂的僵化现象 用 EDTA 滴定到达计量点时，EDTA 从 MIn 中置换 In 的作用缓慢，引起终点拖长现象，称为指示剂的僵化现象。出现僵化的原因及消除方法如下。

(1) 若金属指示剂与金属离子生成的配合物形成了胶体、沉淀，通常可加入有机溶剂增大溶解度给予消除。

(2) 若 $K'_{MY}/K'_{MIn} < 100$，即两种金属配合物的稳定性相差不大，可将溶液适当加热以便加快 EDTA 置换指示剂的速率，并在接近终点时放慢滴定速度，剧烈振摇，以此消除指示剂的僵化现象。

配位滴定法广泛应用于冶金、地质、环境卫生、医药检验和药物分析中。如水的硬度测定、药物分析中含金属离子的各类药物的含量测定通常采用配位滴定法。

四、EDTA 标准溶液的配制及标定

配位滴定法通常使用的 EDTA 滴定液浓度为 0.01 ~0.05mol/L，纯度高的 EDTA 可采用直接法配制，但因其略有吸湿性，所以配制前应先在 80℃ 干燥至恒重。若纯度不够，先采用间接法配制，再用基准物质纯锌或氧化锌标定。

134

1. 直接法配制 0.01mol/L EDTA 滴定液　准确称取干燥至恒重的 EDTA 0.38g 于烧杯，加纯化水 30ml，微热至全溶，冷却至室温，定量转移至 100ml 容量瓶，洗涤烧杯 2~3 次，稀释至标线，混匀即可。

2. 间接法配制 0.05mol/L EDTA 滴定液　称取 EDTA 9.3g 于烧杯，加纯化水 100ml，微热至全溶，冷却后稀释至 500ml，混匀，待标定。

以基准氧化锌标定方法如下：精密称取 800℃±50℃ 干燥至恒重的基准氧化锌约 0.10g 于锥形瓶，加稀盐酸 3ml 溶解，加纯化水 25ml、0.025% 甲基红乙醇溶液 1 滴，滴加氨水至溶液呈微黄色，再加纯化水 25ml、氨－氯化铵缓冲溶液 10ml 和少量固体铬黑 T 指示剂（颜色为紫红色即可），用 EDTA 滴定液滴定至溶液由紫红色变为纯蓝色即为终点，同时做空白试验，记录消耗 EDTA 的体积，平行测定 3 次。按下式计算 EDTA 滴定液的浓度。

$$c_{EDTA} = \frac{m_{ZnO}}{(V_{EDTA} - V_0) M_{ZnO}} \times 10^3$$

任务二　配位滴定法的分类

配位滴定方式有直接滴定法、返滴定法（剩余滴定法）、间接滴定法和置换滴定法等类型。这些滴定方式使得配位滴定法得到更为广泛的应用。

1. 直接滴定法　用 EDTA 滴定液直接滴定被测离子测定其含量，是配位滴定中常用的滴定方式。只要符合配位滴定的条件，都可使用此法。优点为快速、准确、引入的误差小。例如，水的硬度测定、葡萄糖酸钙的含量测定都采用直接滴定法。

2. 返滴定法（剩余滴定法）　是在待测溶液中先加入准确过量的 EDTA 滴定液与待测离子反应完全，再用另一金属离子滴定液回滴剩余的 EDTA，根据所消耗两种滴定液的浓度和体积，求出被测物质的含量。

使用返滴定法的条件：①待测离子与 EDTA 反应速率慢且本身易水解或对指示剂有封闭现象。②滴定终点时指示剂变色不够敏锐。需要注意的是：返滴定剂与 EDTA 形成的配合物应有足够的稳定性，但不宜超过待测离子与 EDTA 形成配合物的稳定性太多，否则在滴定过程中，返滴定剂会置换出待测离子，引起误差，还会导致终点变色不敏锐。例如，氢氧化铝的含量测定采用的就是返滴定法。

3. 间接滴定法　条件：①被测离子不与 EDTA 发生配位反应；②生成的配位化合物不稳定。采用间接滴定法，通常是加入过量的能与 EDTA 形成稳定配合物的金属离子作沉淀剂，与被测离子生成沉淀，过量的沉淀剂用 EDTA 滴定；或将沉淀分离、溶解后，再用 EDTA 滴定其中的金属离子以求得其含量。

4. 置换滴定法　是利用置换反应，置换出等物质的量的另一种金属离子，或置换出 EDTA，然后再进行滴定。

（1）置换出金属离子　如果被测离子 M 与 EDTA 反应不完全或所形成的配位化合物不稳定，可让 M 置换出另一配合物（NL）中等物质的量的 N，用 EDTA 滴定 N，然后求出 M 的含量。

（2）置换出 EDTA　将被测离子 M 与干扰离子全部用 EDTA 配位化合，加入高选择性的配位剂 L 以夺取 M，反应如下：MY + L ⇌ ML + Y。释放出与 M 等物质的量的 EDTA，用金属盐类滴定液滴定释放出来的 EDTA，即可测得 M 的含量。

任务三　配位滴定法的典型工作任务分析

PPT

案例解析1：天然水的总硬度测定

移取水样50.00ml置于250ml锥形瓶中，加三乙醇胺（掩蔽剂）5ml（若无Fe^{3+}、Al^{3+}可不加），加氨－氯化铵缓冲溶液5ml调节溶液pH = 10及铬黑T（固体）指示剂少许（注意控制用量），用EDTA滴定液（0.01mol/L）滴定至溶液由紫红色变为纯蓝色即为终点，记录消耗EDTA的体积V_{EDTA}，平行测定3次。国家《生活饮用水卫生标准》（GB/T 5750.4—2006）中规定，生活饮用水的总硬度以$CaCO_3$计，应不超过450mg/L。

【任务分析】

1. 提出问题

（1）水的总硬度测定原理是什么？取水样要使用什么仪器？

（2）加氨－氯化铵缓冲溶液的目的是什么？滴定条件为什么控制在pH≈10？

（3）分析结果的判定依据是什么？如何计算测定结果？

2. 开动脑筋　水的总硬度是指水中Ca^{2+}、Mg^{2+}的总量，通常以每升水样含$CaCO_3$的毫克数表示。水中的钙、镁离子都能与铬黑T形成酒红色螯合物，在pH = 10时，由于镁与铬黑T形成螯合物的稳定性高于钙与铬黑T形成螯合物的稳定性，因此，滴定前：加入的少量铬黑T指示剂全部与Mg^{2+}结合生成$MgIn^-$而使溶液呈现紫红色；终点前：滴加的EDTA滴定液先与Ca^{2+}反应完全，再与Mg^{2+}形成螯合物（CaY^{2-}的稳定性高于MgY^{2-}）；终点时：EDTA滴定液从$MgIn^-$中夺取Mg^{2+}（MgY^{2-}的稳定性高于$MgIn^-$）而释放出指示剂HIn^{2-}，溶液呈现铬黑T指示剂的纯蓝色。有关反应式如下。

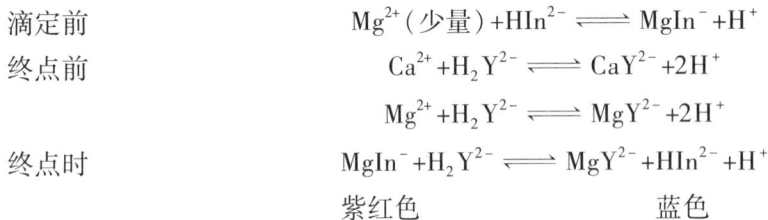

滴定前　　　　　　　$Mg^{2+}（少量）+HIn^{2-} \rightleftharpoons MgIn^- +H^+$

终点前　　　　　　　$Ca^{2+}+H_2Y^{2-} \rightleftharpoons CaY^{2-} +2H^+$

　　　　　　　　　　$Mg^{2+}+H_2Y^{2-} \rightleftharpoons MgY^{2-} +2H^+$

终点时　　　　　　　$MgIn^- +H_2Y^{2-} \rightleftharpoons MgY^{2-} +HIn^{2-} +H^+$

　　　　　　　　　　紫红色　　　　　　　　　　蓝色

终点颜色　　　　　　紫红色 $\xrightarrow{\text{紫色}}$ 纯蓝色

水的总硬度计算　　　$\rho_{CaCO_3} = \dfrac{c_{EDTA} V_{EDTA（总）} M_{CaCO_3} \times 1000}{V_{样}}$

测定过程中应注意以下几点。

（1）量取水样时不能选择量筒，应选择精度高的移液管。

（2）EDTA滴定镁离子、钙离子的最低pH分别为9.7和7.5，因此需要控制pH > 9.7，溶液中两种离子才能与EDTA配位，CaY和MgY才能稳定存在。又由于铬黑T的适宜pH范围为9~10.5呈现纯蓝色，终点容易观察，故该滴定反应控制在pH≈10。加缓冲溶液是为了调节溶液的pH≈10。

【任务实施】

1. 工作准备

（1）仪器　移液管（50ml）、锥形瓶（250ml）、酸式滴定管（50ml）、量筒（10ml）。

（2）试剂　水样、铬黑T指示剂、三乙醇胺、氨－氯化铵缓冲液、EDTA滴定液（0.01mol/L）。

2. 动手操作

测定步骤	操作内容	数据记录
供试品的准备	（1）精密量取天然水 50.00ml 三份，分别置锥形瓶中 （2）分别加入氨－氯化铵缓冲溶液 5ml（pH≈10） （3）加铬黑 T 指示剂一小撮	$V_{水}=50.00$ml
滴定	（4）装 EDTA 滴定液（0.01mol/L）于酸式滴定管→排空气→调零 （5）用 EDTA 滴定液（0.01mol/L）滴定至溶液由紫红色→紫色→纯蓝色 （6）记录消耗 EDTA 的体积 （7）平行测定三次	$V_1=\underline{\hspace{2cm}}$ $V_2=\underline{\hspace{2cm}}$ $V_3=\underline{\hspace{2cm}}$
数据处理	$$\rho_{CaCO_3}=\frac{c_{EDTA}\cdot V_{EDTA(总)}\cdot M_{CaCO_3}\times 1000}{V_{样}}$$	$\rho_{CaCO_3(1)}=\underline{\hspace{2cm}}$ $\rho_{CaCO_3(2)}=\underline{\hspace{2cm}}$ $\rho_{CaCO_3(3)}=\underline{\hspace{2cm}}$ $\bar{\rho}_{CaCO_3}=\underline{\hspace{2cm}}$ $R\bar{d}=\underline{\hspace{2cm}}$
判断	是否符合国家《生活饮用水卫生标准》	结论_____

案例解析2：葡萄糖酸钙注射液的含量测定

精密量取本品 10.00ml，（约相当于葡萄糖酸钙 0.5g），置锥形瓶中，用水稀释成 100ml，加氢氧化钠 15ml 与钙紫红素指示剂 0.1g，用 EDTA 滴定液（0.05mol/L）滴定至溶液自紫色转变为纯蓝色。每 1ml EDTA 滴定液（0.05mol/L）相当于 22.42mg 的葡萄糖酸钙（$C_{12}H_{22}CaO_{14}\cdot H_2O$）。本品为葡萄糖酸钙的灭菌水溶液。含葡萄糖酸钙（$C_{12}H_{22}O_{14}\cdot H_2O$）应为标示量的 97.0%～107.0%。

【任务分析】

1. 提出问题

（1）以上属于配位滴定法中的什么滴定方式？测定原理是什么？

（2）钙紫红素属于哪一类指示剂？

（3）本法加氢氧化钠的目的是什么？

2. 开动脑筋　钙指示剂简称 NN，又称为钙红或钙紫红素，适宜 pH 范围是 12～13，用它作 EDTA 滴定 Ca^{2+} 的指示剂，颜色变化明显，溶液由紫红色变为纯蓝色即为终点。有关反应式如下。

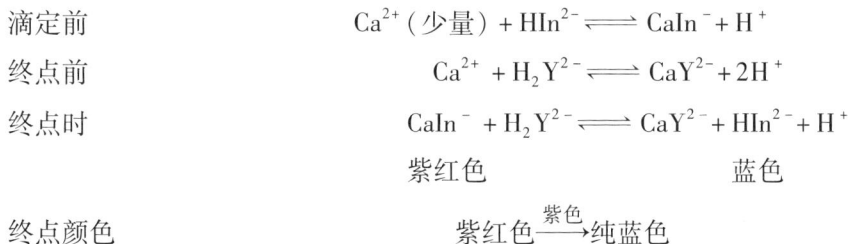

滴定前　　　　　　　　　　$Ca^{2+}(少量)+HIn^{2-} \rightleftharpoons CaIn^-+H^+$

终点前　　　　　　　　　　$Ca^{2+}+H_2Y^{2-} \rightleftharpoons CaY^{2-}+2H^+$

终点时　　　　　　　$CaIn^-+H_2Y^{2-} \rightleftharpoons CaY^{2-}+HIn^{2-}+H^+$

　　　　　　　　　　　紫红色　　　　　　　　　　蓝色

终点颜色　　　　　　　　　紫红色 $\xrightarrow{\text{紫色}}$ 纯蓝色

$$\rho_{葡钙}=\frac{C_{EDTA}\cdot V_{EDTA}\cdot M_{葡钙}}{V_{样}}\times 100\%$$

测定过程中应注意以下几点。

（1）葡萄糖酸钙注射液的含量测定采用了配位滴定法中的直接滴定法。

（2）加氢氧化钠溶液的目的是调节溶液的 pH = 12～13。

（3）钙指示剂属于金属指示剂，与 Ca^{2+} 配位生成紫红色的配合物，在 pH < 8 和 pH > 13 溶液中均为粉红色，颜色变化不明显，在 pH = 8～13 时为蓝色，适宜 pH 范围是 12～13。

【任务实施】

1. 工作准备

（1）仪器　锥形瓶（250ml）、酸式滴定管（50ml）、量筒（100ml）。

（2）试剂　葡萄糖酸钙口服液 10ml（0.5g）、钙指示剂、氢氧化钠溶液（0.1mol/L）、EDTA 滴定液（0.05mol/L）。

2. 动手操作

测定步骤	操作内容	数据记录
供试品的准备	（1）精密量取葡萄糖酸钙注射液 10ml（约相当于葡萄糖酸钙0.5g），置于锥形瓶 （2）加纯化水稀释成 100ml （3）加氢氧化钠溶液 15ml （4）加钙指示剂 0.1g	$V = 50.00\text{ml}$
滴定	（5）装 EDTA 滴定液（0.05mol/L）于酸式滴定管→排空气→调零 （6）用 EDTA 滴定液（0.05mol/L）滴定至溶液由紫红色→紫色→纯蓝色 （7）记录消耗 EDTA 的体积 （8）平行测定三次	$V_1 = $ _____ $V_2 = $ _____ $V_3 = $ _____
数据处理	$\rho_{葡萄糖酸钙} = \dfrac{C_{EDTA} \cdot V_{EDTA} \cdot M_{葡萄糖酸钙}}{V_{样}}$	$\rho_{葡钙(1)} = $ _____ $\rho_{葡钙(2)} = $ _____ $\rho_{葡钙(3)} = $ _____ $\overline{\rho}_{葡钙} = $ _____ $R\overline{d} = $ _____
判断	是否符合《中国药典》规定标准	结论 _____

案例解析3：氢氧化铝的含量测定

取本品约 0.6g，精密称定，加盐酸与水各 10ml，煮沸溶解后，冷至室温，定量转移至 250ml 容量瓶中，用水稀释至刻度，摇匀；精密量取上述溶液 25.00ml 于锥形瓶，加氨试液中和至恰析出沉淀，再滴加稀盐酸至沉淀恰好溶解为止，加醋酸-醋酸铵缓冲溶液 10ml（pH 6.0），再精密加 0.05mol/L 的 EDTA 滴定液 25.00ml，煮沸 3~5 分钟，冷至室温，加二甲酚橙指示剂 1ml，用锌滴定液（0.05mol/L）滴定至溶液由黄色转变为红紫色即为终点。每 1ml EDTA 滴定液（0.05mol/L）相当于 3.900mg 的 $Al(OH)_3$。本品为以氢氧化铝为主要成分的混合物，可含一定量的碳酸盐，含氢氧化铝[$Al(OH)_3$]不得少于 76.5%。

【任务分析】

1. 提出问题

（1）以上属于配位滴定法中的什么滴定方式？测定原理是什么？

（2）二甲酚橙属于哪一类指示剂？

（3）本法加盐酸和水并煮沸的目的是什么？加氨试液的目的是什么？为什么要加醋酸-醋酸铵缓冲溶液？

2. 开动脑筋　由于 Al^{3+} 与 EDTA 反应速率太慢，且 Al^{3+} 对二甲酚橙指示剂有封闭作用，因此，只能采用返滴定法，溶液由黄色转变为红紫色即为终点。有关反应式如下。

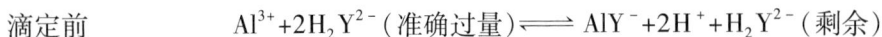

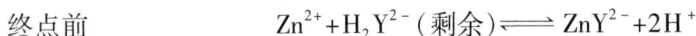

滴定前　　　　$Al^{3+} + 2H_2Y^{2-}（准确过量）\Longrightarrow AlY^- + 2H^+ + H_2Y^{2-}（剩余）$

终点前　　　　$Zn^{2+} + H_2Y^{2-}（剩余）\Longrightarrow ZnY^{2-} + 2H^+$

终点时
$$In(XO) + Zn^{2+} \rightleftharpoons ZnIn^{2+}(XO)$$

黄色　　　　　红紫色

终点颜色　　　　　　　　黄色→红紫色

$$w_{Al(OH)_3}(\%) = \frac{\left[c_{EDTA}V_{EDTA} - c_{Zn^{2+}}V_{Zn^{2+}} \right] M_{Al(OH)_3}}{m_s \times \dfrac{25.00}{250.0}} \times 100\%$$

测定过程中要注意以下几点。

(1) 本法属于返滴定法（也称剩余滴定法）。

(2) 加入盐酸和水并煮沸目的是加速氢氧化铝的溶解。

(3) 加入氨试液是中和剩余的盐酸。

(4) 加醋酸 – 醋酸铵缓冲溶液的目的是调节溶液 pH = 6.0。二甲酚橙属于金属指示剂，在 pH < 6.3 时呈黄色，pH > 6.3 时呈红色，与金属离子配位时形成的配合物都呈红紫色，因此二甲酚橙更适于在 pH < 6.3 的酸性溶液中使用，返滴定法时终点由黄色变为红紫色，终点颜色转变明显，易于判定。

【任务实施】

1. 工作准备

(1) 仪器　锥形瓶（250ml）、酸式滴定管（50ml）、100ml 量筒、容量瓶（250ml）。

(2) 试剂　氢氧化铝、锌滴定液（0.05mol/L）、二甲酚橙指示剂、盐酸溶液（0.1mol/L）、EDTA 滴定液（0.05mol/L）、氨试液（0.1mol/L）、醋酸 – 醋酸铵缓冲溶液。

2. 动手操作

测定步骤	操作内容	数据记录
供试品的准备	(1) 精密称取氢氧化铝 0.6g→加盐酸和水各 10ml→煮沸全溶→冷却→转移至 250ml 容量瓶→稀释定容→混匀备用 (2) 精密量取 25.00ml 上述溶液→加氨试液至析出沉淀→加盐酸至沉淀恰好溶解→加醋酸 – 醋酸铵缓冲溶液 10ml→加 EDTA 滴定液（0.05mol/L）25.00ml→煮沸 3~5 分钟→放冷→加二甲酚橙指示剂 1ml	$V = 25.00$ml
滴定	(3) 装锌滴定液（0.05mol/L）于酸式滴定管→排空气→调零 (4) 用锌滴定液（0.05mol/L）滴定至溶液由黄色→红紫色 (5) 记录消耗锌滴定液的体积 (6) 平行测定三次	$V_1 = \underline{\hspace{2cm}}$ $V_2 = \underline{\hspace{2cm}}$ $V_3 = \underline{\hspace{2cm}}$
数据处理	$w_{Al(OH)_3}(\%) = \dfrac{\left[c_{EDTA}V_{EDTA} - c_{Zn^{2+}}V_{Zn^{2+}} \right] M_{Al(OH)_3}}{m_s \times \dfrac{25.00}{250.0}} \times 100\%$	$w_1 = \underline{\hspace{2cm}}$ $w_2 = \underline{\hspace{2cm}}$ $w_3 = \underline{\hspace{2cm}}$ $\overline{w}\% = \underline{\hspace{2cm}}$ $R\overline{d} = \underline{\hspace{2cm}}$
判断	是否符合《中国药典》规定标准	结论 _____

❤ **药爱生命**

《中国药典》（2020 年版）中述及：葡萄糖酸钙为 D – 葡萄糖酸钙盐一水合物，含量应为 99.0% ~ 104.0%，分子式为 $C_{12}H_{22}CaO_{14} \cdot H_2O$，分子量为 448.4，为白色颗粒性粉末；无臭，无味。常温下水中溶解较慢，易溶于沸水，不溶于无水乙醇、三氯甲烷、乙醚等有机溶剂。

葡萄糖酸钙用于治疗急性钙缺乏；儿童、青春发育期少年的钙盐补充；大量输血所致的低钙血症；虫咬性皮炎、荨麻疹、渗出性水肿、药物过敏等过敏性疾病；镁中毒及氟中毒时的解救；高血钾、低血钙或钙通道阻滞及心脏手术等原因引起的心功能异常的强心剂。需要注意的是高钙血症及高钙尿症患者；含钙肾结石或有肾结石病史者；结节病患者（可加重高钙血症）禁用。静脉注射时药液外漏，可致静脉炎及注射部位皮肤发红、皮疹和疼痛，随后可出现脱皮和皮肤坏死；用药过量或注射过快可致血钙过高，早期可表现为便秘、嗜睡、持续头痛、食欲缺乏、口腔金属味、异常口干等，晚期表现为精神错乱、高血压、眼和皮肤对光敏感、恶心、呕吐、心律失常等不良反应。血钙过高还可导致钙沉积在眼部结膜和角膜上，影响视觉。

目标检测

答案解析

一、选择题

（一）单项选择题

1. 能与金属离子直接配位的是（ ）

    A. H_4Y B. H_3Y^- C. H_2Y^{2-} D. Y^{4-}

2. 在 $pH = 10$ 时，用铬黑 T 为指示剂，以 EDTA 滴定 Mg^{2+}，终点颜色是（ ）

    A. 紫红色   B. 酒红色   C. 蓝色   D. 无色

3. 金属指示剂产生封闭现象的原因是（ ）

    A. $K'_{MIn} > K'_{MY}$ B. $K'_{MY} > K'_{MIn}$

    C. Min 溶解度小   D. Min 稳定性差

4. 配位滴定的最低 pH 是指（ ）

    A. MY 能生成氢氧化物的酸度   B. MY 保持稳定存在的最高酸度

    C. MY 开始离解的最低酸度   D. 形成 Y^{4-} 形式 EDTA 需要的酸度

5. 配位滴定中为维持溶液 pH 在一定范围内，可加入（ ）

    A. 酸   B. 碱   C. 盐   D. 缓冲溶液

（二）多项选择题

1. 配位滴定准确性判断条件是（ ）

    A. $K'_{MY} \geq 10^8 (c_M = 0.01\,mol/L)$ B. $K'_{MY} \geq 10^6 (c_M = 0.01\,mol/L)$

    C. $lgK'_{MY} \geq 8 (c_M = 0.01\,mol/L)$ D. $lgc_M K'_{MY} \geq 6$

    E. $lgK'_{MY} \geq 6 (c_M = 0.01\,mol/L)$

2. EDTA 与金属离子配位的特点是（ ）

    A. 配位比为 1:1   B. 配合物的稳定性高

    C. 配合物均有特殊颜色   D. 形成的配合物绝大多数水溶性好

    E. 只能在酸性溶液中配位

3. 影响条件稳定常数的因素有（ ）

    A. 指示剂   B. 酸效应系数

    C. 配位效应系数   D. EDTA 的浓度

    E. 掩蔽剂

4. 在 $pH = 10$ 时，以铬黑 T 为指示剂，用 EDTA 滴定 Mg^{2+}，以下物质有颜色的是（ ）

    A. EBT   B. EDTA   C. Mg^{2+} D. Mg - EBT   E. Mg - EDTA

5. 配位滴定中常用的金属指示剂有（ ）

    A. 铬黑 T   B. 钙指示剂   C. 酚酞   D. XO   E. 甲基红

二、计算题

1. 药用硫酸锌（$M_{ZnSO_4 \cdot H_2O} = 287.56\text{g/mol}$）的含量测定：精密称取本品 0.3026g，加水 30ml 溶解后，加氨 – 氯化铵缓冲溶液 10ml 调节溶液 pH≈10，再加 EBT 少许，用 0.05008mol/L 的 EDTA 滴定液滴定至溶液由紫红色转变为纯蓝色，消耗 EDTA 滴定液 20.56ml，计算硫酸锌的含量并判断其是否符合药用标准。每 1ml EDTA（0.05mol/L）相当于 14.38mg 的 $ZnSO_4 \cdot H_2O$，《中国药典》规定本品含 $ZnSO_4 \cdot H_2O$ 应为 99.0% ~ 103.0%。

2. 精密称取葡萄糖酸钙 0.5018g，加水 100ml 微温使溶解，加氢氧化钠溶液 15ml 与钙指示剂 0.1g，用 0.05022mol/L 的 EDTA 滴定液滴定至溶液由紫红色转变为纯蓝色，消耗 EDTA 滴定液 22.98ml，计算葡萄糖酸钙的含量并判断其是否符合药用标准。每 1ml EDTA（0.05mol/L）相当于 22.42mg 的 $C_{12}H_{22}CaO_{14} \cdot H_2O$（448.40g/mol）。《中国药典》规定含 $C_{12}H_{22}CaO_{14} \cdot H_2O$ 为 99.9% ~ 104.0%。

3. 吸取水样 50.00ml，加氨 – 氯化铵缓冲溶液 5ml，加 EBT 少许，立即用 0.01078mol/L 的 EDTA 滴定液滴定至溶液由紫红色转变为纯蓝色，消耗 EDTA 17.25ml，同时做空白试验消耗 EDTA 滴定液 0.62ml，计算水的硬度（$M_{CaCO_3} = 100.06\text{g/mol}$）。

书网融合……

重点回顾　　　微课　　　习题

项目十　电位法及永停滴定法

项目导航

电化学分析法是应用物质的电化学性质进行物质成分分析的方法，包括电导分析法、电位分析法、电解分析法和伏安分析法。本项目主要介绍电位分析法和永停滴定法。

学习目标

知识目标：

1. 掌握　电位法的基本原理；溶液 pH 的测定原理、方法；电位滴定法的原理、终点的确定和应用；永停滴定法的原理、终点的确定和应用；其他离子的测定原理、定量方法和应用。

2. 熟悉　电化学电池有关知识；标准 pH 缓冲溶液的选择；各种滴定体系指示电极和参比电极的选择。

3. 了解　电位法的分类、特点；离子选择电极的主要类型及性能。

技能目标：

学会缓冲溶液的配制、电极和电位滴定仪的操作方法。

素质目标：

通过对滴定终点的判断与数据处理，培养信息化数据处理能力。

导学情景

情景描述 ［链接《中国药典》（2020 年版）］：［苯巴比妥的含量测定］取本品约 0.2g，精密称定，加甲醇 40ml 使之溶解，再加新制的 3% 无水碳酸钠溶液 15ml，照电位滴定法（通则 0701），用硝酸银滴定液（0.1mol/L）滴定。每 1ml 硝酸银滴定液（0.1000mol/L）相当于 23.22mg 的 $C_{12}H_{12}N_2O_3$。

$$含量（\%）= \frac{V \times T \times F \times 10^{-3}}{m} \times 100\%$$

情景分析：在新制的甲醇溶液和 3% 无水碳酸钠碱性溶液中，巴比妥类药物可与银离子定量结合成银盐。在滴定过程中，先形成可溶性的一银盐，当其生成完全后，稍过量的银离子与药物形成难溶性的二银盐，溶液变浑浊，用电位法指示终点。

讨论：1. 电位滴定法的原理如何？如何确定终点？

2. 电位滴定法在药物分析和食品检验中有什么应用？

学前导语：电位滴定法是一种用电位法确定终点的滴定方法，它是基于能斯特方程的一种电化学分析方法。

任务一 电位法

PPT

一、概述

电位法是用指示电极和参比电极与试液组成原电池，通过测量原电池电动势来确定待测组分含量的分析方法。指示电极的电位值随溶液浓度（或活度）的变化而改变，而参比电极的电位值与被测物质的浓度（或活度）无关，电位恒定。电位法的理论基础是能斯特方程。对于氧化还原体系有

$$Ox + ne^- \Longleftrightarrow Red$$

$$\varphi = \varphi_{Ox/Red}^{\ominus} + \frac{RT}{nF}\ln\frac{[Ox]}{[Red]} \tag{10-1}$$

式中，φ 为电极电位；$\varphi^{\ominus}$ 为标准电极电位；R 为理想气体状态常数，$8.314\text{J}/(\text{mol}\cdot\text{℃})$；$T$ 为热力学温度，K；F 为法拉第常数，96486 C/mol；n 为电极反应中转移的电子数。

在25℃时，把各常数代入上式，则

$$\varphi = \varphi_{Ox/Red}^{\ominus} + \frac{0.059}{n}\lg\frac{[Ox]}{[Red]} \tag{10-2}$$

由式（10-2）可见，测定了电极电位，就可确定离子的浓度，这就是电位分析法的依据。但实际上单个电极的电位无法确定，因此须再选择一个电位恒定不变的电极与之组成原电池，由于原电池的电动势与被测离子浓度的关系同样满足能斯特方程，故可根据测定的原电池电动势进行分析。

电位法要求被测组分溶液能够与相应的电极组成原电池，原电池的电动势可以准确测量而且与被测组分的浓度关系符合能斯特方程。电位法准确度高，灵敏度高，重现性、稳定性好，选择性高，设备简单、操作方便，适用范围广。

电位法包括直接电位法和电位滴定法。直接电位法是通过测量原电池电动势直接测定待测离子浓度或活度的方法。电位滴定法是通过测量滴定过程中电池电动势的变化，进而确定滴定的终点，通过滴定反应的化学计量关系，求得待测离子浓度的方法。

二、电极

（一）参比电极

标准氢电极是确定电极电位的基准，但使用标准氢电极不方便，一般常用易于制备、使用方便且电极电势稳定的甘汞电极或银-氯化银电极等作为电极电势的对比参考，称为参比电极。

1. 甘汞电极 Pt|Hg|Hg₂Cl₂|Cl⁻ 甘汞电极（图10-1）有多种类型，但基本原理相同。甘汞电极由汞、氯化亚汞（Hg_2Cl_2甘汞）和饱和氯化钾溶液组成，电极反应如下。

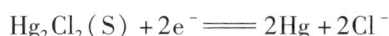

$$Hg_2Cl_2(S) + 2e^- \Longrightarrow 2Hg + 2Cl^-$$

能斯特公式为 $\varphi = \varphi_{Hg_2Cl_2/Hg}^{\ominus} - 0.059\lg\alpha_{Cl^-}$

由上式可见，甘汞电极的电位取决于所用 KCl 的浓度。

2. Ag-AgCl 电极 银丝镀上一层 AgCl 沉淀，浸在一定浓度的 KCl 溶液中即构成了银-氯化银电极。电极反应为

$$AgCl + e^- \Longrightarrow Ag + Cl^-$$

电极电势（25℃）：$\varphi_{AgCl/Ag} = \varphi_{AgCl/Ag}^{\ominus} - 0.059\lg\alpha_{Cl^-}$

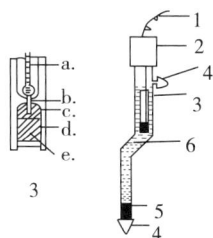

图 10-1 饱和甘汞电极

1. 导线；2. 绝缘体；3. 内部电极（a. 导线；b. 铂丝；c. 汞；d. 甘汞；e. 多空物质；）

4. 橡皮帽；5. 多孔物质；6. 饱和 KCl 溶液

同样，Ag – AgCl 电极的电位取决于 KCl 的浓度。25℃时，不同浓度 KCl 溶液的 Ag – AgCl 电极的电位如表 10 – 1 所示。

表 10 – 1 不同浓度 KCl 溶液的 Ag – AgCl 电极的电位

KCl 浓度（mol/L）	0.1	1.0	饱和溶液
电极电势（V）	+0.2880	+0.2223	+0.2000

（二）指示电极

常用的指示电极种类很多，主要有金属基电极及近年来发展起来的离子选择性电极。

1. 金属基电极 是以金属为基体的电极，这类电极的共同特点是电极电位建立在电子转移的基础上，有以下三种类型：金属 – 金属离子电极、金属 – 金属难溶盐电极、惰性金属电极。

（1）金属 – 金属离子电极 是将金属浸入含有该金属离子的溶液中构成的电极，这类电极亦称为第一类电极。例如将 Ag 插入 Ag^+ 溶液中，其电极反应为

$$Ag^+ + e^- \rightleftharpoons Ag$$

电极电位为：$\varphi = \varphi^\ominus + 0.059 \lg \alpha_{Ag^+}$（25℃）

电极电位仅与银离子活度有关，因此该电极不但可用来测定银离子活度，而且可用于电位滴定。汞、铜、铅等金属都可以组成这类指示电极。

（2）金属 – 金属难溶盐电极 是由金属表面带有该金属难溶盐的涂层，浸在与其难溶盐有相同阴离子的溶液中组成的电极，这类电极亦称为第二类电极。

$$AgCl + e^- \rightleftharpoons Ag + Cl^-$$

电极电位为：$\varphi = \varphi^\ominus - 0.059 \lg \alpha_{Cl^-}$（25℃）

（3）惰性金属电极 亦称零类电极，它是将惰性金属如铂插入含有可溶性氧化态或还原态物质的溶液中所构成的电极。金属铂并不参加电极反应，在这里仅起传导电子的作用。铂电极的电位在 25℃ 时为

$$\varphi = \varphi^\ominus + \frac{0.059}{n} \lg \frac{\alpha_{Ox}}{\alpha_{Red}}$$

2. 离子选择性电极 是一类电化学传感器，它的电位与溶液中所给定的离子活度的对数呈线性关系。离子选择性电极又称为膜电极，利用选择性电极膜（敏感膜）对溶液中特定离子产生选择性响应，离子选择性电极常用符号 ISE 表示。指示电极的种类很多，如测定溶液 pH 的玻璃电极，它也是使用最早的一种离子选择性电极。目前常用 pH 复合电极（一般由 pH 玻璃电极和甘汞电极组成），如图 10 – 2 所示。根据外壳材料的不同分为塑壳和玻璃两种。相对于两个电极而言，复合电极最大的好处就是使用方便。pH 复合电极主要由电极球泡、玻璃支持杆、内参比电极、内参比溶液、外壳、外参比电极、外参比溶液、液接界、电极帽、电极导线、插口等组成。

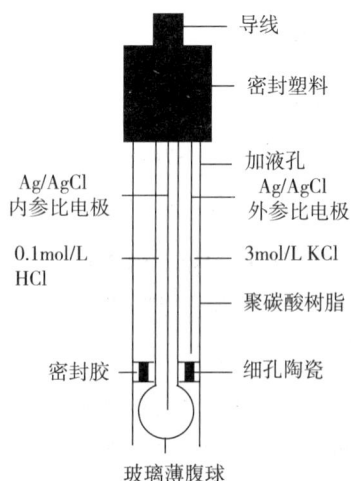

图 10 – 2 复合 pH 电极示意图

三、玻璃电极的构造和原理

H^+响应的玻璃电极（图 10 - 3）由 Ag - AgCl 电极、盐酸和特制的球型玻璃膜构成。电极的下端是由 SiO_2 基质中加入 Na_2O、Li_2O 和 CaO 烧结而成的特殊玻璃膜，内装 pH 一定的内充液（pH 为 7 的含有氯离子的磷酸盐缓冲溶液），溶液中插一个 Ag-AgCl 内参比电极。玻璃电极在使用前应先在蒸馏水中浸泡 24 小时以上，用水浸泡玻璃膜时，玻璃表面的 Na^+ 与水中的 H^+ 交换，在表面形成一层水合硅胶层（图 10 - 4）。当用浸泡过的玻璃电极插入具有一定的待测溶液中，玻璃膜外侧待测溶液中的 H^+ 与膜外水合硅胶层中的 Na^+ 进行交换，玻璃膜内侧参比溶液中的 H^+ 与膜内水合硅胶层中的 Na^+ 进行交换。当膜两侧离子交换分别达到平衡时，由于离子扩散和交换速度不同而出现了电位差，这种电位差就是膜电位。由于膜内参比溶液的 H^+ 浓度为定值，因此膜电位由膜外溶液的 H^+ 浓度决定。由于玻璃电极的球形薄膜对 H^+ 的这种选择性响应，因此称为 pH 玻璃电极。

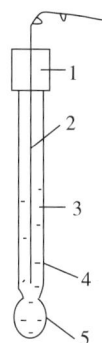

图 10 - 3　玻璃电极

1. 绝缘套；2. Ag - AgCl 电极；
3. 内部缓冲溶液（0.1mol/L HCl）；
4. 玻璃外壳；5. 玻璃薄膜

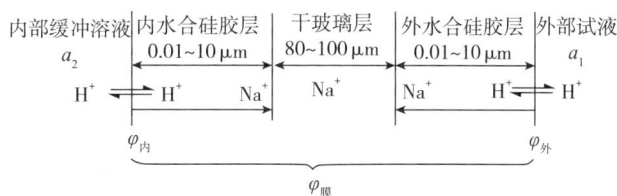

图 10 - 4　玻璃膜示意图

👁 **看一看** ───────────────────────────

超微电极

超微电极是电极的一维尺寸为微米或纳米级的一类电极。超微电极按其材料不同，可分为微铂、金、汞电极和碳纤维电极；按其形状不同，可分为微盘电极、微环电极和组合式微电极。超微电极的基本特征为：①电极半径小；②响应时间短，易于稳定；③信噪比高；④传质速率高；⑤欧姆压小；⑥电流密度高。

任务二　直接电位法

PPT

一、测定原理

根据待测组分的电化学性质，选择合适的指示电极和参比电极，浸入试样溶液组成原电池，通过测量原电池电动势，并根据能斯特方程式求得待测离子浓度或活度的方法称为直接电位法。

pH 玻璃电极对溶液中的氢离子有响应，用于测定溶液的 pH 或作为酸碱电位滴定的指示电极。将它和甘汞电极插入待测溶液。组成下列电池：

$$Ag \mid AgCl \mid 内参比溶液 \mid 玻璃膜 \mid 待测溶液 \parallel KCl（饱和）\mid Hg_2Cl_2 \mid Hg$$

在 25℃时，其电极电位与溶液 pH 有下列关系。

$$\varphi_G = \varphi_G^\ominus - 0.059\text{pH} \qquad (10-3)$$

饱和甘汞电极（SCE），如图 10-1 所示，由汞、甘汞、饱和 KCl 溶液组成。将玻璃电极和饱和甘汞电极插入溶液组成原电池。电池的电动势为

$$E = \varphi_{SCE} - \varphi_G = \varphi_{SCE} - \varphi_G^\ominus + 0.059\text{pH} \qquad (10-4)$$

由式（10-4）可知，只要测得 E 便可求得 pH。在实际工作中，由于 $\varphi_{SCE} - \varphi_G^\ominus$ 受不对称电位的影响，其值不易准确求得，故用酸度计测量 pH，往往采用两次测量法。

二、测定方法

测定待测离子的浓度，一般不直接采用能斯特方程来计算，目前主要采用以下两种方法。

（一）两次测量法（单标准 pH 缓冲溶液法）

利用已知离子浓度的标准溶液为基准，先测定已知离子浓度标准溶液的电动势，在同样的条件下再测定未知液的电动势，如测定待测溶液的 pH，利用标准比较法，即可得待测 H^+ 的浓度。

在原电池中标准溶液给出的电动势为

$$E_S = \varphi_{SCE} - \varphi_G^\ominus + 0.059\text{pH} = k_S + 0.059\text{pH}_S \qquad (10-5)$$

式中，k 为不确定常数。

待测溶液给出的电动势为

$$E_x = k_S + 0.059\text{pH}_x \qquad (10-6)$$

式中，pH_S 和 pH_x 分别为标准溶液和待测溶液的 pH。两式相减，得

$$\text{pH}_x = \text{pH}_S + \frac{(E_x - E_S)}{0.059} \qquad (10-7)$$

（二）两次校正法（双标准 pH 缓冲溶液法，药典方法）

1. 第一次校正　用一 pH 准确已知的标准缓冲溶液与玻璃电极和饱和甘汞电极组成原电池，调节"定位"旋钮，使电动势与溶液 pH 的关系符合能斯特方程式。

$$E_{S_1} = k_{S_1} + 0.059\text{pH}_{S_1}$$

2. 第二次校正　用另一 pH 准确已知的标准缓冲溶液与玻璃电极和饱和甘汞电极组成原电池，调节"斜率"旋钮，使电动势随溶液 pH 的变化率与理论变化率一致。

$$E_{S_2} = k_{S_1} + 0.059\text{pH}_{S_2}$$

用待测溶液与玻璃电极和饱和甘汞电极组成原电池，测定其电动势。

$$E_x = k_{S_1} + 0.059\text{pH}_x$$

$$\text{pH}_x = \text{pH}_{S_2} + \frac{(E_x - E_S)}{0.059}$$

两次校正法不仅可以消除由于 k 是不确定性常数带来的误差，而且可以消除电极斜率与理论值不一致而引起的误差，使测定结果的准确度更高。

三、测定步骤

（一）标准缓冲液的选择

按《中国药典》（2020 年版）规定，应选择两个 pH 约相差 3 个电位的标准缓冲溶液，并使样品的 pH 处于两者之间。其中与被测溶液 pH 接近的一个标准缓冲溶液用于进行第一次校正（定位）。上述标准缓冲溶液必须用 pH 基准试剂配制。各种缓冲溶液的 pH 与温度关系对照表如表 10-2 所示。

表10 – 2　缓冲溶液的 pH 与温度关系对照表

温度（℃）	草酸盐标准缓冲液	苯二甲酸盐标准缓冲液	磷酸盐标准缓冲液	硼砂标准缓冲液	氢氧化钙标准缓冲液
0	1.67	4.01	6.98	9.64	13.43
5	1.67	4.00	6.95	9.40	13.21
10	1.67	4.00	6.92	9.33	13.00
15	1.67	4.00	6.90	9.28	12.81
20	1.68	4.00	6.88	9.23	12.63
25	1.68	4.00	6.86	9.18	12.45
30	1.68	4.02	6.85	9.14	12.29
35	1.69	4.02	6.84	9.10	12.13
40	1.69	4.04	6.84	9.07	11.98
45	1.70	4.05	6.83	9.04	11.84
50	1.71	4.06	6.83	9.01	11.71
55	1.72	4.08	6.83	8.99	11.57
60	1.72	4.09	6.84	8.96	11.45

（二）校正仪器

采用标准缓冲液校正仪器。

1. 测量　用纯化水冲洗电极，用滤纸吸干，将电极插入被测溶液中，待电极反应平衡，即为供试液的 pH，反复测两次，取均值。

2. 记录　样品的名称、批号、规格、生产厂家；温度；仪器的规格型号；标准缓冲溶液的名称和pH；样品溶液的 pH。

3. 结果与判定　将测定结果与药典规定进行对照，判断是否符合规定。

（三）注意事项

1. 新的或长久不用的复合电极，使用前，应用饱和氯化钾溶液浸泡24 小时以上。

2. 每次更换标准缓冲液或供试液前，电极须用蒸馏水充分洗涤，然后用滤纸将水吸干，再用标准缓冲液或供试液洗涤。

3. 仪器定位后，再用第二种标准缓冲液核对仪器示值，误差应不大于 ±0.02pH 单位。若大于此偏差，则应微调斜率，使示值与第二种标准缓冲液的表列数值相符。重复上述定位与斜率调节操作，至仪器示值与标准缓冲液的规定数值相差不大于0.02pH 单位。否则，需检查仪器或更换电极后，再行校正至符合要求。

4. 对弱缓冲或无缓冲作用溶液的 pH 测定，先用苯二甲酸盐标准缓冲液校正仪器后测定供试液，并重取供试液再测，直至 pH 的读数在1 分钟内改变不超过 ±0.05 为止；然后再用硼砂标准缓冲液校正仪器，再进行测定；二次 pH 的读数相差应不超过0.1，取二次读数的平均值为其 pH。

5. 配制标准缓冲液与溶解供试品的水，应是新沸过并放冷的纯化水，其 pH 应为5.5～7.0。

6. 标准缓冲液一般可保存2～3 个月，但有浑浊、发霉或沉淀等现象时，不能继续使用。

四、典型工作任务分析

《中国药典》（2020 年版）规定用酸度计测定药物溶液 pH，直接电位法广泛应用于眼药水、注射液等的酸度质量控制。

案例解析 1：葡萄糖氯化钠注射液的 pH 检查

[链接《中国药典》（2020 年版）] pH 为 3.5 ~ 5.5。

【任务分析】

1. 提出问题

（1）应选择哪两种标准缓冲溶液？

（2）采用什么方法检查葡萄糖氯化钠注射液的 pH？为什么用单标准 pH 缓冲溶液法测量溶液 pH 时，应尽量选用 pH 与它相近的标准缓冲溶液来校正酸度计？

2. 开动脑筋 根据标准缓冲溶液的选择原则，应选择苯二甲酸盐标准缓冲溶液和磷酸盐标准缓冲溶液。标准缓冲溶液的 pH 受温度等因素影响，故采用标准比较法检查葡萄糖氯化钠注射液的 pH。用单标准 pH 缓冲溶液方法测量 pH 时，应尽量使标准缓冲溶液 pH 接近所测溶液 pH，以抵消电极测量时的系统误差。

【任务实施】

1. 工作准备

（1）仪器 复合电极、酸度计。

（2）试剂 葡萄糖氯化钠注射液、邻苯二甲酸氢钾（基准）、磷酸氢二钠（AR）、磷酸二氢钾（AR）。

2. 动手操作

测定步骤	操作内容	数据记录
准备	（1）安装电极 （2）酸度计接通电源预热、选择 pH 档、温度补偿、定位斜率调节 （3）准备待测溶液 （4）选择和配制标准缓冲溶液（选择并配制邻苯二甲酸氢钾、混合磷酸盐标准缓冲溶液）	供试品的名称、批号、生产厂家、规格、温度；仪器的规格型号；标准缓冲溶液的名称和 pH
酸度计的校正	（5）用混合磷酸盐标准缓冲液，调节仪器上的读数与当时温度下标准缓冲液的 pH 一致 （6）取出复合电极，清洗后用滤纸吸干 （7）再将复合电极插入邻苯二甲酸氢钾标准缓冲液，调整斜率补偿调节旋钮，使仪器显示 pH 与该温度下缓冲液 pH 一致	
测定	（8）用蒸馏水和待测溶液分别清洗复合电极后，将电极插入葡萄糖氯化钠注射液中，轻摇使溶液均匀，待读数稳定读取 pH 并记录	$pH_1 = $ _____；$pH_2 = $ _____ $\overline{pH} = $ _____
结果判定	（9）判断该注射液酸度是否符合要求	
结束工作	（10）测定完毕，清洗电极和烧杯，还原仪器，关闭仪器电源	

练一练

用电位法测定饮用水的 pH 时，下列说法正确的是（　　）。

A. 属于直接电位法　　　B. 利用原电池的原理　　　C. 用酸度计测定

D. 饱和甘汞电极作负极　　　E. 玻璃电极作正极

答案解析

药爱生命

苯巴比妥，分子式为 $C_{12}H_{12}N_2O_3$，分子量为 184.19，白色结晶粉末，无臭微苦，熔点为 189 ~

191℃，在空气中稳定。微溶于水，溶于热水和乙醇，易溶于碱性溶液。苯巴比妥对于中枢神经系统有广泛抑制作用，随用量增加而产生镇静、催眠和抗惊厥效应，大剂量时产生麻醉作用。主要用于治疗焦虑、失眠，用于睡眠时间短、早醒患者，癫痫及运动障碍，也可用于其他疾病引起的惊厥及麻醉前给药。因其会引起全身无力、呕吐、头痛等副作用，故不宜长期服用。可由二乙基丙二酸酯与尿素在乙醇钠存在下经缩合反应制得。

任务三　电位滴定法 ℯ 微课1

PPT

一、原理和特点

电位滴定法（potentiometric titration）是在滴定过程中通过测量电位变化以确定滴定终点的方法，和直接电位法相比，电位滴定法不需要准确地测量电极电位值。普通滴定法是依靠指示剂颜色变化来指示滴定终点，如果待测溶液有颜色或浑浊时，终点的指示就比较困难，或者根本找不到合适的指示剂。电位滴定法是靠电极电位的突跃来指示滴定终点。在滴定到达终点前后，滴液中的待测离子浓度往往连续变化 n 个数量级，引起电位的突跃，被测成分的含量仍然通过消耗滴定剂的量来计算。电位滴定装置如图 10-5 所示。

进行电位滴定时，被测溶液中插入一个参比电极、一个指示电极组成工作电池。随着滴定剂的加入，由于发生化学反应，被测离子浓度不断变化，指示电极的电位也相应地变化，在等电点附近发生电位的突跃。因此测量工作电池电动势的变化，可确定滴定终点。

使用不同的指示电极，电位滴定法可以进行酸碱滴定、氧化还原滴定、配合滴定和沉淀滴定。酸碱滴定时使用 pH 玻璃电极为指示电极；在氧化还原滴定中，可以用铂电极作指示电极；在配位滴定中，若用 EDTA 作滴定剂，可以用汞电极作指示电极；在沉淀滴定中，若用硝酸银滴定卤素离子，可以用银电极作指示电极。在滴定过程中，随着滴定剂的不断加入，电极电位 E 不断发生变化，电极电位发生突跃时，说明滴定到达终点。用微分曲线比普通滴定曲线更容易确定滴定终点。

电位滴定法的特点：灵敏度、准确度高，可实现自动化、连续测定。不受溶液有色、浑浊等因素的影响，不用指示剂而以电动势的变化来确定终点。它是一种重要的滴定分析方法。主要用于确定新指示剂的变色和终点颜色，尤其是可以用于那些滴定突跃较小或没有指示剂可以利用的滴定反应。只要找到合适的指示电极，电位滴定法可用于任何类型的滴定反应。并随着离子选择性电极的迅速发展，可选用的指示电极越来越多，电位滴定法的应用范围也越来越广。

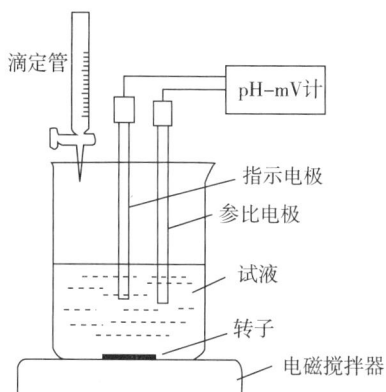

图 10-5　电位滴定装置

二、确定终点的方法

电位滴定终点的确定方法通常有以下三种。

（一）$E \sim V$ 曲线法

用加入滴定剂的体积（V）作横坐标，电动势（E）作纵坐标，绘制 $E-V$ 曲线，如图 10-6（a）所示，曲线上的转折点（斜率最大处）对应的体积即为化学计量点滴入的标准溶液的体积。该法简单、准确性稍差，适用于计量点处有电位明显突跃的滴定分析。

（二）$\Delta E/\Delta V \sim \overline{V}$ 曲线法

又称为一级微商法，以标准溶液的平均体积 $\overline{V}$ 为横坐标，$\Delta E/\Delta V$ 为纵坐标，绘制 $\Delta E/\Delta V \sim \overline{V}$ 曲线，其中 ΔE 表示相邻两次电位值的差，ΔV 表示相邻两次标准溶液的体积的差，$\overline{V}$ 表示相邻两次标准溶液体积的平均值。$\Delta E/\Delta V$ 为 E 的变化值与相对应的加入滴定剂的体积的增量比。如图 10 - 6（b）曲线上存在着极值点，该点对应的体积即为化学计量点滴入的标准溶液的体积。该法比较准确，但数据处理和作图比较麻烦。

（三）$\Delta^2 E/\Delta V^2 \sim V$ 曲线法

又称为二阶微商法，以加入滴定剂的体积作横坐标，$\Delta^2 E/\Delta V^2$ 为纵坐标，绘制 $\Delta^2 E/\Delta V^2 \sim V$ 曲线，如图 10 - 6（c）中，$\Delta^2 E/\Delta V^2 = 0$ 所对应的体积即为化学计量点滴入的标准溶液的体积。其中：

$$\frac{\Delta^2 E}{\Delta V^2} = \frac{\left(\frac{\Delta E}{\Delta V}\right)_2 - \left(\frac{\Delta E}{\Delta V}\right)_1}{V_2 - V_1}$$

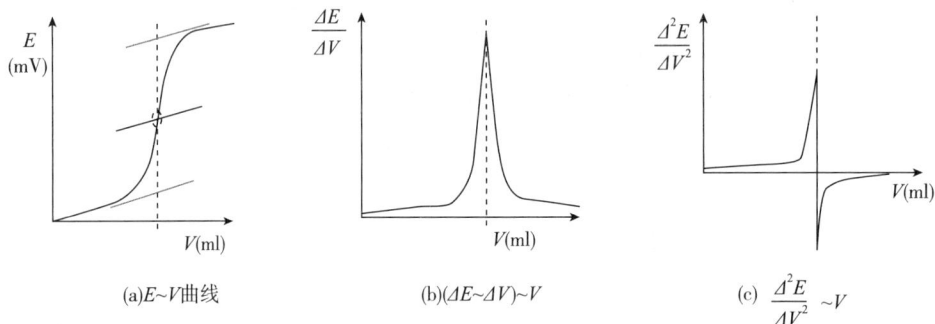

(a) $E \sim V$ 曲线   (b) $(\Delta E \sim \Delta V) \sim V$ (c) $\frac{\Delta^2 E}{\Delta V^2} \sim V$

图 10 - 6 电位滴定终点的确定方法

三、典型工作任务分析

电位滴定法可用于酸碱滴定、沉淀滴定、配位滴定及氧化还原滴定。不同类型滴定中的滴定反应不同，因此需根据具体滴定反应的特点选择合适的指示电极和参比电极。表 10 - 3 列出了各类滴定常用的指示电极和参比电极，以供参考。

表 10 - 3 各类滴定常用的电极

序号	滴定类型	指示电极	参比电极
1	酸碱滴定	pH 玻璃电极、锑电极	甘汞电极
2	沉淀滴定	银电极、硫化银膜电极等离子选择性电极	双盐桥甘汞电极、玻璃电极
3	氧化还原滴定	铂电极	甘汞电极、玻璃电极、钨电极
4	配位滴定	金属基电极、汞电极、离子选择性电极	甘汞电极

案例解析 2：电位滴定法测定样品中金属组分的含量

（🔗链接中华人民共和国第一届职业技能大赛）：［用重铬酸钾电位滴定硫酸亚铁铵溶液］用移液管准确移取 20ml 硫酸亚铁铵溶液于 250ml 烧杯中，加入 10ml 硫磷混酸（1 + 1），加 50ml 蒸馏水，将复合电极插入溶液中，放入转子，开动搅拌器，待电位稳定后，记录溶液的起始电位，然后用 $K_2Cr_2O_7$

标准溶液滴定，每加入一定体积的溶液，记录加入的体积和溶液的电位。绘出 $E-V$ 曲线，确定终点 V_{ep}，平行测定 3 份，计算硫酸亚铁铵溶液的准确浓度。

【任务分析】

1. 提出问题

（1）在本案例中为何要加 H_2SO_4 及 H_3PO_4？

（2）为什么氧化还原滴定可以用铂电极作为指示电极？

2. 开动脑筋　实验原理：用 $K_2Cr_2O_7$ 滴定 Fe^{2+}，其反应式如下。

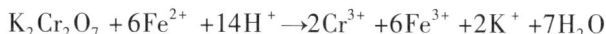

$$K_2Cr_2O_7 + 6Fe^{2+} + 14H^+ \rightarrow 2Cr^{3+} + 6Fe^{3+} + 2K^+ + 7H_2O$$

利用铂电极作指示电极，饱和甘汞电极作参比电极，与被测溶液组成工作电池。在滴定过程中，随着滴定剂的加入，铂电极的电极电位发生变化。在化学计量点附近铂电极的电极电位产生突跃，从而确定滴定终点。

$K_2Cr_2O_7$ 在酸性溶液中显示很强的氧化能力，因此要加 $1mol/L$ H_2SO_4，此时 $Cr_2O_7^{2-}/Cr^{3+}$ 的条件电极电位为 1.08，能使 Fe^{2+} 氧化为 Fe^{3+}。在 $1mol/L$ H_2SO_4 中 $E'_{Fe^{3+}/Fe^{2+}} = +0.68V$，加入 H_3PO_4 后由于 PO_4^{3-} 与 Fe^{3+} 形成稳定的无色络离子 $[Fe(PO_4)_2]^{3-}$，而使 Fe^{3+}/Fe^{2+} 电对的条件电极电位降低，所以在有 H_3PO_4 存在的 H_2SO_4 介质中滴定 Fe^{2+} 时，起始条件电极电位最低，滴定突跃最长。

铂是一种性质稳定的惰性金属，当铂电极插入可溶性氧化态或还原态物质的滴定溶液中，电极本身不参加反应，而是作为一个导体，在这里仅起传导电子的作用，没有离子穿越相界面。为物质的氧化态（Fe^{3+}）和还原态（Fe^{2+}）转移电子提供了场所，它能显示溶液中对应的氧化态和还原态离子浓度间的关系，因而可在氧化还原滴定中用作指示电极。

【任务实施】

1. 工作准备

（1）仪器　复合电极、pH 计（带搅拌器 + 搅拌子）、电子天平（0.1mg）、称量瓶（40mm × 25mm）、滴定管（50ml）、容量瓶（250ml）、单标移液管（20ml）等。

（2）试剂　重铬酸钾（基准试剂）、邻苯氨基苯甲酸指示剂（2g/L）、硫磷混酸（1 + 1）、样品硫酸亚铁铵 $(NH_4)_2Fe(SO_4)_2 \cdot 6H_2O$（定制或自配 25~50g/L）、去离子水或蒸馏水。

2. 动手操作

测定步骤	操作内容	数据记录
准备	（1）根据要求制定方案 （2）调试 pH 计及复合电极：pH 计接通电源预热 20 分钟、选择 mV 档，检查电极是否良好 （3）配制 $c(1/6K_2Cr_2O_7)$ 为 0.2000mol/L 的标准滴定溶液：准确称取 3 份适量的基准试剂，稀释至 250ml	供试品的名称、批号、生产厂家、规格、温度；仪器的规格型号 $m_1 = $ ＿＿，$c_1 = $ ＿＿ $m_2 = $ ＿＿，$c_2 = $ ＿＿ $m_3 = $ ＿＿，$c_3 = $ ＿＿
样品溶液准备	（4）移取 20.00ml 的铁盐样品→至 250ml 烧杯→加 10ml 硫磷混酸→50ml 蒸馏水 （5）加入 1 滴邻苯氨基苯甲酸指示剂 （6）放入洗净的搅拌子，将烧杯置于搅拌器上，将电极正确连接于测量仪器上，打开搅拌器，置于 mV 档，记录起始电位	$V_{样} = 20.00ml$；$\varphi_1 = $ ＿＿；$\varphi_2 = $ ＿＿ $\varphi_3 = $ ＿＿
样品测定	（7）搅拌时滴定管以小的增量连续滴加等分 $K_2Cr_2O_7$ 的标准滴定溶液，记录每加入一定量 $K_2Cr_2O_7$ 的体积 V 和溶液的电压值 E（以 mV 表示），观察溶液颜色变化和对应的 V 和 E （8）到达滴定终点后，至少继续再滴加 5.00ml，记录 V 和 E （9）平行测定 3 次	$V_{11} = $ ＿＿、$E_{11} = $ ＿＿ $V_{12} = $ ＿＿、$E_{12} = $ ＿＿ $V_{13} = $ ＿＿、$E_{13} = $ ＿＿ $V_{14} = $ ＿＿、$E_{14} = $ ＿＿ $V_{15} = $ ＿＿、$E_{15} = $ ＿＿ 同上记录共 3 组数据

测定步骤	操作内容	数据记录
计算与结论	（10）以二阶微商法确定滴定终点 V_{ep} （11）计算样品溶液中 Fe 的含量（g/L） （12）计算相对标准偏差	$V_{ep1} =$ ____；$V_{ep2} =$ ____；$V_{ep3} =$ ____ $\rho_1 =$ ____；$\rho_2 =$ ____；$\rho_3 =$ ____ $\bar{\rho} =$ ____ $RSD =$ _____
结束工作	（13）滴定完成后，将磁力搅拌器的转速设定为"0"，关闭仪器电源 （14）从烧杯上取下 pH 电极和磁搅拌子，用蒸馏水彻底冲洗	

3. 电位滴定数据记录

$V_{K_2Cr_2O_7}$（ml）	E（mV）	ΔE（mV）	ΔV（ml）	$\Delta E/\Delta V$（mV/ml）	$\bar{V}$（ml）	$\dfrac{\Delta^2 E}{\Delta V^2}$（mV/ml²）
0.00	295					
5.00	342	47	5.00	9.40	2.50	-1.16
10.00	360	18	5.00	3.60	7.50	-0.20
15.00	373	13	5.00	2.60	12.50	0.04
20.00	387	14	5.00	2.80	17.50	0.12
25.00	404	17	5.00	3.40	22.50	0.41
29.00	425	21	4.00	5.25	27.00	1.10
30.00	433	8	1.00	8.00	29.50	7.33
32.00	471	38	2.00	19.00	31.00	0.95
32.10	473	2	0.10	20.00	32.05	600.0
32.20	481	8	0.10	80.00	32.15	-100.00
32.30	488	7	0.10	70.00	32.25	0.00
32.40	495	7	0.10	70.00	32.35	900.00
32.50	511	16	0.10	160.00	32.45	1500.00
32.60	542	31	0.10	310.00	32.55	11900.00
32.70	692	150	0.10	1500.00	32.65	-13600.00
32.80	706	14	0.10	140.00	32.75	-47.24
38.00	783	77	5.20	14.81	35.40	

4. 数据处理 一级微商处理如下。

$$\frac{\Delta E}{\Delta V} = \frac{542 - 511}{32.60 - 32.50} = 310 \text{mV/ml}$$

$$\frac{\Delta E}{\Delta V} = \frac{692 - 542}{32.70 - 32.60} = 1500 \text{mV/ml}$$

二级微商处理如下。

加入 $K_2Cr_2O_7$ 标准溶液 32.60ml 时，$\Delta^2 E/\Delta V^2$ 为

$$\frac{\Delta^2 E}{\Delta V^2} = \frac{\left(\frac{\Delta E}{\Delta V}\right)_{32.65} - \left(\frac{\Delta E}{\Delta V}\right)_{32.55}}{\Delta V} = \frac{1500 - 310}{32.65 - 32.55} = 11900 \text{mV/ml}^2$$

同理，加入 $K_2Cr_2O_7$ 标准溶液 32.70ml 时，$\Delta^2 E/\Delta V^2$ 为

$$\frac{\Delta^2 E}{\Delta V^2} = \frac{\left(\frac{\Delta E}{\Delta V}\right)_{32.75} - \left(\frac{\Delta E}{\Delta V}\right)_{32.65}}{\Delta V} = \frac{140 - 1500}{32.75 - 32.65} = -13600 \text{mV/ml}^2$$

则终点体积必在 $\Delta^2 E/\Delta V^2$ 为 11900 和 -13600 所对应的体积之间，可用内插法计算而得，即：

$$V_{ep} = 32.60 + (32.70 - 32.60) \times \frac{11900}{11900 + 13600}$$

$$= 32.65ml$$

? 想一想

若在重铬酸钾电位滴定硫酸亚铁铵溶液实验中加入二苯胺磺酸钠，则在计量点时，二苯胺磺酸钠颜色如何变化？

答案解析

PPT

任务四 永停滴定法 e 微课 2

一、基本原理

永停滴定法是电化学分析中一种灵敏而准确的终点确定方法，系根据滴定过程中电流的变化确定滴定终点，属于电流滴定法。测量时，将两个相同的铂电极插入待测的溶液中，在双铂电极间外加一小电压（10～200mV），然后进行滴定。在滴定过程中，由于溶液中可逆电对的生成或消失，使得终点指示回路中的电流迅速增大或减小，引起检流计指针突然偏转，因此通过观察滴定过程中的电流的变化来确定滴定终点。永停滴定法一般装置见图 10-7。

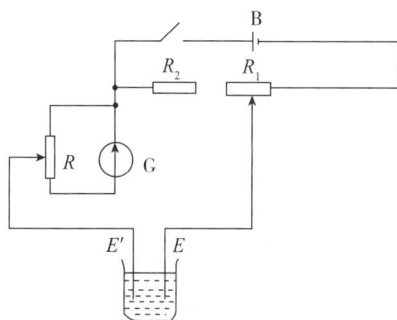

图 10-7 永停滴定的一般装置

二、可逆电对和不可逆电对

若溶液中同时存在某氧化还原对的氧化型及其对应的还原型物质，例如溶液中同时存在 I_2 和 I^-，在此溶液中插入一个铂电极，按照能斯特方程式，铂电极将反映出该电对的电极电位。

$$E_{\frac{I_2}{I^-}} = E_{\frac{I_2}{I^-}}^{\ominus} + \frac{0.059}{2}\lg\frac{[I_2]}{[I^-]^2} \quad (25℃) \tag{10-8}$$

若同时插入两个铂电极，则因两个电极的电位相同，两电极间的电位为零。若在两个电极间外加一个小电压，形成电解池。则接正端的阳极和接负端的阴极将分别发生氧化反应和还原反应。

氧化反应 $\qquad 2I^- - 2e^- \longrightarrow I_2 \qquad$ （阳极）

还原反应 $\qquad I_2 + 2e^- \longrightarrow 2I^- \qquad$ （阴极）

上述反应可以看出，阳极失去电子，阴极得到电子，电路中就会有电流产生。把这种电极反应可逆的电对称为可逆电对。

若溶液中的电对是 $S_4O_6^{2-}/S_2O_3^{2-}$，同样插入两个铂电极，加小电压，只有阳极能发生电极反应：$2S_2O_3^{2-} - 2e^- \longrightarrow S_4O_6^{2-}$ 而 $S_4O_6^{2-} + 2e^- \longrightarrow 2S_2O_3^{2-}$ 不能进行，故不电解，无电流产生。电极反应不可逆的电对称为不可逆电对。

三、滴定曲线和终点判断

在氧化还原滴定过程中，由于氧化剂和还原剂在电极上的反应有可逆和不可逆之分，所以永停滴定反应主要有以下三种类型。

（1）可逆电对滴定不可逆电对　以 I_2 滴定 $Na_2S_2O_3$ 溶液为例 [图 10 - 8（a）]，在 $Na_2S_2O_3$ 溶液中，插入两个铂电极，外加一小电压，用电流计测量两极间的电流。在化学计量点前，溶液中有 $S_2O_3^{2-}$、$S_4O_6^{2-}$、I^-，不存在可逆电对，因此电流计指针无偏转。化学计量点后，过量的 I_2 和溶液中的 I^- 构成一可逆电对，故有电流通过电解池，电流计指针突然发生偏转。而且随着过量 I_2 的不断加入，通过电流计的电流逐渐增大。滴定曲线如图 10 - 9（a）所示，曲线上的转折点即为滴定终点。

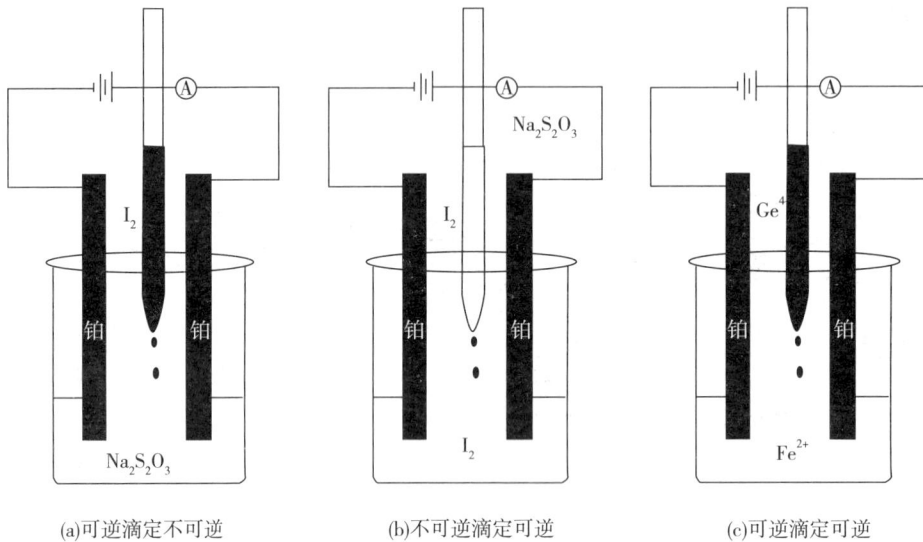

(a)可逆滴定不可逆　　　　(b)不可逆滴定可逆　　　　(c)可逆滴定可逆

图 10 - 8　永停滴定反应的类型

（2）不可逆电对滴定可逆电对　以 $Na_2S_2O_3$ 溶液滴定 I_2 的 KI 溶液为例 [图 10 - 8（b）]。在含 I_2 的 KI 溶液中，插入两个铂电极，外加一小电压，用电流计测量两极间的电流。滴定前，溶液中存在可逆电对 I_2/I^-，因此有电流通过电解池。随着滴定的进行，溶液中的 [I^-] 逐渐增大。当滴定至 [I_2] = [I^-]，此时电流达到最大；继续滴定，[I_2]<[I^-]，电流的大小取决于 [I_2]，由于 [I_2] 逐渐减小，所以电流也逐渐降低。滴定至化学计量点时，电流降到零。化学计量点后，继续滴入 $Na_2S_2O_3$，溶液中只有 I^-、$S_2O_3^{2-}$、$S_4O_6^{2-}$，没有可逆电流，故电流计指针停在零点，因此称为永停滴定法。滴定曲线如图 10 - 9（b）所示。

（3）可逆电对滴定可逆电对　以硫酸铈滴定硫酸亚铁为例 [图 10 - 8（c）]。滴定前，溶液中只有 Fe^{2+}，不存在可逆电对，故无电流通过。滴定开始，溶液中有 Fe^{3+} 生成，存在可逆电对 Fe^{3+}/Fe^{2+}，故有电流通过，刚开始电流的大小由浓度较低的 [Fe^{3+}] 决定，随着滴定的进行，[Fe^{3+}] 浓度不断增大，因此电流也就逐渐增大，当 [Fe^{3+}]=[Fe^{2+}] 时，电流达最大。继续滴定，[Fe^{3+}]>[Fe^{2+}]，电流的大小由浓度较低的 [Fe^{2+}] 决定，由于 [Fe^{2+}] 逐渐降低，故电流也逐渐减少。直至到化学计量点时，溶液中只有 Ce^{3+} 和 Fe^{3+}，不存在可逆电对，故无电流通过。化学计量点后，溶液中有 Ce^{4+}、Ce^{3+} 和 Fe^{3+}，此时存在可逆电对 Ce^{4+}/Ce^{3+}，故有电流通过，指针又发生偏转。滴定曲线如图 10 - 9（c）所示。

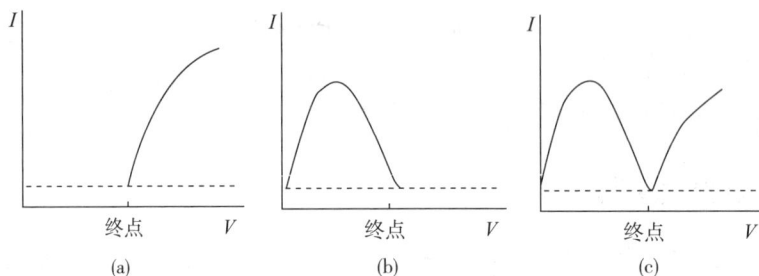

(a)　　　　　　　　(b)　　　　　　　　(c)

图 10 - 9　永停滴定曲线

四、典型工作任务分析

永停滴定法简便易行，测量结果准确，主要用于磺胺类药物的分析。

案例解析3：磺胺嘧啶的重氮化滴定

［链接《中国药典》（2020年版）］精密称取磺胺嘧啶样品约0.5g，加盐酸（1→2）10ml，再加水50ml及KBr 1g，用$NaNO_2$标准溶液滴定。滴定管尖端插入液面下约2/3处，边滴边搅拌，近终点时，将滴定管提出液面，用少量水洗涤尖端，洗液并入溶液中，继续缓缓滴定，永停法指示终点，至检流计指针发生明显偏转不恢复，即为终点。在终点附近，同时用玻璃棒蘸取溶液，点在淀粉KI试纸上，比较两种方法确定终点的情况。

$$\omega = \frac{c_{NaNO_2} \times V_{NaNO_2} \times M_{C_{10}H_{10}O_2N_4S} \times 10^{-3}}{m_s} \times 100\% \qquad (M_{C_{10}H_{10}O_2N_4S} = 250.3 \text{g/L})$$

【任务分析】

1. 提出问题

（1）滴定中如用过高的外加电压会出现什么现象？

（2）加KBr的意义是什么？

（3）用淀粉KI外指示剂法和永停滴定法的优缺点各是什么？

2. 开动脑筋 磺胺嘧啶结构中具有芳伯胺基，芳香胺可与$NaNO_2$定量进行重氮化反应生成重氮盐。因此可以用$NaNO_2$法测定其含量。滴定反应如下。

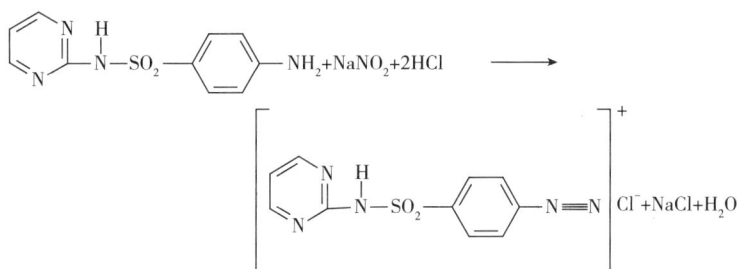

将两个相同的铂电极插入待测溶液中，然后进行测定，边滴边搅拌。化学计量点前，溶液中不存在可逆电对，故无电流产生；化学计量点后，当亚硝酸钠稍过量，溶液中少量的亚硝酸与其分解产物NO是可逆电对，可发生如下反应。

阳极 $\qquad\qquad\qquad\qquad NO + H_2O - e^- \longrightarrow HNO_2 + H^+$

阴极 $\qquad\qquad\qquad\qquad HNO_2 + H^+ + e^- \longrightarrow NO + H_2O$

故电路中立即有电流通过，电流指针发生偏转。

滴定中若用过高的外电压会发生电解反应，使滴定终点延后甚至无法指示终点。加KBr可加速反应，起催化作用，使终点敏锐。使用淀粉外指示剂无需对仪器进行各种调试及预处理，但是指示剂的判断不够直观，可能因操作而引起较大误差。永停滴定法装置简单，分析结果准确，操作简便。

【任务实施】

1. 工作准备

（1）仪器 检流计、电池（1.5V）、电阻箱或500Ω可变电阻、电磁搅拌器、铂电极（2个）、塑料烧杯或玻璃烧杯（25~50ml）。

（2）试剂 $NaNO_2$（AR）、无水Na_2CO_3（AR）、KBr、对氨基苯磺酸（AR）、浓氨试液（AR）、

盐酸（AR）、磺胺嘧啶样品。

2. 动手操作

测定步骤	操作内容	数据记录
$NaNO_2$标准溶液的配制与标定	（1）取约72g $NaNO_2$加无水 Na_2CO_3 0.1g加水溶解成500ml，摇匀 （2）取干燥（120℃）至恒重的基准物对氨基苯磺酸约0.5g，精密称定，加水30ml及浓氨试液3ml溶解后，加盐酸（1→2）20ml，在30℃以下迅速滴定。滴定时滴定管尖端插入液面下约2/3处，边滴边搅拌，近终点时，将滴定管提出液面，用少量水洗涤尖端，洗液并入溶液中，继续缓缓滴定，永停法指示终点，至检流计指针持续1分钟不恢复，即为终点。每毫升 $NaNO_2$（0.1mol/L）相当于17.32mg的对氨基苯磺酸 （3）计算 $NaNO_2$标准溶液的浓度	供试品的名称、批号、生产厂家、规格、温度；仪器的规格型号 $m_1 = $ ____；$m_2 = $ ____；$m_3 = $ ____ $V_1 = $ ____；$V_2 = $ ____；$V_3 = $ ____ $c_1 = $ ____；$c_2 = $ ____；$c_3 = $ ____ $\bar{c} = $ ____
安好装置	（4）按照仪器说明书（永停滴定装置图）安好装置	
测定	（5）精密称取磺胺嘧啶样品约0.5g加盐酸（1→2）10ml，再加水50ml及1g KBr，用 $NaNO_2$标准溶液滴定 （6）滴定管尖端插入液面下约2/3处，边滴边搅拌，近终点时，将滴定管提出液面，用少量水洗涤尖端，洗液并入溶液中，继续缓缓滴定，永停法指示终点，至检流计指针发生明显偏转不恢复，即为终点 （7）在终点附近，同时用玻璃棒蘸取溶液，点在淀粉KI试纸上 （8）比较两种方法确定终点的情况 （9）记录所用体积	$V_1 = $ _____；$m_{样1} = $ _____ $V_2 = $ _____；$m_{样2} = $ _____ $V_3 = $ _____；$m_{样3} = $ _____
数据处理	（10）计算：$\omega = \dfrac{c_{NaNO_2} \times V_{NaNO_2} \times M_{C_{10}H_{10}O_2N_4S} \times 10^{-3}}{m_s} \times 100\%$	$\omega_1 = $ _____；$\omega_2 = $ _____ $\omega_3 = $ _____；$\bar{\omega} = $ _____ $RSD = $ _____
结束工作	（11）滴定完成后，拆卸装置，洗涤滴定管	

3. 注意事项

（1）滴定前，断开线路，调检流计读数为零。

（2）线路接好后，可通过调节 R，使检流计起始读数在右满度附近，可使量程范围大些，但不可超过仪器的最大量程。

（3）滴定完毕，应断开开关，以免损耗电池。

（4）因为 $NaNO_2$(0.1mol/L) 在 pH 为 10 左右最稳定，因此在配制时常加入适量的 Na_2CO_3作为稳定剂。

（5）由于对氨基苯磺酸难溶于水，因此应先用氨水溶解，待对氨基苯磺酸全部溶解后，加盐酸酸化。

（6）滴定至近终点时注意缓慢滴定并充分搅拌。

（7）用淀粉 KI 试纸观察终点时，如滴定液接触试纸后，试纸立即出现蓝色，停止滴定1分钟再重试，仍显蓝色，则表示已达终点。

目标检测

答案解析

一、选择题

（一）单项选择题

1. 甘汞电极是常用参比电极，它的电极电位取决于（　　）

　A. 温度 　　　　　　　　　　　　B. 氯离子的活度

C. 主体溶液的浓度　　　　　　　D. KCl 的浓度

2. 下列选项中不是玻璃电极的组成部分的是（　　）

　　A. Ag－AgCl 电极　　　　　　B. 一定浓度的 HCl

　　C. 饱和 KCl　　　　　　　　　D. 玻璃管

3. 测定溶液 pH 时，所用的指示电极是（　　）

　　A. 氢离子　　　　　　　　　　B. 铂电极

　　C. 氢醌电极　　　　　　　　　D. 玻璃电极

4. 测定溶液 pH 时，所用的参比电极是（　　）

　　A. 饱和甘汞电极　　　　　　　B. 银－氯化银电极

　　C. 玻璃电极　　　　　　　　　D. 铂电极

5. 在直接电位法中，指示电极的电极电位与待测离子活度的关系为（　　）

　　A. 与其对数成正比　　　　　　B. 与其成正比

　　C. 与其对数成反比　　　　　　D. 符合能斯特方程式

6. 若使用永停滴定法滴定至化学计量点时电流计指针突然偏转，则说明（　　）

　　A. 标准溶液和待测溶液均为不可逆电对

　　B. 标准溶液和待测溶液均为可逆电对

　　C. 标准溶液为不可逆电对，待测溶液为可逆电对

　　D. 标准溶液为可逆电对，待测溶液为不可逆电对

7. 玻璃电极在使用前应预先在纯化水中浸泡（　　）

　　A. 2 小时　　　　B. 12 小时　　　　C. 24 小时　　　　D. 48 小时

8. 若用永停法确定某滴定类型的化学计量点，计量点前检流计指针不发生偏转，计量点时检流计指针突然发生偏转，属于此滴定类型的是（　　）

　　A. $Na_2S_2O_3$ 滴定 I_2　　　　　B. I_2 滴定 $Na_2S_2O_3$

　　C. HCl 滴定 NaOH　　　　　　D. $Ce(SO_4)_2$ 滴定 $FeSO_4$

9. 永停滴定法属于（　　）

　　A. 电位滴定　　　　　　　　　B. 电流滴定

　　C. 电导滴定　　　　　　　　　D. 氧化还原滴定

10. 电位滴定法指示终点的方法是（　　）

　　A. 电流的突变　　　　　　　　B. 外指示剂

　　C. 自身指示剂　　　　　　　　D. 电动势的突变

（二）多项选择题

1. 电位分析常用的参比电极有（　　）

　　A. 标准氢电极　　　　　　　　B. 甘汞电极

　　C. 玻璃电极　　　　　　　　　D. 银－氯化银电极

　　E. 惰性金属电极

2. 电位分析常用的金属电极可分为（　　）

　　A. 金属－金属离子电极　　　　B. 金属－金属难溶盐电极

　　C. 甘汞电极　　　　　　　　　D. 惰性金属电极

　　E. 离子选择性电极

3. 下列属于电位法测定溶液 pH 所用电极的是 （   ）

    A. 饱和甘汞电极   B. 铂电极

    C. F 电极   D. 玻璃电极

    E. 银 - 氯化银电极

4. 用电位法测定饮用水的 pH 时，下列说法正确的是 （   ）

    A. 属于直接电位法   B. 利用原电池的原理

    C. 用酸度计测定   D. 饱和甘汞电极作负极

    E. 玻璃电极作正极

5. 电位法包括 （   ）

    A. 电位滴定法   B. 直接电位法

    C. 永停滴定法   D. 电流滴定法

    E. 电导滴定法

6. 永停滴定法的类型有 （   ）

    A. 标准溶液为不可逆电对，样品溶液为可逆电对

    B. 标准溶液和样品溶液具有相同的电对

    C. 标准溶液和样品溶液均为可逆电对

    D. 标准溶液和样品溶液均为不可逆电对

    E. 标准溶液为可逆电对，样品溶液为不可逆电对

二、计算题

1. 25℃时，以玻璃电极为指示电极，SCE 为参比电极组成电池，当该电池中的溶液是 pH = 6.80 的缓冲溶液时，测得其电动势为 0.329V，当用未知溶液代替缓冲溶液时，测得电动势为 0.270V，试计算该未知溶液的 pH。

2. 在进行苯巴比妥的含量测定时，称得本品 0.2235g，用电位滴定法测定，终点时用去 10.01ml 0.09502mol/L 硝酸银溶液，已知每 1ml 0.1000mol/L 硝酸银溶液相当于 23.22mg 的 $C_{12}H_{12}N_2O_3$，试问本品是否符合含 $C_{12}H_{12}N_2O_3$ 不得少于 98.5% 的规定？

3. 标定亚硝酸钠溶液时，称取对氨基苯磺酸 0.4998g，用永停滴定法确定滴定终点，终点时用去亚硝酸钠溶液 28.05ml。每 1ml 0.1000mol/L 的亚硝酸钠溶液相当于 17.32mg 对氨基苯磺酸，计算亚硝酸钠溶液的浓度。

- -

书网融合……

   📄重点回顾   📱微课1   📱微课2   📋习题

项目十一　分光光度法概论

▶▶ 项目导航

分光光度法是光谱法的重要组成部分，是通过测定被测物质在特定波长处或一定波长范围的吸光度或发光强度，对该物质进行定性和定量分析的方法。常用技术包括紫外－可见分光光度法、红外分光光度法、原子吸收分光光度法等。可见光区的分光光度法在早期被称为比色法。本项目主要介绍吸光光度法的基本概念和基本原理。

学习目标

知识目标：

1. 掌握　朗伯－比尔定律的意义及适用范围；光度法误差来源和测量条件的选择；单组分定量方法及其应用。

2. 熟悉　物质对光的选择性吸收；吸收光谱的产生；分光光度计的基本构造；定量分析方法。

3. 了解　分光光度法的分类、特点。

技能目标：

学会吸收曲线的绘制方法。

素质目标：

通过分光光度法的应用，突出实际应用的重要性，明确检测工作者的职业道德，培养社会责任感。

导学情景

情景描述［🔗链接《中国药典》（2020 年版）］：［醋酸可的松的吸光系数测定］取本品，精密称定，加无水乙醇溶解并定量稀释制成每 1ml 中约含 10μg 的溶液，照紫外－可见分光光度法（通则 0401），在 238nm 的波长处测定吸光度，吸光系数（$E_{1cm}^{1\%}$）为 375 ~ 405。

情景分析：醋酸可的松的乙醇稀溶液在紫外－可见光区有吸收，特别是在波长 238nm 处有明显吸收，用紫外－可见分光光度法在 238nm 可对醋酸可的松进行定性定量测定。

讨论：1. 什么是光？光具有哪些性质？

2. 物质对光的吸收程度有几种表示方法？相互之间有什么关系？

学前导语：分光光度法是通过被测组分在特定波长处或一定波长范围内对光选择性吸收，再测定被测组分的吸光度，从而进行定性和定量分析的光学分析方法。其主要包括紫外－可见分光光谱法、红外光谱法和原子吸收光谱法等。

任务一 物质对光选择性吸收和光吸收的基本定律

PPT

一、光的性质和物质对光的选择性吸收

(一) 光

光属于电磁辐射,是以波的形式在空间高速传播的粒子流。它具有波动性和微粒性,即波粒二象性。光的波动性用波长 λ、频率 ν 及波数 σ 等主要参数来描述,在真空中波长、频率或波数的相互关系为:$\nu = \dfrac{c}{\lambda}$,$\sigma = \dfrac{1}{\lambda} = \dfrac{\nu}{c}$,其中 c 为光速,其值约为 $2.9979 \times 10^8 \mathrm{m/s}$。光的微粒性用光的粒子性描述,光波是由一颗颗连续的光子构成的粒子流。光子是量子化的,有一定的能量,不同波长的光子具有不同的能量。光子的能量 E 和光波的频率或波长有以下关系:$E = h \cdot \nu = \dfrac{h \cdot c}{\lambda}$,其中 h 为普兰克(Plank)常数,其值为 $6.6262 \times 10^{-34} \mathrm{J \cdot s}$。将光按照波长顺序排列得到的序列称为电磁波谱(也称为光谱),表 11-1 列出了各波谱区的名称、波长范围、跃迁类型和对应的光谱类型。

表 11-1 电磁波谱范围

光谱区	波长范围	跃迁类型	光谱类型
γ 射线	$<10^{-12}\mathrm{nm}$	原子核能级跃迁	γ 射线光谱
X 射线	$10^{-3} \sim 10\mathrm{nm}$	内层电子跃迁	X 射线光谱
远紫外区	$10 \sim 200\mathrm{nm}$	电子跃迁	真空紫外光谱
近紫外区	$200 \sim 400\mathrm{nm}$	电子跃迁	紫外-可见吸收光谱、发射光谱和荧光光谱
可见光区	$400 \sim 750\mathrm{nm}$	价电子跃迁	
近红外区	$0.75 \sim 2.5\mathrm{\mu m}$	振动跃迁	红外光谱、拉曼散射光谱
中红外区	$2.5 \sim 50\mathrm{\mu m}$		
远红外区	$50 \sim 1000\mathrm{\mu m}$	振动或转动跃迁	
微波区	$0.1 \sim 100\mathrm{cm}$	转动跃迁	微波谱、电子自旋共振波谱
无线电波区	$1 \sim 1000\mathrm{m}$	原子核旋转跃迁	核磁共振

(二) 物质对光的选择性吸收

电磁辐射的波长越长,频率越低,能量越低;反之,波长越短,频率越高,能量越大。物质的结构不同,与电磁辐射发生相互作用所需要的能量也不同。只有当电磁辐射的能量与物质结构发生改变所需要的能量相等时,电磁辐射与物质之间才能发生相互作用而被吸收。也就是说,物质对光具有选择性吸收。

在可见光区,不同波长的光具有不同的颜色,但相近波长的光,其颜色并没有明显的差别,不同颜色之间是逐渐过渡的。各种颜色光的近似波长范围见表 11-2。

表 11-2 各种色光的近似波长范围

光的颜色	波长范围(nm)	光的颜色	波长范围(nm)
红色	$760 \sim 650$	青色	$500 \sim 480$
橙色	$650 \sim 610$	蓝色	$480 \sim 450$
黄色	$610 \sim 560$	紫色	$450 \sim 400$
绿色	$560 \sim 500$		

单一波长的光称为单色光，由不同波长的光混合而成的光称为复合光。例如，白光（太阳光、白炽灯光）就是由各种不同颜色的光按照一定比例混合而成的。如果让一束复合光通过棱镜或光栅，就能散射出多种颜色的光，这种现象称为光的色散。

如果把其中两种特定颜色的单色光按一定的强度比例混合，也可以得到白光，则这两种特定颜色的单色光就叫作互补色光。如图 11 - 1 中处于直线关系的两种特定颜色的光互为互补色光，如绿色光和紫色光互补，红色光和青色光互补等。

在图 11 - 1 中，处于直线关系的两种特定颜色的光，如果将它们按一定强度比例混合，就可以得到白光。例如，紫色光和绿色光互称补色光；蓝色光和黄色光互称补色光。可见，日光和白炽灯光都是由很多互补色光按一定强度比例混合而成的。

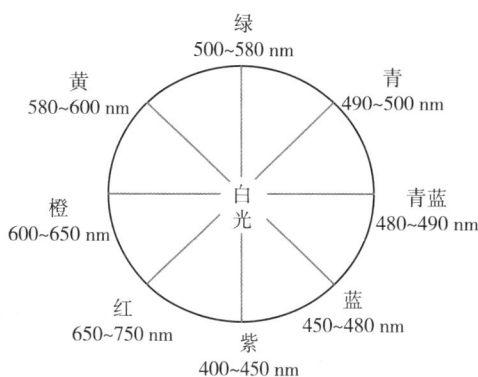

图 11 - 1　光的互补色示意图

溶液呈现不同的颜色，是由于溶液中的溶质（分子或离子）选择性地吸收了白光中某种颜色的光而引起的。当一束白光通过某溶液时，如果该溶液对任何颜色的光都不吸收，则溶液无色透明；如果该溶液对任何颜色的光的吸收程度相同，则溶液灰暗透明；如果溶液吸收了其中某一颜色的光，则溶液呈现透过光的颜色，即呈现溶液所吸收色光的补色光的颜色。例如，$CuSO_4$ 溶液呈现蓝色，那是因为 $CuSO_4$ 溶液吸收了白光中的黄色光。

二、朗伯 – 比尔定律

朗伯 – 比尔定律是分光光度法的定量分析依据。

（一）透光率与吸光度

当一束强度为 I_0 的平行单色光通过一均匀、非散射的吸收介质时，由于吸光物质分子与光子的作用，一部分光子被吸收，一部分光子透过介质，如图 11 - 2 所示，即

$$I_0 = I_a + I_t$$

式中，I_0 为入射光的强度；I_a 为溶液吸收光的强度；I_t 为透过光强度。

透过光的强度 I_t 与入射光强度 I_0 之比称为透光比或透光率，用 T 表示。

$$T = \frac{I_t}{I_0} \times 100\% \qquad (11-1)$$

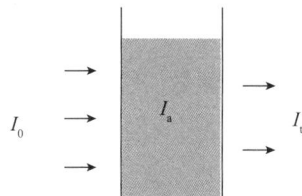

图 11 - 2　光束照射溶液示意图

从式（11 - 1）可看出，溶液的透光率越大，表示溶液对光的吸收越少；反之，透光率越小，表示溶液对光的吸收越多。透光率的倒数反映了物质对光的吸收程度。在实际应用中，对透光率的倒数取对数称为吸光度，用 A 表示。即

$$A = \lg \frac{I_0}{I_t} = \lg \frac{1}{T} = -\lg T , \quad T = 10^{-A} \qquad (11-2)$$

透光率 T 和吸光度 A 都是表示物质对光的吸收程度的一种量度。

（二）光吸收定律——朗伯 – 比尔定律

在 18 世纪和 19 世纪，朗伯（Lambert J. H）和比尔（Beer A）分别研究了光的吸收与有色溶液层的厚度及溶液浓度的定量关系。比尔定律说明吸光度与浓度的关系，朗伯定律说明吸光度与液层厚度

的关系，二者结合称为朗伯－比尔定律，是光吸收的基本定律。

朗伯－比尔定律：当一束平行单色光通过均匀、无散射现象的溶液时，在单色光强度、溶液的温度等条件不变的情况下，溶液吸光度与溶液的浓度及液层厚度的乘积成正比。这是分光光度法进行定量分析的理论基础，数学表达式为

$$A = \lg \frac{I_0}{I_t} = \lg \frac{1}{T} = KcL \qquad (11-3)$$

式中，A 为吸光度；L 为吸光介质的厚度，亦称光程，实际测量中为吸收池厚度，单位为 cm；c 为吸光物质的浓度；K 为比例常数。

朗伯－比尔定律不仅适用于可见光，而且也适用于紫外光和红外光；不仅适用于有色溶液，也适用于无色溶液及气体和固体的非散射均匀体系。它是各类分光光度法进行定量分析的理论依据。

实验证明，溶液对光的吸光度具有加和性。当溶液中含有多种吸光性物质，且在同一波长下各组分吸光质点间彼此不发生作用时，溶液对该波长单色光的总吸光度等于各组分的吸光度之和。即

$$A_{(a+b+c)} = A_a + A_b + A_c \qquad (11-4)$$

各组分的吸光度由各自的浓度与吸光系数所决定，这是分光光度法对多组分溶液进行定量分析的理论基础。

（三）吸光系数

在朗伯－比耳定律 $A = KcL$ 中，比例常数 K 也称为吸光系数，物理意义是吸光物质在单位浓度液层厚度时的吸光度，为吸光物质的特征参数，与物质的性质、入射光波长、温度及溶剂等因素有关，其值随 c 的单位的不同而不同，在一定条件下为常数。根据浓度的单位不同，K 值的含义也不尽相同。常有摩尔吸光系数 ε 和百分吸光系数 $E_{1cm}^{1\%}$ 之分。

1. 摩尔吸光系数　指波长一定时，溶液的浓度为 1mol/L 时，液层厚度为 1cm 的吸光度。用 ε 表示，ε 单位为 L/(mol·cm)。此时朗伯－比耳定律为

$$A = \varepsilon cL \qquad (11-5)$$

摩尔吸光系数 ε，反映吸光物质对光的吸收能力，也反映用分光光度法测定该吸光物质的灵敏度，是选择显色反应的重要依据。ε 值愈大，表示吸光质点对某波长的光吸收能力愈强，光度法测定的灵敏度就愈高。

2. 百分吸光系数　也称比吸光系数，它是指在波长一定时，溶液浓度为 g/100ml，液层厚度为 1cm 时的吸光度，用 $E_{1cm}^{1\%}$ 表示，单位为 ml/(g·cm)。此时式（11-5）改为

$$A = E_{1cm}^{1\%} cL \qquad (11-6)$$

摩尔吸光系数与百分吸光系数的关系为

$$\varepsilon = E_{1cm}^{1\%} \times \frac{M}{10} \qquad (11-7)$$

上述式中 M 为被测物质的摩尔质量。用百分吸光系数的表示方法，特别适用于摩尔质量未知的化合物。ε 与 $E_{1cm}^{1\%}$ 均为吸光物质的特征参数。当入色光的波长、溶剂的种类、溶液的温度和仪器的质量等因素确定时，ε 与 $E_{1cm}^{1\%}$ 只与吸光性物质的性质有关，是物质的特征常数之一，可以表示物质对某一特定波长光的吸收能力。ε、$E_{1cm}^{1\%}$ 愈大，表明相同浓度的溶液对某一波长的入射光越容易吸收，测定的灵敏度越高。不同物质对同一波长的单色光可以有不同的吸光系数；同一物质对不同波长的单色光也会有不同的吸光系数。一般用物质的最大吸收波长 λ_{max} 处的吸光系数，作为一定条件下衡量灵敏度的特征常数。

一般 ε 数值在 10^3 以上时，就可以进行分光光度法的定量测定。

任务二　吸收光谱与分光光度计

PPT

一、吸收光谱

物质对不同波长光的吸收情况用吸收光谱来描述。

（一）吸收光谱的概念

吸收光谱也称为吸收曲线，是测定物质对不同波长光的吸收程度，以波长或波数为横坐标，吸光度或透光率为纵坐标所描绘的曲线。例如测定用的光波长范围在紫外－可见光区，称为紫外－可见吸收光谱。

（二）吸收光谱的特征

吸收光谱一般都有一些特征，如图 11－3 所示。吸收曲线上的峰称为吸收峰，最大吸收峰的峰顶所对应的波长为最大吸收波长，用 λ_{max} 表示。吸收曲线上的谷称为吸收谷，最小吸收谷所对应的波长称为最小吸收波长，用 λ_{min} 表示。在吸收曲线的短波长一端呈现较强吸收但不成峰形的部分称为末端吸收。在峰的旁边产生的一个曲折，形状像肩的部分称为肩峰。

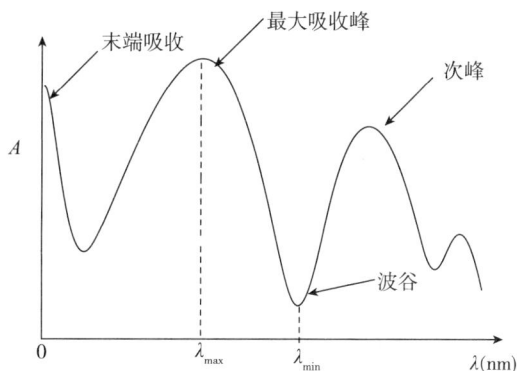

图 11－3　吸收光谱图

（三）影响因素

1. 物质本身的性质　不同的物质内部结构不同，引起能级跃迁所需要的能量不同，吸收不同波长的光，吸收曲线形状也不同（图 11－4）。

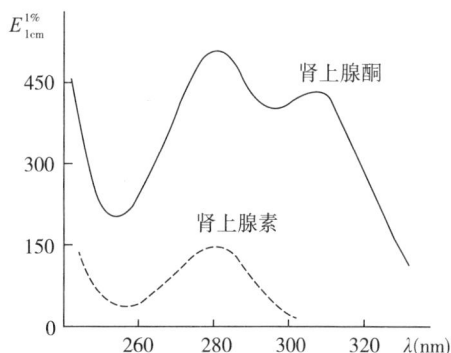

图 11－4　不同物质的吸收曲线

2. 物质的浓度 物质的浓度越大，吸收光的程度越大，吸收曲线越高；物质的浓度越低，吸收光的程度越小，吸收曲线越低（图 11 - 5）。

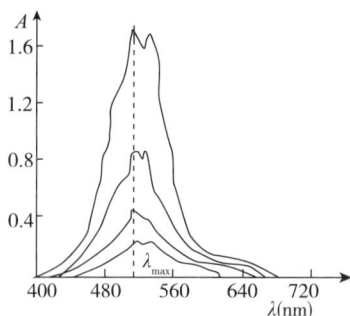

图 11 - 5 高锰酸钾溶液不同浓度的吸收曲线

3. 其他 溶剂、温度、仪器的性能对吸收曲线也会产生一定的影响。

（四）用途

吸收曲线中的特征值包括吸收峰的数目、吸收峰的位置、吸收谷的位置、吸收峰的强度、吸收峰的比值、吸收峰与吸收谷的比值以及吸收曲线的形状均可用于物质的定性鉴别、纯度检查、杂质检查。同时吸收曲线可以作为定性分析的依据，可以从中选择 λ_{max} 作为定量分析的最佳测定波长。

二、分光光度计

分光光度计又称光谱仪，是基于分光光度法进行测定的仪器。

（一）分光光度计的原理

分光光度计利用物质的分子或离子对某一波长范围内的光的吸收作用，对物质进行定性分析和定量分析，所依据的光谱是分子或离子吸收入射光中特定波长的光而产生的吸收光谱。

分光光度计分为紫外分光光度计、可见分光光度计（或比色计）、红外分光光度计和原子吸收分光光度计等。分光光度计采用一个可以产生多个波长的电源，通过系列分光装置，从而产生特定波长的光源，光源透过被测样品后，部分光源被吸收，计算样品的吸光值，从而转化成样品的浓度。样品的吸光值与样品的浓度符合朗伯 - 比尔定律。本项目主要介绍可见光分光光度计。

（二）结构

可见分光光度法测定的波长范围为 400 ~ 760nm，适用于有色物质溶液及能与显色剂作用生成有色物质溶液的测定。可见分光光度法是以可见光作光源，经单色器将符合光色散为单色光后，将所需波长的单色光通过被测溶液，根据被测物质对光的吸收程度进行定性和定量分析的方法，其所用的仪器称为可见分光光度计。分光光度计的类型很多，但基本都是由光源、单色器、吸收池、检测器、显示器五个部件组成。

1. 光源 以 12V、25W 的钨丝灯作光源，应用的波长范围为 360 ~ 800nm，入射光的光源必须稳定，故应使用稳压器提供稳定的电源电压，以保证光源输出的稳定性。

2. 单色器 由进光狭缝、出光狭缝、色散元件（棱镜或光栅）和准直镜组成。其中色散元件是关键部件。

（1）棱镜 由光学玻璃组成。不同波长的光通过棱镜时，具有不同的折光率，当复合光通过棱镜时被色散为波长由长到短的单色光（图 11 - 6）。

图 11 - 6　棱镜对光的色散作用示意图

（2）光栅　是一高度抛光的表面上刻出大量平行、等距的槽。当光射到每一条槽上时被衍射或散开成一定的角度，在其中的某些方向上产生干涉作用，使不同波长的光有不同的方向，出现各级明暗条纹形成光栅的各级衍射光谱。光栅具有较大的色散率和集光本领，在中高档仪器中普遍采用（图 11 - 7）。

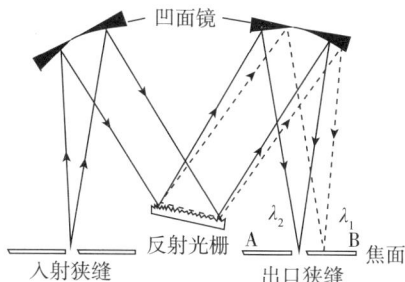

图 11 - 7　光栅工作原理图

3. 吸收池　又称比色杯、比色皿，它是由耐腐蚀的无色透明玻璃制成，用来盛放被测溶液和参比溶液。每台仪器通常配有厚度为 0.5cm、1.0cm、2.0cm、3.0cm、5.0cm 等规格的吸收池供选用。同一规格的吸收池，彼此之间的透光率误差应小于 0.5%。

4. 检测器　一般分光光度计的检测器是光电管，光电管是一个二级真空管，由一个阳极和一个光敏阴极组成，阴极表面镀有碱金属或碱金属氧化物等光敏材料，当受光照射时，阴极发射电子射向阳极而产生电流，电流的大小与入射光的强度成正比。光电管输出的电信号很弱，经放大后输入显示器。

5. 显示器　显示器的作用是把放大的电信号以适当的方法显示或记录下来，721 型分光光度计的显示器有数字显示和指针式显示两种，722 型为数字显示器。数字显示可直接显示吸光度 A 或透光率 T 甚至可显示浓度 c；指针式用的是微安电表，在微安电表的标尺上刻有透光率和吸光度两种刻度。

（三）分光光度计的操作规程

尽管分光光度计的种类和型号繁多，但仪器上的旋钮和按键的功能基本相似，其操作方法仅略有不同。以美谱达 UV - 1800 型分光光度计为例，介绍仪器定量分析操作步骤。

1. 开机，仪器初始化　打开仪器主机桌面电源后，确定样品池内没有遮挡物，确保光路通畅，双击电脑桌面图标，仪器开始初始化，初始化项目检查通过后预热半小时方可进行下一步操作。

2. 正确放入比色皿　基线校正时，样品槽内侧、外侧均放入空白溶液；样品测定时，内侧槽空白溶液不变，外侧槽放入样品溶液。

3. 光谱扫描　选择"光谱扫描"测量方式，设置波长范围、测定方式、扫描速度、采样间隔、记录范围等参数。于内侧、外侧样品槽中放置空白溶液，点击"基线校正"。取出外槽中空白溶液，放入样品溶液，点击"开始"进行扫描。

4. 定量测定　选择"定量测定"测量方式，设置标准品个数、相对应的标样浓度。于内外两侧样品槽放入空白溶液，点击"自动调零"。将外侧中空白溶液取出，依次放入标准样品溶液并读取吸光度，得到标准曲线及其方程。再放入未知样品，测得样品吸光度，从而得到样品浓度。

（四）操作注意事项

1. 如果更改测定参数，必须进行基线校正。

2. 仪器初始化时应保持仪器盖子关闭，凹槽内不能放有比色皿。

3. 一般供试品溶液吸光度在 0.2 ~ 0.7 误差较小。

（五）分光光度法的特点

1. 灵敏度高 常用来测试物质含量在 $10^{-3}\%$ ~ 1% 的微量组分，甚至可测定 $10^{-5}\%$ ~ $10^{-4}\%$ 的痕量组分。

2. 准确度高 比色法的相对误差为 5% ~ 10%；分光光度法的相对误差为 2% ~ 5%，采用精密的分光光度计可减少到 1% ~ 2%，完全可以满足微量组分测定的准确要求。对常量组分，其准确度比重量法和滴定法要低。

3. 操作简便、快速 由于新的灵敏度高、选择性好的显色剂和掩蔽剂的出现，常可不经分离而直接进行比色或分光光度法测定。

4. 应用广泛 几乎所有的无机离子都可直接或间接地用比色法或分光光度法测定。分光光度法主要应用于以下三个方面：① 测定浓度或含量；② 测定解离常数；③ 测定简单体系配合物的稳定常数和组成。

任务三　测量误差和分析条件的选择

PPT

一、测量误差

（一）偏离光吸收定律因素

用某一波长的单色光测定溶液的吸光度时，若固定吸收池厚度，则朗伯 - 比尔定律的数学表达式为 $A=Kc$。在 $A-c$ 坐标系中，它是一条通过坐标原点的直线，称为标准曲线，也称为工作曲线或 $A-c$ 曲线。在实际工作中，很多因素可能导致标准曲线发生弯曲，如图 11 - 8 所示，即偏离光的吸收定律，造成测量误差。导致偏离光的吸收定律的因素主要以下两个。

1. 化学因素

（1）吸光性物质的浓度　比尔定律是一个有限制性的定律，它假设了吸收粒子之间是无相互作用的，因此仅在稀溶液的情况下才适用。即只有在一定的浓度范围内，一定的吸光度范围内，由分光光度计测量所引起的相对误差才是较小的。通常，吸光度控制在 0.2 ~ 0.7 读数范围内时，测量的准确度较高。

（2）吸光性物质的化学变化　溶液中的吸光性物质常因离解、缔合、形成新化合物或互变异构等化学变化而改变其浓度，导致偏离光的吸收定律。

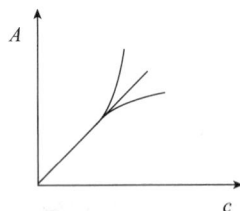

图 11 - 8　偏离光的吸收定律示意图

（3）溶剂的影响　不同种类的溶剂，会对吸光性物质的吸收峰高度、最大吸收波长产生影响，还会对待测物质的物理性质和化学组成产生影响，导致偏离光的吸收定律。

2. 光学因素

（1）非单色光　朗伯 - 比尔定律通常只适用于单色光。在实际工作中，由分光光度计的单色器所获得的入射光并非纯粹的单色光，而是具有很窄波长范围的"复合光"。由于同一物质对不同波长光的吸收程度不同，所以导致偏离光的吸收定律。

（2）杂散光　由分光光度计的单色器所获得的单色光中，还混杂一些与所需光波长不符的光称为杂散光。杂散光的存在会导致偏离光的吸收定律。

（3）非平行光　朗伯－比尔定律通常只适用于平行光。在实际测定中，通过吸收池的光一般都不是真正的平行光，而是稍有倾斜的光束，倾斜光通过吸收池的实际光程比垂直照射的平行光的光程要长，使吸光度的测定值偏大，导致偏离光的吸收定律。

（4）反射现象　入射光通过折射率不同的两种介质的界面时，有一部分光被反射而损失，使吸光度的测定值偏大，导致偏离光的吸收定律。

（5）散射现象　当光波通过溶液时，溶液中的质点对其有散射作用，有一部分光会因散射而损失，使吸光度的测定值偏大，导致偏离光的吸收定律。

（二）透光率的测量误差

在紫外－可见分光光度法中，仪器误差主要是透光率测量误差（ΔT），来自仪器的噪声。一类与光信号无关，称为暗噪声；另一类随光信号强弱而变化，称为信号噪声。根据吸收定律，浓度的相对偏差与透光率测量误差之间的关系为

$$\frac{\Delta c}{c} = \frac{0.4343\Delta T}{T\lg T} \qquad (11-8)$$

即浓度测定结果的相对误差（$\Delta c/c$）取决于透光率的测量误差（ΔT）和透光率 T 的大小。仪器的暗噪声取决于电子元件和线路结构的质量、工作状态及环境条件等，暗噪声产生的 ΔT 可视为一个常量，从图 11-9 可知，当 A 值在 0.2~0.7（T 值 65%~20%）范围内时，测量误差较小。信号噪声取决于被测光的强度、光的波长及光敏元件的品质，从图 11-10 可知，测量误差较小的范围一直延伸到高吸光度区，对测定有利。

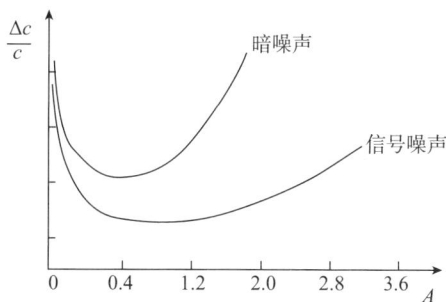

图 11-9　暗噪声和信号噪声的误差曲线

二、分析条件的选择

（一）仪器测量条件的选择

仪器测量条件的选择包括测量波长的选择和适宜吸光度范围的选择。

1. 测量波长的选择　通常都是选择最强吸收处的最大吸收波长作为测量波长，称为最大吸收原则，以获得最高的分析灵敏度。在最大吸收波长附近，吸光度随波长的变化一般较小，波长的稍许偏移引起吸光度的测量偏差较小，可得到较好的测定精密度。在测量高浓度组分时，可选用灵敏度低一些的吸收峰波长作为测量波长，以保证校正曲线有足够的线性范围。

2. 适宜吸光度范围的选择　吸光度范围应控制在 0.2~0.7（透光率为 65%~20%）。为此，可以通过控制溶液浓度或吸收池厚度的方法来实现。

（二）显色反应条件的选择

测定紫外及可见光区非吸光性物质溶液时，需要加入适当的试剂，将待测组分转变成为在紫外 – 可见光区有较强吸收的物质。这种能与待测组分定量发生化学反应、生成对紫外 – 可见光有较强吸收的物质的试剂，称为显色剂。显色剂与待测组分发生的化学反应称为显色反应。

1. 对显色剂及显色反应的要求

（1）显色剂在测定波长处应无明显吸收，显色剂与生成物的最大吸收波长应相差 60nm 以上。

（2）所选择的显色剂应尽可能只与待测组分发生反应。

（3）显色反应必须定量完成，生成足够稳定的吸光性物质。

（4）显色反应后所生成的显色物质的摩尔吸光系数 ε 值应大于 $10^4 L/(mol \cdot cm)$。

2. 控制合适的显色反应条件 要使显色反应达到上述要求，就必须控制显色反应条件，以保证待测组分有效地转变成适宜于测定的化合物。

（1）显色剂的用量 通常应加入过量的显色剂，应通过试验从 $A - c$ 曲线的变化来确定合适的用量。

（2）溶液的酸度 显色剂多为有机弱酸，改变酸度能直接影响显色剂的平衡浓度，从而影响显色反应进行的程度。一般通过试验从 $A - pH$ 曲线的变化来确定合适的酸度。

（3）显色时间和温度 有些显色反应速率较慢，需要经过一段时间后，溶液对特定波长的光的吸收才能达到稳定；有些化合物放置一段时间后，因空气的氧化、光的照射、试剂的挥发或分解等，使溶液的吸光性发生改变；有些显色反应需要在一定的温度下才能顺利进行，所以应分别通过试验从 $A - t$（时间）曲线和 $A - T$（温度）曲线的变化来确定显色反应最适宜的时间和温度。

（4）共存离子的干扰和消除 为消除共存离子的干扰，常常通过控制显色反应的酸度，或加入掩蔽剂，或预先通过离子交换等方法予以掩蔽或消除。

（三）参比溶液的选择

在测定溶液的吸光度时，为了消除溶液中其他成分的干扰，首先要用参比溶液（空白溶液）调节透光率为100%，吸光度为零，然后测定待测溶液的吸光度。通常根据待测溶液的组分和性质，确定合适的参比溶液。一般情况下，溶液中只有待测组分有吸收，其他成分如溶剂、试剂盒、显色剂等几乎不吸收测定波长的光，可采用纯溶剂作参比溶液。必要时采用试样参比溶液、试剂参比溶液或平行操作参比溶液。

1. 试样参比溶液 当溶液中存在其他显色组分，该组分不与显色剂反应时，可用不加显色剂的试样溶液作参比溶液。

2. 试剂参比溶液 当显色剂和其他试剂在测定波长处有吸光时，可按照处理试样的相同条件，用显色剂和其他试剂混匀后作为参比溶液。

3. 平行操作参比溶液 当待测试样的组分复杂时，可用不含待测组分的试样，与待测试样进行同样处理后作参比溶液。比如进行某种治疗药物监测时，分别取正常人和受试人的血样，在完全相同的条件下进行同样处理，用前者作参比溶液即平行操作参比溶液。

❓ 想一想

在分光光度法试验中，将某种试样的浓溶液加入比色皿中，在规定的波长处测定吸光度，则发现未显示出吸光度值，那么为什么会出现此现象？

答案解析

任务四 分光光度法的应用 🅴微课

一、定量分析

（一）定量分析依据

分光光度法是通过测定被测组分在紫外－可见光区的特定波长处的吸光度，依据朗伯－比尔定律进行含量测定的分析方法。根据朗伯－比尔定律，在一定条件下，待测溶液的吸光度与其浓度成线性关系。因此，可以选择适当的工作波长测定溶液的吸光度，即可求出浓度，进行定量分析。

（二）单一组分的定量分析

分光光度法定量分析的依据是朗伯－比尔定律，即 $A = KcL$，应用广泛。物质在一定波长处的吸光度与浓度成线性关系。选择一定波长测 A 即可求出 c，通常选择 λ_{max} 进行测定，在此处 A 最大，灵敏度高，误差可减小。若一物质有几个吸收峰，在实际选择时，应考虑"吸收最大，干扰最小"的原则，且一般不选靠近短波末端的吸收峰。试验证明，当溶液的吸光度很大或很小时，测定的相对误差较大。实际运用中，常通过改变待测溶液的浓度或吸收池的厚度，将吸光度控制在 0.2～0.7，以减少测定的相对误差。

1. 吸光系数法 根据朗伯－比尔定律 $A = \varepsilon cL$ 或 $A = E_{1cm}^{1\%} cL$，从已知的吸光系数 ε 或 $E_{1cm}^{1\%}$ 和液层厚度 L，根据测得的吸光度 A，就可求出溶液浓度 c 的含量。常用于定量的是百分吸光系数 $E_{1cm}^{1\%}$，则有

$$c = \frac{A}{E_{1cm}^{1\%} \times L} \tag{11-9}$$

［例 11－1］维生素 B_{12} 的水溶液，在 $\lambda_{max} = 361nm$ 处的 $E_{1cm}^{1\%}$ 值为 207，盛于 1cm 的吸收池中测得溶液的吸光度 A 为 0.518，求溶液的浓度。

解：根据光的吸收定律，溶液的浓度为

$$c = \frac{A}{E_{1cm}^{1\%} \cdot L} = \frac{0.518}{207 \times 1} = 0.002 (g/100ml)$$

也可将待测溶液的吸光度换算成样品的比吸光系数，并计算与标准吸光系数的比值，来求待测物质的含量。

［例 11－2］维生素 B_{12} 样品 20mg 用水配成 1000ml 的溶液，盛于 1cm 的吸收池中，在 $\lambda_{max} = 361nm$ 处测得溶液的吸光度 A 为 0.407。求样品中维生素 B_{12} 的百分含量。

解：样品溶液的浓度 $c = 20mg/1000ml = 0.002g/100ml$

$$(E_{1cm}^{1\%})_{样} = \frac{A}{cL} = \frac{0.407}{0.002 \times 1} = 203.5$$

样品中的维生素 $B_{12}\% = \frac{(E_{1cm}^{1\%})_{样}}{(E_{1cm}^{1\%})_{标}} = \frac{203.5}{207} = 98.3\%$

2. 标准曲线法 又称工作曲线法。测定时，先配制一系列浓度不同的标准溶液（5～10个），在同一条件下（合适波长）分别测定每个标准溶液的吸光度，然后以吸光度 A 为纵坐标，标准溶液的浓度 c 为横坐标，绘制 $A－c$ 标准曲线，如符合光吸收定律，将得到一条通过原点的直线。在相同条件下测定样品溶液的吸光度，再根据样品溶液所测得的吸光度，从标准曲线上查出对应的样品溶液的浓度或含量。图 11－10 为 $A－c$ 标准曲线。

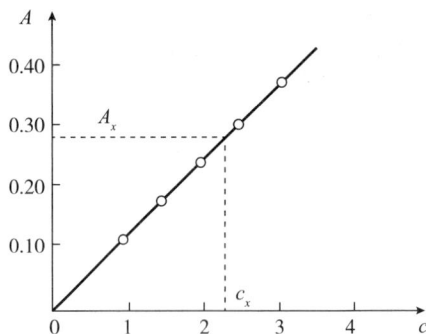

图 11 - 10 A-c 标准曲线

在仪器、方法和条件都固定的情况下，标准曲线可以多次使用而不必重新制作，因而标准曲线法适用于大量的经常性的工作。在实际工作中，可能由于参比溶液选择不当、吸收池位置不妥、吸收池透光面不清洁、测试条件的变化等多种原因，使标准曲线有时不通过原点，故应针对具体情况进行具体分析，查清原因解决问题。

3. 标准对照法 又称比较法或对比法。在相同试验条件下，配制样品溶液和标准溶液，在选定波长处，分别测量吸光度。根据朗伯-比尔定律有

$$A_样 = Kc_样 L \qquad A_标 = Kc_标 L$$

因是用同种物质、同台仪器，在相同厚度吸收池、同一波长处测定，故 K 和 L 值相同。因此

$$\frac{A_样}{A_标} = \frac{c_样}{c_标}$$

得

$$c_样 = \frac{c_标 \cdot A_样}{A_标} \tag{11-10}$$

标准对照法在应用分光光度法进行定量分析中经常采用。该法简便，但有一定的误差。为了减少误差，标准对照法配制的标准溶液浓度应与样品溶液的浓度相接近；每次分析时都应有标准样品在相同条件下同时进行测定，且在标准曲线线性关系良好且通过原点时才适用。另外需要指出的是 $c_样$ 为样品经稀释后用于测定的溶液的浓度，若要求测得原样品溶液中组分的浓度，应按下式计算。

$$c_原样 = c_样 \times 稀释倍数 \tag{11-11}$$

［例 11-3］精密吸收 $KMnO_4$ 样品溶液 5.00ml，加水稀释到 25.0ml。另配制 $KMnO_4$ 标准溶液的浓度为 25.0μg/ml。在 525nm 处，用 1cm 厚的吸收池，测得样品溶液和标准被的吸光度分别为 0.224 和 0.250。求原样品液中 $KMnO_4$ 的浓度。

解：根据式（11-10）和式（11-11）得

$$c_原样 = \frac{0.224 \times 25.0}{0.250} \times \frac{25.0}{5.00} = 112μg/ml$$

👁 看一看

混合组分的定量分析

在含有多种组分的溶液中，如果要测定多个组分，可以根据情况的不同，采用不同的方法来进行测定。测量依据——吸光度的加和性：$A = A_1 + A_2 + \cdots + A_n$。

1. 两组分吸收光谱不重叠（互不干扰），如图 11-11（a）所示，a、b 组分最大吸收波长 λ_{max} 不重叠，相互不干扰，可以按两个单一组分处理。

2. 两组分吸收光谱部分重叠，如图 11-11（b）所示：①a、b 两组分的吸收光谱部分重叠，此时 λ_1 处按单组分测定 a 组分浓度，b 组分此处无干扰；②在 λ_2 处测得混合溶液的总吸光度 A_2^{a+b}，根据加

和性计算 c_b，假设液层厚度为 1cm，则

$$A_2^{a+b} = A_2^a + A_2^b = E_2^a \cdot c_a + E_2^b \cdot c_b$$

$$\Rightarrow c_b = \frac{A_2^{a+b} - E_2^a \cdot c_a}{E_2^b}$$

3. 两组分吸收光谱完全重叠（混合样品测定），如图 11-11（c）所示，a、b 吸收光谱双向重叠，互相干扰，在最大波长处互相吸收。处理方法如下：先测出在 λ_1 和 λ_2 处两组分各自的吸光系数 E_1^a、E_1^b、E_2^a、E_2^b，后在两波长处分别测定混合物溶液的总吸光度 A_1^{a+b}、A_2^{a+b}，因吸光度具有加和性，若设液层厚度为 1cm，可以建立如下线性方程组：

$$A_1^{a+b} = A_1^a + A_1^b = E_1^a \cdot c_a + E_1^b \cdot c_b \; ; \; A_2^{a+b} = A_2^a + A_2^b = E_2^a \cdot c_a + E_2^b \cdot c_b$$

解得：$c_a = \dfrac{A_1^{a+b} \cdot E_2^b - A_2^{a+b} \cdot E_1^b}{E_1^a \cdot E_2^b - E_2^a \cdot E_1^b}$，$c_b = \dfrac{A_2^{a+b} \cdot E_1^a - A_1^{a+b} \cdot E_2^a}{E_1^a \cdot E_2^b - E_2^a \cdot E_1^b}$

图 11-11　二元组分吸收光谱相互重叠的三种情况

二、典型工作任务分析

根据 GB/T 3049—2006，分光光度法可用于水中微量铁的含量测定。

案例解析：邻二氮菲分光光度法测定水中微量铁

〈链接国标〉邻二氮菲是一种有机配位剂，可与 Fe^{2+} 形成红色配位离子，反应式为

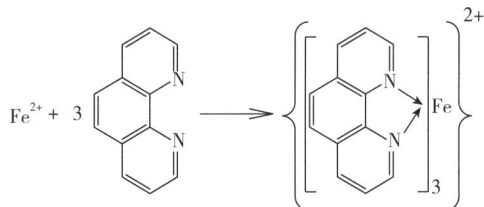

在 pH 为 2~9 范围内，反应灵敏，最大吸收波长为 510nm，摩尔吸光系数为 $1.1 \times 10^4 L/(mol \cdot cm)$。溶液含铁量在 0.5~8mg/L 范围内，$Fe^{2+}$ 浓度与吸光度符合光吸收定律。

本实验采用 pH = 4.6 的 HAc-NaAc 缓冲溶液调节标准系列溶液及试样溶液的酸度；采用盐酸羟胺还原标准储备液及试样溶液的 Fe^{3+}，并防止 Fe^{2+} 被空气氧化。

【任务分析】

1. 提出问题

（1）邻二氮菲分光光度法测定微量铁时为何要加入盐酸羟胺？

（2）参比溶液的作用是什么？在本实验中可否用蒸馏水作参比？

2. 开动脑筋　本实验邻二氮菲作为显色剂与二价铁离子发生显色反应，生成的橘红色配合物在 pH 为 2.0~9.0 范围内稳定存在，而三价铁离子也能与邻二氮菲生成 3:1 配合物，呈淡蓝色。所以为

了防止二价铁离子被空气氧化，往往在加入显色剂之前，在溶液中加入还原剂盐酸羟胺。

参比溶液的作用是扣除背景干扰，在本实验中不能用蒸馏水作参比，因为蒸馏水成分与试液成分相差太远，只有参比溶液和试液成分尽可能相近，测量的误差才会越小。

【任务实施】

1. 工作准备

（1）仪器　UV755B 型分光光度计、1cm 吸收池、50ml 容量瓶（7 个）、10ml 吸量管（2 支）。

（2）试剂　铁标准溶液（100μg/ml）、铁标准溶液（10μg/ml）、10% 盐酸羟胺溶液（临用时配制）、0.15% 邻二氮菲溶液（临用时配制）、HAc – NaAc 缓冲溶液（pH = 4.6）。

2. 动手操作

测定步骤	操作内容	数据记录
准备	（1）打开仪器电源开关，预热，调节仪器 （2）配制系列标准溶液（取 50ml 容量瓶 7 只，分别准确加入 10.00μg/ml 的铁标准溶液 0.00、1.00、2.00、4.00、6.00、8.00、10.00ml 及试样溶液 5.00ml，再于各容量瓶中分别加入 10% 盐酸羟胺 1ml、HAc – NaAc 缓冲溶液 5ml 及 0.15% 邻二氮菲溶液 2ml，每加一种试剂均摇匀再加另一种试剂，最后用水稀释到刻度，充分摇匀，放置 5 分钟待用） （3）准备待测溶液 （4）校正比色皿读数误差	供试品的名称、批号、生产厂家、规格、温度；仪器的规格型号；系列标准溶液的编号
绘制吸收曲线	（5）选用加有 6.00ml 铁标准溶液的显色溶液，以不含铁标准溶液的试剂溶液为参比，用 2cm 比色皿，在分光光度计上从波长 450～550nm，每隔 20nm 测定一次吸光度 A 值。在最大吸收波长左右，每隔 5nm 各测一次。测定结束后，以测量波长为横坐标，以测得的吸光度为纵坐标，绘制吸收曲线 （6）选择吸收曲线的峰值波长为本实验的测量波长，以 λ_{max} 表示 （7）在选定波长 λ_{max} 下用 2cm 比色皿，以相同参比溶液测量铁标准系列的吸光度。再以吸光度为纵坐标，总铁含量（μg/ml）为横坐标，绘制标准曲线	$\lambda_{max} = \underline{\quad\quad}$
试样测定	（8）在相同条件下测定试样的吸光度值，从标准曲线上查出其所对应的铁含量，即为试样溶液的浓度	$A_x = \underline{\quad\quad\quad}$ $c_x = \underline{\quad\quad\quad}$
结果分析	（9）计算出试样的原始浓度（μg/ml）	$c_0 = \underline{\quad\quad\quad}$
结束工作	（10）测定完毕，清洗吸收池、烧杯和容量瓶等，仪器还原，关闭仪器电源	

结果记录

波长（nm）	450	470	490	505	510	515	520	530	540	550
A										

结果记录

序号	0	1	2	3	4	5
吸取体积（ml）	0.00	2.00	4.00	6.00	8.00	10.00
浓度（μg/ml）						
吸光度 A						

练一练

影响摩尔吸光系数的因素是（　　）。

A. 温度　　　　　　B. 溶剂的种类　　　　　C. 物质的结构

D. 入射光的波长　　E. 溶液的浓度

答案解析

药爱生命

西咪替丁，分子式为 $C_{10}H_{16}N_6S$，分子量为 252.34。白色或类白色结晶性粉末；几乎无臭，味苦。在甲醇中易溶，在乙醇中溶解，在异丙醇中略溶，在水中微溶，在稀盐酸中易溶。西咪替丁对抑制胃酸分泌有显著的作用，也能抑制由组胺、分肽胃泌素、胰岛素和食物等刺激引起的胃酸分泌，并使其酸度降低，对因化学刺激引起的腐蚀性胃炎有预防和保护作用，对应激性胃溃疡和上消化道出血也有明显疗效。用于治疗十二指肠溃疡、胃溃疡、上消化道出血、慢性结肠炎、带状疱疹、慢性荨麻疹等症。

目标检测

答案解析

一、选择题

（一）单项选择题

1. 在符合朗伯 - 比尔定律的范围内，溶液的浓度、最大吸收波长、吸光度三者的关系是（　　）

　　A. 增加、增加、增加　　　　　　　　B. 减小、不变、减小

　　C. 减小、增加、减小　　　　　　　　D. 增加、不变、减小

2. 在光学分析法中，采用钨灯作光源的是（　　）

　　A. 原子光谱　　　　　　　　　　　　B. 紫外光谱

　　C. 可见光谱　　　　　　　　　　　　D. 红外光谱

3. 一束（　　）通过有色溶液时，溶液的吸光度与溶液浓度和液层厚度的乘积成正比

　　A. 平行可见光　　　　　　　　　　　B. 平行单色光

　　C. 白光　　　　　　　　　　　　　　D. 紫外光

4. 某物质的吸光系数与（　　）有关

　　A. 溶液浓度　　　　　　　　　　　　B. 测定波长

　　C. 仪器型号　　　　　　　　　　　　D. 吸收池厚度

5. 邻二氮菲分光光度法测水中微量铁的试样中，参比溶液是采用（　　）

　　A. 溶液参比　　　　　　　　　　　　B. 空白溶液

　　C. 样品参比　　　　　　　　　　　　D. 褪色参比

（二）多项选择题

1. 影响摩尔吸光系数的因素是（　　）

　　A. 比色皿厚度　　　　　　　　　　　B. 入射光波长

　　C. 有色物质的浓度　　　　　　　　　D. 溶液的温度

　　E. 溶剂

2. 引起偏离朗伯 - 比尔定律的因素主要有（　　）

　　A. 非单色光　　　　　　　　　　　　B. 介质不均匀

　　C. 入射光不平行　　　　　　　　　　D. 由于溶液本身的化学反应引起的偏离

　　E. 溶液的浓度

3. 有色溶液稀释时，对最大吸收波长的位置下列描述错误的是（　　）

　　A. 向长波方向移动　　　　　　　　　B. 向短波方向移动

C. 不移动，但峰高降低　　　　　　　D. 全部无变化

E. 不移动，但峰高升高

4. 为了使被测物质溶液的吸光度在0.2～0.8，通常可以采取的方法是（　　）

A. 读数太小时，换用较厚的比色皿　　B. 读数太大时，换用较薄的比色皿

C. 改变测定的波长，选用波长较短的光波　D. 读数太大时，将溶液准确稀释后再行测定

E. 更换光源

5. 下列（　　）属于分光光度分析的定量方法

A. 标准曲线法　　　　　　　　　　　B. 标准对照法

C. 归一化法　　　　　　　　　　　　D. 吸光系数法

E. 直接电位法

二、计算题

1. 某有色溶液在3.0cm的比色皿中测得透光度为40.0%，求比色皿厚度为2.0cm时透光度和吸光度各为多少？

2. 用分光光度法测定水中微量铁，取3.0μg/ml的铁标准溶液10.0ml，显色后稀释至50ml，测得吸光度 $A_s=0.460$。另取水样25.0ml，显色后也稀释至50ml，测得吸光度 $A_x=0.410$，求水样中的铁含量。

书网融合……

重点回顾　　　微课　　　习题

项目十二　紫外－可见分光光度法

项目导航

> 紫外－可见分光光度法是通过测定被测组分在紫外光区的特定波长处或一定波长范围内的吸光度，然后进行定性和定量分析的光学分析方法。

学习目标

知识目标：

1. 掌握　紫外－可见吸收光谱的产生及其特性；影响紫外－可见吸收光谱的因素；定性分析方法。

2. 熟悉　紫外－可见吸收光谱与分子结构的关系；电子跃迁类型和吸收带。

3. 了解　光谱分析法的分类。

技能目标：

会操作紫外－可见分光光度计；会使用紫外－可见分光光度法开展定性分析和纯度检查。

素质目标：

通过实验数据分析，培养实事求是、精益求精的工匠精神。

导学情景

情景描述　[🔗链接《中国药典》(2020年版)]：[肾上腺素中酮体杂质检查] 取本品，加盐酸溶液（9→2000）制成每1ml中含2.0mg的溶液，照紫外－可见分光光度法（通则0401），在310nm的波长处测定吸光度，吸光度不得超过0.05。

情景分析：由于在310nm处肾上腺酮的盐酸溶液（9→2000）有吸收峰而肾上腺素几乎没有吸收，故药典规定用盐酸溶液（9→2000）制成每1ml中含2.0mg的样品溶液，在310nm的波长处测定吸光度，吸光度不得超过0.05。以肾上腺酮的 $E_{1cm}^{1\%}=435$ 计算，相当于含肾上腺酮不超过0.06%，符合药典规定。

讨论：1. 物质吸收紫外－可见光的条件是什么？物质吸收紫外－可见光后会引起何种能级跃迁？

2. 紫外－可见光谱具有哪些特征？紫外－可见分光光度法在药物分析和食品检验中有什么作用？

学前导语：紫外－可见分光光度法是基于某些物质的分子吸收10~800nm光谱区的辐射来进行分析测定的方法。这种分子吸收光谱产生于价层电子能级的跃迁，该方法具有灵敏度高、操作简便、快速、仪器设备简单、应用广泛、准确度高等特点，广泛应用于有机物质和无机物质的定性和定量测定。

PPT

任务一 概 述

一、电子跃迁和紫外–可见吸收光谱的产生

（一）分子能级及光谱

原子中的电子围绕着原子核运动，在不同运动状态下所具有的能量构成电子的能级。而分子中除了分子内电子的运动外，还有分子自身的转动、振动等运动。分子的总能量包括分子总电子能量（E_e）、分子围绕重心振动能量（E_v）和转动能量（E_r）、分子重心的平移量（E_t）以及分子中各基团的内旋转能量（E_i）等，其中 E_t 和 E_i 与其他几项相比要小得多。假定不考虑分子内各运动形式间的相互作用，分子的总能量 E 则由下式表示。

$$E = E_e + E_v + E_t \tag{12-1}$$

分子在不同运动状态下具有的能量构成称为分子的能级，如图 12-1 所示。

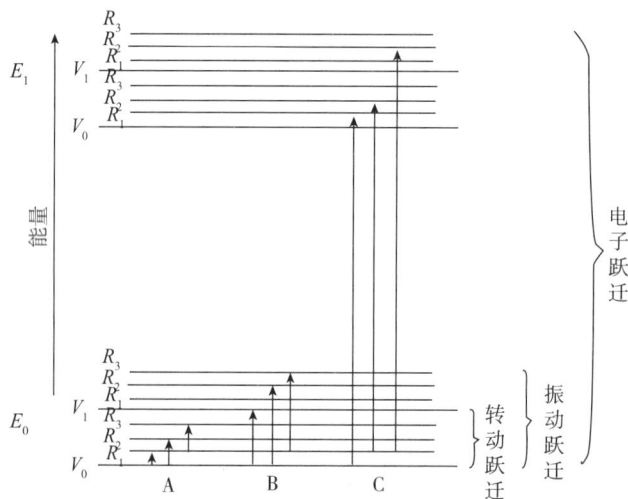

图 12-1 分子的三种能级跃迁示意图

从分子的能级跃迁示意图可见，在分子的同一电子能级，因振动能量不同分为若干支级，称为振动能级；在同一振动能级中，因转动能量不同又分为若干支级，称为转动能级，各能级之间的能量差 ΔE 大小为：$\Delta E_e > \Delta E_v > \Delta E_r$。

当用能量为 $h\nu$ 的入射光照射分子时，若其能量等于分子中两个能级之间的能量差 $\Delta E = h\nu$，则分子吸收该入射光，由较低的能级跃迁到较高的能级，从而产生分子吸收光谱。分子吸收光谱包括远红外吸收光谱、红外吸收光谱、紫外及可见吸收光谱。

分子转动能级之间的能量差 ΔE_r 一般为 $10^{-4} \sim 0.025\text{eV}$，相当于远红外光的能量。分子吸收远红外光，引起转动能级之间的跃迁，由此得到的吸收光谱称为远红外光谱或转动光谱。

红外吸收光谱是分子吸收红外光后由振动、转动能级之间的跃迁产生的。分子振动能级之间的能量差 ΔE_v 一般为 $0.025 \sim 1\text{eV}$，相当于红外光的能量。因此，用红外光照射分子，可引起分子振动能级间的跃迁。由于分子的同一振动能级中还有间隔很小的转动能级，因而在发生振动能级之间跃迁的同时，还伴随着转动能级之间的跃迁，得到的不是对应于振动能级差的一条谱线，而是一组由很密集的谱线组成的光谱带，即振动–转动光谱。对于液体分子的红外光谱，由于分子间的相互作用较强，转动能级一般分辨不清，一个谱带通常只显示一个振动峰。

紫外－可见吸收光谱也称为电子光谱。分子的电子能级差 ΔE_e 为 $1 \sim 20eV$，相当有紫外及可见光的能量。当用紫外及可见光照射分子时，若光子的能量与物质发生电子能级跃迁前后的能级差刚好相等时，光被吸收，电子由基态跃迁至激发态，发生电子能级的跃迁，由此得到的吸收光谱称为紫外－可见吸收光谱。

由于各种物质分子内部结构不同，其各种能级之间的能量差也互不相同，因此分子对光的吸收是选择性吸收。

（二）吸收曲线

物质分子的吸收光谱用吸收曲线描述，通常吸收曲线的横坐标表示波长 λ，纵坐标表示吸光度 A。吸收曲线体现了某种物质对不同波长光的吸收能力的分布，曲线上的各个峰叫作吸收峰。峰值越高，表示物质对相应波长光的吸收程度越大。其中，最高峰叫作最大吸收峰，它的最高点所对应的波长叫作最大吸收波长，用 λ_{max} 表示（图 12-2）。利用吸收曲线上的吸收峰位置、形状、数目、强度等可进行物质的定性及结构分析，通过吸收曲线选定的波长测量吸收物质的吸光度可进行物质的定量分析。

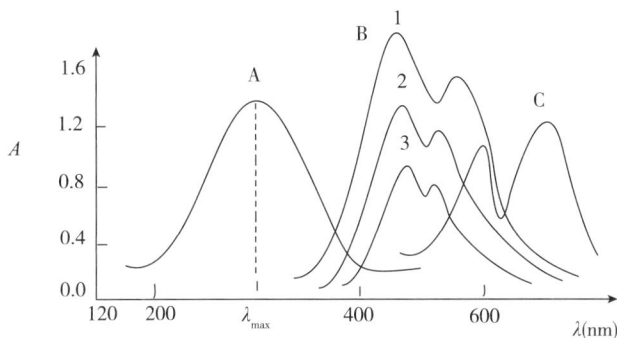

图 12-2　紫外－可见吸收光谱示意图

吸收曲线具有以下几个特征。

1. 不同物质的吸收曲线形状和 λ_{max} 不同，而同一物质对不同波长光的吸光度也不同。因此，吸收曲线可以提供物质的结构信息，并作为物质定性分析的依据之一。

2. 不同浓度的同一物质，其吸收曲线形状相似，λ_{max} 不变。在最大吸收波长处吸光度随浓度变化的变化幅度最大，因而测定最灵敏，此特性可作为物质定性分析的依据。

3. 吸收曲线是定量分析中选择入射光波长的重要依据。

二、影响紫外－可见吸收光谱的因素

紫外－可见吸收光谱主要取决于分子中价电子的能级跃迁。分子的结构不同，电子跃迁不同，产生的吸收光谱也不同；另一方面，溶液中分子的外部环境（溶剂、酸度等）也影响价电子的能级跃迁。

（一）溶剂效应

溶剂极性的不同往往会引起某些化合物吸收光谱的红移或蓝移，这种作用称为溶剂效应。一般来说，随着溶剂极性增大，在 $\pi \to \pi^*$ 跃迁中，激发态极性大于基态，当使用极性大的溶剂时，由于溶剂与溶质相互作用，激发态 π^* 轨道比基态 π 轨道的能量下降更多，因而能量差减少，导致吸收峰向长波方向移动，即波长红移；而 $n \to \pi^*$ 跃迁中，基态 n 电子与极性溶剂形成氢键，降低了基态能量，使激发态与基态之间能量差变大，导致吸收峰向短波方向移动，即波长蓝移。图 12-3 给出了在极性溶剂中 $n \to \pi^*$ 和 $\pi \to \pi^*$ 跃迁能量变化示意图。

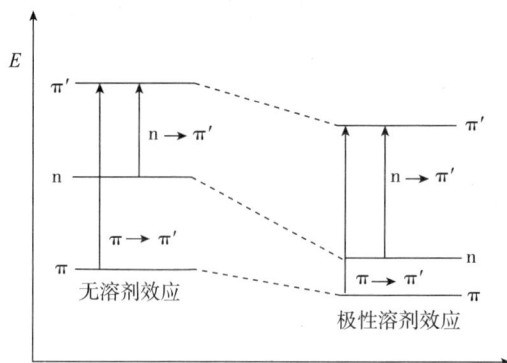

图 12 - 3　溶剂对电子跃迁能量的影响

（二）酸度的影响

由于酸度的变化会使一些有机化合物分子离子化，使其存在形式发生变化，导致吸收峰发生红移或蓝移。如酚酞在酸性溶液中和碱性溶液中显现的颜色明显不同。因此在紫外－可见吸收光谱中，应注意控制溶液的 pH。

任务二　紫外－可见分光光度计 微课

PPT

一、用途

紫外－可见分光光度计不仅可以对绝大多数无机离子和有机物进行直接或间接的定性分析，还可以进行定量分析，在医药、化工、环保等领域有较多应用。

二、构造

紫外－可见分光光度计是在紫外－可见光区可任意选择不同波长的单色光测定溶液透光率或吸光度的仪器。紫外－可见分光光度计尽管类型很多，性能差别悬殊，但基本原理和组成相似。主要由光源、单色器、吸收池、检测器和信号处理及显示装置五部分（图 12 - 4）组成。

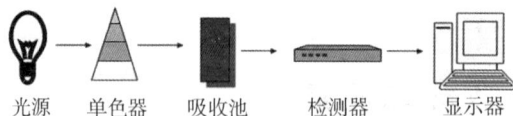

光源　单色器　吸收池　　检测器　　　显示器

图 12 - 4　紫外－可见光度计组成示意图

三、类型

根据仪器使用的光学系统不同，紫外－可见分光光度计分类如下。

（一）单光束分光光度计

经单色器分光后的一束平行光，轮流通过参比溶液和样品溶液，以进行吸光度的测定。特点：结构简单、价廉，适于在给定波长处测量吸光度或透光度，一般不能作全波段光谱扫描，要求光源和检测器具有很高的稳定性。单光束分光光度计如图 12 - 5（a）所示。

（二）双光束分光光度计

经单色器分光后经反射镜分解为强度相等的两束光，一束通过参比池，一束通过样品池，光度计能自动比较两束光的强度，此比值即为试样的透射比，经对数变换将它转换成吸光度并作为波长的函数记录下来。特点：自动记录，快速全波段扫描。可消除光源不稳定、检测器灵敏度变化等因素的影响，特别适合于结构分析。缺点：仪器复杂，价格较高。双光束分光光度计如图 12－5（b）所示。

（三）双波长分光光度计

由同一光源发出的光被分成两束，分别经过两个单色器，得到两束不同波长（λ_1 和 λ_2）的单色光；通过折波器以一定的频率交替通过同一样品池，然后由检测器交替接收信号，最后由显示器显示出两个波长处的吸光度差值 ΔA。ΔA 就是扣除了背景吸收的吸光度。对于多组分混合物、浑浊试样（如生物组织液）分析，以及存在背景干扰或共存组分吸收干扰的情况下，利用双波长分光光度法，往往能提高方法的灵敏度和选择性。利用双波长分光光度计［图 12－5（c）］，能获得导数光谱。

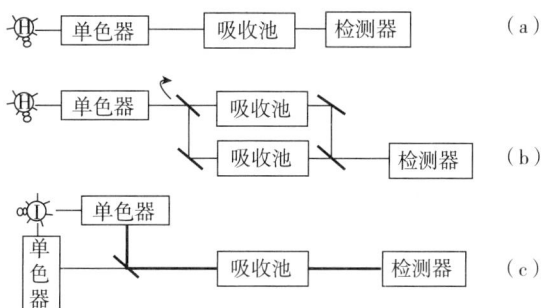

图 12－5　三种类型分光光度计

四、主要部件

（一）光源

紫外－可见分光光度计的光源要求能够发射出足够强度且稳定的连续光谱，不同光源可以提供不同波长范围的光。在紫外光区常用氘灯或氢灯，氘灯的发射强度和使用寿命比氢灯大 3～5 倍，氢灯在 300nm 以上能量很低，而氘灯可使用到 400nm。现在仪器大多用氘灯，配置有专用的电源装置，确保稳定的工作电流。可见光区常用光源为钨灯或卤钨灯，当钨灯灯丝温度达到 4000K 时，其发射能量大部分在可见光区，但灯的寿命显著减小，为此用卤钨灯代替钨灯，其使用波长范围为 350～2000nm。

（二）单色器

单色器是将光源发射的复合光色散成单色光，并可从中选出所需波长单色光的光学系统。单色器由进光狭缝、准直镜、色散元件、物镜和出射狭缝构成。

1. 色散元件　是将光源发射的复合光分解为不同波长的单色光。色散元件有棱镜和光栅两种，常用的色散元件是光栅。

2. 准直镜　是准光系统的简称，由凹面反射镜和凸透镜组成，能将进、出单色器狭缝的非平行光转变成平行光。

3. 狭缝　是光的进、出口，是单色器的重要组成部分，关系到单色器分辨率的高低，直接影响分光质量。狭缝是由很锐刀口的两个金属片精密加工制成的，两个刀口之间必须严格平行，并且处在相同的平面上。进光狭缝的作用是限制杂散光进入单色器，出光狭缝的作用是允许所需要的单色光射出单色器。狭缝越宽，光通过量越大，但获得的单色光不纯，影响吸光度的测定，狭缝越窄，获得的单色光就越纯，但光通量和光强度同时变小，测定的灵敏度会降低。因此，测定时要调节适当的狭缝宽度。

（三）吸收池

吸收池是用来盛放溶液的器皿，也叫比色皿或比色杯。在可见光区测定时，使用光学玻璃或石英材质制成的吸收池；在紫外光区测定时，必须使用石英材质制成的吸收池。用于盛放参比溶液和待测溶液的吸收池应该相互匹配，即测定条件不变，盛放同一溶液测定透光率，其相对误差应小于 0.5%，否则应进行校正。吸收池有两个透光面，其内壁和外壁都要特别注意保护，避免摩擦或留下指纹、痕迹、油腻和污物。

（四）检测器

检测器是将光信号转变成电信号的光电转换装置，有光电池、光电管、光电倍增管和光二极管阵列检测器四种，常用的是光电管和光电倍增管。

（五）信号处理与显示器

光电流经过放大后输入显示器，以某种方式显示测量结果。常用的显示器有电表指示、数字显示、荧光屏显示等。显示的测定数据结果有透光率和吸光度，有的还显示浓度、吸光系数等。

五、光学性能

紫外－可见分光光度计的光学性能可以从以下几个方面进行考查和比较。

1. 波长范围 指仪器可以提供测量光波的波长范围。紫外－可见分光光度计的波长范围一般为 190～800nm。

2. 狭缝或光谱宽带 是仪器单色光纯度指标之一。单色器狭缝的作用是调控单色光的谱带宽度，棱镜仪器的狭缝连续可调，光栅仪器的狭缝常常固定或分档调节。

3. 杂散光 是一些不在谱带范围内的与所需波长相隔较远的光。通常以光强度较弱（如 220nm 或 340nm 处）所含杂散光强度的百分比作为指标。中档仪器一般不超过 0.5%。

4. 波长准确度 指仪器显示的波长值与单色光实际波长之间的误差，高档仪器可低于 ±0.2nm，中档仪器大约为 ±0.5nm，低档仪器可达 ±5nm。

5. 吸光度范围 指吸光度的测量范围。中档仪器一般为 -0.1730～2.00。

6. 波长重现性 是指重复使用同一波长时，单色光试剂波长的变动值，一般为波长准确度的二分之一。

7. 测量准确度 透光率的测量误差一般约为 ±0.5% 或更小。用吸光度测量误差表示时，常注明吸光度值，如 A 值为 1 时，误差在 ±0.005 以内，A 值为 0.5 时，误差在 ±0.003 以内。

8. 测量重现性 在同样测量条件下，重复测量吸光度值的变动性。一般为测光准确度的二分之一。

9. 分辨率 指仪器能够分辨出最靠近的两条谱线间距的能力，数值越小，分辨率越高。

六、注意事项

1. 取比色皿时，用手捏住比色皿的毛玻璃面，盛装溶液应为比色皿 3/4～4/5 为宜，挥发性溶液应加盖。透光面需用擦镜纸由上而下擦拭干净，放入样品室时应注意每次放入的方向要相同。

2. 药品检验中，一般使用 1cm 的石英比色皿盛装供试品溶液、参比及空白溶液，若同时配对使用 2 只比色皿测定时，两者透光率相差应在 0.3% 以下，否则须加上校正值。

3. 若试样溶液含有腐蚀玻璃的物质，试液不能长久放在吸收池中，要尽快测定，并立即用水冲洗干净。

4. 需要干燥的比色皿不能置于烘箱内烘干，更不能在火焰或电热炉上加热干燥。可用少量乙醇或丙酮脱水处理，常温放置干燥。

5. 使用后的比色皿一般先用自来水洗，再用蒸馏水洗，不能用强碱溶液或强氧化剂洗液洗涤，更不能用毛刷刷洗，洗净后常温干燥，保存在比色皿盒内。

任务三　紫外－可见分光光度法的应用

PPT

紫外－可见分光光度法不仅可用于定量分析，也可对物质进行定性分析和结构分析，其在药品性状检查、药物鉴别、限度检查、纯度检查和杂质限量检查、药品的含量测定等方面有广泛应用。

一、定性分析

许多药物含有能在紫外－可见光区产生吸收的基团而显示吸收光谱。不同的药物有不同的吸收光谱，吸收光谱主要包括吸收光谱形状、吸收峰数目、各吸收峰波长及吸光度值、各吸收谷波长及吸光度值、肩峰波长、吸光系数等。

（一）定性鉴别

由于许多药物含有能在紫外－可见光区产生吸收的基团而显示吸收光谱。不同的药物吸收光谱也各不相同，因此可依据特征吸收光谱可以对药物开展定性分析。具体的定性鉴定方法有以下三种。

1. 对比吸收光谱特征数据　最常用于鉴别的光谱特征数据是吸收峰所在的 λ_{max}，若某一化合物有几个吸收峰时，应对峰、谷、肩等同时对照。不同的化合物可能有相同的 λ_{max}，但其 ε_{max} 值或 $E_{1cm}^{1\%}$ 值常有明显差别，所以吸光系数也常用于化合物的定性鉴别。例如安宫黄体酮和炔诺酮在无水乙醇中测得 λ_{max} 值相同，都是 240nm ± 1nm，差别不大，但其 $E_{1cm}^{1\%}$ 有明显差异，前者为408，后者为571，有较大的鉴别意义。

有些物质的吸收峰较多，可用吸光度比值消去浓度与厚度的影响。例如维生素 B_{12} 在 278nm、361nm、550nm 波长处有最大吸收，《中国药典》（2020 年版）规定用下列比值进行鉴定：

$$A_{361}/A_{278} = 1.70 \sim 1.88 \qquad A_{361}/A_{550} = 3.15 \sim 3.45$$

2. 对比标准物质的吸收光谱　在相同的测量条件下，测定并比较未知物与已知标准物的吸收光谱，如果两者的光谱值（最大吸收波长、吸收峰数目、摩尔吸光系数、吸收峰的形状）完全一致，则可以初步认为它们是同一化合物或分子结构基本相同。

3. 对比吸收光谱的一致性　用吸收光谱进行鉴别，不能发现吸收光谱中其他部分的差异。对于结构非常相似的化合物，可在相同条件下分别测绘吸收光谱，核对其一致性，也可与文献收载的标准图谱进行核对，只有吸收光谱完全一致才有可能是同一化合物；若有差异，则不是同一化合物。可对化合物进行初步鉴定，然后结合其他化学、红外、质谱和核磁等分析方法进行对照和验证，最后作出该化合物定性鉴定的正确结论。

（二）纯度检查

1. 杂质检查　若一化合物在可见光、紫外光区没有吸收，而所含杂质有较强的吸收，则杂质可检出。例如，若乙醇中含苯，苯在 $\lambda = 256nm$ 有吸收，而乙醇无，故在 $\lambda = 256nm$ 测出有吸收，则说明乙醇中含苯。

2. 杂质限量检查　纯是相对的，不纯是绝对的，药物无论怎么精制，总含有少量杂质，为不影响药物的疗效和不发生毒性反应，药物中的杂质常需制定一个允许其存在的限度。一般有两种表示方法。

（1）以某个波长处的吸光度或透光率表示　例如，肾上腺素在合成过程中会产生肾上腺酮，在 λ 为 310nm 肾上腺酮有吸收而肾上腺素无吸收，在 310nm 处测吸收度即可检查肾上腺酮的混入量。肾上腺素成品配成 2mg/ml，$L=1cm$，在 310nm 时测 A，以酮体的 $E_{1cm,310}^{1\%}$（435）计算，《中国药典》规定 A 不得过 0.05，即相当于酮体不超过 0.06%。

（2）以峰谷吸光度的比值表示　例如，碘解磷定有很多杂质，如顺式异构体及中间体等。在 294nm 处，碘解磷定有吸收，其杂质无吸收；而在 262nm 处杂质有吸收；碘磷为纯品的 $A_{294}/A_{262}=3.39$。若有杂质，A_{262} 增大，比值减小，药典规定 $A_{294}/A_{262} \geq 3.1$。

？ 想一想

制备葡萄糖注射液时需要高温灭菌，如温度控制不当，葡萄糖会分解为 5-羟甲基糠醛，从而引入杂质。《中国药典》规定在 284nm 波长处的吸光度不得超过 0.32，以此来控制葡萄糖注射液中 5-羟甲基糠醛的量，为什么？

答案解析

二、操作规程

（一）供试品测定用溶液的配制

1. 吸光系数检查取供试品 2 份；鉴别或检查可取供试品 1 份；精密称定。

2. 将供试品、对照品按照规定配制成测定用溶液。

（二）仪器的准备

开机，预热。检定波长准确度、吸光度准确度和杂散光。

（三）测定前的检查

1. 检查溶剂吸收情况是否符合规定。

2. 吸收池配对检查，两只吸收池透过率相差应在 0.3% 以下。

（四）测定

1. 设置测定波长、显示方式等测定参数。

2. 将参比溶液、供试品溶液装入吸收池，测定 A 值或 T 值。

（五）记录与计算

记录供试品、对照品的有关信息；记录测定时的温度、测定波长等测定条件；记录测定数据；计算结果。

（六）数据处理

1. 计算结果按"有效数字和数值的修约及其运算规则"修约，使其与药典标准中规定限度的有效位数相一致。

2. 计算测定结果的精密度，应符合药典规定。否则，应重新测定，直至符合要求。

（七）结论

将测定结果与药典规定数值进行对照比较，得出结论。

（八）结束

将测定用溶液按规定处理，清洗比色皿；按照仪器操作规程关机，切断电源；填写仪器使用登记。

（九）注意事项

1. 由于溶剂种类、溶液的 pH、温度等条件以及单色器的纯度都对吸收光谱的形状与数值产生影响，因此必须按照药典规定的条件、操作方法以及对仪器的要求进行分析测试。

2. 测定中使用的容量瓶、移液管、分析天平均应检定校正。

3. 测定中使用的溶剂，其吸光度应符合规定。

三、典型工作任务分析

案例解析 1：维生素 B₁₂ 注射液的定性鉴别、含量测定

［链接《中国药典》（2020 年版）］

［鉴别］取含量测定项下的溶液，照紫外 - 可见分光光度法测定，在 361nm、550nm 的波长处有最大吸收。361nm 波长处的吸光度与 550nm 波长处的吸光度的比值应为 3.15 ~ 3.45。

［含量测定］避光操作。取本品，精密称定，加水溶解并定量稀释制成每 1ml 中约含维生素 B₁₂ 25μg 的溶液，照紫外 - 可见分光光度法，在 361nm 的波长处测定吸光度，按 $C_{63}H_{88}CoN_{14}O_{14}P$ 吸光系数（$E_{1cm}^{1\%}$）为 207 计算，即得。

【任务分析】

1. 提出问题

（1）利用紫外 - 可见光的吸收光谱对维生素 B₁₂ 进行定性鉴别，采用什么方法？

（2）维生素 B₁₂ 的含量测定使用什么方法？测定的依据是什么？样品取几份？

（3）如何计算维生素 B₁₂ 的含量？

2. 开动脑筋 利用紫外 - 可见吸收光谱进行维生素 B₁₂ 的定性鉴别，一般采用对比法。

维生素 B₁₂ 的含量测定使用吸光系数法，测定的依据是朗伯 - 比尔定律。维生素 B₁₂ 应称取 2 份；按照各品种项下的要求配制溶液，以使测定的 A 值在 0.3 ~ 0.7。

吸光系数系指百分吸光系数 $E_{1cm}^{1\%}$。测定维生素 B₁₂ 溶液的吸光度后，应先计算出维生素 B₁₂ 的值，再与规定的吸光系数值比较，即可算出维生素 B₁₂ 的含量。计算公式为

$$E_{1cm,317nm}^{1\%} = \frac{A}{c(\text{g}/100\text{ml}) \times L(\text{cm})}$$

$$\text{维生素 B}_{12} \text{ 的含量}(\%) = \frac{E_{1cm(\text{维生素B}_{12})}^{1\%}}{E_{1cm(\text{规定})}^{1\%}} \times 100\%$$

【任务实施】

1. 工作准备

（1）仪器 普析 UV1800 型紫外 - 可见分光光度计、比色皿（1cm）、电子天平（0.1mg）、容量瓶（100ml）、移液管（5ml）等。

（2）试剂 维生素 B₁₂ 注射液。

2. 动手操作

测定步骤	操作内容	数据记录
配制测定用溶液	（1）精密量取维生素 B₁₂ 注射液 2 份 （2）准确配成适宜的体积溶液 （3）定量稀释	维生素 B₁₂ 注射液的名称、批号、生产厂家 $V_1 = $ _____；$V_2 = $ _____

测定步骤	操作内容	数据记录
仪器检定	（4）检定波长准确度、吸光度准确度，检查杂散光 （5）比色皿配对	
确定测定波长	（6）在规定的吸收峰 ±2nm 处，再测几点的吸光度，核对维生素 B_{12} 注射液的吸收峰 （7）吸光度最大的波长应在规定的波长 ±1nm 以内，并以吸光度最大的波长作为测定波长	室温 = ＿＿＿＿＿ 测定最大吸收波长 = ＿＿＿＿＿
吸光度测定	（8）将参比液、测定液装于比色皿中 （9）以参比液为空白，测定吸光度并记录	A_{11} = ＿＿＿＿；A_{12} = ＿＿＿＿；A_{13} = ＿＿＿＿ A_{21} = ＿＿＿＿；A_{22} = ＿＿＿＿；A_{23} = ＿＿＿＿
测绘吸收光谱	（10）将参比液、测定液在装于比色皿中（1 份） （11）以参比液为空白，测绘吸收光谱（定性）	
记录与计算	（12）计算测定用溶液的浓度 （13）计算吸光系数 （14）计算维生素 B_{12} 注射液的含量 （15）计算占标示量（%）	c_1 = ＿＿＿＿；c_2 = ＿＿＿＿ $E_{1cm}^{1\%}(1)$ = ＿＿＿＿；$E_{1cm}^{1\%}(2)$ = ＿＿＿＿ 维生素 B_{12} 注射液的含量 = ＿＿＿、＿＿＿ 占标示量（%）= ＿＿＿＿、＿＿＿＿
结果判定	（16）计算精密度，相对偏差均应在 ±0.5% 以内 （17）数据修约，与药典规定值比较，得出结论 （18）将吸收光谱特征数值与药典规定值比较，得出定性结论	相对偏差 = ＿＿＿＿＿ 占标示量（%）= ＿＿＿＿＿
结束工作	（19）测定完毕，清洗吸收池、烧杯和容量瓶等，还原仪器，关闭仪器电源	

案例解析 2：肾上腺素、碘解磷定注射液的检查

[链接《中国药典》（2020 年版）]

肾上腺素　酮体　取本品，加盐酸溶液（9→2000）制成每 1ml 中含 2.0mg 的溶液，照紫外 - 可见分光光度法，在 310nm 的波长处测定，吸光度不得过 0.05。

碘解磷定注射液　分解产物　避光操作。取含量测定项下的溶液，在 1 小时内，照紫外 - 可见分光光度法，在 294nm 与 262nm 的波长处分别测定吸光度，其比值应不小于 3.1。

【任务分析】

1. 提出问题

（1）紫外 - 可见分光光度法用于药物哪些的方面检查？

（2）检查的方法和依据是什么？

2. 开动脑筋　用于杂质检查。根据朗伯 - 比尔定律，物质的浓度和吸光度成正比例关系，通过控制杂质的吸光度不超过规定数值，即可控制杂质不超过限定的量。紫外 - 可见分光光度法用于药物的杂质限量检查时，一般以两种方式表示。①以某个波长处的吸光度或透光率表示，如肾上腺素中杂质肾上腺酮的检查；②以峰谷吸光度的比值表示，如碘解磷定中杂质的检查。

【任务实施】

1. 工作准备

（1）仪器　紫外 - 可见分光光度计（UV1800）、比色皿（1cm）、电子天平（0.1mg）、容量瓶（100ml）、移液管（5ml）等。

（2）试剂　肾上腺素、碘解磷定注射液。

2. 动手操作

测定步骤	操作内容	数据记录
配制测定用溶液	（1）精密称取供试品 1 份 （2）准确配成规定体积溶液 （3）定量稀释	供试品的名称、批号、生产厂家；供试品质量 $m =$ _____；配制溶液的体积，$V =$ _____
仪器检定	（4）检定波长准确度、吸光度准确度，检查杂散光 （5）比色皿配对	
吸光度测定	（6）将参比液、测定液装于比色皿中 （7）以参比液为空白，测定吸光度并记录	吸光度 $A =$ _____
记录与计算	（8）计算吸光度比值	吸光度比值 = _____
结果判定	（9）将测得的吸光度值、计算的吸光度比值与药典规定值比较，得出结论	
结束工作	（10）测定完毕，清洗吸收池、烧杯和容量瓶等，还原仪器，关闭仪器电源	

练一练

紫外－可见吸收光谱主要取决于（　　）。

A. 分子是振动、转动能级的跃迁　　　　　B. 分子的电子结构

C. 原子的电子结构　　　　　　　　　　　D. 原子的外层电子能级间跃迁

答案解析

药爱生命

甲基多巴，分子式为 $C_{10}H_{13}NO_4$，分子量为 211.21。白色或类白色结晶性粉末；几乎无臭，在水合态形状中近乎无味。在水中易溶，可溶于盐酸中。甲基多巴可转化成甲基去甲肾上腺素。甲基去甲肾上腺素是一种很强的中枢 α 受体激动药，能兴奋延髓孤束核与血管运动中枢之间的抑制性神经元，使外周交感神经受抑制，从而抑制对心、肾和周围血管的交感冲动传出，同时，周围血管阻力及血浆肾素活性降低，血压因而下降。可用于中、重度或恶性高血压，还有镇静、降低眼压作用。尤其适用于肾性高血压及肾功减退的高血压。本药主要损害心血管系统、肝脏、血液系统等。

目标检测

答案解析

一、选择题

（一）单项选择题

1. 紫外－可见光的波长范围是（　　）

A. $200 \sim 400\text{nm}$　　　　　　　　　　B. $400 \sim 760\text{nm}$

C. $200 \sim 760\text{nm}$　　　　　　　　　　D. $360 \sim 800\text{nm}$

2. 紫外－可见分光光度法属于（　　）

A. 原子发射光谱　　　　　　　　　　　B. 原子吸收光谱

C. 分子发射光谱　　　　　　　　　　　D. 分子吸收光谱

3. 紫外 – 可见吸收光谱法定量分析的理论依据是 （　　）

　　A. 吸收曲线 　　　　　　　　　　　　B. 吸光系数

　　C. 光的吸收定律 　　　　　　　　　　D. 能斯特方程

4. 今有 A 和 B 两种药物的复方制剂溶液，其吸收曲线相互不重叠，下列有关叙述正确的是 （　　）

　　A. 可不经分离，在 A 吸收最大的波长和 B 吸收最大的波长处分别测定 A 和 B

　　B. 可用同一波长的光分别测定 A 和 B

　　C. A 吸收最大的波长处测得的吸光度值包括了 B 的吸收

　　D. B 吸收最大的波长处测得的吸光度值包括了 A 的吸收

（二）多项选择题

1. 用标准曲线法测定某药物含量时，用参比溶液调节 $A=0$ 或 $T=100\%$ ，其目的是 （　　）

　　A. 使测量中 c – T 成线性关系 　　　　　　B. 使标准曲线通过坐标原点

　　C. 使测量符合朗伯 – 比尔定律，不发生偏离　　D. 使所测吸光度 A 值真正反映的是待测物的 A 值

　　E. 使吸光度 A 测量误差变小

2. 紫外 – 可见分光光度计的主要部件是 （　　）

　　A. 光源　　　B. 单色器　　　C. 吸收池　　　D. 检测器　　　E. 显示器

3. 吸光物质的吸光系数与 （　　）有关

　　A. 入射光波长 　　　　　　　　　　　B. 吸光物质的本性

　　C. 光程长度 　　　　　　　　　　　　D. 温度

　　E. 溶剂

4. 紫外 – 可见分光光度法可用于某些药物的 （　　）

　　A. 定性鉴别 　　　　　　　　　　　　B. 纯度检查

　　C. 毒理实验 　　　　　　　　　　　　D. 含量测定

　　E. 药理检查

二、计算题

1. 吸取每升含铁 35.0mg 的溶液 5.00ml 于 100ml 容量瓶中，用 1cm 吸收池于 508nm 处测得吸光度为 0.348。试计算 $E_{1cm}^{1\%}$ 和 ε 值。

2. 称取维生素 C 0.0500g 溶于 100ml 的 5mol/L 硫酸溶液中，准确量取此溶液 2.00ml 稀释至 100ml，取此溶液于 1cm 吸收池中，在 $\lambda_{max}=245nm$ 处测得 A 值为 0.498。求样品中维生素 C 的百分质量分数 $\left[E_{1cm}^{1\%}=560ml/(g\cdot cm)\right]$。

书网融合……

📄 重点回顾　　　📱 微课　　　📄 习题

项目十三 红外分光光度法

学习目标

知识目标：

1. 掌握 红外光谱分析法的基本原理；傅立叶变换红外光谱仪的基本原理与构造。

2. 熟悉 红外光谱法测定化合物结构的方法。

3. 了解 影响分析测定的重要因素；优化分析条件。

技能目标：

通过测定已知和未知样品的红外光谱，会初步进行原料药或医药中间体的鉴别和定性；会识别比较红外光谱和进行简单鉴别工作。

素质目标：

培养良好的实验习惯，具有较强的安全、节约和环保意识；通过分组实验设计，培养团队协作意识和创新意识。

📖 导学情景

情景描述［🔗链接《中国药典》(2020 年版)］：甘露醇

本品为 D－甘露糖醇。按干燥品计算，含 $C_6H_{14}O_6$ 应为 98.0% ~ 102.0%。

【性状】本品为白色结晶或结晶性粉末；无臭。

【鉴别】本品的红外光吸收图谱应与对照的图谱（光谱集 1238 图）一致。

$C_6H_{14}O_6$ 182.17

情景分析：采用红外光谱仪通过比较红外吸收图谱与标准图谱，鉴别甘露醇。

讨论：1. 红外分光光度法的原理是什么？如何利用对照图谱进行鉴别？

2. 红外分光光度法在药品、化妆品和食品检验中有什么应用？

学前导语：每种分子都有由其组成和结构决定的独有的红外吸收光谱，据此可以对分子进行结构分析和鉴定。红外光谱的特征性强，在实际中可用于研究分子的结构和化学键，也可以作为表征和鉴别药品的方法。红外光谱具有高度特征性，可以采用与标准化合物的红外光谱对比的方法来做分析鉴定。将标准图谱贮存在计算机中，用以对比和检索，进行药品、食品和化妆品等成分的分析鉴定。

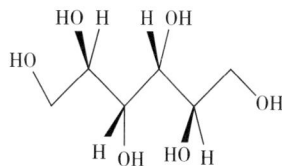

任务一 概 述 📱微课

PPT

一、红外吸收光谱概述

红外分光光度法研究的是红外光与物质间相互作用的科学。它是以连续波长的红外光为光源，照射样品引起分子振动和转动能级之间跃迁，测得的吸收光谱为分子的振转光谱，又称红外光谱。红外光是波长介于微波与可见光之间的电磁波，波长在 $0.76 \sim 1000\,\mu m$，红外光依据波长可分为近红外、中红外和远红外三个区（表 13-1）。红外分光光度法一般指中红外光谱法，药品对红外光的吸收也遵循朗伯-比尔定律。可利用药品的红外吸收光谱进行定性、定量分析及测定分子结构。红外光能量的高低除用波长参数衡量外，也常用波数描述其频率来衡量其能量的高低。波数是波长的倒数，以 cm^{-1} 为单位。

表 13-1 红外光谱区域划分

区域	波长 λ（μm）	波数 σ（cm^{-1}）	能级跃迁类
近红外区	0.76~2.5	13158~4000	NH、OH、CH 倍频区
中红外区	2.5~50	4000~200	振动转动
远红外区	50~1000	200~10	转动

红外吸收光谱一般都采用以波数 σ（cm^{-1}）为横坐标，相应的百分透光率 T（%）或吸光度 A 为纵坐标绘制的曲线，即 $T-\sigma$ 曲线，如图 13-1 所示是药典所采用的聚苯乙烯薄膜图谱。红外吸收光谱的吸收峰通常是倒置的吸收峰，和吸光度作为纵坐标是对称图谱。

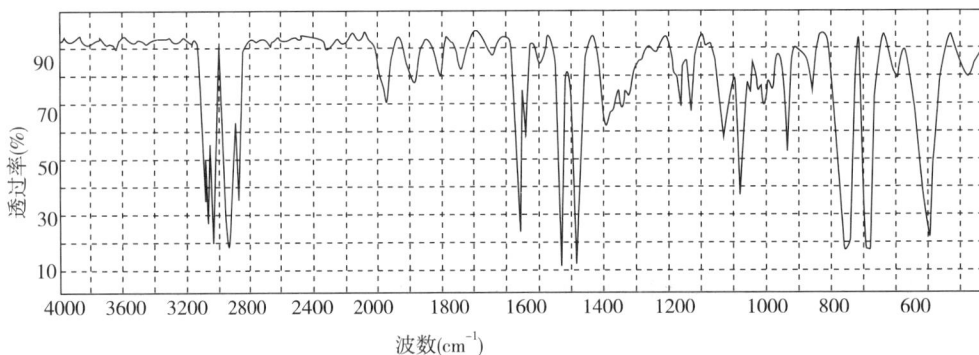

图 13-1 聚苯乙烯薄膜红外光谱图

二、分子振动

（一）双原子分子振动

双原子分子只有一种振动方式，通过化学键相连两个原子沿着键轴方向发生周期性的小振幅伸缩变化称为伸缩振动，用符号 ν 表示。两个原子可视为两个小球，两原子间的化学键可看成质量可以忽略不计的弹簧，则两个原子沿着其平衡位置的伸缩振动可近似看成沿键轴方向的简谐振动，如图 13-2 所示。

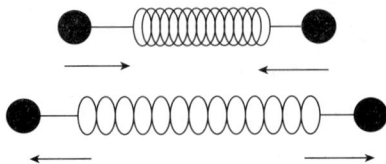

图 13-2 双原子分子振动示意图

双原子分子的振动频率可以根据虎克（Hooke）定律来计算，即

$$\nu = \frac{1}{2\pi}\sqrt{\frac{K}{\mu}} \tag{13-1}$$

式中，ν 为振动频率，Hz；K 为化学键力常数，N/cm；μ 为原子折合质量，g；$\mu = \frac{m_1 \cdot m_2}{m_1 + m_2}$，$m_1$ 和 m_2 分别为两个原子的质量。若用波数 σ 代替振动频率 ν 计算式可变为

$$\sigma = 1302\sqrt{\frac{k}{\mu}} \tag{13-2}$$

式（13-2）表明双原子基团的振动频率或波数与化学键力常数成正比，与原子折合质量成反比，键力常数 k（表13-2）越大，折合质量 μ 越小，振动频率越大。反之，k 越小，μ 越大，振动频率越小。

表13-2　常见化学键力常数

化学键	C—C	C=C	C≡C	C—H	C=O	O—H	N—H
k(N/cm)	4.5	9.6	15.6	5.1	12.1	7.7	6.4

不同的分子，结构不同，化学键力常数和原子质量不同，分子振动的频率不同，振动所吸收的红外光的辐射频率也不同，这是红外光谱用于药物鉴别和结构分析的基础。

（二）多原子分子振动

随着原子数目增多，组成的化学键、官能团和空间结构不一样，振动方式比双原子复杂多，以伸缩振动与弯曲振动两大类为主。

1. 伸缩振动　又分对称伸缩振动（符号 ν^s）和不对称伸缩振动（符号 ν^{as}）。

（1）对称伸缩振动　化学键的键角不变，键长同时伸长或缩短的振动称为对称伸缩振动。

（2）不对称伸缩振动　化学键的键角不变，键长一个伸长另一个缩短交替进行的振动称为不对称伸缩振动。

2. 弯曲振动　分子或基团内各键长不变，键角发生周期性变化的振动称为弯曲振动。若以基团所含原子所构成的平面作参照，它又分为面内弯曲振动（符号 β）、面外弯曲振动（符号 γ）和变形振动。

（1）面内弯曲振动　在由分子或基团内几个原子所构成的平面内的弯曲振动称为面内弯曲振动。依据弯曲振动的方向又分为剪式振动（符号 δ）、面内摇摆振动（符号 ρ）。剪式振动是指在振动过程中键角的变化类似剪刀"开""合"的振动；面内摇摆振动是指分子或基团作为一个整体在平面内做周期性摇摆的振动。组成 AX_2 型的分子或基团（如 CH_2、NH_2）易发生面内弯曲振动。

（2）面外弯曲振动　在垂直于几个原子所构成的平面外进行的弯曲振动称为面外弯曲振动。依据各键在面外弯曲方向的不同，面外弯曲振动又分为扭曲振动（符号 τ）和面外摇摆振动（符号 ν）。

（3）变形振动　AX_3 型基团或分子（如 CH_3）的弯曲振动称为变形振动。其又可分为对称变形振动（符号 δ^s）和不对称变形振动（符号 δ^{as}）。对称变形振动是指在振动过程中3个 AX 键与轴线组成的夹角同时变大或减小的振动。不对称变形振动指在振动过程中3个 AX 键与轴线组成的夹角不同时变大或减小的振动。CH_2 六种振动形式如图13-3所示。

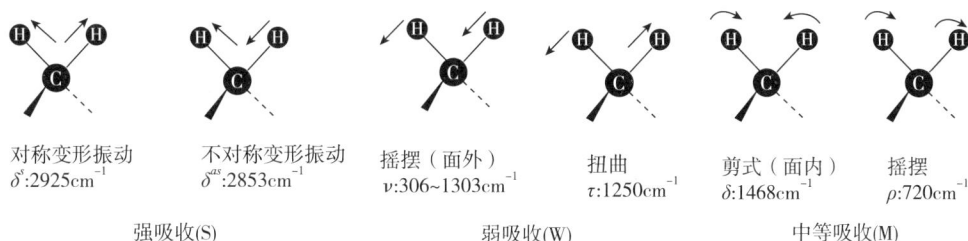

对称变形振动　不对称变形振动　摇摆（面外）　扭曲　剪式（面内）　摇摆
δ^s:2925cm^{-1}　δ^{as}:2853cm^{-1}　ν:306~1303cm^{-1}　τ:1250cm^{-1}　δ:1468cm^{-1}　ρ:720cm^{-1}
强吸收(S)　弱吸收(W)　中等吸收(M)

图13-3　CH_2六种振动形式

3. 振动自由度与峰数 理论上讲，一个多原子分子在红外光区可能产生的吸收峰的数目，决定于它的振动自由度。原子在三维空间的位置可用（x，y，z）三个坐标表示，称原子有三个自由度，当原子结合成分子时，自由度数目不损失。对于含有 N 个原子的分子中，分子自由度的总数为 $3N$ 个。分子的总的自由度是由分子的平动（移动）、转动和振动自由度构成。即分子的总的自由度 $3N$ = 平动自由度 + 转动自由度 + 振动自由度。

分子的平动自由度：分子在空间的位置由三个坐标决定，所以有三个平动自由度。

分子的转动自由度：是因分子通过其重心绕轴旋转产生，故只有当转动时原子在空间的位置发生变化的，才产生转动自由度。

（1）线性分子 线性分子的转动有以下 A、B、C 三种情况，A 方式转动时原子的空间位置未发生变化（图 13 - 4），没有转动自由度，因而线性分子只有两个转动自由度。所以线性分子的振动自由度 = $3N - 3 - 2 = 3N - 5$。

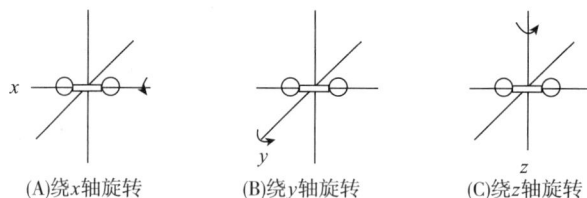

(A)绕 x 轴旋转 (B)绕 y 轴旋转 (C)绕 z 轴旋转

图 13 - 4 线性分子转动方式

（2）非线性分子 有三种转动方式（图 13 - 5），每种方式转动原子的空间位置均发生变化，因而非线性分子的转动自由度为 3。所以非线性分子的振动自由度 = $3N - 3 - 3 = 3N - 6$。

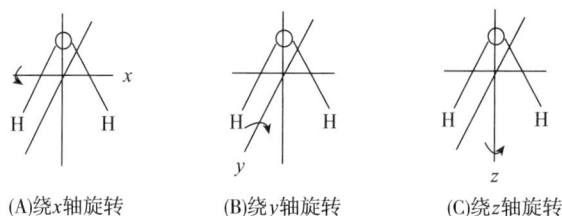

(A)绕 x 轴旋转 (B)绕 y 轴旋转 (C)绕 z 轴旋转

图 13 - 5 非线性分子转动方式

理论上讲，每个振动自由度（基本振动数）在红外光谱区将产生一个吸收峰。但是实际上，峰数往往少于基本振动的数目，其原因是：①当振动过程中分子不发生瞬间偶极矩变化时，不引起红外吸收；②频率完全相同的振动彼此发生简并；③弱的吸收峰位于强、宽吸收峰附近时被交盖；④吸收峰太弱，以致无法测定；⑤吸收峰有时落在红外区域（4000～400cm^{-1}）以外。

[例 13 - 1] 水分子的基本振动形式与其红外光谱。

水分子为非线性分子，振动自由度 = $3 \times 3 - 6 = 3$，三种振动形式与红外光谱如图 13 - 6 所示，每一种基本振动形式，产生一个吸收峰。

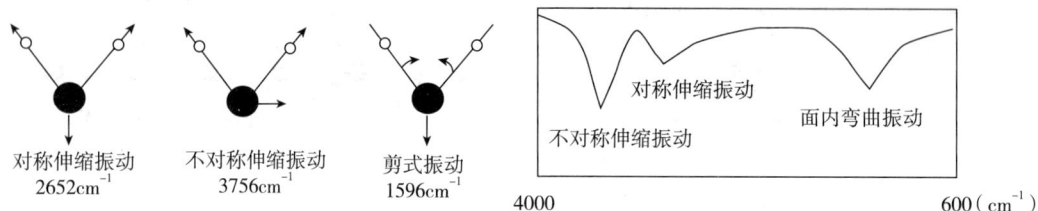

对称伸缩振动 2652cm^{-1}　不对称伸缩振动 3756cm^{-1}　剪式振动 1596cm^{-1}

图 13 - 6 H$_2$O 分子的三种振动形式与其红外光谱

[例13-2] CO_2分子的基本振动形式与其红外光谱。

CO_2为线性分子，振动自由度 $=3\times3-5=4$，其四种振动形式及其红外光谱如图13-7所示。

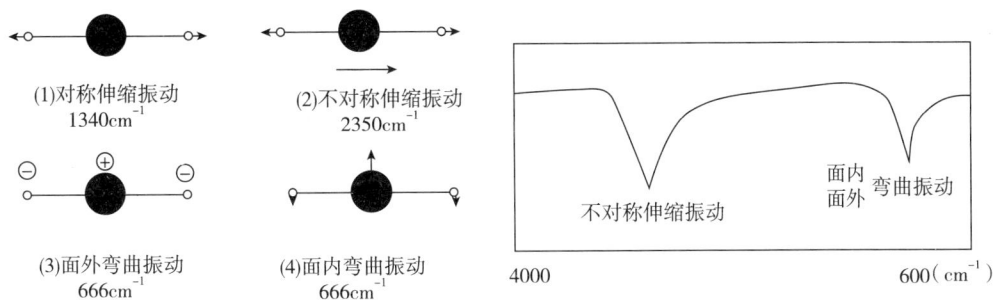

图13-7　CO_2分子的振动形式与其红外光谱

有四种振动形式，但红外图上只出现了两个吸收峰（2349cm^{-1}和667cm^{-1}），这是因为CO_2的对称伸缩振动，不引起瞬间偶极矩变化，是非红外活性的振动，因而无红外吸收，CO_2面内弯曲振动（δ）和面外弯曲振动（γ）频率完全相同，谱带发生简并。

三、红外光谱产生的条件

红外光谱是由分子在吸收红外辐射引发分子振动能级跃迁而产生的，分子吸收红外辐射必须具备以下两个必要条件。

1. 红外辐射的能量正好等于分子振动-转动能级跃迁所需的能量，即红外辐射的频率与分子中官能团振动频率相同时，分子才能吸收红外辐射。

2. 红外辐射与物质之间有耦合作用，即分子振动过程中，必须有偶极矩的改变。只有分子偶极矩发生变化的振动，才能产生红外吸收光谱，偶极矩的大小影响红外吸收峰的强度，有偶极矩的振动称为红外活性振动。没有偶极矩的变化的振动，称为红外非活性振动。

四、红外光谱常用术语

（一）红外吸收光谱图的表示方法

红外光谱中吸收峰的位置可用波长（λ）或波数（σ）来表示，即红外光谱有频率（波数）等间隔和波长等间隔两种表示方法，如图13-8所示。如不注意坐标的表示很可能把同一物质用不同的横坐标表示的红外光谱误认为不同化合物的红外光谱。

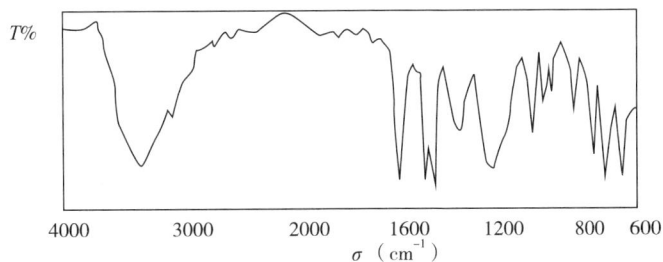

（a）以波数为横坐标

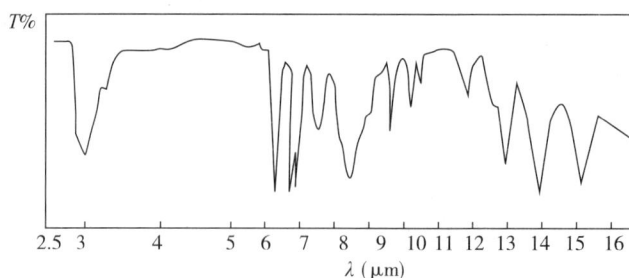

（b）以波长为横坐标

图 13-8 苯酚的不同横坐标的红外光谱图

（二）基频频率与特征吸收峰

1. 基频峰 基团或分子吸收一定频率的红外线，振动能级从基态（$V=0$）跃迁至第一振动激发态（$V=1$）时，所产生的吸收峰称为基频峰。其吸收峰强度较强，是红外光谱上最主要的一类吸收峰。由于简并现象和红外非活性振动现象的存在，基频峰数目小于理论计算的基本振动数。所以并非所有的振动都有吸收峰。

2. 泛频峰 倍频峰、合频峰和差频峰总称为泛频峰。倍频峰一般只考虑基态跃迁第二激发态所产生的吸收峰第二倍频峰，基态跃迁到第三、第四等激发态所产生吸收峰概率小。合频峰与差频峰是由两个或多个振动类型组合而成，多数为弱峰，一般在图谱上不易辨认。只有苯的泛频峰特征性强，代表某一种取代类型，可以用来鉴别苯环取代的位置。

3. 特征峰 组成分子的各种基团都有自己的特征红外吸收频率范围和吸收峰，可用于鉴别基团存在并有较高强度的吸收峰称为特征峰。如—C≡N，则在 2400～2130cm^{-1} 出现了 C≡N 伸缩振动吸收峰，是红外光谱中最强的峰，很容易鉴别。

4. 相关峰 官能团除了其特征峰外，还有其他的振动吸收峰，由官能团所产生的相互依存又相互佐证的吸收峰，称为相关峰。如亚甲基 CH$_2$ 相关峰：$\nu^{as}=29300cm^{-1}$，$\nu^s=2850cm^{-1}$，$\delta=1465cm^{-1}$，$\rho=720～790cm^{-1}$，容易鉴别。用相关峰鉴别或确认官能团的存在是红外光谱识别或解析的重要依据。

（三）红外吸收光谱的重要区段

根据红外光谱与分子结构的关系，可将中红外光区分为官能团特征区和指纹区。波数在 4000～1300cm^{-1}，吸收谱带比较稀疏，易于辨认，反映官能团的特征振动。波数在 1300～400cm^{-1} 低频区，吸收谱带比较密集，当结构有变化，该区的吸收峰有细微的变化，称为指纹区，用于辅助鉴别化合物的结构。

1. 特征区 又称为官能团区，该区可分为 4 个小区，如表 13-3 所示。

表 13-3 常见红外光谱图的特征区

区域	波数（cm^{-1}）	基团	振动形式
1	3700～3600	游离—OH	伸缩
	3500～3200	缔合—OH	伸缩
	3500～3300	游离—NH$_2$	伸缩
	3500～3100	缔合—NH$_2$	伸缩
	3300～3250	≡C—H	伸缩
	3100～3000	=C—H	伸缩
	3100～3000	芳环中 C—H	伸缩
	2960 和 2870	—CH$_3$	不对称与对称伸缩
	2930 和 2850	—CH$_2$	不对称与对称伸缩
	2980	—CH—	伸缩

区域	波数（cm⁻¹）	基团	振动形式
2	2260~2240	RC≡N	伸缩
	2260~2190	RC≡CR′	伸缩
	无吸收	RC≡CR	—
	2000~1667	苯环	泛频峰
3	1740~1720	醛中羰基	伸缩
	1725~1705	酮和羧酸中羰基	伸缩
	1740~1710	酯（非环）中羰基	伸缩
	1700~1640	酰胺中羰基	伸缩
	675~1640	—C≡N—	伸缩
	1675~1600	—C≡C—	伸缩
	1630~1575	—N≡N—	伸缩
	1600、1580、1500	—C≡C—	伸缩
	1600~1500	—NO₂	不对称伸缩
4	1470	—CH₂—	面内弯曲
	1460	—CH₃	面内弯曲（不对称）
	1380	—CH₃	面内弯曲（对称）

2. 指纹区 谱带主要是由各类单键 C—X（X = C、N、O）的伸缩振动和弯曲振动，以及 C—C 单键骨架振动产生。由于这些单键的强度区别不大，原子质量相近，故吸收谱带非常复杂和区域密集。虽然不容易辨认，但也存在一些基团特征吸收频率，如 900~650cm⁻¹ 区域对于区别顺反异构和苯环取代基的位置具有很大意义。常见红外光谱图的指纹区见表 13 - 4。

表 13 - 4 常见红外光谱图的指纹区

波数（cm⁻¹）	基团	振动形式
1300~1050	C—O	伸缩
1400~1000	C—F	伸缩
800~600	C—Cl	伸缩
990 和 910	RCH≡CH₂	面外弯曲
970~960	RCH≡CRH（反式）	面外弯曲
770~665	RCH≡CRH（顺式）	面外弯曲
850~800	对二取代苯	面外弯曲
810~780	间二取代苯	面外弯曲
750（单峰）	邻二取代苯	面外弯曲
750~700（两峰）	单取代苯	面外弯曲

? 想一想

红外分光光度法的特点有哪些？它不能鉴别哪几类化合物？

答案解析

任务二　红外光谱仪

红外光谱仪主要有色散型红外光谱仪和傅里叶变换红外光谱仪（FT–IR），而应用最广泛的就是傅立叶变换红外光谱仪。

一、傅里叶变换红外光谱仪

（一）主要部件

傅里叶变换红外光谱仪又称干涉型红外光谱仪，以岛津 IR Affinity–1 傅里叶红外光谱仪为例，光谱主要由光源、干涉仪、吸收池、检测器和计算机五个基本部分组成（图 13–9）。

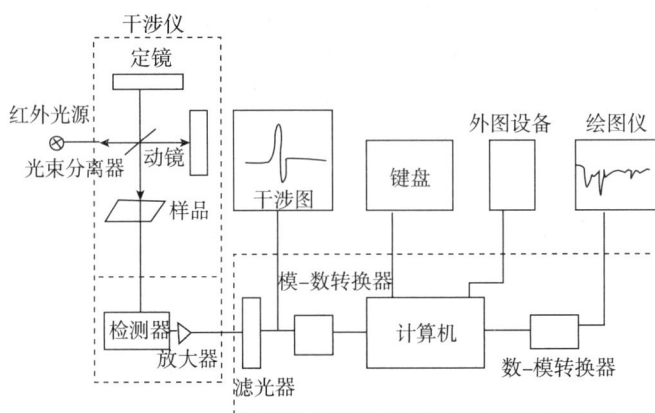

图 13–9　傅立叶红外光谱仪工作原理示意图

1. 干涉仪　是由固定镜、动镜和光束分裂器构成，如图 13–10 所示。两块互相垂直的平面反射镜，固定不动的称为定镜，可以微小移动的称为动镜。在它们之间放置一呈 45°角的半透膜光束分裂器，它能把光分为强度相等的光束Ⅰ和Ⅱ。光束Ⅰ和光束Ⅱ分别地投射到动镜和定镜，然后又反射回来形成相干涉光信号。

2. 检测器　由于 FT–IR 的全程扫描时间小于 1 秒，真空热电偶的响应时间不能满足此要求。一般多用 DTGS 和 MCT 检测器，响应时间约为 1 微秒。

（二）工作原理

FT–IR 的工作原理如图 13–10 所示。由光源发出的红外光，通过干涉仪产生干涉光，透过样品后，经检测器得到带有样品选择性吸收信息的干涉光谱图。用计算机进行快速的函数变换，解析出样品的红外光谱图。

（三）特点

傅里叶红外光谱仪扫描速度快，测量时间短，可在 1 秒至数秒内获得光谱图；灵敏度高，检测限低，可达 $10^{-9} \sim 10^{-12}$ g；分辨率高，波数精度一般可达 0.5cm^{-1}，性能好的仪器可达 0.01cm^{-1}；测量光谱范围涵盖了整个红外光区；测量的精密度、重现性好，仪器结构简单，体积小。

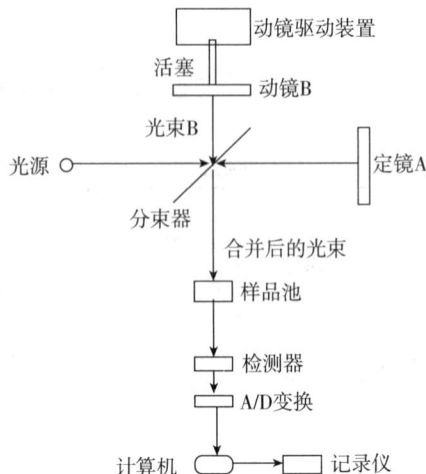

图 13–10　FT–IR 工作原理图

二、样品制备技术

红外光谱对气态、液态、固态样品都适用，对有机物、无机物也都适用，但制备样品的技术有些差别。绘制红外光谱的样品要求纯度大于98%且不含水分，以免干扰样品中羟基峰的观测和影响官能团的鉴别。样品的浓度或测试厚度应选择适当，以使光谱中大多数吸收峰的透光率处于10%~80%。

（一）气态样品制备技术

气体样品、低沸点液体样品和一些饱和蒸气压较大的试样，可采用气态试样制备技术。一般将气体样品装入仪器配套的气体槽中直接进行分析测定。

（二）液态样品制备技术

液体试样可根据其物理状态选取不同的制样方法。

1. 液膜法（夹片法） 难挥发液体（沸点大于80℃）可采用液膜法，即在可拆池两侧之间，滴上1~2滴液体样品，使之形成一层薄薄的液膜，然后进行分析测定。

2. 液体池法 将待测样装入仪器配套的液体池中直接进行分析测定。吸收池倾斜30°。用注射器吸取待测样由下孔注入直到上孔看到样品溢出为止，用聚四氟乙烯塞子塞好上、下注射孔。

3. 溶液法 将溶液或固体样品溶于适当的红外溶剂中（二硫化碳、四氯化碳等），然后注入固体池中进行测定。

（三）固态样品制备技术

1. 研糊法（液体石蜡法） 将固体样品研成细末，与液体石蜡混合成糊状，然后夹在两窗片之间进行分析测定。

2. 压片法 把1~2mg固体样品放在玛瑙研钵中研细，加入130~200mg磨细干燥的溴化钾粉末，混合均匀后，加入压模内，在压片机上抽真空加压，制成厚约1mm、直径10mm左右的透明薄片。

3. 薄膜法 把固体样品直接放在盐窗上加热，熔融样品涂成薄膜；或者将固体样品溶于挥发性溶剂中制成溶液，然后滴在盐片上，待溶剂挥发后，样品遗留在盐片上形成薄膜。

练一练

制备红外光谱仪的固态样品时，不可采用的器具是（　　）。

A. 不锈钢镊子　　　　B. 玛瑙研钵　　　　C. 塑料钥匙

D. 红外灯　　　　　　E. 压片机

答案解析

任务三　红外分光光度法的应用

PPT

一、药品的鉴别和检查

红外光谱是有机药物最有效的鉴别方法之一，各国药典均将红外光谱法列为药品的常用鉴别方法。在《中国药典》中化学原料药的鉴别绝大多数都是采用此鉴别方法，即标准图谱对比法，在与标准图谱一致的测定条件下绘制样品的红外光谱，与标准图谱比较，要求两图谱完全一致。有时红外光谱也用于具有多晶现象药品的晶形检查。

二、结构解析

红外光谱可提供物质分子中官能团、化学键及空间立体结构信息，通过解析红外光谱可适度推测未知化合物的结构，如再加以其他理化性质和鉴别手段的佐证，就更能确证化合物的分子结构。解析程序一般经过以下几步。

（一）解析程序

1. 计算分子的不饱和度。根据元素分析和分子量数据写出分子式，按（13-3）式计算有机物的 U 值。

$$U = \frac{2n_4 + n_3 - n_1 + 2}{2} \qquad (13-3)$$

式中，n_4、n_3、n_1 分别为分子中四价、三价、一价元素的数目；U 为不饱和度。根据 U 值，初步推断化合物的类型。规律如下：① $U=0$，链状饱和化合物；② $U=1$，结构中含一个双键或脂环；③ $U=2$，结构中含叁键或 2 个双键；④ $U \geq 4$，结构中可能含有苯环。

2. "四先四后"解析光谱图。先特征区，后指纹区；先最强峰，后次强峰；先粗查，后细找；先否定，后肯定。确定有机物可能含有的结构单元如羧基、叁键、甲基、胺基或苯环等基团，推测可能的结构。

3. 根据供试品化合物其他的理化性质等信息，配合解析化合物的结构。

👁 看一看

中药红外指纹图谱技术

中药红外指纹图谱技术一直是药品鉴定的权威方法，但是对于纯物质而言，中药是复杂的混合物体系，红外光谱在本质上与纯品的红外光谱不同，是混合物中各组分红外光谱的叠加。中药各种化学成分只要质和量相对稳定，并且样品的处理方法按统一要求进行，则其红外指纹图谱是相对稳定的。这样得到的混合物红外光谱具有一定的客观性和重复性。根据这一原理，不必将混合物红外光谱各吸收峰进行归属，只要在 $4000 \sim 400 cm^{-1}$ 范围内比较光谱的差异即可。红外光谱具有加和性，对于混合物来说，鉴别专属性差，分辨率低，近年来将红外光谱法与计算机辅助解析技术有机地结合应用于中药的鉴定。运用二维相关红外分析通过交叉计算获得高分辨的"指纹图谱"作为中药宏观质量判别的依据。将红外指纹图谱技术应用于中药的全面质量控制是一种思路上的创新。

（二）红外光谱图解析

[例 13-3] 某化合物的分子式为 $C_6H_{15}N$，红外谱图如图 13-11 所示，试推测该化合物的结构。

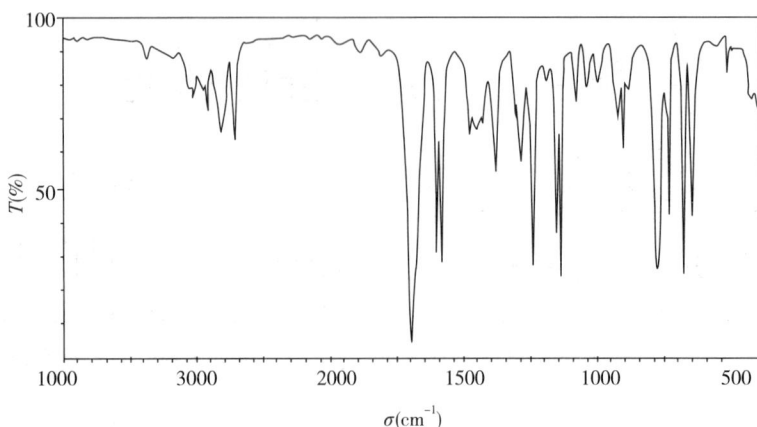

图 13-11　化合物 C_8H_8O 的红外谱图

解：①计算不饱和度

$$U = \frac{2n_4 + n_3 - n_1 + 2}{2} = \frac{2 \times 8 + 2 - 8}{2} = 5$$

因 $U = 5$，推测化合物可能有苯环，C_6H_5。

②3000cm^{-1}以上，不饱和 C—H 伸缩可能为烯、炔、芳香化合物；1600cm^{-1}、1580cm^{-1}，含有苯环；指纹区 780cm^{-1}、690cm^{-1}，为间位取代苯。

③1710cm^{-1}为 C＝O，2820cm^{-1}、2720cm^{-1}，含有醛基。

④结合化合物的分子式，推断此化合物为间甲基苯甲醛 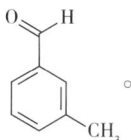。

三、典型工作任务分析

《中国药典》规定用红外光谱仪鉴别抗坏血酸、维生素钠、维生素钙等化合物，对应的标准图谱收录在药品红外图谱集里。学习红外光谱仪的应用便于进行药品的质量控制。

案例解析 1：抗坏血酸钠盐的定性分析

［链接《中国药典》（2020 年版）］本品的红外光吸收图谱应与对照的图谱（光谱集 1039 图）一致。

【任务分析】

1. 提出问题

（1）抗坏血酸钠盐和溴化钾压片时的配比是多少？

（2）准备供试品时为什么用玛瑙研钵和不锈钢药匙？为什么用无水乙醇清洗研钵？

（3）红外光谱与紫外光谱有什么区别？

2. 开动脑筋　抗坏血酸钠盐取 1～2mg，溴化钾取 100～200mg。玛瑙研钵和不锈钢药匙在中红外下几乎没有吸收，无水乙醇易挥发，可以清洗玛瑙研钵和不锈钢药匙等，对实验结果没有影响。电子能级间的跃迁产生紫外光谱，振动能级间的跃迁产生红外光谱。两者的波长范围不一样。

【任务实施】

1. 工作准备

（1）仪器　红外光谱仪（岛津 IR Affinity - 1）、模具、压片机、红外灯、玛瑙研钵（内径50mm）、不锈钢药匙、电子天平（0.1mg）、干燥器、烘箱。

（2）试剂　溴化钾、维生素 C。

（3）环境　一般要求在室温 25℃左右，必须安装空调设备，无回风口；湿度：介于45%与60%之间；避免强光照射；配制废液收集桶，集中处理；设置单相插座若干，设置独立的配电盘、通风柜开关；一般需安装稳压电源。

2. 动手操作

测定步骤	操作内容	数据记录
准备	（1）抗坏血酸药品烘干 （2）模具打扫干净 （3）开机预热红外光谱仪，打开计算机，连接机器	供试品的名称、批号、生产厂家、规格、温度；仪器的规格型号

续表

测定步骤	操作内容	数据记录
样品制备	(1) 组装压片模具 (2) 制备溴化钾的空白片，称取约200mg干燥的光谱纯溴化钾放在干净的玛瑙研钵中，在红外灯下，均匀研磨后加入压片模具中，装好模具，置于压片机，加压至绿色区为20~30MPa并维持5分钟。解除压力，取下模具，取出KBr片 (3) 称取干燥抗坏血酸约2mg和200mg干燥的光谱纯溴化钾放在玛瑙研钵研磨均匀，获得透明的抗坏血酸的供试品	
测定	打开工作站的操作界面，预热20分钟。点击仪器初始化，将空白片放入光路做背景扫描，取出空白片将供试品置于光路，采集背景信息，等待10~20秒完成测定，绘制供试品的红外光谱，对谱图进行处理分析	打印光谱图
图谱处理	通过药典标准图谱进行供试品的图谱分析鉴别。药典标准图谱如图13-12所示	分析步骤和解析过程
结束工作	测定完毕，打扫仪器，关闭仪器电源，做好仪器登记，关好门窗	

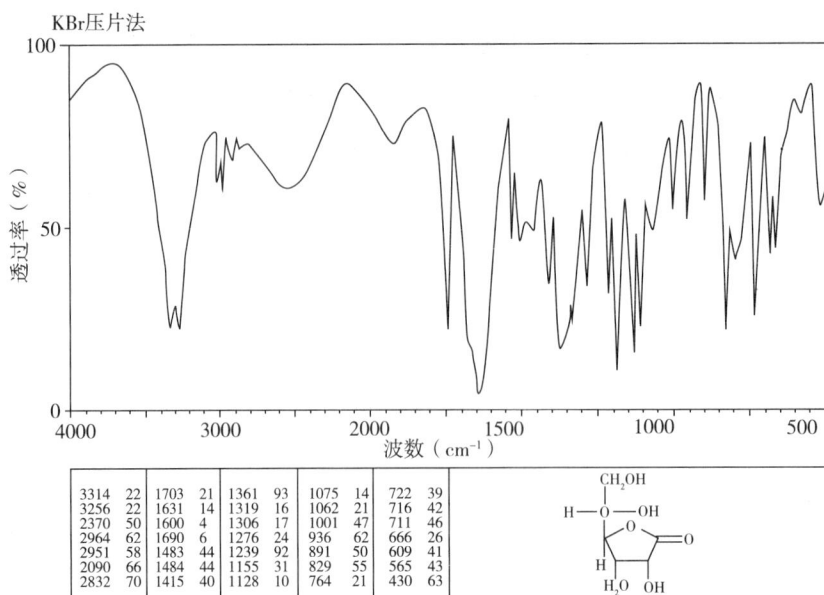

图 13-12 抗坏血酸钠盐的红外标准图谱

3. 维护常识

（1）仪器室应保持干燥，湿度为45%~60%，配空调和除湿机。

（2）压片模具使用时压力在绿色区，过大容易损坏压片机，结束后用无水乙醇擦洗。玛瑙研钵使用完毕后也用无水乙醇洗干净，放入干燥器中备用。

（3）经常更换红外光谱仪中干燥剂变色硅胶，保证其充分有效。

💗 **药爱生命**

利巴韦林又称病毒唑，为广谱抗病毒药，其化学名为1-β-D-呋喃核糖基-1H-1,2,4-三氮唑-3-羧酰胺。按干燥品计算，含$C_8H_{12}N_4O_5$应为98.5%~101.5%。为白色或类白色结晶性粉末；无臭。易溶于水，在乙醇中微溶，在乙醚或二氯甲烷中不溶。其红外光吸收图谱应与对照的图谱（光谱集22图）一致。该药体外具有抑制呼吸道合胞病毒、流感病毒、甲肝病毒、腺病毒等多种病毒生长的作用，适用于呼吸道合胞病毒引起的病毒性肺炎与支气管炎、皮肤疱疹病毒感染等。其不改变病毒吸附、侵入和脱壳，也不诱导干扰素的产生。对呼吸道合胞病毒也可能具免疫作用及中和抗体作用。

答案解析

目标检测

一、单项选择题

1. 红外吸收光谱属于（　　）

  A. 原子吸收光谱 　　　　　　　 B. 分子吸收光谱

  C. 电子光谱 　　　　　　　　　 D. 核磁共振波谱

2. 产生红外吸收光谱的原因是（　　）

  A. 原子内层电子能级跃迁 　　　 B. 分子外层价电子跃迁

  C. 分子转动能级跃迁 　　　　　 D. 分子振动 – 转动能级跃迁

3. 伸缩振动指的是（　　）

  A. 键角发生变化的振动

  B. 吸收频率发生变化的振动

  C. 分子平面发生变化的振动

  D. 键长沿键轴方向发生周期性变化的振动

4. 红外光谱又称为（　　）

  A. 电子光谱 　　　　　　　　　 B. 分子振动 – 转动光谱

  C. 核磁共振光谱 　　　　　　　 D. 原子发射光谱

5. 振动自由度是指（　　）

  A. 线性分子的自由度 　　　　　 B. 非线性分子的自由度

  C. 分子总的自由度 　　　　　　 D. 基本振动数目

6. 振动能级由基态跃迁至第一激发态所产生的吸收峰是（　　）

  A. 合频峰 　　　 B. 基频峰 　　　 C. 差频峰 　　　 D. 倍频峰

7. 红外光谱所吸收的电磁波是（　　）

  A. 微波 　　　 B. 可见光 　　　 C. 红外光 　　　 D. 紫外光

8. 双原子分子的振动形式有（　　）

  A. 一种 　　　 B. 二种 　　　 C. 三种 　　　 D. 四种

9. 关于红外光描述，正确的是（　　）

  A. 能量比紫外光大，波长比紫外光长

  B. 能量比紫外光小，波长比紫外光长

  C. 能量比紫外光小，波长比紫外光短

  D. 能量比紫外光大，波长比紫外光短

10. 红外光谱法在物质分析中不恰当的用法是（　　）

  A. 物质纯度的检查

  B. 物质鉴别，特别是化学鉴别方法鉴别不了的物质

  C. 化合物结构的鉴定

  D. 物质的定量分析

11. 弯曲振动指的是（　　）

  A. 原子折合质量较小的振动 　　　 B. 键角发生周期性变化的振动

C. 原子折合质量较大的振动   D. 化学键力常数较大的振动

二、计算题

1. 已知某红外线的 λ 为 $5\mu m$，它的波数是多少？

2. 已知醇分子中 O—H 伸缩振动峰位是 $2.77\mu m$，试计算 O—H 的伸缩力常数。

3. 试计算分子式为 $C_{12}H_{24}$ 的化合物的不饱和度。

书网融合……

重点回顾   微课   习题

项目十四　原子吸收分光光度法

▶ 项目导航

　　原子吸收分光光度法（atomic absorption spectrometry，AAS）又称原子吸收光谱法，它是基于被测元素的基态原子对光源发射出的待测元素的特征谱线的吸收来测定试样中待测元素含量的方法。

学习目标

知识目标：

1. 掌握　原子吸收分光光度法的基本原理；原子吸收分光光度计的基本构造及各部件功能。

2. 熟悉　原子吸收分光光度法的定量方法；原子吸收分光光度计的基本使用方法和注意事项。

3. 了解　原子吸收分光光度法的特点及其适用范围。

技能目标：

能熟练操作原子吸收分光光度计。

素质目标：

通过对原子吸收分光光度计的气密性检查，强化实验室安全意识；通过维生素 C 中铜的限量检查，强化药品质量意识。

📖 导学情景

情景描述 [🔗链接《中国药典》（2020 年版）]：[龙牡壮骨颗粒中钙的含量测定] 先制备对照品溶液和供试品溶液，然后取对照品溶液与供试品溶液，依法（通则 0406 第一法）在 422.7nm 的波长处测定，计算，即得。

情景分析：龙牡壮骨颗粒中钙的含量测定应用的是原子吸收分光光度法中的标准曲线法。原子吸收分光光度计的光源发射的钙元素的特征谱线通过待测的钙基态原子蒸气时，钙原子的外层电子会选择性地吸收该特征波长的谱线，从而引起入射光强度的减弱，减弱的程度（即原子吸收度）与该待测样品溶液中钙的浓度成正比，因此可以对钙元素的含量进行测定。

讨论：1. 原子吸收分光光度法的原理是什么？

　　　　2. 测定时如何选择被测元素的吸收波长？

学前导语：原子吸收分光光度法是基于气态的待测元素基态原子对同种元素发射的特征谱线的吸收建立起来的一种测定试样中该元素含量的分析方法。

任务一 概 述 🄴微课

一、原子吸收分光光度法的原理

(一) 原子吸收光谱的产生

1. 共振线 任何元素的原子都是由原子核和围绕原子核运动的核外电子组成。核外电子按照能量的高低分布在不同的能级。

在正常状态下原子处于能量最低、最稳定的状态，称为基态（E_0），处于基态的原子称为基态原子。当基态原子受外界能量（光能、热能等）的激发时，其最外层电子吸收了一定的能量跃迁到不同的激发态（较高的能级状态）。当外界提供的辐射能（如一定频率的光）恰好等于该基态原子与某一激发态能级之间的能量差时，该原子吸收这一频率的光，其最外层电子从基态跃迁到激发态，产生原子吸收光谱。处于激发态的电子很不稳定，在极短的时间内辐射出一定频率的光子，很快跃迁回到基态，产生原子发射光谱。

当电子吸收一定能量从基态跃迁至第一激发态（能量最低的激发态）要吸收一定频率的光，所产生的吸收谱线，称为共振吸收线。当电子从第一激发态跃回基态时，则发射出相同频率的光（谱线），其对应的谱线称为共振发射线。

原子能级跃迁如图 14-1 所示。图中 A 产生原子吸收光谱，B 产生原子发射光谱，E_0 为基态能级，E_1、E_2、E_3 为激发态能级。

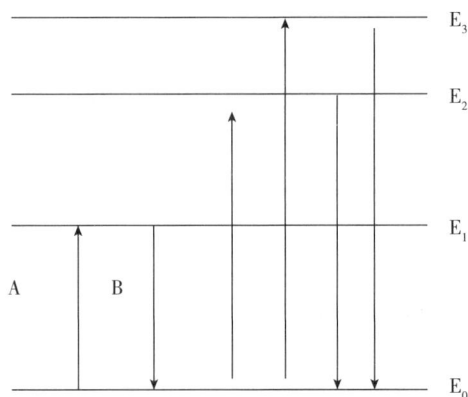

图 14-1 原子能级跃迁示意图

共振吸收线和共振发射线均简称为共振线。由于不同元素的原子结构不同，其核外电子能级的能量差不同，所以各种元素原子的共振线频率不同，从而使得每种元素原子都具有特定的共振线，即元素的特征谱线。对大多数元素而言，共振线最易产生，是因为基态到第一激发态的能量差最小，跃迁最容易发生，故共振线又是元素的最灵敏线。

2. 分析线 在原子吸收谱线分析中，常利用处于基态的待测元素的原子蒸气对由光源发射出的共振线的吸收来进行定量分析，因此共振线通常被选作"分析线"。

但是当被测元素浓度较高时，可以选用灵敏度较低的非共振线作为分析线，否则吸光度太大。如测 Zn 时常选用最灵敏的 213.9nm 波长作分析线，但当 Zn 的含量高时，为保证工作曲线的线性范围，可改用次灵敏的 307.5nm 波长进行测量。此外，当存在谱线的自吸收和干扰等问题，也可选择次灵敏线作为分析线。如 Hg 的共振线是 184.9nm，但实际在测汞时总是使用 253.7nm 作分析线，这是因为空气对 Hg 的共振线 184.9nm 有强烈吸收，故只能改用次灵敏线 253.7nm 测定。

（二）基态原子数

原子吸收分光光度法是基于待测元素基态原子对该元素共振线的吸收程度来进行测量的。在进行原子吸收分析时，首先需使试样中的待测元素由化合物状态转变成基态原子，此原子化过程可通过在燃烧的火焰中加热样品来实现。

试样中的被测元素经原子化器产生出一定浓度的基态原子，这是原子吸收分析中的关键步骤。为提高分析的灵敏度和准确度，基态原子在原子总数中的比例越高越好。但在原子化过程中，待测元素由分子解离成原子时，不可能全部是基态原子，其中有一部分为激发态原子，甚至还有一部分电离成离子，但在实验温度范围内，激发态原子数是很少的，可以忽略不计。因此，可用气态基态原子数（N_0）来代表待测原子总数（N）。

二、原子吸收分光光度法的定量基础

在实际工作中测定的是待测组分的浓度，而组分浓度又与待测元素吸收辐射的原子总数 N 成正比，因而，在一定的温度和一定的火焰宽度 L 条件下，让不同频率的光（入射光强度为 I_0）通过某一待测元素的原子蒸气，则有一部分光将被吸收，其透射光与原子蒸气的宽度（火焰的宽度 L）的关系，遵从朗伯 – 比尔定律，即

$$A = \lg \frac{I_0}{I} = KN_0L \qquad (14-1)$$

式中，A 为吸光度；I_t 为透射光强度；K 为常数（可由试验测定）；N_0 为基态原子数。

如果将 N_0 近似地看作原子总数 N，则有

$$A = KNL \qquad (14-2)$$

式（14-2）表示吸光度与待测元素吸收辐射的原子总数及火焰的宽度（光径长度）的乘积成正比。

实际分析要求测定的是试样中待测元素的浓度，而待测元素的浓度与待测元素吸收辐射的原子总数是成正比的。因此当火焰宽度是固定的，在一定的浓度范围内，吸光度与试样浓度成正比，即

$$A = K'c \qquad (14-3)$$

式中，c 为溶液浓度；K' 为与试验条件有关的常数。

式（14-3）表示吸光度与样品中被测元素的浓度成线性关系，它是原子吸收分光光度法定量的依据。

✎ **练一练**

原子吸收光谱产生的原因是（　）。

A. 原子振动能级跃迁　　　　　　B. 分子外层价电子能级跃迁

C. 分子中电子能级跃迁　　　　　D. 原子最外层电子能级跃迁

答案解析

任务二　原子吸收分光光度计

PPT

一、用途

原子吸收分光光度计又称原子吸收光谱仪，根据物质的基态原子蒸气对特征辐射吸收的作用来进行金属元素（及少量的非金属）分析，它能够灵敏可靠地测定微量或痕量元素。

二、构造

原子吸收分光光度计由五部分组成，即光源、原子化器、单色器、检测系统和显示系统，如图14-2所示。

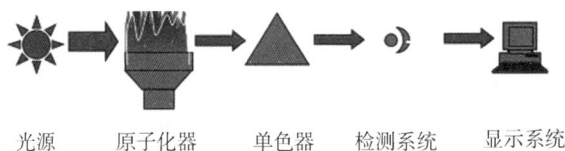

图 14-2　原子吸收分光光度计示意图

（一）光源

光源的作用是发射待测元素的特征光谱，又称锐线光源。要求光源必须具有辐射光强度足够大、稳定性好、噪声低和使用寿命长等特点。常见的光源有空心阴极灯、蒸气放电灯、高频无极放电灯等。以下主要介绍结构简单、操作方便、应用最广泛的空心阴极灯。

空心阴极灯又称元素灯，是一种气体放电管，它包括一个阳极（在钨棒上镶钛丝或钽片）和一个空心圆筒的阴极，阴极是由待测元素的纯金属或合金制成。两电极密封于充有少量低压惰性气体的带有光学窗口的硬质玻璃管内。当在两极间施加一定电压时，阴极开始放电。此时电子在电场的作用下加速，从空心阴极射向阳极，并与周围惰性气体发生碰撞使其电离。带正电的惰性气体离子又在电场作用下向阴极内腔壁猛烈轰击，将阴极材料的原子从晶格中溅射出来，溅射出来的原子再与电子、惰性气体原子及离子发生碰撞而激发，发射出被测元素的特征共振线，如图14-3所示。空心阴极灯一般在使用前要经过20~30分钟预热，以使灯的发射强度达到稳定。

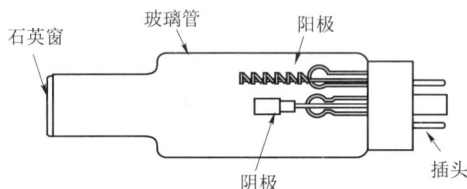

图 14-3　空心阴极灯结构示意图

空心阴极灯发射的光谱主要是阴极元素的光谱。如果阴极材料是由一种元素构成，称为单元素灯，其发射线强度高、稳定性好、背景干扰少，但每测一种元素就要换一种元素灯。如果阴极材料由多种元素构成，称为多元素灯，其可连续测定多种元素，但光强度较单元素灯弱，测定时容易产生干扰。目前常用的是单元素灯。

（二）原子化器

原子化系统的作用是提供足够的能量，使试样中被测元素转变为吸收特征辐射线的基态原子蒸气。被测元素由试样转为气相，并转化为基态原子的过程，称为原子化过程。样品的原子化是原子吸收分光光度法的一个关键步骤，所以，原子化系统是原子吸收分光光度计中极其重要的部件。原子化器的原子化效率要高、记忆效应要小、噪声要低。原子化方法主要有火焰原子化法和非火焰原子化法。火焰原子化法利用火焰能使试样转化为气态原子；非火焰原子化法利用电加热或化学还原等方式使试样转化为气态原子。

1. 火焰原子化器　它是通过火焰温度和气氛使试样原子化的装置，具有结构简单、操作方便、快速，重现性和准确度较好，适用范围广等特点，是原子吸收分析的标准方法。但缺点是原子化效率低，灵敏度不够高，通常只能进行液体试样的分析。

火焰原子化过程分为两个步骤：①将试样溶液变成细小雾滴，即雾化阶段；②使雾滴接收火焰供给的能量形成基态原子，即原子化阶段。火焰原子化器分为全消耗型和预混合型两种类型。全消耗型燃烧器是将试液直接喷入火焰。这种原子化器结构简单、使用较安全，常用于燃气燃烧速度快、试样溶剂具有可燃性的样品分析，缺点是火焰不稳定，噪声高，有效吸收的光程短。预混合型燃烧器是先将试液的雾滴、燃气和助燃气在进入火焰前，于雾化室内预先混合均匀，然后再进入火焰，其气流稳定、噪声低、原子化效率较高，是目前应用较广泛的原子化器。预混合型火焰原子化器包括雾化器、雾化室（预混合室）、燃烧器、火焰四个部分，如图 14 - 4 所示。

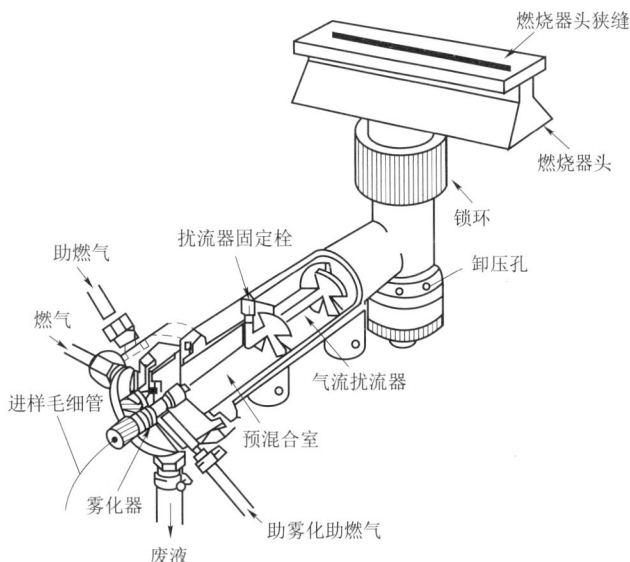

图 14 - 4　预混合型火焰原子化器结构示意图

（1）雾化器　是火焰原子化器的重要部件。它的作用是将试液雾化，并使雾滴均匀化。雾化器的工作原理是当高压载气（助燃气体）高速通过时，产生的负压使试液沿毛细管吸入，并被高速气流分散成雾滴。喷出的雾滴撞击在撞击球上，进一步分散成细雾。雾化器的雾化效率是影响火焰化灵敏度和检出限的主要问题，影响雾化效率的因素有助燃气流速、溶液的黏度、表面张力以及毛细管与喷嘴之间的相对位置。

（2）雾化室　又称预混合室，其作用是进一步细化雾滴，并使之与燃气（乙炔、丙烷、氢等）均匀混合后进入火焰。而一些未被细化的雾滴则在雾化室内凝结为液珠，沿废液排泄管排出。另外，雾化室可以缓冲稳定混合气气压，以便使燃烧器产生稳定的火焰。

（3）燃烧器　作用是使燃气在助燃气的作用下形成火焰，在高温下使试样中的待测元素原子化。燃烧器应能使火焰燃烧稳定，原子化程度高，并能耐高温、耐腐蚀。

（4）火焰　在火焰原子化法中，其作用是使待测物质分解成基态自由原子，它直接决定分析的灵敏度和结果的重现性，目前应用最广泛的火焰是空气 - 乙炔火焰。

虽然火焰原子化器操作简便，重现性好，但也存在着原子化效率低，基态原子吸收区域停留时间短，限制测定灵敏度的提高，无法直接分析黏稠状液体和固体试样等问题。

2. 非火焰原子化器　是利用电热、阴极溅射、高频感应或激光等方法使试样中待测元素原子化，应用最广泛的是石墨炉原子化器。石墨炉原子吸收光谱法的优点是：试样用量少（固体 $0.1 \sim 10$ mg，液体 $1 \sim 50$ μl）；原子化效率高达 90% 以上；基态原子在吸收区停留时间长；检出限低，对很多元素的测定比火焰原子化法低 $2 \sim 3$ 个数量级；试样在体积很小的石墨管里直接原子化，有利于难熔氧化物的分解，提高了测定的选择性和灵敏度；可以直接进行黏度较大样品、悬浮液和固体样品的进样。此外，石墨炉法也有缺点，如：背景干扰较大，须有扣除背景装置；设备复杂、昂贵；精密度较差（相对偏差约3%）；单试样分析所需时间较长等。

使用石墨炉时一般采取程序升温的方式，石墨炉原子化器按所指令的控温程序自动分段完成干燥、灰化、原子化、净化的操作，从而提高测定的选择性和灵敏度。

（1）干燥　目的是蒸发除去溶剂或其他低沸点挥发性成分，先通小电流，在100℃左右进行试样的干燥，当进样体积较大时，可以适当延长干燥时间。

（2）灰化　通常在100~1800℃进行灰化，以除去基体或其他元素对其的干扰。在低温下吸光度保持不变，当吸光度下降时对应的较高温度，称为最佳灰化温度，可通过绘制吸光度与灰化温度的关系来确定。

（3）原子化　试样灰化后再升温进行试样原子化，温度根据需要选定，最高可达3000℃。原子化的温度因元素不同而异，其最佳温度也可通过绘制吸光度与原子化温度的关系来确定，对多数元素来说，当曲线上升至平顶形时，与最大吸光度值对应的温度就是最佳原子化温度。

（4）净化　试样测定完毕后，将石墨炉加高温空烧一段时间，使前一试验余留的待测元素挥发掉，以减小该试验对下次试验的影响，称为净化。

（三）单色器

通常配置在原子化器以后的光路中，其作用是将待测元素的共振线和邻近谱线分开，从而使分析线选择性地进入检测器。单色器由入射狭缝、出射狭缝和色散原件组成，其关键部位是色散原件，现多用光栅。由于采用锐线光源，谱线比较简单，因此对单色器分辨率的要求不是很高。在实际工作中，通常根据谱线结构和待测共振线邻近是否有干扰来决定狭缝宽度，适宜的缝宽可通过试验来确定。

（四）检测系统

检测系统由光电元件、放大器、对数转换器和显示装置组成。它是将单色器发射出的光信号转换成电信号后进行测量。

光电元件一般采用光电倍增管，其作用是将经过原子蒸气吸收和单色器分光后的微弱信号转换为电信号。原子吸收分光光度计的工作波长通常为190~900nm，很多仪器在短波方面可测至197.3nm（砷），长波方面可测至852.1nm（铯）。

（五）显示系统

放大器放大后的电信号经对数转换器转换成吸光度信号，经数字显示器显示或记录仪打印进行读数。目前，国内外商品化的原子吸收分光光度计几乎都配备了微机处理系统，具有自动调零、曲线校正、浓度直读、标尺扩展、自动增益等性能，并附有记录器、打印机、自动进样器、阴极射线管荧光屏及计算机等装置，大大提高了仪器的自动化程度。

三、分析流程

将被分析物质以适当方法转变为溶液，并将溶液以雾状引入原子化器。此时，被测元素在原子化器中原子化为基态原子蒸气。当光源发射出的与被测元素吸收波长相同的特征谱线通过火焰中基态原子蒸气时，光能因被基态原子吸收而减弱，其减弱的程度（吸光度）在一定条件下，与基态原子的数目（元素浓度）之间的关系，遵守朗伯-比耳定律。被基态原子吸收后的谱线，经分光系统分光后，由检测器接收，转换为电信号，再经放大器放大，由显示系统显示出吸光度或光谱图。

四、注意事项

（一）火焰原子吸收分光光度计使用方法及注意事项

1. 火焰原子吸收分光光度计使用方法

（1）开机前准备　按仪器使用说明书检查各气路接口是否安装正确，气密性是否良好。

（2）开机及初始化　打开电源开关，再打开电脑主机开关，安装空心阴极灯，接着打开仪器开关，启动工作站并初始化仪器，预热 20~30 分钟。

（3）点火　预热完毕后先打开排风，再打开空气压缩机，接着拧开乙炔气瓶，设置样品参数，完成点火。

（4）测量　把进样管放入空白试剂或去离子水中烧 5 分钟左右，将进样管放入校准试剂中"校零"，进行标样及样品测定，完成数据保存或打印。

（5）关机　先关闭乙炔总阀，再关闭乙炔分阀，接着关闭空气压缩机，退出软件，关闭仪器开关，关闭电脑，关闭通风橱。

2. 注意事项

（1）要先打开排风设备后才可以点火。

（2）为了确保安全，使用燃气、助燃气应严格按操作规程进行，点火前用肥皂水检查乙炔管路接头是否漏气。如果在试验过程中突然停电，应立即关闭燃气，然后将空气压缩机及主机上所有开关和旋钮都恢复至操作前状态。

（3）仪器若隔太久不用，应预热 1~2 小时。

（4）每次分析工作后，都应该让火焰继续点燃并吸喷去离子水 3~5 分钟清洗原子化器。定期检查废液收集容器的液面，及时倒出过多的废液，但要保证足够的水封。

（5）为了保证分析结果有良好的重现性，应该注意燃烧器缝隙的清洁、光滑。发现火焰不整齐、中间出现锯齿状分裂时，说明缝隙内已有杂质堵塞，此时应该仔细进行清理。清理方法是待仪器关机，燃烧器冷却以后，取下燃烧器，用洗衣粉溶液刷洗缝隙，然后用去离子水反复冲洗几次，清除沉积物。

（6）空气 – 乙炔火焰熄灭时，应先关闭乙炔气，再关闭其他设备。

（7）火焰熄灭后燃烧器仍然有高温，20 分钟内不可触摸。

（二）石墨炉原子吸收分光光度计使用方法及注意事项

1. 石墨炉原子吸收分光光度计使用方法

（1）开机前准备　确认石墨炉原子化器已安装，仪器与气路已连接；检查冷却水管、加热电缆已固定到位。

（2）开机及参数设置　开机顺序同火焰法，启动软件后选择元素灯及测量参数，设定测定方法为"石墨炉"，调节原子化器位置及能量，设置加热程序及参数，设置测量样品和标准样品参数。

（3）打开开关　打开石墨炉开关，打开氩气，打开循环冷却水开关。

（4）测量　测量进样分为手动进样和自动进样两种。手动进样是用微量进样器吸入 10μl 样品注入石墨管中，自动进样需配备自动进样器。测量结束可进行数据保存或打印。

（5）关机　关闭氩气、水源，退出软件，关闭石墨炉电源，关闭电脑，关闭通风橱。

2. 注意事项

（1）石墨炉系统的第二组电源只许接一个大功率电源插座。

（2）氩气瓶存放在安全通风良好的地方。

（3）冷却水管道连接、出口畅通。

（4）试验中，石墨炉原子化器高温，严禁触碰，防灼伤；石墨炉系统开机需接通电源、水源、气源，开机后禁止人员离开仪器。

（5）试验时，要打开通风设备，使试验过程产生的气体及时排出室外；定时对水气分离器中的水进行排放。

（6）试验结束，断开电源、水源、气源。

？ 想一想

原子吸收分光光度法与紫外－可见分光光度法有哪些异同点？

答案解析

任务三　原子吸收分光光度法的应用

PPT

一、定量分析方法

在一定分析条件下，若被测元素浓度不高、吸收光程固定，则待测试液的吸光度与被测元素的浓度成正比，这是原子吸收分光光度法定量的依据。原子吸收光谱进行定量分析的方法主要有标准曲线法和标准加入法。

（一）标准曲线法

1. 标准溶液的配制　原子吸收分光光度法中，配制标准溶液之前，要先配制标准储备液。标准储备液一般选用高纯金属（99.99%）或被测元素的盐类，精确称量溶解后配成1mg/ml的标准储备液。目前可以购买到多种元素的专用标准储备液。

标准储备液经过稀释即成为所需要的标准溶液。对于火焰原子吸收测定的标准储备液一般要稀释1000倍，非火焰原子吸收测定的标准储备液要稀释100000～1000000倍。

配制标准储备液和标准溶液应使用去离子水，保证玻璃器皿纯净，防止污染。配制溶液用的试剂如硝酸、盐酸应为优级纯，避免使用磷酸或硫酸。标准储备液要保持一定酸度防止金属离子水解；应存放在玻璃或聚乙烯试剂瓶中，有些元素（如金、银）的储备液应存放在棕色试剂瓶中，应避免阳光照射，但是不要存储在寒冷的地方。

2. 标准曲线的绘制　原子吸收分光光度法的标准曲线法和紫外－可见分光光度法相似。以试剂溶液为空白溶液，在选定的试验条件下，用空白溶液调零，按照浓度由低到高的顺序依次测定各标准溶液的吸光度，并记录读数。以吸光度为纵坐标，标准溶液浓度为横坐标绘制标准曲线。在同样操作条件下，测定试样溶液的吸光度，从标准曲线查得试样溶液的浓度。①优点：简便、快速，可用于同类大批量样品的分析。②缺点：基体效应（物理干扰）大，适用于组成简单的试样。

使用标准曲线法时应注意：配制的标准溶液浓度应在吸光度与浓度成线性的范围内；整个分析过程中操作条件应保持不变。另外，标准曲线法虽然简单，但必须保证标准样品与试样的物理性质相同，保证不存在干扰物，对于组成尚不清楚的样品不能用标准曲线法。

（二）标准加入法

本方法适用于试样的基体组成复杂且对测定有明显干扰的，或待测试样的组成不明确的，但在标准曲线成线性关系的浓度范围内的样品。

方法：取5份相同体积的试样溶液置于5个同体积的容量瓶中，从第2份起按比例精密加入不同量的待测元素的标准溶液，各浓度间距应一致，稀释至一定体积。分别测定加入标准溶液后样品的吸光度。以吸光度对加入的待测元素的浓度作图，得到一条不通过原点的直线，外延此直线与横坐标的交点即为试样溶液中待测元素的浓度 c_x，如图 14-5 所示。

该方法的优点是适合于组成复杂样品，可消除基体效应和某些化学干扰。缺点是不能消除背景吸收的影响。

使用标准加入法时应注意：待测元素的浓度与其对应的吸光度在测定浓度范围内成线性关系；为了得到较准确的外推结果，最少应取 4 个点来作外推曲线，并且第一份加入的标准溶液与试样溶液浓度之比应适当；对于斜率太低的曲线（灵敏度差），容易引进较大的误差。

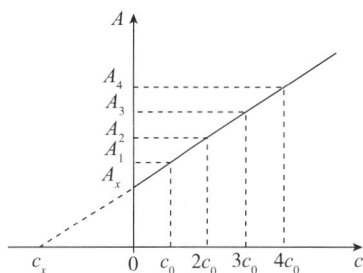

图 14-5　标准加入法

二、杂质限量检查

当原子吸收分光光度法用于杂质限量检查时，取供试品，按各品种项下的规定，制备供试品溶液；另取等量的供试品，加入限度量的待测元素溶液，制成对照品溶液。按照标准曲线法操作，设对照品溶液的读数为 a，供试品溶液的读数为 b，b 值应小于（$a-b$）。

三、典型工作任务分析

原子吸收分光光度法是测定微量元素和痕量元素的有效方法。具有干扰较少、灵敏度高、结果准确、操作简便、应用范围广等优点。已广泛应用于药物分析、食品分析、卫生检验、环保、地质等领域。

👁 看一看

气相色谱与原子吸收联用技术

元素形态分析是 21 世纪现代分析科学中的一个重要研究领域，也是当代分析科学中的研究热点与前沿之一。单一的原子吸收光谱法不能直接提供元素形态方面的信息，根据形态分析的特点及试样的复杂性，均要求采用化学分离与仪器检测相结合的技术——联用技术。原子吸收光谱（AAS）与气相色谱（GC）联用已成为金属形态分析的主要方法，这种联用技术既具备 GC 分离能力强、基体干扰少等优点，也具备 AAS 灵敏度高和选择性好的特点，弥补了 GC 检测器对金属不灵敏和 AAS 对同一元素的不同形态无法区分的缺陷。

案例解析 1：维生素 C 中铜的检查

[链接《中国药典》（2020 年版）] 取本品 2.0g 2 份，分别置 25ml 容量瓶中，一份中加 0.1mol/L 硝酸溶液溶解并稀释至刻度，摇匀，作为供试品溶液 b；另一份中加标准铜溶液（精密称取硫酸铜 393mg，置 1000ml 容量瓶中，加水溶解并稀释至刻度，摇匀，精密量取 10ml，置 100ml 容量瓶中，用水稀释至刻度，摇匀）1.0ml，加 0.1mol/L 硝酸溶液溶解并稀释至刻度，摇匀，作为对照溶液 a。按照原子吸收分光光度法（通则 0406），在 324.8nm 的波长处分别测定，应符合规定。

【任务分析】

1. 提出问题

（1）测定铜时选择哪种原子化方法？

（2）配制测试用试剂溶液、供试品和对照品溶液时，用蒸馏水还是去离子水？

（3）如何判断维生素 C 中铜的含量是否符合规定？

2. 开动脑筋 测定铜元素时采用火焰原子化法，在火焰原子化法中，火焰类型和特征是影响原子化效率的主要因素。对低、中温元素，使用空气－乙炔火焰；对高温元素，采用氧化亚氮－乙炔高温火焰；对分析线位于短波区（200nm以下）的元素，使用空气－氢火焰。铜元素在测定时，使用空气－乙炔火焰。

配制测试用试剂溶液、供试品和对照品溶液时，应使用去离子水，不能用蒸馏水。一是由于蒸馏水中含有一些离子，可能会对测定产生干扰；二是由于蒸馏水净度不够，容易造成雾化器毛细吸管和燃烧器的燃烧缝堵塞。

维生素C中铜的含量是否符合规定应根据测定的对照品和供试品的吸光度来判断。若对照品溶液的读数为 a，供试品溶液的读数为 b，b 值小于（$a-b$）符合《中国药典》（2020年版）规定。

【任务实施】

1. 工作准备

（1）仪器 原子吸收分光光度计。

（2）试剂 维生素C原料药、硝酸（AR）、硫酸铜（AR）。

2. 动手操作

测定步骤	操作内容	数据记录
供试品、对照品溶液的配制	（1）取维生素C 2.0g 2份，分别置于25ml容量瓶中，一份中加0.1mol/L硝酸溶液溶解并稀释至刻度，摇匀，作为供试品溶液 b （2）另一份中加标准铜溶液1.0ml，加0.1mol/L硝酸溶液溶解并稀释至刻度，摇匀，作为对照溶液 a	供试品的名称、批号、生产厂家、规格；仪器的规格型号 $m_1 = $ _____ $m_2 = $ _____
仪器开机初始化	（3）检查气路气密性是否良好 （4）开机，仪器初始化 （5）选择工作灯及预热灯，寻峰，进入工作界面，灯预热20~30分钟	
点火	（6）预热结束，打开排风系统，先开空压机，再开乙炔气体，设置好样品信息，点火	
测定	（7）用空白溶液喷雾调零，测定对照品和供试品溶液的吸光度并记录	$A_b = $ _____ $A_a = $ _____
结果判定	（8）判断维生素C中铜的含量是否符合规定	
结束工作	（9）测定完毕，用去离子水喷洗燃烧头3~5分钟，先关闭乙炔气体，再关空压机，退出软件，关闭仪器开关，关电脑，关闭排风系统	

案例解析2：龙牡壮骨颗粒中钙的含量测定

[链接《中国药典》（2020年版）] 对照品溶液的制备 取碳酸钙基准物约60mg，置100ml容量瓶中，用水10ml湿润后，用稀盐酸5ml溶解，加水至刻度，摇匀，精密量取25ml，置100ml容量瓶中，加水至刻度，摇匀，量取1.0ml、1.5ml、2.0ml、2.5ml和3.0ml，分别置25ml容量瓶中，各加镧试液1ml，加水至刻度，摇匀，即得。

供试品溶液的制备 取装量差异项下的本品，混匀，取适量，研细，取0.5g或0.3g（无蔗糖），精密称定，置100ml容量瓶中，用水10ml湿润后，用稀盐酸5ml溶解，加水至刻度，摇匀，滤过。精密量取续滤液2ml，置25ml容量瓶中，加镧试液1ml，加水至刻度，摇匀，即得。

测定法 取对照品溶液与供试品溶液，依法（通则0406第一法）在422.7nm的波长处测定，计算，即得。

本品每袋含钙（Ca）不得少于45.0mg。

【任务分析】

1. 提出问题 在测定中为什么要加镧试剂？有什么作用？

2. 开动脑筋 钙的测定中，若有磷酸根的存在，可生成难电离的磷酸钙沉淀，干扰测定。为了防止磷酸盐干扰钙的测定，可以加入镧试剂，使其与干扰组分磷酸盐生成热稳定更高的化合物，从而使待测元素钙释放出来。

【任务实施】

1. 工作准备

（1）仪器 原子吸收分光光度计。

（2）试剂 龙牡壮骨颗粒（含蔗糖）、碳酸钙、稀盐酸、镧试液。

2. 动手操作

测定步骤	操作内容	数据记录
对照品溶液的配制	（1）称取碳酸钙基准物约60mg，用去离子水10ml湿润后，用稀盐酸5ml溶解后，定量转移至100ml容量瓶中，加去离子水至刻度，摇匀 （2）再精密量取上述溶液25ml，置于100ml容量瓶中，加去离子水至刻度，摇匀 （3）精密量取（2）溶液1.00ml、1.50ml、2.00ml、2.50ml和3.00ml，分别置于25ml容量瓶中，各加镧试液1ml，加去离子水至刻度，摇匀，即得	供试品的名称、批号、生产厂家、规格 仪器的规格型号 $m_{碳酸钙}$ = _____ c_1 = _____ c_2 = _____ c_3 = _____ c_4 = _____ c_5 = _____
供试品溶液及空白溶液的配制	（4）取装量差异项下的供试品，混匀，取适量，研细，精密称定0.5g，用去离子水10ml湿润后，用稀盐酸5ml溶解，定量转移至100ml容量瓶中，加去离子水至刻度，摇匀，滤过 （5）精密量取3份续滤液，每份2ml，分别置于25ml容量瓶中，加镧试液1ml，加去离子水至刻度，摇匀，即得	$m_{供试品}$ = _____
空白溶液的配制	（6）取镧试液1ml、稀盐酸0.1ml置于25ml容量瓶中，加去离子水至刻度，摇匀，即得	
仪器开机初始化	（7）检查气路气密性是否良好 （8）开机，仪器初始化 （9）选择工作灯及预热灯，寻峰，进入工作界面，灯预热20~30分钟	
点火	（10）预热结束，打开排风系统，先开空压机，再开乙炔气体，设置好样品信息，点火	
测定	（11）空白溶液喷雾调零，测定对照品和供试品溶液的吸光度	
记录与计算	（12）记录对照品溶液的吸光度 （13）记录供试品溶液的吸光度 （14）通过标准曲线求得供试品溶液中钙的浓度 （15）计算供试品中的含钙量及本品装量项下的含钙量 （16）计算精密度，相对偏差均应在±0.5%以内	A_1 = _____ ; A_2 = _____ A_3 = _____ ; A_4 = _____ A_5 = _____ ; A_{x1} = _____ A_{x2} = _____ ; A_{x3} = _____ c_{x1} = _____ ; c_{x2} = _____ c_{x3} = _____ ; m_{x1} = _____ m_{x2} = _____ ; m_{x3} = _____ 相对偏差 = _____
结果判定	（17）判断本品中钙含量是否符合规定	结论：
结束工作	（18）测定完毕，用去离子水喷洗燃烧头3~5分钟，先关闭乙炔气体，再关空压机，退出软件，关闭仪器开关，关电脑，关闭排风设备	

明胶是动物的皮、骨、腱与韧带中胶原蛋白经适度水解（酸法、碱法、酸碱混合法或酶法）后纯化得到的制品。在制备过程中，会有重金属铬的引入。铬是人体必须的微量元素，但如果人体过量摄入，会对肝、肾等内脏器官和DNA造成损伤。铬在人体内蓄积具有致癌性，并可诱发基因突变。因此，生产药用胶囊所用的原料明胶至少应达到食用明胶标准。明胶及明胶空心胶囊中铬的含量，在《中国药典》（2020年版）明确规定，按照原子吸收分光光度法，以石墨炉为原子化器，在357.9nm的波长处测定，含铬不得超过百万分之二。

目标检测

答案解析

一、选择题

（一）单项选择题

1. 原子吸光度与原子浓度的关系是（　　）

    A. 指数关系　　　　　　　　　B. 对数关系

    C. 反比关系　　　　　　　　　D. 线性关系

2. 原子化器的主要作用是（　　）

    A. 将试样中待测元素转化为基态原子

    B. 将试样中待测元素转化为激发态原子

    C. 将试样中待测元素转化为中性分子

    D. 将试样中待测元素转化为离子

3. 在原子吸收分光光度计中，目前常用的光源是（　　）

    A. 空心阴极灯　　　　　　　　B. 氙灯

    C. 交流电弧　　　　　　　　　D. 能斯特灯

4. 当特征辐射通过试样蒸气时，被（　　）吸收

    A. 激发态原子　　　　　　　　B. 离子

    C. 基态原子　　　　　　　　　D. 分子

5. 原子吸收光谱是（　　）

    A. 带状光谱　　　　　　　　　B. 线状光谱

    C. 振动光谱　　　　　　　　　D. 连续光谱

（二）多项选择题

1. 原子吸收分光光度计与紫外 – 可见分光光度计的不同之处有（　　）

    A. 光源不同　　　　　　B. 吸收池不同　　　　　　C. 单色器位置不同

    D. 检测器不同　　　　　E. 以上均不是

2. 石墨炉原子化器在使用时要进行程序升温，升温步骤包括（　　）

    A. 干燥　　　　　　　　B. 灰化　　　　　　　　C. 原子化

    D. 净化　　　　　　　　E. 离子化

3. 石墨炉原子化法的优点是（　　）

    A. 试样取用量少

B. 原子化效率高

C. 可直接测定固体样品

D. 检出限低，对很多元素的测定比火焰原子化法低 2~3 个数量级

E. 灵敏度高

二、计算题

在原子吸收分光光度计上，用标准加入法测定试样溶液中 Cd 的含量。取两份试液各 20.0ml，于 2 只 50ml 容量瓶中，其中一只加入 2ml 镉标准溶液（含 Cd 10μg/ml）。另一容量瓶中不加，稀释至刻度后测其吸光度值。加入标准溶液的吸光度为 0.116，不加的为 0.042，求试样溶液中 Cd 的浓度。

书网融合……

重点回顾

微课

习题

项目十五　色谱法概论和平面色谱法

　　色谱法（chromatography）又称层析法，是一种根据物质的物理化学性质不同（如溶解性、极性、离子交换能力、分子大小等）而进行分离分析多组分混合物的一种分离分析方法，包括平面色谱法、气相色谱法、液相色谱法。本项目主要介绍平面色谱法。

学习目标

知识目标：

1. 掌握　色谱分离原理和色谱法常用术语；吸附色谱法、分配色谱法、离子交换色谱法、分子排阻色谱法的分离机制及应用范围。

2. 熟悉　色谱法分类及各类方法的特点；常用的固定相、流动相及选择原则。

3. 了解　色谱法的发展概况。

技能目标：

学会薄层板的制备（滤纸的准备）、点样、展开、显色定位和检视。

素质目标：

通过对薄层板的制备、展开等操作掌握，培养认真严谨务实的工作作风；通过对点样、显色与检视等操作掌握，培养审美意识和实事就是的科学精神。

导学情景

情景描述 [▭▭链接《中国药典》(2020 年版)]：[六味地黄丸中牡丹皮的色谱鉴别] 取本品水丸 4.5g，研细，加乙醚 40ml，回流，滤过，残渣加丙酮 1ml 溶解，作为供试品溶液。取丹皮酚对照品 1mg，加丙酮 1ml 溶解，作为对照品溶液。照薄层色谱法（通则 0502），吸取上述两种溶液各 $10\mu l$，分别点于同一硅胶 G 薄层板上，展开，取出，晾干，喷以盐酸酸性 5% 三氯化铁乙醇溶液，加热至斑点显色清晰。

情景分析：牡丹皮的主要成分为酚类及酚苷类、单萜及单萜苷类物质。六味地黄丸经乙醚回流提取，提取液在硅胶薄层板上展开分离，丹皮酚在酸性条件下与三氯化铁发生显色反应，呈现蓝褐色斑点。

讨论：1. 色谱法的原理是什么？

　　　　2. 薄层色谱法在药物分析中有什么应用？

学前导语：色谱法是一种分离分析技术，试样混合物的分离过程就是试样中各组分在色谱分离柱的两相间不断进行分配的过程。可利用各组分物理化学性质的差异，从而造成各组分在两相间的吸附、分配或其他亲和力的差异而产生不同速度的移动，达到分离分析的目的。

PPT

任务一　概　述

一、色谱法原理

色谱法是一种物理化学分离分析方法，它利用混合物中各组分理化性质的差别，以不同程度分布在两相中的一种分离分析方法。两相中，其中一相固定不动，称为固定相；另一相携带试样流过此固定相进行冲洗，称为流动相。混合物试样中组分，随流动相经过固定相时，与固定相发生相互作用。由于各组分的结构和性质不同，各组分与固定相作用的类型、强度也不同，在固定相上滞留时间的长短也就不同，或被流动相携带移动的速度不等，即产生差速迁移，因而被分离。这个过程是组分分子在流动相和固定相间多次"分配"的过程。在色谱柱上发生反复多次的吸附、解吸（或称分配）的过程如图 15－1 所示。因混合物组分的结构和理化性质存在着微小差异，则在吸附剂表面的吸附能力也存在微小差异，经过反复多次的吸附和洗脱，使微小差异积累起来，其结果就使吸附能力较弱的 A 组分先从色谱柱中流出，吸附能力较强的 B 组分后流出色谱柱，从而使两组分得到分离。其依据就是利用混合物不同组分在固定相和流动相中分配系数（或吸附系数、渗透性等）的差异，使不同组分在做相对运动的两相中进行反复分配，实现分离的分析方法。该法具有分离效率高、灵敏度高、高选择性、分析速度快、应用范围广等优点，但定性较为困难，常需要纯物质对照。

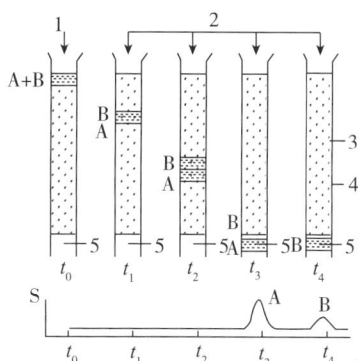

图 15－1　A、B 双组分混合物色谱过程示意图
1. 试样；2. 流动相；3. 固定相；4. 色谱柱；5. 检测器

二、色谱法分类

1. 按流动相和固定相状态分类

（1）流动相为液体的色谱法，称为液相色谱法（LC），按固定相状态不同，又分为液－固色谱法（LSC）和液－液色谱法（LLC）。

（2）流动相为气体的色谱法，称为气相色谱法（GC），按固定相状态不同，又分为气－固色谱法（GSC）与气－液色谱法（GLC）。

（3）流动相为超临界流体的色谱法，称为超临界流体色谱法（SFC）。

2. 按色谱分离机制分类

（1）吸附色谱法　指用吸附剂作固定相，利用吸附剂表面对不同组分吸附能力的差异来进行分离的分析方法。

（2）分配色谱法　指以液体为固定相，利用不同组分在互不相溶的两相溶剂中的分配系数（或溶解度）差异来进行分离的分析方法。

（3）离子交换色谱法（IEC）　指用离子交换剂作固定相，利用离子交换剂对不同离子的交换能力的差异进行分离的分析方法。

（4）分子排阻色谱法（MEC）　指用凝胶（或分子筛）作固定相，利用凝胶对分子大小不同的组分有着不同的阻滞作用（或渗透作用）来进行分离的分析方法。

3. 按操作形式不同分类

（1）柱色谱法　将固定相装在不锈钢管或玻璃柱内或涂渍在柱内壁上，构成色谱柱，利用色谱柱对混合组分进行分离的分析方法。

（2）平面色谱法　将固定相附着于特定平面上，组分被液体流动相携带沿平面移动而实现分离的分析方法，包括薄层色谱法和纸色谱法。

1）薄层色谱法（TLC）　将固定相均匀地涂铺于平板（如玻璃板或塑料板）上，制成薄层，组分在此薄层上进行色谱分离的方法。

2）纸色谱法（PC）　以滤纸为载体，以纸纤维吸附的水分为固定相，组分在滤纸上进行色谱分离的方法。

? 想一想

色谱法的分离原理是什么？按照色谱分离机制分类可分为哪几种常见的方法？

答案解析

三、色谱法基本理论

（一）塔板理论

1. 塔板理论内容　1941 年马丁和辛格建立的"塔板理论"模型将色谱柱看作一个分馏塔，把一根连续的色谱柱设想成由许多小段组成。在每一小段内，一部分空间被固定相占据，另一部分空间充满流动相。组分随流动相进入色谱柱后，就在两相间进行分配。并假定在每一小段内组分可以很快地在两相中达到理论塔板的长度称为理论塔板高度，简称板高（H）。经过多次分配平衡，分配系数小的组分，先离开蒸馏塔，分配系数大的组分后离开蒸馏塔。由于色谱柱内的塔板数相当多，因此即使组分分配系数只有微小差异，仍然可以获得好的分离效果。塔板理论如下：

（1）色谱柱内存在许多塔板，组分在塔板间隔（即塔板高度）内完全服从分配定律，并很快达到分配平衡。

（2）样品加在第 0 号塔板上，样品沿色谱柱轴方向的扩散可以忽略。

（3）流动相在色谱柱内间歇式流动，每次进入一个塔板体积。

（4）在所有塔板上分配系数相等，与组分的量无关。

塔板理论假设色谱柱上各个板高是等同的。若将色谱柱长以 L 表示，则色谱柱的理论塔板数 n 为

$$n = \frac{L}{H} \tag{15-1}$$

对于一定长度的色谱柱，H 越小，则 n 越大，达成分配平衡的次数越多，两个分配系数不同的组分就越容易彼此分离，色谱峰越窄，柱子的分离效能也越好（即柱效越高）。所以理论塔板数 n 或理论塔板高度 H 是描述柱效能的指标。

在气相色谱柱内，理论塔板数一般为 $10^{-3} \sim 10^{-6}$，理论塔板数越多，其流出曲线越接近于正态分

布曲线。

在塔板理论中，色谱峰的流出曲线方程可表示为

$$c = \frac{\sqrt{n}\,W}{\sqrt{2\pi}\,V_R}\exp\frac{1}{2}n\left(\frac{V_R - V}{V_R}\right) \tag{15-2}$$

式中，c 为色谱流出曲线上任意一点样品的浓度；n 为理论塔板数；W 为进样总量；V_R 为样品的保留体积（$V_R = t_r F_0$，t_r 为保留时间，F_0 载气流速）；V 为在色谱流出曲线上任意一点的保留体积。

当 $V = V_R$ 时，可导出色谱峰流出浓度的极大值。

由式（15-2）可看出，当进样量 W 和色谱柱的理论塔板数 n 一定时，保留体积 V_R 值小的组分（即先从柱中流出的分配系数小的组分），其色谱峰形高而窄，V_R 值大的组分（即后从柱中流出的分配系数大的组分），其色谱峰形矮而宽。

由塔板理论可导出计算理论塔板数 n 的公式。

$$n = 5.54\left(\frac{t_R}{W_{h/2}}\right)^2 = 16\left(\frac{t_R}{W_b}\right)^2 \tag{15-3}$$

式中，t_R 为组分的保留时间；$W_{h/2}$ 为半峰高处的峰宽；W_b 为基线宽度。保留时间包含死时间 t_M，在死时间内不参与分配。

2. 有效塔板数和有效塔板高度　组分在 t_M 时间内参与柱内分配，需要引入有效塔板数和有效踏板高度。

$$n_{有效} = 5.54\left(\frac{t_R'}{W_{h/2}}\right)^2 = 16\left(\frac{t_R'}{W_b}\right)^2 \tag{15-4}$$

$$n_{有效} = \frac{L}{H_{有效}} \tag{15-5}$$

塔板理论导出了色谱流出曲线方程，成功地描述了色谱流出曲线的位置和形状，解释了组分的分离，提出定量评价柱效的参数，因此具有重要的理论和实际意义，例如，理论塔板数和理论塔板高度的概念和计算方法一直沿用，但塔板理论依据的分配平衡在色谱过程中只是一种理想状态，它的某些假设与实际色谱过程并不相符，如要求组分立即达到分配平衡、流动相脉冲式进入色谱柱、忽略组分在色谱柱内的纵向扩散等。事实上，组分在两相间分配需要一定时间、流动相连续进入色谱柱、组分在色谱柱中的纵向扩散也是不能忽略的。塔板理论没有考虑各种动力学因素对色谱柱内传质过程的影响，流出曲线方程不能说明载气流速、固定相性质等因素对色谱峰展宽的影响。

（1）当色谱柱长一定时，塔板数越大，被测组分在色谱柱内被分配的次数越多，柱效越高，所得色谱峰越窄。

（2）不同物质在同一色谱柱上的分配系数不同，用有效理论塔板数和有效理论塔板高度作为衡量柱效的指标时，应指明被测物质。

（3）柱效的高低不能表示被分离组分的实际分离效果。当两组分的分配系数相同时，无论该色谱柱的塔板数多大都无法分离。

（4）塔板理论无法解释同一色谱柱在不同的流动相流速下柱效不同的试验结果，无法指出影响柱效的因素和提高柱效的途径。

（二）速率理论

速率理论表述了分离过程中影响柱效的因素及提高柱效的多种途径，其核心是速率方程（也称范第姆特方程式或范式方程）。

$$H = A + \frac{B}{u} + Cu \tag{15-6}$$

式中，H 为理论塔板高度；A 为涡流扩散项；B/u 为分子扩散项；Cu 为传质阻力项。

1. 涡流扩散项（A） 当色谱柱内的组分随流动相经过固定相颗粒流入色谱柱时，如果固定相颗粒不均匀，则组分在穿过固定相空隙时必然会碰到大小不一的颗粒而不断改变方向，由于流经途径不同使得同一时间进入色谱柱的样品流出时间不同，这种现象称为涡流扩散。

涡流扩散的大小可用下式表示。

$$A = 2\lambda d_p \tag{15-7}$$

式中，λ 为填充不均匀因子；d_p 为固定相平均颗粒直径。

涡流扩散项也称多流路效应项，从公式可以看出，它与填充物的平均颗粒直径 d_p 有关，也与填充不均匀因子 λ 有关，即填充愈均匀、颗粒愈小，则塔板高度愈小、柱效愈高。

涡流扩散的存在，造成色谱峰展宽。在填充柱中，固定相颗粒大小是影响涡流扩散的重要原因。一般来说，颗粒细，有利于填充均匀，但是过细时可能造成流动相通过色谱柱时压力增加，不便操作。一般减小涡流扩散的方法是选择细而均匀的颗粒，采用良好的填充技术和尽可能使用短柱。目前气相色谱仪-质谱仪联用所使用的色谱柱为开管毛细管柱，由于这种色谱柱是空心柱，不存在固定相颗粒对于流动相的影响，因此使用开管毛细管色谱柱的涡流扩散项为 0。

2. 分子扩散项（B/u） 分子扩散又称纵向扩散，是由于组分在柱的轴向（即流动相前进方向）上形成浓度梯度，样品沿轴向进行扩散。分子扩散项造成的谱带展宽程度可以表示为

$$\frac{B}{u} = 2\gamma D_m/u \tag{15-8}$$

式中，γ 为弯曲因子，反映固定相对分子扩散的阻碍，填充柱的弯曲因子一般为 $0.6 \sim 0.8$，开管毛细管柱为 1；D_m 为样品在流动相中的扩散系数；u 为流动相线速度。

样品的扩散程度主要与样品的扩散系数、载气的种类和流速大小、温度、柱长等有关。样品分子在流动相中的扩散系数越小，扩散越小；载气的流速越大，样品分子在柱子内部滞留的时间就越短，扩散越小；温度越高，扩散越严重。欲使纵向分子扩散减小，应该选择球状颗粒，适当增加载气流速，选择分子质量较大载气作为流动相（扩散系数小），同时采用短柱和较低柱温。

3. 传质阻力项 Cu 由于溶质分子在流动相和固定相中的扩散、分配、转移的过程并不是瞬间达到平衡，这使得某些组分与固定相作用被保留，某些组分不被保留或保留较小，保留小的组分很快被流动相带走，由于传质过程造成的峰展宽称为传质阻力。气相色谱仪的传质阻力 C 分为流动相传质阻力 C_m 和固定相传质阻力 C_s。

$$C = C_m + C_s \tag{15-9}$$

（1）流动相传质阻力 C_m 是指样品组分由流动相移向固定相表面进行两相之间的质量交换时受到的阻力。样品组分由流动相移向固定相表面进行两相之间的质量交换是根据分配系数在两相之间进行分配的，有的组分来不及进入两相界面被流动相带走，有的组分进入两相界面又来不及返回流动相，这样使得样品在两相界面上不能瞬间达到分配平衡，从而引起滞后现象，使谱峰展宽。

$$C_m = \frac{0.01k^2 d_p^2}{(1+k)^2 D_m} \tag{15-10}$$

式中，k 为分配比。

C_m 与 d_p 平方成正比，故采用小颗粒的填充物，可使 C_m 减小，有利于提高柱效。C_m 与 D_m 成反比，组分在气相中的扩散系数越大，气相传质阻力越小，故采用 D_m 较大的 H_2 或 He 作载气，可减小传质阻力，提高柱效。但载气线速度增大，可使气相传质阻力增大，柱效降低。

（2）固定相传质阻力 C_s 是指组分从气液界面到液相内部，并发生质量交换，达到分配平衡，然后又返回气液界面的传质过程。这个过程是需要较长时间的，在流动状态下，因为气液之间的平衡不

能瞬时完成，使传质速度受到一定限制，同时组分进入液相后又要从液相洗脱出来，也需要时间，与此同时，组分又随着载气不断向柱口方向运动，气、液两相中的组分距离越远，色谱峰形扩展就越严重。载气流速越快越不利于传质，所以减小载气流速可以降低传质阻力，提高柱效。

$$C_{\mathrm{s}} = \frac{qkd_{\mathrm{f}}^{2}}{(1+k)^{2}D_{\mathrm{s}}} \tag{15-11}$$

式中，d_{f} 为固定液在载体上的液膜厚度；D_{s} 为组分在液相中的扩散系数；q 为结构因子。球形填料为 $8/\pi^{2}$，无定形填料为 2/3。

液相传质阻力系数 C_{s} 与液膜厚度 d_{f} 成正比，与组分在液相中的扩散系数 D_{s} 成反比，所以固定液薄有利于液相传质，不使色谱峰形扩展。但固定液过薄，将会减少样品的容量，降低柱的寿命。组分在液相中的扩散系数 D_{s} 越大，越有利于传质，但柱温对 D_{s} 影响较大，柱温增加，D_{s} 增大而 k 值变小，即提高柱温有利于传质，减少峰形扩展；降低柱温，有利于分配，即有利于组分分离（k 值增大）。所以要选择适宜的温度来满足具体样品的要求。

一般情况下，薄的液膜厚度、小的载体颗粒、低黏度的固定液、较高的柱温和较低的载气流速有利于减小传质阻力。

因此，完整的范第姆特方程式表示为

$$H = 2\lambda d_{\mathrm{p}} + \frac{2\gamma D_{\mathrm{m}}}{\mu} + \left[\frac{0.01k^{2}d_{\mathrm{p}}^{\,2}}{(1+k)^{2}D_{\mathrm{m}}} + \frac{qkd_{\mathrm{f}}^{2}}{(1+k)^{2}D_{\mathrm{s}}}\right]\mu \tag{15-12}$$

四、色谱法基本术语

（一）色谱图

色谱柱内分离的试样各组分依次进入柱后检测器产生检测信号，其响应信号大小对时间或流动相流出体积的关系曲线，称为色谱图（图15-2）。它显示被分离组分从色谱柱洗出，浓度随时间的变化，反映组分在柱出口流动相中分布情况，与组分在柱内迁移和两相中分布密切相关。色谱图横坐标为时间或（流动相）体积，纵坐标为组分在流动相中浓度或检测器响应信号大小，以检测器响应单位或电压、电流单位表示。

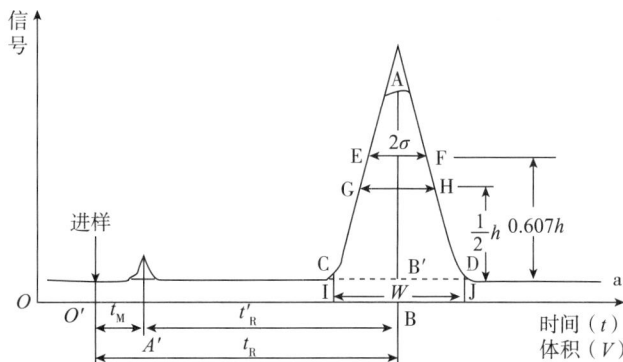

图 15-2　色谱图

1. 色谱图包含的色谱信息

（1）试样是否是单一纯化合物，在正常色谱条件下，若色谱图有一个以上色谱峰，则表明试样中有一个以上组分，色谱图能提供试样中的最低组分数。

（2）色谱柱分离效果。

（3）提供各组分保留时间等色谱定性数据。

（4）给出各组分色谱峰高、峰面积等定量数据或按不同定量方法计算出的定量数据。

2. 有关色谱图的基本术语

（1）基线　当色谱体系只有流动相通过，没有试样组分随流动相进入柱后检测器，检测器输出恒定不变的响应信号。稳定的基线是平行于横坐标的水平直线，如图 15-3 中的 a 线。

（2）色谱峰高　为组分在柱后出现浓度极大时检测器输出的响应值，如图 15-2 中从色谱峰顶点至基线垂直距离 AB，用 h 表示。

（3）色谱峰面积　为色谱峰与基线间包围的面积，即图 15-2 中 ACD 内的面积，用 A 表示。

（4）色谱峰区域宽度　是色谱图的重要参数，通常有以下三种表示方式。

1）标准差　色谱峰是对称的高斯正态分布曲线，在数理统计中用标准差（σ）表示曲线区域宽度。在色谱图中为 0.607h 处峰宽度的一半，如图 15-2 中 EF 的一半。

2）半峰宽　为峰高一半处的色谱峰宽度，如图 15-2 中的 GH，以 $W_{1/2}$ 表示，单位 cm 或 mm。半峰宽与标准差的关系 $W_{1/2}=2.354\sigma$。

3）峰宽　是从色谱峰两边的拐点作切线，与基线交点间的距离，如图 15-2 中的 IJ，以 W 表示，单位与半峰宽相同。峰宽与标准差或半峰宽的关系为 $W=4\sigma$ 或 $W=1.699W_{1/2}$。

注意：峰宽并非为半峰宽的两倍。

（二）保留值

保留值是试样各组分，即溶质在色谱柱或色谱体系中保留行为的度量，反映溶质与色谱固定相作用力的类型和大小，与两者分子结构有关，是重要的色谱热力学参数和色谱法定性分析依据。

1. 保留时间

（1）死时间　流动相流经色谱柱的平均时间，称为死时间，以 t_M 或 t_m 表示。

$$t_M = L/u$$

式中，L 为柱长，cm 或 mm；u 为流动相平均线速度，cm/s 或 mm/s。

在实际应用中，一般采用与流动相性质相近，不与固定相发生作用的物质测定死时间。气相色谱一般为空气；液相色谱为与流动相性质相近的溶剂，如正相色谱用烷烃，反相色谱用甲醇、乙醇、硝酸盐水溶液等。

（2）保留时间　溶质通过色谱柱的时间，即从进样到柱后出现浓度极大时的时间，称为保留时间，以 t_R 表示。

$$t_R = L/u_x$$

式中，u_x 为溶质通过色谱柱的平均线速度，cm/s 或 mm/s。

（3）调整保留时间　溶质在固定相中滞留的时间，称为调整保留时间。

2. 保留体积　死时间内流经色谱柱的体积称为死体积，即为色谱柱内流动相体积，用 V_M 或 V_m 表示。

3. 相对保留值　两组分调整保留值之比，称为相对保留值，又称为选择因子，用 $r_{2,1}$ 或 α 表示，是色谱系统的选择性指标。α 总是大于 1，α 越大，表示固定相或色谱柱对分离混合物的选择性越强。

（三）分配系数和容量因子

色谱过程的实质是混合物中各组分在相对运动的两相间进行分配的过程。当分配达到平衡时，各组分被分离的程度，可用分配系数或容量因子来表示。

1. 分配系数　是指在一定温度和压力下，某组分在两相间分配达到平衡时的浓度（或溶解度）之比，以 K 表示

$$K=\frac{\text{组分在固定相中的浓度}(c_s)}{\text{组分在流动相中的浓度}(c_m)}$$

分配系数与温度有关，亦与被分离组分、固定相、流动相有关。一般来说，分配系数在低浓度时为一常数。当色谱机制不同，分配系数的含义也就不同。在吸附色谱中，K 为吸附平衡常数；在离子色

谱中，K 为交换系数；在分子排阻色谱中，K 为渗透系数。

2. 容量因子　也称为保留因子或分配比，是指在一定温度和压力下，溶质分布在固定相和流动相的分子数或物质的量之比，以 k 表示。

3. 分配系数与保留时间、保留体积的关系　不同物质有着不同的分配系数。K 值越小，该组分在柱中移动速度越快，即保留时间越短，将先流出色谱柱；K 值越大，该组分在柱中移动速度越慢，即保留时间越长，则后流出色谱柱。混合物中各组分分配系数 K 相差越大，则各组分越容易被分离。

（四）分离度

分离度是指相邻两组分色谱峰保留值 t_{R_2}、t_{R_1} 之差与两峰峰宽 W_2、W_1 平均值之比，以 R 表示，如图 15-3 所示。

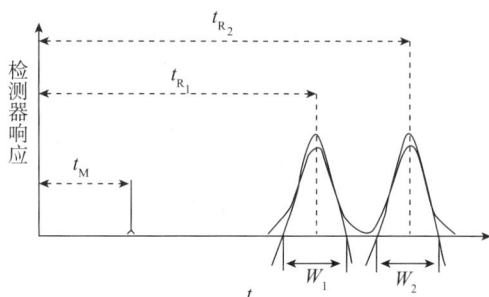

图 15-3　分离度示意图

分离度又称为分辨率，表示相邻两峰的分离程度，是色谱柱总分离效能指标。R 越大，表明相邻两组分分离越好。一般说 $R < 1$，两峰有部分重叠；$R = 1.0$，分离程度可达 98%；$R = 1.5$，分离程度可达 99.7%。$R \geq 1.5$ 称为完全分离，《中国药典》（2020 年版）规定药品质量控制色谱分析时 R 应大于 1.5。

五、分离机制

根据色谱分离机制不同，可分为多种类型的色谱方法，其中吸附色谱法、分配色谱法、离子交换色谱法、分子排阻色谱法为常用的基本类型色谱法。它们的分离机制如图 15-4 所示。

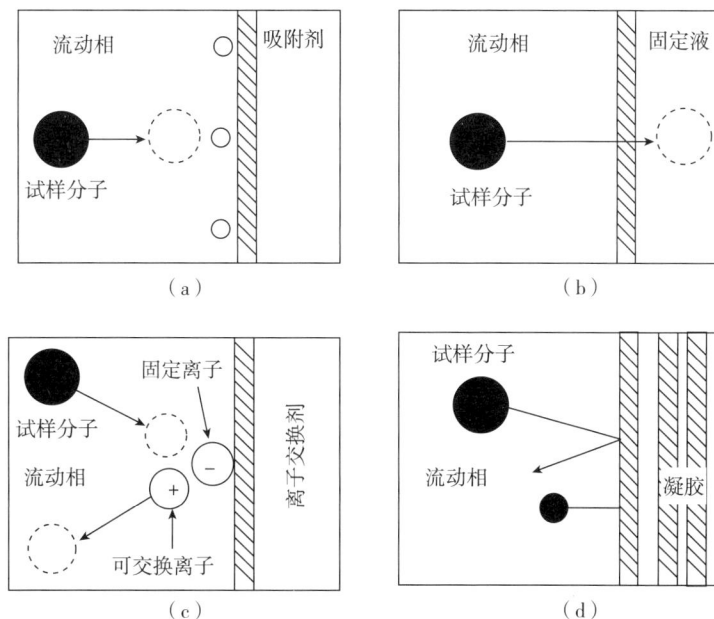

图 15-4　四种基本类型色谱法分离机制示意图

（a）吸附色谱法；（b）分配色谱法；（c）离子交换色谱法；（d）分子排阻色谱法

（一）吸附色谱法

吸附色谱法利用固定相表面吸附中心对被分离组分吸附能力的差别而实现分离。包括气 – 固吸附色谱法和液 – 固吸附色谱法。下面以液 – 固吸附色谱为例说明。流动相（m）在固体吸附剂表面（s）形成饱和单分子层吸附，当溶质随流动相进入色谱柱时，溶质分子（X_m）与流动相分子（M_s）在吸附剂表面吸附点上发生竞争吸附作用，这种作用也存在于不同溶质分子间，以及同一溶质分子中不同官能团之间。当溶质分子 X_m 被流动相携带通过固定相时，溶质分子在吸附剂表面被吸附，以 X_s 表示，将置换出原先吸附在吸附剂表面的 n 个流动相分子（M_s），流动相分子流回至流动相内部，以 M_m 表示。这种竞争吸附、解吸附，可达到竞争吸附平衡。

（二）分配色谱法

分配色谱法流动相和固定相均为液体。液体固定相称为固定液。分配色谱是研究最多、应用最广泛的色谱法。其分离原理是利用混合物中不同组分在两相溶剂中溶解性不同（即分配系数不同），当流动相携带试样流经固定相时，各组分在两相间不断溶解、萃取，再溶解、再萃取（称为连续萃取），当试样在色谱柱内经过无数次分配后，产生差速迁移，实现分离。

根据固定相和流动相的相对强弱，分配色谱分为正相色谱和反相色谱。流动相极性比固定相极性弱时，称为正相色谱；流动相极性比固定相极性强时，则称为反相色谱。

在分配色谱中，载体仅起着承载或支持固定液的作用。固定液不能单独存在，须涂渍在惰性物质的表面上。例如，硅胶通常作为一种吸附剂，当其含水量超过17%以上时，其吸附力极弱，此时硅胶可作为载体用，其上面所吸附的水分即是分配色谱的固定液。

（三）离子交换色谱法

离子交换色谱法利用组分离子交换能力的差别而实现分离。按可交换离子的电荷符号可分为阳离子交换色谱法和阴离子交换色谱法。

（四）分子排阻色谱法

分子排阻色谱法又称为空间排阻色谱法，根据被分离组分分子的尺寸而进行分离。其固定相是多孔性凝胶，故此法又称为凝胶色谱法。按流动相不同分为两类：以有机溶剂为流动相者称为凝胶渗透色谱法（GPC）；以水溶液为流动相者称为凝胶过滤色谱法（GFC）。

凝胶色谱法分离机制与前3种色谱法完全不同，它只取决于凝胶的孔径大小与被分离组分尺寸之间的关系，与流动相的性质无关。当试样通过凝胶时，小分子可以通过所有孔径而形成全渗透，保留时间最长；大分子由于不能进入孔径而全部被排斥，保留时间最短；体积在小分子和大分子之间的分子则仅进入部分合适的孔径。各组分按大分子、中等大小分子、小分子的先后顺序流出色谱柱，从而得以分离。

👁 看一看

色谱法起源

1903～1906年，俄国植物学家茨维特用碳酸钙填充竖立的玻璃管，以石油醚洗脱植物色素的提取液，经过一段时间洗脱之后，植物色素在碳酸钙柱中实现分离，由一条色带分散为数条平行的谱带，由此得名"色谱法"。在这一试验中，把玻璃管叫作"色谱柱"，填充在竖立的玻璃管中的碳酸钙称作"固定相"，沿着固定相流动的石油醚称作"流动相"。

任务二　薄层色谱法 📱微课

一、方法原理

薄层色谱法（TLC）是将适宜的固定相涂布于玻璃板、塑料或铝基片上，成一均匀薄层，待点样、展开后，根据比移值（R_f）与适宜的对照物按同法所得的色谱图的比移值（R_f）对比，用以药品的鉴别、杂质检查或含量测定的方法。利用吸附剂对被分离组分的吸附能力和流动相对它们的解吸能力不同，使之随流动相迁移的速度不同，最终使组分达到分离。

薄层色谱法是快速分离和定性分析少量物质的一种很重要的实验技术，也用于跟踪反应进程。该方法操作方便、设备简单、显色容易、展开速率快、混合物易分离，但对生物高分子的分离效果不甚理想。薄层色谱法包括吸附薄层色谱法、分配薄层色谱法、离子交换薄层色谱法以及凝胶薄层色谱法。

二、方法要求

1. 吸附剂（固定相）或载体　最常用的有硅胶 G、硅胶 GF_{254}、硅胶 H、硅胶 HF_{254}，其次有硅藻土、硅藻土 G、氧化铝、氧化铝 G、微晶纤维素、微晶纤维素 F_{254} 等。其颗粒大小，一般要求直径为 $10 \sim 40 \mu m$。

2. 玻璃板　除另有规定外，用 $5cm \times 20cm$、$10cm \times 20cm$ 或 $20cm \times 20cm$ 规格的玻璃板，要求玻璃板平滑，洗净晾干后待用。

3. 薄层涂布　一般可分为无黏合剂（软板）和含黏合剂（硬板）两种；前者系将固定相直接涂布于玻璃板上，后者系在固定相中加入一定量黏合剂，一般常用 10% ～15% 煅石膏或羧甲纤维素钠水溶液（0.5% ～0.7%）适量调成糊状，均匀涂布于玻璃板上。

4. 展开剂（流动相）　对展开剂的选择应根据被分离物中各成分的极性和溶解度、吸附剂的活性来考虑。被分离物极性大，如果展开剂极性也大，洗脱能力就大，斑点移行距离也就越远。

5. 点样　要求位置正确、集中，一般为原点。

6. 比移值 R_f　R_f 值表示各组分在薄层板上移动的位置，它是指从原点到斑点中心的距离与从原点到溶剂前沿的距离的比值，如图 15－5 所示。

样品 A

$$R_f = \frac{a}{c} \qquad (15-13)$$

样品 B

$$R_f = \frac{b}{c} \qquad (15-14)$$

样品中各组分的 R_f 值相差越大，表示分离得越开。除另有规定外，待测组分 R_f 值应为 0.2～0.8，待分离的相邻组分 R_f 值之间应相差 0.05 以上。R_f 是薄层色谱的定性参数，在同一色谱条件下，同样结构的分子有相同的 R_f 值。

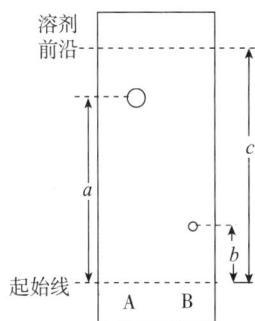

图 15－5　R_f 值的测量示意图

三、操作方法

1. 薄层板的制备

（1）市售薄层板　临用前一般应在 110℃ 活化 30 分钟。聚酰胺薄膜不需活化。铝基片薄层板可根据需要剪裁，但须注意剪裁后的薄层板底边的硅胶层不得有破损。如在存放期间被空气中杂质污染，使用前可用三氯甲烷、甲醇或二者的混合溶剂在展开缸中上行展开预洗，110℃活化，置干燥器中备用。

（2）自制薄层板　除另有规定外，将1份固定相和3份水（或加有黏合剂的水溶液）在研钵中按同一方向研磨混合，去除表面的气泡后，倒入涂布器中，在玻璃板上平稳地移动涂布器进行涂布（厚度为0.2~0.3mm），取下涂好薄层的玻璃板，置水平台上于室温下晾干后，在110℃烘30分钟，即置有干燥剂的干燥箱中备用。使用前检查其均匀度，在反射光及透视光下检视，表面应均匀、平整、光滑，无麻点、无气泡、无破损及无污染。

2. 点样　用具有支架的微量注射器或定量毛细管点样。

3. 展开　将点好样品的薄层板放入展开缸的展开剂中，浸入展开剂的深度为距原点5mm为宜，密闭。除另有规定外，一般上行展开8~15cm，高效薄层板上展开5~8cm。溶剂前沿达到规定的展距，取出薄层板，晾干，待检测。展开前如需要溶剂蒸气预平衡，可在展开缸中加入适量的展开剂，密闭，一般保持15~30分钟。溶剂蒸气预平衡后，应迅速放入载有供试品的薄层板，立即密闭，展开。如需使展开缸达到溶剂蒸气饱和的状态，则须在展开缸的内侧放置与展开缸内径同样大小的滤纸，密闭一定时间，使达到饱和再以同法展开。必要时，可进行二次展开或双向展开。

4. 显色与检视　供试品含有在可见光下有颜色的成分可直接在日光下检视；也可用喷雾法或浸渍法以适宜的显色剂显色，或加热显色，之后在日光下检视。有荧光的物质或遇某些试剂可激发荧光的物质可在365nm紫外光灯下观察荧光色谱。对于可见光下无色，但在紫外光下有吸收的成分可用带有荧光剂的硅胶板（如硅胶GF$_{254}$板），在254nm紫外光灯下观察荧光板面上的荧光猝灭物质形成的色谱。

5. 记录　薄层色谱图像一般可采用摄像设备拍照，以光学照片或电子图像的形式保存。也可用薄层扫描仪扫描记录相应的色谱图。

四、典型工作任务分析

薄层色谱法广泛应用于中药制剂的定性鉴别和定量分析。

（一）定性分析

定性分析的依据是对照供试品与对照品的比移值的一致性。

1. 斑点的 R_f 值　一般取适宜浓度的对照溶液与供试品溶液，在同一薄层板上点样、展开与检视，供试品溶液所显主斑点的颜色（或荧光）和位置应与对照溶液的斑点一致。可认为供试品与对照品是同一物质。R_f 值的准确测定受多方面因素影响，为了增加 R_f 值定性的可靠性，在鉴定未知物时，往往需要采用多种不同的展开系统，得出几个比移值均与对照品的比移值一致时，其结果可靠性更大。

2. 斑点的原位扫描　用薄层扫描仪作原位扫描得到该斑点的光谱图，其吸收峰及最大吸收波长与标准对照品一致。

（二）定量分析

利用薄层色谱操作技术对待测组分分离后，进一步利用化学分析或仪器分析的方法检查物质的纯度或进行含量分析。

1. 目测法　将待测样品与一系列不同浓度的标准溶液并排点样于同一薄层上，色谱展开后比较各斑点的大小及颜色的深浅，可估计样品的含量范围。目测法只是一种半定量方法，它只能作粗略的定量，如在进行大批未知量的样品测定前，可用该法估计样品中欲测组分含量，为正式定量提供合理的点样量。

2. 洗脱测定法　这是目前较常用的定量测定法，该方法是先确定被测组分的斑点位置，后将斑点取下，用溶剂将被测组分洗脱下来，收集洗脱液并用适当的方法，如紫外分光光度法、电化学方法、

HPLC、GC、质谱法等进行检测。洗脱测定法虽然操作步骤较多，但只要仔细操作，结果还是比较准确的，因此在没有薄层扫描仪的实验室，用洗脱测定法可以解决定量问题。

3. 薄层扫描法　用于定量的薄层色谱仪称为薄层色谱扫描仪，用这种仪器对薄层上被分离的物质进行直接定量的方法称为薄层扫描法。即以一定波长和一定强度的光束扫描分离后的各个斑点，用仪器测量通过斑点或被斑点反射的光束强度的变化以达到定量的目的。测量方式可分为透射光测定法、反射光测定法以及透射光和反射光同时测定法。扫描所用光线可分为可见光、紫外光及荧光三种。由于影响薄层扫描结果因素很多，故应在保证供试品的斑点在一定浓度范围内成线性的情况下，将供试品与对照品在同一块薄层板上展开后扫描，进行比较，并计算、定量以减少误差。各供试品只有得到分离度和重现性好的薄层色谱，才能获得满意的结果。定量方法可用外标法、内标法和归一化法。

💗 **药爱生命**

　　布洛芬，分子式为 $C_{13}H_{18}O_2$，分子量为 206.28。白色结晶性粉末；稍有特异臭。在乙醇、丙酮、三氯甲烷或乙醚中易溶，在水中几乎不溶；在氢氧化钠或碳酸钠试液中易溶。为解热镇痛类药，属于非甾体抗炎药。布洛芬主要通过抑制环氧化酶，减少前列腺素的合成，产生镇痛、抗炎作用；通过下丘脑体温调节中枢而起解热作用。可用于缓解轻至中度疼痛，如头痛、关节痛、偏头痛、牙痛、肌肉痛、神经痛、痛经，也可用于普通感冒或流行性感冒引起的发热。本药对阿司匹林或其他非甾体类消炎药过敏者可有交叉过敏反应。大剂量时有骨髓抑制和肝功损害，严重肝肾功能不全者或严重心力衰竭者禁用。

案例解析：复方维生素 C 钠咀嚼片的薄层色谱法鉴别

　　[链接《中国药典》（2020 年版）] 照薄层色谱法（通则 0502）试验。

　　供试品溶液　取本品细粉适量（约相当于维生素 C 总量 10mg），加水 10ml，振摇使维生素 C 与维生素 C 钠溶解，滤过，取滤液。

　　对照品溶液　取维生素 C 对照品适量，加水溶解并稀释制成每 1ml 中约含 1mg 的溶液。

　　色谱条件　采用硅胶 GF_{254} 薄层板，以乙酸乙酯－乙醇－水（5∶4∶1）为展开剂。

　　测定法　吸取供试品溶液与对照品溶液各 2μl，分别点于同一薄层板上，展开，晾干，立即（1 小时内）置紫外光灯下检视。

　　结果判定　供试品溶液所显主斑点的位置和颜色应与对照品溶液的主斑点相同。

【任务分析】

1. 提出问题

（1）薄层板的主要显色方法有哪些？

（2）色谱缸若不预先用展开剂蒸气饱和，对试验有什么影响？

（3）如何提高点样效率？

2. 开动脑筋　薄层板的主要显色方法：①本身有色的可在日光下显色；②紫外灯下显色，主要用于荧光物质有明显荧光斑、有紫外吸收的物质；③使用显色剂（通用型显色剂：硫酸－乙醇液或碘）；④使用荧光试剂，制造荧光背景，使原来紫外下无荧光物质被鉴别，有荧光物质更明显。

　　色谱缸必须密封良好，使缸内展开剂蒸气饱和并保持不变，否则可能产生"边缘效应"，即薄层板中部的 R_f 值比在边缘的 R_f 值小。

　　点样是造成 TLC 定量误差的主要来源。试验证明：定量毛细管更适合较小体积的点样；微量注射器更适合较大体积的点样。建议一块薄层板上最好用同一只定量毛细管。但应注意更换样品时，应将毛细管用超声波或不同极性溶剂清洗干净。在制备样品时，样品溶剂黏度不能过高，以便于点样；溶剂沸点过低则进样体积易变，过高则会改变展开剂组成。

【任务实施】

1. 工作准备

（1）仪器　薄层板、毛细管、层析缸、紫外分光光度计、漏斗、滤纸、铅笔、直尺。

（2）试剂　复方维生素 C 钠咀嚼片、维生素 C 对照品、乙酸乙酯、无水乙醇、硅胶 GF_{254}、羧甲纤维素钠。

2. 动手操作

测定步骤	操作内容	数据记录
配制薄层分析用溶液	称取本品细粉适量（约相当于维生素 C 10mg），加水 10ml 溶解，滤过，取滤液作为供试品溶液；精密称取维生素 C 对照品适量，加水溶解并稀释制成每 1ml 中约含 1mg 的溶液	供试品的名称、批号、生产厂家、规格
薄层板的制备	称取硅胶 GF_{254} 6g 于烧杯中，加羧甲纤维素钠 17ml，玻璃棒搅拌充分，均匀涂布于两块洁净干燥的玻璃板上，晾干，活化	薄层板规格
点样展开	在距离薄层板底边 1.5～2cm，用铅笔轻画一起始线，用毛细管分别点以上供试品和对照品溶液各 2 μl	
饱和	将展开剂乙酸乙酯－乙醇－水（5∶4∶1）倒入色谱缸，将点好的板置色谱缸中（不要浸入展开剂）饱和 10 分钟	
展开	将点样一端浸入展开剂 0.3～0.5cm，展开，待展开剂移行 7～8cm，取出	
显色与检视	迅速标记溶剂前沿。待溶剂挥干后，在紫外灯下定位描点	
结果判定	计算比移值，将供试品溶液所显斑点的位置与对照品溶液的斑点比较	$R_f =$ _____
结束工作	整理实验台面、打扫卫生等	

任务三　纸色谱法

PPT

纸色谱法（PC）具有简单、分离效能高、所需仪器价格低廉、应用范围广等特点，因而在分析化学、药物分析等方面得到广泛应用。

一、分离原理

纸色谱法系以纸为载体，以纸上所含水分或其他物质为固定相，用展开剂进行展开的分配色谱法。供试品经展开后，可用比移值（R_f）表示其各组成成分的位置。由于影响比移值的因素较多，因而一般采用在相同试验条件下与对照标准物质对比以确定其异同。用作药品鉴别时，供试品在色谱图中所显主斑点的位置与颜色（或荧光），应与对照标准物质在色谱图中所显主斑点相同；用作药品纯度检查时，取一定量的供试品，经展开后，按各品种项下的规定，检视其所显杂质斑点的个数和呈色深度（或荧光强度）；进行药品含量测定时，将待测色谱斑点剪下经洗脱后，再用适宜的方法测定。

二、影响 R_f 值的因素

（一）R_f 值与物质化学结构的关系

一般纸色谱法属于正相分配色谱法，因此极性强的化合物，在水中的溶解度大，在纸色谱中分配系数也大，R_f 值就小。反之，极性弱的化合物，在纸色谱中 R_f 值就大，例如，葡萄糖和鼠李糖及毛地黄毒糖都属于六碳糖，但由于分子中含有极性基团羟基数不同，含有的疏水基也不同，分子的极性强弱也不同，因此具有不同的 R_f 值。

（二）色谱条件的影响

1. 展开剂的极性　直接影响组分移动的速度，所以影响 R_f 值，例如，展剂的极性增强，亲水性极性物质的 R_f 值就会增大。展开剂的极性是由其组分决定的。

2. 展开剂的蒸气　与薄层色谱相似，在展开前应让展开剂蒸气在色谱缸和纸表面饱和，否则导致 R_f 值改变，难以重现。

3. 展开时的温度　温度对溶解度有显著的影响，因此对 R_f 值有直接的影响，还会影响其分离参数。此外，滤纸的质量也对 R_f 值有显著影响，总之，为了获得适当的 R_f 值和良好的重现性，应尽可能保持恒定的色谱条件。

三、纸色谱法应用

（一）仪器与材料

1. 展开容器　通常为圆形或长方形玻璃缸，缸上具有磨口玻璃盖，应能密闭。用于下行法时，盖上有孔，可插入分液漏斗，用以加入展开剂。在近顶端有一用支架架起的玻璃槽作为展开剂的容器，槽内有一玻璃棒，用以压住色谱滤纸。槽的两侧各支一玻璃棒，用以支持色谱滤纸使其自然下垂；用于上行法时，在盖上的孔中加塞，塞中插入玻璃悬钩，以便将点样后的色谱滤纸挂在钩上，并除去溶剂槽和支架。

2. 点样器　常用微量注射器（平口）或定量毛细管（无毛刺），应能使点样位置正确、集中。

3. 色谱滤纸　应质地均匀平整，具有一定机械强度，不含影响展开效果的杂质；也不应与所用显色剂起作用，以免影响分离和鉴别效果，必要时可进行处理后再用。例如，为了分离酸碱性物质，常将滤纸在一定 pH 的缓冲溶液中浸泡后使用。用于下行法时，取色谱滤纸按纤维长丝方向切成适当大小的纸条，离纸条上端适当的距离（使色谱滤纸上端能足够浸入溶剂槽内的展开剂中，并使点样基线能在溶剂槽侧的玻璃支持棒下数厘米处）用铅笔划一点样基线，必要时，可在色谱滤纸下端切成锯齿形便于展开剂向下移动；用于上行法时，色谱滤纸长约 25cm，宽度则按需要而定，必要时可将色谱滤纸卷成筒形。点样基线距底边约 2.5cm。

（二）操作方法

1. 下行法　将供试品溶解于适宜的溶剂中制成一定浓度的溶液。用微量注射器或定量毛细管吸取溶液，点于点样基线上，一次点样量不超过 10μl。点样量过大时，溶液宜分次点加。每次点加后，待其自然干燥、低温烘干或经温热气流吹干，样点直径为 2~4mm，点间距离为 1.5~2.0cm，样点通常应为圆形。

将点样后的色谱滤纸的点样端放在溶剂槽内并用玻璃棒压住，使色谱滤纸通过槽侧玻璃支持棒自然下垂，点样基线在压纸棒下数厘米处。展开前，展开缸内用各品种项下规定的溶剂蒸气使之饱和，一般可在展开缸底部放一装有规定溶剂的平皿，或将被规定溶剂润湿的滤纸条附着在展开缸内壁上，放置一定时间，待溶剂挥发使缸内充满饱和蒸气。然后小心添加展开剂至溶剂槽内，使色谱滤纸的上端浸没在槽内的展开剂中。展开剂即经毛细作用沿色谱滤纸移动进行展开，展开过程中避免色谱滤纸受强光照射，展开至规定的距离后，取出色谱滤纸，标明展开剂前沿位置，待展开剂挥散后，按规定方法检测色谱斑点。

2. 上行法 点样方法同下行法。展开缸内加入展开剂适量，放置待展开剂蒸气饱和后，再下降悬钩，使色谱滤纸浸入展开剂约1cm，展开剂即经毛细作用沿色谱滤纸上升，除另有规定外，一般展开至约15cm后，取出晾干，按规定方法检视。

展开可以单向展开，即向一个方向进行；也可进行双向展开，即先向一个方向展开，取出，待展开剂完全挥发后，将滤纸转动90°，再用原展开剂或另一种展开剂进行展开；亦可多次展开和连续展开等。

练一练

色谱分析中，要求两组分达到基线分离，分离度应为（   ）。

A. $R \geqslant 0.7$ B. $R \geqslant 1$ C. $R \geqslant 1.5$ D. $R \geqslant 2$

答案解析

目标检测

答案解析

一、选择题

（一）单项选择题

1. 薄层色谱点样线一般距玻璃板底端（   ）

   A. 0.2~0.3cm   B. 1cm   C. 1.5~2cm   D. 2~3cm

2. 某组分在以丙酮作展开剂进行吸附薄层色谱分析时，R_f值太小，欲提高该组分的R_f值，应选择的展开剂是（   ）

   A. 乙醇   B. 三氯甲烷   C. 环己烷   D. 乙醚

3. 在平面色谱中距点样原点最远的组分是（   ）

   A. 比移值大的组分   B. 比移值小的组分

   C. 分配系数大的组分   D. 相对挥发度小的组分

4. 薄层色谱中，软板与硬板的主要区别是（   ）

   A. 所用吸附剂不同   B. 所用玻璃板不同

   C. 是否加黏合剂   D. 所用黏合剂不同

5. 色谱分析中，与被测物质浓度成正比的是（   ）

   A. 保留时间   B. 保留体积   C. 相对保留值   D. 峰面积

6. 降低固定液传质阻力以提高柱效的措施有（   ）

   A. 增加柱温，适当降低固定液膜厚度   B. 增加柱压

   C. 提高流动相流速   D. 增加流动相体积

7. 衡量色谱柱选择性的指标是（   ）

   A. 理论塔板数   B. 容量因子   C. 相对保留值   D. 分配系数

8. 纸色谱法属于（   ）

   A. 分配色谱法   B. 吸附色谱法

   C. 离子交换色谱法   D. 分子排阻色谱法

9. 衡量色谱柱柱效的指标是（   ）

   A. 理论塔板数   B. 容量因子   C. 相对保留值   D. 分配系数

（二）多项选择题

1. 制备薄层色谱硬板时，常用的黏合剂是（　　）

    A. 煅石膏　　　　　　　　　B. 氧化钙　　　　　　　　　C. 硅胶

    D. 聚酰胺　　　　　　　　　E. 羧甲纤维素钠

2. 色谱法的优点是（　　）

    A. 取样量少　　　　　　　　B. 灵敏度高　　　　　　　　C. 选择性与分离效能高

    D. 分析速度快　　　　　　　E. 应用范围广

3. 薄层色谱法使用的材料有（　　）

    A. 薄层板　　　　　　　　　B. 涂布器　　　　　　　　　C. 展开缸

    D. 柱温箱　　　　　　　　　E. 点样器

4. 色谱法中常用的吸附剂有（　　）

    A. 氧化铝　　　　　　　　　B. 氧化钙　　　　　　　　　C. 硅胶

    D. 聚酰胺　　　　　　　　　E. 氯化钡

二、计算题

化合物 A 在薄层板上从原点迁移 7.6cm，溶剂前沿距原点 16.2cm，计算化合物 A 的 R_f 值。在相同的薄层系统中，溶剂前沿距原点 14.3cm，化合物 A 的斑点应在此薄层板上的什么位置？

书网融合……

重点回顾　　　　微课　　　　习题

项目十六　气相色谱法

气相色谱法是利用气体作流动相的分离分析方法，具有效能高、灵敏度高、选择性强、分析速度快、应用广泛、操作简便等特点，适用于易挥发有机化合物的定性、定量分析。

学习目标

知识目标：

1. 掌握　气相色谱法的基本理论、常用术语；气相色谱仪的系统组成及各系统主要部件和功能。

2. 熟悉　常用的固定相及选择原则；气相色谱法分离条件的选择；常用检测器的检测原理、特点、性能；气相色谱定量方法。

3. 了解　填充柱的制备；气相色谱法的定性方法及应用。

技能目标：

学会用专业气相色谱工作站软件处理数据，并对测定结果进行初步分析。

素质目标：

通过维生素E含量的测定，培养精准、精细、敬业的工匠精神；通过气相色谱仪工作流程学习，培养按章操作、依规行事的良好习惯。

导学情景

情景描述 [链接《中国药典》(2020年版)]：[脂肪乳注射液的脂肪酸组成测定]

供试品溶液　取本品适量，置具塞试管中，加乙醚10ml，摇匀，加无水硫酸钠5g，摇匀，静置，取乙醚层5ml，加至硅胶柱内（硅胶孔径6nm，110℃活化1小时，装填高度为1.5cm，直径为1.5cm），以5~10滴/分的流速过柱，收集流出液，挥干，加正庚烷5ml溶解，取1ml，加二甲基碳酸酯与0.5mol/L甲醇钠溶液各1ml，充分混合1分钟，加水7ml，摇匀，取上清液。

色谱条件　用键合聚乙二醇为固定液的毛细管柱（0.25mm×30m，0.25μm）为色谱柱；起始温度180℃，维持8分钟，以10℃/min的速率升温至225℃，维持15分钟；检测器温度280℃；进样口温度250℃；载气流速1ml/min；进样体积1μl。

情景分析：对脂肪酸及油脂的脂肪酸组分分析时，先将脂肪酸或油脂制备成脂肪酸甲酯，降低沸点，提高稳定性，然后进行气相色谱定量和定性分析。

讨论：气相色谱和薄层色谱有哪些差别？

学前导语：气相色谱法适用于水分测定、农药残留量测定、挥发油测定以及其他受热易挥发物质或挥发性成分的含量测定，在化工、医药、食品等领域都有广泛的应用。

任务一 概 述

PPT

一、气相色谱法的特点及分类

（一）气相色谱法的特点

气相色谱法是利用被测物质各组分在不同两相间分配系数的微小差异，当两相做相对运动时，这些物质在两相间进行反复多次的分配，使原来只有微小的性质差异产生很大的效果，而使不同组分得到分离的方法。气相色谱法在分离分析方面，具有以下特点。

1. 高灵敏度 可检出 $10^{-10}\mu g$ 的物质，可用作超纯气体、高分子单体的痕量杂质分析和空气中微量毒物的分析。

2. 高选择性 可有效地分离性质极为相近的各种同分异构体和各种同位素。

3. 高效能 可把组分复杂的样品分离成单组分。

4. 速度快 一般分析只需几分钟即可完成，有利于指导和控制生产。

5. 应用范围广 可分析低含量的气、液体，亦可分析高含量的气、液体，可不受组分含量的限制。

6. 所需试样量少 一般气体样用几毫升，液体样用几微升或几十微升。

7. 设备和操作比较简单，仪器性价比较高。

（二）气相色谱法的分类

气相色谱法是以气体为流动相的色谱分析法，属于柱色谱，最常见的气相色谱分类有以下几种。

1. 按色谱柱分类 按色谱柱分类，可分为填充柱气相色谱和开管柱气相色谱。填充柱内要填充一定的填料，它是"实心"的，而开管柱则是"空心"的，其固定相附着在柱管内壁上。

开管柱又常称为毛细管柱，但毛细管柱并不总是开管柱。事实上，毛细管柱也有填充型和开管型之分，只是人们习惯上将开管柱叫作毛细管柱。毛细管柱比填充柱有更高的分离效率，但因其内径小，柱容量小，且对进样技术要求高，载气流速控制要求更为精确。

2. 按固定相状态分类 可分为气 – 固色谱和气 – 液色谱。前者采用固体固定相，如多孔氧化铝或高分子小球等，主要用于分离永久气体和较低相对分子质量的有机化合物，其分离主要是基于吸附机制。后者则采用把液体固定在载体上作固定相，其分离主要基于分配机制。在实际气相色谱分析中，气 – 液色谱占 90% 以上。

3. 按分离机制分类 可分为分配色谱（气 – 液色谱）和吸附色谱（气 – 固色谱）。气 – 液色谱并不是纯粹的分配色谱，气 – 固色谱也不完全是吸附色谱。一个色谱过程往往是两种或多种机制的结合，只是有一种机制起主导作用。

二、气 – 液色谱的固定相和流动相

（一）气相色谱载体

气相色谱仪的载体是一种化学惰性的固体颗粒，提供一个承担固定液的惰性表面，使固定液以薄膜状态均匀分布在其表面上。

1. 气相色谱载体的要求

（1）比表面积大，孔穴结构好。

（2）表面没有吸附性能或很弱。

（3）不与被分离物质和固定液发生化学反应。

（4）热稳定性好，粒度均匀，有一定机械强度等。

2. 载体类型 载体可分为硅藻土载体与非硅藻土载体。

（1）硅藻土载体 是天然硅藻土经煅烧等处理而获得的具有一定粒度的多孔性固体微粒。因处理方法不同分为红色载体和白色载体。

1）红色载体 是将天然硅藻土与黏合剂在900℃煅烧后，破碎过筛而得。因铁生成氧化铁呈红色，故称为红色载体。该载体表孔密集，孔径较小，比表面积较大，机械强度好，表面存有活性吸附中心点，分离极性物质时易产生拖尾峰，适合涂渍非极性固定液，分离非极性和弱极性样品。

2）白色载体 将天然硅藻土与20%的碳酸钠等助熔剂混合煅烧，使氧化铁在煅烧后生成铁硅酸钠，变为白色，故称为白色载体。该载体由于助溶剂的存在，生成的硅酸钠玻璃体破坏了硅藻土中大部分细孔结构，黏结为较大的颗粒，比表面积较小，机械强度较差，但载体中碱金属氧化物含量较高，pH大。因有较为惰性的表面，表面吸附作用和催化作用小，减少色谱峰拖尾，适合于低固定液含量，适合涂渍极性固定液，分离极性样品。

（2）非硅藻土载体 常见有高分子多孔微球载体和聚四氟乙烯载体。

1）高分子多孔微球载体 是由苯乙烯与二乙烯苯交联而成的多孔共聚物，由于是人工合成的，可控制孔径大小和表面性质。表面积大，机械强度好，圆球形颗粒容易填充均匀，疏水性很强，可快速测定有机物中的微量水分。不存在固定液流失问题，有利于大幅度程序升温，适合于低固定液含量，适合分离高沸点和强极性样品。

2）聚四氟乙烯载体 表面有惰性，耐腐蚀，适合分离强极性和腐蚀性样品。

（二）固定相

气相色谱中流动相为气体，而气体分子间的相互作用力一般忽略不计，因此气相色谱分离中流动相对分离没有热力学上的贡献。于是，固定相就成了气相色谱分离中的关键，不同固定相对待测物有不同的保留能力，保留能力的差异成为分离的基础。

1. 气相色谱对固定相的要求 气相色谱的固定相必须具备热稳定性和化学稳定性。热稳定性是指固定相必须在使用温度下保持液体状态，既不凝固、又不挥发。化学稳定性是指固定相在使用过程中不能自身发生分解，又不能与待测物发生反应，同时还要保证固定相与仪器中其他有接触的部分（例如载气、管路、载体等）都不会发生反应。另外，固定相还需要容易制备、易于使用、品质稳定，这样才能够被广泛使用。

2. 固定相种类 早期固定相的代表品种是长链的烃类（角鲨烷、石油脂等）和高沸点酯类（如邻苯二甲酸二壬酯、癸二酸二辛酯等）。后来各种沸点更高的聚合物被广泛使用，例如二乙二醇丁二酸聚酯（DEGS）、新戊二醇己二酸聚酯（NPGA）等聚酯固定相，聚乙二醇、聚丙二醇等聚醚类固定相，甲基硅油、苯基硅油等聚硅氧烷类固定相。

随着毛细管柱技术的发展，色谱柱的柱效显著提高，对选择性的要求有所降低，因此固定相的种类又进一步筛选、合并，只保留了主要的几种聚硅氧烷和聚乙二醇固定相。

（1）聚硅氧烷固定相 常见的有甲基聚硅氧烷、苯基-甲基-聚硅氧烷、三氟丙基-甲基-聚硅氧烷、氰代烷基-甲基-聚硅氧烷、氰丙基-苯基-甲基-聚硅氧烷等。

1）甲基聚硅氧烷 俗称甲基硅油或甲基硅橡胶，甲基是完全非极性基团且难以被极化，因此这种固定相是各种聚硅氧烷中极性最弱的品种。

2）苯基-甲基-聚硅氧烷 是甲基聚硅氧烷中部分甲基被苯基取代后的产物，苯基取代后偶极矩比甲基更大，而且苯基容易被极化，因此随着苯基取代度的增加，固定相的极性也相应增加，可覆盖弱极性到中等极性的范围。

3）三氟丙基－甲基－聚硅氧烷　是甲基聚硅氧烷中部分甲基被三氟丙基取代后的产物，取代度一般小于50%。三氟丙基具有很大的偶极矩，因此这是一种强极性的固定相，三氟丙基的极化能力容易使不饱和化合物产生诱导偶极，在位置异构体和顺反异构体的分离方面有独特的作用。

4）氰代烷基－甲基－聚硅氧烷　氰丙基或者氰乙基是比三氟丙基极性更强的基团，除了极化能力外，还具有形成氢键的能力，因此在氰代烷基取代度足够大（超过50%）时，可以获得极性最强的一类固定相。

5）氰丙基－苯基－甲基－聚硅氧烷　是甲基聚硅氧烷中部分甲基被氰丙基和苯基取代的产物，其中氰丙基与苯基常成对出现，这种固定相既具有苯基可以被极化的特点，又具有氰丙基产生极化作用的特点，还可以形成一定程度的氢键，因此在很多方面都有应用。

（2）聚乙二醇类固定相　又分为普通聚乙二醇类固定相、酸改性聚乙二醇类固定相和碱改性聚乙二醇固定相。

聚乙二醇也称作聚氧乙烯，简称PEG，具有较强的极性，很容易与醇、胺、酸等待测物形成氢键，随着分子量的增加，其极性略有降低，但热稳定性提高。

将普通聚乙二醇与硝基对苯二甲酸进行缩聚反应可以获得一种酸改性的聚乙二醇固定相。这种固定相最早是为了分离游离脂肪酸而生产的，简称FFAP。

在制备普通聚乙二醇固定相色谱柱时添加一定量的无机强碱就可以得到碱改性聚乙二醇固定相，这种固定相在早期主要是为了防止载体表面的酸性硅羟基促进聚乙二醇分解，现在主要用于测定胺类等碱性物质，应用范围有限。

（三）流动相

1. 流动相的作用和种类　气相色谱系统中，流动相（载气）的作用之一是将样品载入仪器系统进行分离和测定，另一个重要作用是保护仪器。常用的流动相有氢气、氮气、氩气、氦气、二氧化碳等。流动相种类不同会导致分析结果不同。其中氢气和氮气价格便宜，性质良好，是用作流动相的良好气体。

（1）氢气　由于它具有分子量小、热导系数大、黏度小等特点，因此在使用TCD时常用作流动相；在FID中它是必用的燃气；氢气易燃易爆，使用时，应特别注意安全。

（2）氮气　由于它的扩散系数小，柱效比较高，除TCD外的检测器中，多采用氮气作载气。它之所以在TCD中用的较少，主要因为氮气热导系统小、灵敏度低，但在分析H_2时，必须采用N_2作流动相，否则无法用TCD解决H_2的分析问题。

（3）氦气　从色谱载气性能上看，与氢气性质接近，且具有安全性高的优点。但由于价格较高，故使用较少。

2. 流动相使用注意事项　使用流动相时，要考虑流动相的纯度，选择气体纯度时，主要考虑因素有分析对象、色谱柱中填充物和检测器。在满足分析要求的前提下，尽可能选用纯度较高的气体，这样不但会提高（保持）仪器的高灵敏度，而且会延长色谱柱、整台仪器（气路控制部件、气体过滤器）的寿命。另外，为了某些特殊的分析目的会特意在流动相中加入某些"不纯物"，如在分析极性化合物时添加适量的水蒸气；操作火焰光度检测器时，为了提高分析硫化物的灵敏度，而添加微量硫。操作氦离子化检测器要氖的含量必须在 5 ~ 25ppm，否则会在分析氢、氮和氩气时产生负峰或"W"形峰等。

3. 使用不合要求的低纯度气体存在的不良影响

（1）样品失真或消失，如水气使氯硅样品水解。

（2）色谱柱失效，H_2O、CO_2使分子筛柱失去活性，水气使聚脂类固定液分解，O_2使 PEG 断链。

（3）有时某些气体杂质和固定液相互作用而产生假峰。

（4）对柱保留特性会产生影响，如 H_2O 对聚乙二醇等亲水性固定液的保留指数会有所增加，流动相中氧含量过高时，无论是极性或是非极性固定液柱的保留特性，都会产生变化，使用时间越长影响越大。

👁 **看一看**

色谱柱的老化

色谱柱都有一定的寿命，它与所分析的样品状况和维护情况有直接关系。气相色谱柱使用一段时间后柱子里会有高沸点杂质残留，这些残留的污染物和样品作用，容易导致色谱峰拖尾、杂质峰等问题，这时可对其进行老化、清洗和维护。

老化的目的：①彻底除去填充物中的残留溶剂和某些挥发性的物质；②促进固定液均匀牢固地分布在担体的表面上。

老化温度通常推荐设为方法最高设定温度和色谱柱耐受温度的中间值。

对于毛细管色谱柱来说，基本老化操作为确保流动相流过毛细管柱 10～30 分钟；缓慢程序升温（5℃/min）到老化温度；老化温度下保持 2～3 小时。

对于填充柱来说，将柱子接通流动相，流速 5～10ml/min，在高于使用温度 10～20℃（但必须低于柱子上限温度）下老化 8～24 小时，除去不稳定的固定相碎片或残留在柱子中的一些有机污染物，提高柱效。

在老化柱子时，一定不要将毛细管接在检测器上。应将色谱柱末端放空，同时将检测器用死堵头堵上。

任务二　气相色谱仪 🎬微课

PPT

一、基本构造及其工作流程

（一）气相色谱仪基本构造

气相色谱仪的种类繁多，功能各异，但其基本结构相似，气相色谱仪一般由气路系统、进样系统、分离系统（色谱柱系统）、温度控制系统、检测和记录系统组成（图 16-1）。

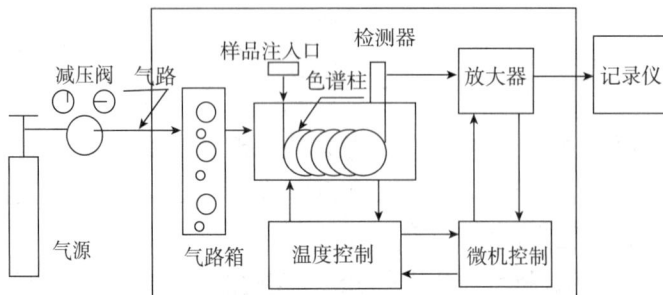

图 16-1　气相色谱仪基本构成图

1. 气路系统　包括气源、净化干燥管和载气流速控制及气体纯化装置，是一个载气连续运行的密闭管路系统。通过该系统可以获得纯净的、流速稳定的载气。它的气密性、流量测量的准确性及载气流速的稳定性，都是影响气相色谱仪性能的重要因素。

气相色谱中常用的载气有氢气、氮气、氩气，纯度要求 99% 以上，化学惰性好，不与有关物质反应。载气的选择除了要求考虑对柱效的影响外，还要与分析对象和所用的检测器相匹配。

2. 进样系统

（1）进样器　根据试样的状态不同，采用不同的进样器。液体样品的进样一般采用微量注射器。气体样品的进样常用色谱仪本身配置的推拉式六通阀或旋转式六通阀。固体试样一般先溶解于适当试剂中，过滤以后再用微量进样器进样。

（2）汽化室　汽化室一般由一根不锈钢管制成，管外绕有加热丝，其作用是将液体或固体试样瞬间汽化为蒸汽。为了让样品在汽化室中瞬间汽化而不分解，因此要求汽化室热容量大，无催化效应。

（3）加热系统　用以保证试样汽化，其作用是将液体或固体试样在进入色谱柱之前瞬间汽化，然后快速定量地转入色谱柱中。

3. 分离系统　是色谱仪的心脏部分，其作用是把样品中的各个组分分离开来。分离系统由柱室、色谱柱、温控部件组成，其中色谱柱是色谱仪的核心部件。目前气相色谱仪使用较多的色谱柱主要为填充柱。柱材料包括金属、玻璃、融熔石英、聚四氟等。色谱柱的分离效果除与柱长、柱径和柱形有关外，还与所选用的固定相和柱填料的制备技术以及操作条件等许多因素有关。

4. 检测系统　检测器是将经色谱柱分离出的各组分的浓度或质量（含量）转变成易被测量的电信号（如电压、电流等），并进行信号处理的一种装置，是色谱仪的眼睛。通常由检测元件、放大器、数模转换器三部分组成。被色谱柱分离后的组分依次进检测器，按其浓度或质量随时间的变化，转化成相应电信号，经放大后记录和显示，绘出色谱图。检测器性能的好坏将直接影响色谱仪器最终分析结果的准确性。

（1）根据检测器的响应原理，可将其分为浓度型检测器和质量型检测器。

1）浓度型检测器　测量的是载气中组分浓度的瞬间变化，即检测器的响应值正比于组分的浓度。如热导检测器 TCD、电子捕获检测器 ECD。

2）质量型检测器　测量的是载气中所携带的样品进入检测器的速度变化，即检测器的响应信号正比于单位时间内组分进入检测器的质量。如氢焰离子化检测器 FID 和火焰光度检测器 FPD。

（2）根据应用范围，分为通用型检测器和选择型检测器。

1）通用型检测器　对所有物质有响应。如热导检测器 TCD、氢焰离子化检测器 FID。

2）选择型检测器　对特定物质有高灵敏响应。如电子捕获检测器 ECD、火焰光度检测器 FPD、氮磷检测器 NPD。

（3）根据工作过程，分为破坏型检测器和非破坏型检测器。

1）破坏型检测器　检测过程中样品遭到破坏，不能回收。如氢焰离子化检测器 FID、火焰光度检测器 FPD。

2）非破坏型检测器　检测过程中样品不遭到破坏，可以回收。如热导检测器 TCD、电子捕获检测器 ECD。

5. 温度控制系统　在气相色谱测定中，温度控制是重要的指标，直接影响柱的分离效能、检测器的灵敏度和稳定性。温度控制系统主要指对汽化室、色谱柱、检测器三处的温度控制。在汽化室要保证液体试样瞬间汽化；在色谱柱室要准确控制分离需要的温度，当试样复杂时，分离室温度需要按一定程序控制温度变化，各组分在最佳温度下分离；在检测器要使被分离后的组分通过时不在此冷凝。控温方式分恒温和程序升温两种。

（1）恒温　对于沸程不太宽的简单样品，可采用恒温模式。一般的气体分析和简单液体样品分析都采用恒温模式。

（2）**程序升温**　是指色谱柱的温度按照组分沸程设置的程序连续地随时间线性或非线性逐渐升高，使柱温与组分的沸点相互对应，以使低沸点组分和高沸点组分在色谱柱中都有适宜的保留、色谱峰分布均匀且峰形对称。如果在恒温下分离很难达到好的分离效果，应使用程序升温方法。

6. 记录系统　是记录检测器的检测信号，进行定量数据处理。一般采用自动平衡式电子电位差计进行记录，绘制出色谱图。一些色谱仪配备有积分仪，可测量色谱峰的面积，直接提供定量分析的准确数据。先进的气相色谱仪还配有电子计算机，能自动对色谱分析数据进行处理。

（二）气相色谱仪工作流程

气相色谱仪的一般分析流程：载气由高压钢瓶中流出，经减压阀降到所需压力后，通过净化干燥管使载气净化，再经稳压阀和转子流量计后，以稳定的压力、恒定的速度流经汽化室与汽化的样品混合，将样品气体代入色谱柱中进行分离。分离后的各组分随着载气先后流入检测器，然后载气放空。检测器将物质的浓度或质量的变化转变为一定的电信号，经放大后在记录仪上记录下来，就得到色谱流出曲线。根据色谱流出曲线上得到的每个峰的保留时间，可以进行定性分析，根据峰面积或峰高的大小，可以进行定量分析。

二、气相色谱检测器

（一）检测器的性能指标

气相色谱检测器的主要性能指标有以下几个方面。

1. 灵敏度　是单位样品量（或浓度）通过检测器时所产生的相应（信号）值的大小，灵敏度高意味着对同样的样品量其检测器输出的响应值高，同一个检测器对不同组分，灵敏度是不同的，浓度型检测器与质量型检测器灵敏度的表示方法与计算方法亦各不相同。

2. 检出限　为检测器的最小检测量，最小检测量是要使待测组分所产生的信号恰好能在色谱图上与噪声鉴别开来时，所需引入色谱柱的最小物质量或最小浓度。因此，最小检测量与检测器的性能、柱效率和操作条件有关。如果峰形窄，样品浓度越集中，最小检测量就越小。

3. 线性范围　定量分析时要求检测器的输出信号与进样量之间成线性关系，检测器的线性范围为在检测器成线性时最大和最小进样量之比，或叫最大允许进样量（浓度）与最小检测量（浓度）之比。比值越大，表示线性范围越宽，越有利于准确定量。不同类型检测器的线性范围差别也很大。如氢焰检测器的线性范围可达 10^7，热导检测器则在 10^4 左右。由于线性范围很宽，在绘制检测器线性范围图时一般采用双对数坐标纸。

4. 噪声和漂移　噪声就是零电位（又称基流）的波动，反映在色谱图上就是由于各种原因引起的基线波动，称为基线噪声。噪声分为短期噪声和长期噪声两类，有时候短期噪声会重叠在长期噪声上。仪器的温度波动、电源电压波动、载气流速的变化等，都可能产生噪声。基线随时间单方向的缓慢变化，称为基线漂移。

5. 响应时间　是指进入检测器的一个给定组分的输出信号达到其真值的 90% 时所需的时间。检测器的响应时间如果不够快，则色谱峰会失真，影响定量分析的准确性。但是，绝大多数检测器的响应时间不是一个限制因素，而系统的响应，特别是记录仪的局限性却是限制因素。

（二）热导检测器（TCD）

热导检测器（TCD）　又称热导池或热丝检热器，是气相色谱法最常用、最早出现和应用最广的一种检测器。该检测器具有构造简单、测定范围广、稳定性好、线性范围宽、样品不被破坏等优点。TCD是一种通用型检测器，适用于所有化合物检测。其与 FID、ECD、FPD 等检测器并列为色谱法中最常用的检测器。

1. 工作原理　热导检测器由热导池体和热敏元件组成（图16-2）。热敏元件是四根电阻值完全相同的金属热丝（钨丝或白金丝），阻值相同的热敏电阻作为四个臂接入惠斯顿电桥中，由恒定的电流加热。

热丝具有电阻随温度变化的特性。当有一恒定直流电通过热导池时，热丝被加热。由于载气的热传导作用使热丝的一部分热量被载气带走，一部分传给池体。当热丝产生的热量与散失热量达到平衡时，热丝温度就稳定在一定数值。此时，热丝阻值也稳定在一定数值。由于参比池和测量池通入的都是纯载气，同一种载气有相同的热导率，因此两臂的电阻值相同，电桥平衡，无信号输出，记录系统记录的是一条直线。当有试样进入检测器时，纯载气流经参比池，载气携带着组分气流经测

图 16-2　热导检测器原理

量池，由于载气和待测量组分二元混合气体的热导率和纯载气的热导率不同，测量池中散热情况因而发生变化，使参比池和测量池孔中热丝电阻值之间产生了差异，电桥失去平衡，检测器有电压信号输出，记录仪画出相应组分的色谱峰。载气中待测组分的浓度越大，测量池中气体热导率改变就越显著，温度和电阻值改变也越显著，电压信号就越强。此时输出的电压信号与样品的浓度成正比，这正是热导检测器的定量基础。

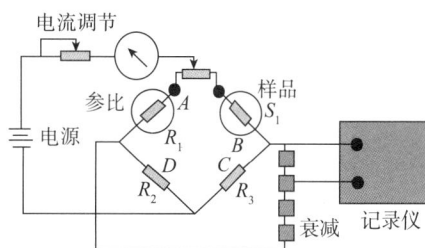

2. 影响热导检测器灵敏度的因素

（1）桥电流　桥电流增加，使钨丝温度提高，钨丝和热导池体的温差加大，气体就容易将热量传出去，灵敏度就提高。响应值与工作电流的三次方成正比。所以，增大电流有利于提高灵敏度，但电流太大会影响钨丝寿命。一般桥电流控制在 100~200mA（N_2 作载气时为 100~150mA，H_2 作载气时 150~200mA 为宜）。

（2）池体温度　池体温度降低，可使池体和钨丝温差加大，有利于提高灵敏度。但池体温度过低，被测试样会冷凝在检测器中。池体温度一般不应低于柱温。

（3）载气种类　载气与试样的热导系数相差愈大，则灵敏度愈高。故选择热导系数大的氢气或氦气作载气有利于提高灵敏度。如用氦气作载气时，有些试样（如甲烷）的热导系数比它大就会出现倒峰。

（4）热敏元件的阻值　阻值高、温度系数较大的热敏元件，灵敏度高。钨丝是一种广泛应用的热敏元件，它的阻值随温度升高而增大，其电阻温度系数为 5.5×10^{-3} cm/（$\Omega \cdot ℃$），电阻率为 $5.5 \times 10^{-6} \Omega \cdot cm$。为防止钨丝汽化，可在表面镀金或镍。

（三）氢焰离子化检测器（FID）

1958 年 Mewillan 和 Harley 等分别研制成功氢火焰离子化检侧器（FID），是以氢气和空气燃烧生成的火焰为能源，当有机化合物进入以氢气和氧气燃烧的火焰，在高温下产生化学电离，电离产生比基流高几个数量级的离子，在高压电场的定向作用下，形成离子流，微弱的离子流（10^{-12}~10^{-8}A）经过高阻（10^6~$10^{11}\Omega$）放大，成为与进入火焰的有机化合物的量成正比的电信号，因此可以根据信号的大小对有机物进行定量分析，FID 比 TCD 灵敏度高出近 3 个数量级，检出下限可达 10^{-12}g/g。

1. 结构　氢火焰离子化检测器（FID）由离子室和放大电路组成（图16-3）。FID 的电离室由金属圆筒作外罩，底座中心有喷嘴；喷嘴附近有环状金属圈（极化极，又称发射极），上端有一个金属圆筒（收集极）。两者间加 90~300V 的直流电压，形成电离电场加速电离的离子。收集极的离子流经放大器的高阻产生信号、放大后输送至数据采集系统；燃烧气、辅助气和色谱柱由底座引入；燃烧气及

水蒸气由外罩上方小孔逸出。

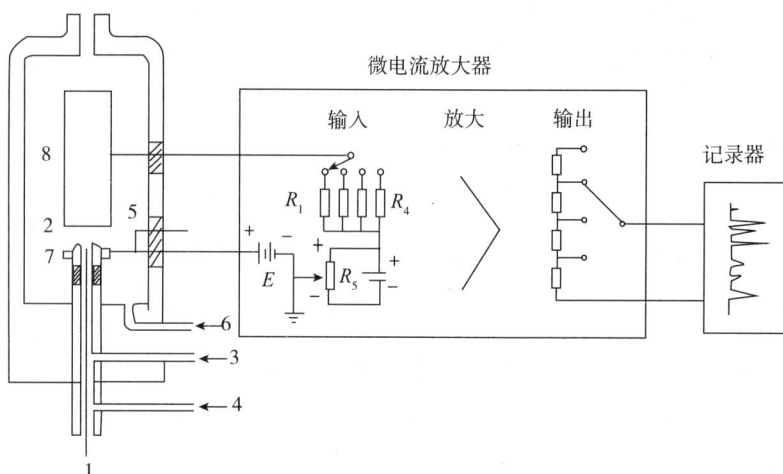

图 16－3　氢火焰离子化检测器组成图

1. 色谱柱；2. 喷嘴；3. 氢气入口；4. 尾收气入口；

5. 点化灯丝；6. 空气入口；7. 极化极；8. 收集极

2. 原理

（1）当含有机物 C_nH_m 的载气由喷嘴喷出进入火焰时，在 C 层发生裂解反应产生自由基：

$$C_nH_m \longrightarrow \cdot CH$$

（2）产生的自由基在 D 层火焰中与外面扩散进来的激发态原子氧或分子氧发生以下反应：

$$\cdot CH + O \longrightarrow CHO^+ + e$$

（3）生成的正离子 CHO^+ 与火焰中大量水分子碰撞而发生分子离子反应：

$$CHO^+ + H_2O \longrightarrow H_3O^+ + CO$$

（4）化学电离产生的正离子和电子在外加恒定直流电场的作用下分别向两极定向运动而产生微电流（$10^{-6} \sim 10^{-14}A$）。

（5）在一定范围内，微电流的大小与进入离子室的被测组分质量成正比，所以氢焰检测器是质量型检测器。

（6）组分在氢焰中的电离效率很低，大约五十万分之一的碳原子被电离。

（7）离子电流信号输出到记录仪，得到峰面积与组分质量成正比的色谱流出曲线。

3. 性能特点　　FID 的特点是灵敏度高，比 TCD 的灵敏度高约 1000 倍；检出限低，可达到 $10^{-12}g/s$；线性范围宽，可达 10^7；FID 结构简单，死体积一般小于 $1\mu l$，响应时间仅为 1 毫秒，既可以与填充柱联用，也可以直接与毛细管柱联用；FID 对能在火焰中燃烧电离的有机化合物都有响应，可以直接进行定量分析，是应用最为广泛的气相色谱检测器之一。

FID 的主要缺点是不能检测惰性体、水、一氧化碳、二氧化碳、氮的氧化物、硫化氢等物质。

4. 影响灵敏度的因素

（1）极化电压　　在 50V 以下时，电压越高，灵敏度越高。但在 50V 以上，则灵敏度增加不明显。通常选择 $\pm 100 \sim \pm 300V$ 的极化电压。

（2）使用温度　　不同于热导检测器，主要的影响因素不是氢焰检测器的温度。不管是 80℃ 还是 200℃，灵敏度的变化几乎微乎其微。当温度小于 80℃，就会有灵敏度显著下降的情况发生，造成此种现象的原因是水蒸气冷凝。一般比柱的最高允许使用温度低约 50℃（防止固定液流失及基线漂移）。

（3）气体流量

1）载气流量　　效能的分离是载气流量选择的主要考虑因素。为了使得柱能够获得最好的分离效果，对于一定的色谱柱和试样来说，需要载气流速最佳。

2）氢气流量　氢火焰的温度以及火焰当中的电离过程会受到氢气流量与载气流量比值的影响。如果火焰温度过低，组分分子就会有比较低的电离数目，就会产生较小的电流信号，就会使灵敏度变得低。氢气流量低，不仅使灵敏度变得低，并且熄火变得更加容易。如果氢气有较高的流量，那么火就会有比较大的噪声。因此，必须保持足够的氢气流量。当载气使用氮气时，通常 1∶1～1∶1.5 为氢气与氮气流量比值。当处于最好的比值时，不仅具有较高的灵敏度，而且有比较好的稳定性。

3）空气流量　空气为助燃气，并且为生成 CHO^+ 提供氧气。在一定范围里，响应值受到空气流量的影响。如果空气流量较小，那么就会对响应值产生比较大的影响。如果有比较小的流量，就会有比较低的灵敏度。当空气流量比某一数值还要高时，那么对于响应值的影响就微乎其微。通常有微量有机杂质存在于载气或者有机械杂质存在于氢气与空气流量的比值为 1∶10 气体中，会对基线的稳定性产生比较大的影响。

4）放大器输入电阻与输出电路衰减　放大器输入电阻的大小决定放大器的电流放大倍数，影响 FID 灵敏度，输入电阻大，灵敏度高，但噪声会增大，在调节放大器输入电阻大小时，要兼顾仪器的信噪比。放大器的输出电路衰减值有 1/10、1/25、1/50，各生产厂家不同，内衰减比例也不同，改变或调节内衰减，也可改变 FID 灵敏度。

5）进样口、色谱柱、气路和 FID 喷嘴的清洁度　进样口、气路或 FID 喷嘴污染，都会导致 FID 的灵敏度下降，因此在使用过程中需要保持进样口、色谱柱、FID 喷嘴和气路的清洁，定期更换进样垫、衬管和石英棉，同时对 FID 进行清洗。

三、分离条件的选择

（一）气相色谱柱和柱温的选择

1. 气相色谱柱的选择　气相色谱柱是气相色谱仪的核心部件之一。在气相色谱分析时，色谱柱的选择至关重要，需要考虑待测组分的性质、试验条件（如柱温、载气流速的大小）等。气相色谱柱分为毛细管色谱柱和填充色谱柱。

（1）毛细管柱和填充柱的选择　气固色谱、气液色谱既可以是填充柱色谱也可以是毛细管色谱。填充气固色谱柱其固定相为颗粒状的固体吸附剂，而填充的气液色谱柱其固定相为涂敷在惰性固体颗粒（载体或称担体）上的固定液液膜。毛细管气固色谱柱一般专指多孔层开管柱（PLOT），其内壁上仅涂渍有一层多孔性吸附剂微粒。其他各类毛细管色谱柱均属于气液色谱。相对于填充柱来说，毛细管柱一般具有更高的分离效能，原因如下。

1）毛细管柱内径较小，一般为 0.1～0.7mm，内壁固定液膜极薄，中心是空的，故阻力很小，而且涡流扩散项不存在，谱带展宽变小。由于毛细管柱的阻力很小，其长度可为填充柱的几十倍，其总柱效比填充柱高得多。一般来说，一根 30m 长的毛细管柱很容易达到 100000 的总理论塔板数，而一根 3m 长的填充柱却最多只有 4500 的总柱效。

2）毛细管柱的分析速度约为填充柱的数十倍。由于液膜极薄，分配比 k 很小，组分在固定相中的传质速度极快，因此有利于提高柱效和分析速度。

当然，毛细管柱也有其局限性。因其内径小，柱容量小，且对进样技术的要求更高，载气流速的控制要求更为精确。进样量越小，意味着对检测器的灵敏度要求就更高。所以考虑到分析工作中成本和经济效益，在进行简单的永久气体分析和低分子量有机化合物分析时，建议采用填充气相色谱柱。

在实际 GC 分析中，90% 以上均使用毛细管色谱柱。甚至在进行永久性气体分析上，填充柱也逐渐被多孔层开口管（PLOT）色谱柱所取代。

（2）色谱柱固定相 气相色谱柱中，两种分析物由于其与固定相的相互作用不同而发生分离。因此，必须选定一个与样品特性相匹配的固定相。例如，如果组分有不同的沸点（温度差大于2℃），推荐使用非极性色谱柱。如果组分之间的主要差异是极性不同，那么使用极性色谱柱较为理想。

（3）内径 内径的选择通常取决于仪器或检测方式。大多数现代化的气相色谱设备都与大部分色谱柱的尺寸相兼容。内径增大，色谱柱的样品容量增加，但分离度和灵敏度降低。反之，尺寸较小的色谱柱，其分离度和灵敏度也相应提高，但缺点是样品容量减少，所需样品量也增多。最好的方法是找一个已有的色谱方法，在此基础上进行优化。

（4）膜厚度 膜厚增加，色谱柱的样品容量也增大，但洗脱峰的速度变慢。这有助于分析挥发性化合物，如风味物质。膜的厚度增加，色谱柱的过载风险减少，分离度随之提高。不过，膜的厚度增大，对于降解的敏感性也增大。相对来说，膜的厚度越大，相同组分的洗脱温度也越高。对于具有较高沸点，如甘油三酯或较大分子量的化合物，应使用较薄的膜进行分析，以提高分离度，避免增加不必要的分析时间。

（5）色谱柱长度 色谱柱的长度越长，柱效越高，分离度也越高，但二者并不成线性关系。分离度与色谱柱长度的平方根成正比，所以色谱柱长度增大二倍，平方根为1.414，分离度只能增加41.4%。不过，色谱柱长度增加，保留时间也会增大。色谱柱长度增大二倍，分析时间也增大二倍。一般来说，推荐使用最短的色谱柱进行分离试验。

2. 柱温的选择 柱温升高，分离度下降，保留时间缩短，色谱峰变窄变高。柱温下降，分析时间延长。两组分的相对保留值增大的同时，两组分的峰宽也在增加，当后者的增加速度大于前者时，两峰的交叠更为严重。柱温的选择原则如下。

（1）柱温控制在固定液的最高使用温度（超过该温度固定液易流失）和最低使用温度（低于此温度固定液以固体形式存在）之内。

（2）在达到分离度要求的条件下，选择低柱温。柱温一般选择接近或略低于组分平均沸点时的温度。

（3）组分复杂和沸程宽的样品，采用程序升温。

（二）载气及流速的选择

1. 载气对柱效的影响 主要表现在扩散系数 D_m 上，它与载气分子量的平方根成反比，即同一组分在分子量较大的载气中有较小的 D_m。根据速率方程可知：

$$H = 2\lambda d_p + \frac{2\gamma D_m}{u} + \left[\frac{0.01k^2 d_p^2}{(1+k)^2 D_m} + \frac{qk d_f^2}{(1+k)^2 D_s}\right]u$$

（1）涡流扩散项与载气流速无关。

（2）当载气流速 u 较低时，分子扩散项对柱效的影响是主要的，因此选用分子量较大的气体，如 N_2、Ar作载气，可使组分的扩散系数 D_m 较小，从而减小分子扩散的影响，提高柱效。

（3）当载气流速 u 较大时，传质阻力项对柱效的影响起主导作用，因此选用分子量较小的气体，如 H_2、He作载气可以减小气相传质阻力，提高柱效。

2. 流速对柱效的影响 从速率方程可知，分子扩散项与流速成反比，传质阻力项与流速成正比，所以要使理论塔板高度 H 最小，柱效最高，必有一最佳流速。对于选定的色谱柱，在不同载气流速下测定塔板高度，作 $H-u$ 图（图16-4）。

曲线上的最低点，塔板高度最小，柱效最高。该点所对应均流速即为最佳载气流速。在实际分析中，为了缩短分析时间，选用的载气流速稍高于最佳流速。

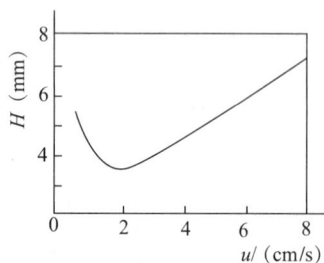

图16-4 $H-u$ 曲线

（三）其他条件的选择

1. 色谱柱固定液的性质和用量　固定液的性质对分离是起决定作用的。一般来说，担体的表面积越大，固定液用量可以越高，允许的进样量也就越多。为了改善液相传质，应使液膜薄一些。固定液液膜薄，柱效能提高，并可缩短分析时间。但固定液用量太低，液膜太薄，允许的进样量也就越少。因此固定液的用量要根据具体情况决定。

固定液的配比（指固定液与担体的质量比）一般用 5∶100 到 25∶100，也有低于 5∶100 的。不同的担体为要达到较高的柱效能，其固定液的配比往往是不同的。

一般来说，担体的表面积越大，固定液的含量可以越高。制备色谱往往用高配比的固定液。

2. 色谱柱担体的性质和粒度　担体的表面结构和孔径分布决定了固定液在担体上的分布以及液相传质和纵向扩散的情况。要求担体表面积大，表面和孔径分布均匀。这样，固定液涂在担体表面上成为均匀的薄膜，液相传质就快，就可提高柱效。对担体粒度要求均匀、细小，这样有利于提高柱效。但粒度过细，阻力过大，使柱压降增大，对操作不利。对 3 ~ 6mm 内径的色谱柱，使用 60 ~ 80 目的担体较为合适。

3. 进样时间和进样量　进样速度必须很快，一般用注射器或进样阀进样时，进样时间都在一秒钟以内。若进样时间过长，试样原始宽度变大，半峰宽必将变宽，甚至使峰变形。

进样量一般是比较少的。液体试样一般进样 0.1 ~ 5µl，气体试样进样 0.1 ~ 10ml。进样量太多，会使几个峰叠在一起，分离不好。但进样量太少，又会使含量少的组分因检测器灵敏度不够而不出峰。最大允许的进样量，应控制在峰面积或峰高与进样量成线性关系的范围以内。

4. 汽化温度的选择　色谱仪进样口下端有一汽化器，液体样品进样后，在此瞬间汽化。汽化温度一般较柱温高 30 ~ 70℃。防止汽化温度太高造成样品分解。

？ 想一想

气相色谱仪的一般分析流程是什么？

答案解析

任务三　气相色谱法的应用

PPT

一、定性分析

气相色谱的定性不完全准确，这是因为不同的物质有可能在相同的位置出色谱峰。一般来说，要检测一种物质，如果所要检测的样品不太复杂，或已知主要物质是什么，定性就相对容易和准确些。最常用的方法就是使用标准品，若标准品对照样品的保留时间（物质的出峰时间）基本在同一时间出峰，就可以大概确定为同一种物质，如果必要，则再选择一个极性不同的色谱柱，重复一遍，则可基本定性。气相色谱常用的定性分析方法包括以下几种。

（一）保留值定性法

固定相及操作条件恒定时，每种组分都有恒定的保留值。在相同的条件下，测定标准物质和未知样品的保留值，当未知样品中出现与标准物质保留值相同的色谱峰时，则未知物中可能含有此种物质。

（二）峰高定性法

取两份未知样品，在其中一份中加入已知纯物质，然后在相同试验条件下，分别测定两份样品的色谱图，对比色谱图，如果某一组分峰高增加，则未知样品中可能含有已知纯物质。

（三）与质谱、红外光谱联用定性法

上述两种方法适用于确定未知样品中是否含有某一组分。如果对未知样品的组分全然不知时，可采用气相色谱与质谱、红外光谱联用的方法进行测定。气相色谱有很强的分离能力，而质谱、红外光谱可以测定未知物的结构。

二、定量分析

气相色谱的定量方法主要有归一化法、外标法、内标法、内标校正曲线法、内标对比法和内加法等。

（一）归一化法

由于面积归一化法测定误差大，因此，本法通常只能用于粗略考察供试品中的杂质含量。除另有规定外，一般不宜用于微量杂质的检查。方法是测量各杂质峰的面积和色谱图上除溶剂峰以外的总色谱峰面积，计算各峰面积及其之和占总峰面积的百分率。优点是简便，定量结果与进样量无关，操作条件变化时对结果影响较小；缺点是必须所有组分在一个分析周期内都能流出色谱柱，而且检测器对它们都产生信号。

（二）外标法

外标法分为校正曲线法和外标一点法。外标法不必加内标物，常用于控制分析，分析结果的准确度主要取决于进样的准确性和操作条件的稳定程度。

（三）内标法

该法分析结果准确度高，对进样量准确度的要求相对较低，可测定微量组分。但实际工作中，内标物的选择需花费大量时间，样品的配制也比较繁琐。

（四）内标校正曲线法

该法消除了某些操作条件的影响，也不需严格要求进样体积准确。

（五）标准溶液加入法

在难以找到合适内标物或在色谱图上难以插入内标时可采用该法。

精密称（量）取某个杂质或待测成分对照品适量，配制成适当浓度的对照品溶液，取一定量，精密加入供试品溶液中，根据外标法或内标法测定杂质或主成分含量，再扣除加入的对照品溶液含量，即得供试品溶液中某个杂质和主成分含量。

三、典型工作任务分析

案例解析 1：无水乙醇中微量水分的测定

［链接《中国药典》（2020 年版）］ 0521 气相色谱法、0832 水分测定法（第五法 气相色谱法）。

【任务分析】

1. 提出问题

（1）应选择什么样的固定相、流动相和检测器？对照品溶液和供试品溶液应如何制备？应选择什么样的色谱条件？

（2）出峰顺序为空气、水、甲醇、乙醇，色谱机制是什么？

2. 开动脑筋　气相色谱柱具有较高的分离效能，可以使一些物理化学性质相差很小的组分以及很复杂的混合物实行分离。为了保证检测结果的准确性，在采用气相色谱法测定时，要求对气相色谱仪定期进行检定并符合有关规定，各品种条件下规定的色谱条件，除检测器种类、固定液品种及特殊指定的色谱柱材料不得改变外，其余如色谱柱内径、长度、载体牌号、粒度、载体流速、柱温、进样量、检测器的灵敏度等，均可适当改变，以适应具体品种并符合系统适用性试验的要求。由于气相色谱法的进样量一般仅数微升，为减小进样误差，尤其当采用手工进样时，为减少留针时间和室温对进样量的影响，一般采用内标法定量。当采用自动进样时，在保证分析误差的前提下，也可以采用外标法定量。采用气相色谱法测定无水乙醇中微量水分时，用甲醇作为内标物，氢气作为流动相。因为甲醇不是组分中的成分，保留时间与被测组分（水）相近，物理化学性质相似，各组分能完全分离。因此，可以在该试验中作为内标物。在电桥中，H_2热导率高，灵敏度高，且价格比氦气便宜，作为该试验的载气较为合适。

【任务实施】

1. 工作准备

（1）仪器　气相色谱仪及工作站（配热导池检测器）、10μl 进样针；GDX203 气相色谱柱（2m）、高纯 H_2。

（2）试剂　无水甲醇（内标物）、待测无水乙醇。

2. 动手操作

测定步骤	操作内容	数据记录
供试品溶液的配制	（1）准确量取 100ml 待检的无水乙醇，用减重法加入约 0.25g 无水甲醇，精密称定，摇匀。用进样针进样 6～10μl	供试品的名称、批号、生产厂家、规格；仪器的规格型号
仪器开启准备	（2）打开载气（高纯氢气）阀门，调节减压器指示约为 0.3MPa，然后用两个稳流阀进行并联双路的调节，用皂膜流量计调节流量为 40～50ml/min （3）打开仪器电源，按色谱条件设定柱温箱温度、热导池温度、汽化室温度及过热保护温度（200℃） （4）调节数码电阻，设置桥温为 180℃，通入载气 5 分钟后，打开热导电源开始升温 （5）待温度（检测器、柱箱及汽化室）都已达到要求后（需 20～30 分钟）调节电位器零点	
测定	（6）取样品溶液 6～10μl，注入色谱仪，同时启动色谱工作站，记录色谱图。当色谱峰全部出柱后，停止记录，启动积分工具，记录峰高	各峰的峰高：
结果计算和判定	（7）按公式计算水分含量 $\omega_i = f_{i(h)} \dfrac{m_s}{m_{\text{样}}} \dfrac{h_i}{h_s}$	水分含量：
结束工作	（8）测定完毕，清洗容量瓶、烧杯，仪器关机，关闭仪器电源	

♥ **药爱生命**

　　甲醇又称羟基甲烷，是一种有机化合物，有毒，是结构最为简单的饱和一元醇。其化学式为 CH_3OH，CAS 号为 67－56－1，分子量为 32.04，沸点为 64.7℃。因在干馏木材中首次发现，故又称"木醇"或"木精"。甲醇的毒性对人体的神经系统和血液系统影响最大，它经消化道、呼吸道或皮肤摄入都会产生毒性反应，甲醇蒸气能损害人的呼吸道黏膜和视力。人口服中毒最低剂量约为 100mg/kg 体重，经口摄入 0.3～1g/kg 可致死。

案例解析2：维生素E的含量测定

［链接《中国药典》（2020年版）］照气相色谱法（通则0521）测定。

内标溶液　取正三十二烷适量，加正己烷溶解并稀释成每1ml中含1.0mg的溶液。

供试品溶液　取本品约20mg，精密称定，置棕色具塞锥形瓶中，精密加内标溶液10ml，密塞，振摇使溶解。

对照品溶液　取维生素E对照品约20mg，精密称定，置棕色具塞锥形瓶中，精密加内标溶液10ml，密塞，振摇使溶解。

色谱条件　用硅酮（OV-17）为固定液，涂布浓度为2%的填充柱，或用100%二甲基聚硅氧烷为固定液的毛细管柱；柱温为265℃；进样体积为1~3μl。

测定法　精密量取供试品溶液与对照品溶液，分别注入气相色谱仪，记录色谱图。按内标法以峰面积计算。

$$\omega = \frac{A_s \times C_R \times C'_s \times A_x \times D \times V}{C_s \times A_R \times A'_s \times m_s} \times 100\%$$

【任务分析】

1. 提出问题

（1）维生素E的溶解性如何？应用什么溶剂溶解？选择什么内标物质？

（2）实验用的载气和检测器分别是什么？

2. 开动脑筋　维生素E是微黄色至黄色或黄绿色澄清的黏稠液体，几乎无臭，遇光色渐变深。本品在无水乙醇、丙酮、乙醚或植物油中易溶，在水中不溶。各国药典多采用气相色谱法测定维生素E原料及其制剂，该法具有选择性好、灵敏度高、分析速度快、分离效果好的特点。采用该方法可以分离维生素E、其异构体及杂质，可选择性地测定维生素E。在选择内标物时要选择极性小、易挥发的物质，本试验选取正三十二烷作为内标物。

【任务实施】

1. 工作准备

（1）仪器　气相色谱仪、工作站、5μl进样针等，气相色谱柱［用硅酮（OV-17）为固定液，涂布浓度为2%的填充柱，或用100%二甲基聚硅氧烷为固定液的毛细管柱］，高纯H_2，烧杯、具塞棕色锥形瓶。

（2）试剂　待测维生素E、正三十二烷、正己烷。

2. 动手操作

测定步骤	操作内容	数据记录
溶液配制	（1）内标溶液　取正三十二烷适量，加正己烷溶解并稀释成每1ml中含1.0mg的溶液 （2）供试品溶液　取本品约20mg，精密称定，置棕色具塞锥形瓶中，精密加内标溶液10ml，密塞，振摇使溶解 （3）对照品溶液　取维生素E对照品约20mg，精密称定，置棕色具塞锥形瓶中，精密加内标溶液10ml，密塞，振摇使溶解	供试品的名称、批号、生产厂家、规格；温度；仪器的规格型号
仪器开启准备	（4）打开载气阀门，设置三种气体压力值，氮气为0.35MPa，氢气为0.20MPa，空气为0.25MPa （5）打开仪器电源，按色谱条件设定柱温箱温度（柱温为265℃）、热导池温度、汽化室温度及过热保护温度（280℃） （6）按仪器操作手册设置其他参数，保证基线平稳	

续表

测定步骤	操作内容	数据记录
测定	（7）取样品溶液进样体积1～3μl，注入色谱仪，同时启动色谱工作站，记录色谱图。当色谱峰全部出柱后，停止记录，启动积分工具，记录峰高、峰面积等	各峰的峰高：
结果计算和判定	（8）按内标法以峰面积计算含量	含量：
结束工作	（9）测定完毕，清洗容量瓶、烧杯，仪器关机，关闭仪器电源	

3. 注意事项

（1）打开净化器上的载气开关阀时要检查是否漏气，保证气密性良好。

（2）试验完毕后，先关闭氢气与空气，用氮气将色谱柱吹净后关机。

（3）氢气发生器液位不得过高或过低。

（4）维生素E容易氧化，操作尽量避光，样品溶液应在临测定前新制。

（5）操作过程中，内标溶液和供试品溶液均易挥发，要尽量避免挥发，以减小误差。

练一练

测定维生素E的含量时，选用的内标物是（　　）。

A. 甲醇　　　　B. 丙酮　　　　C. 正三十二烷　　　　D. 正己烷

答案解析

目标检测

答案解析

一、单项选择题

1. 在气相色谱分析中，用于定性分析的参数是（　　）

　　A. 保留值　　　　B. 峰面积　　　　C. 分离度　　　　D. 半峰宽

2. 在气相色谱分析中，用于定量分析的参数是（　　）

　　A. 保留时间　　　　B. 保留体积　　　　C. 半峰宽　　　　D. 峰面积

3. 使用热导池检测器时，应选用（　　）作载气，其效果最好

　　A. H_2　　　　B. He　　　　C. Ar　　　　D. N_2

4. 色谱体系的最小检测量是指恰能产生与噪声相鉴别的信号时（　　）

　　A. 进入单独一个检测器的最小物质量　　　　B. 进入色谱柱的最小物质量

　　C. 组分在气相中的最小物质量　　　　D. 组分在液相中的最小物质量

5. 热导池检测器是一种（　　）

　　A. 浓度型检测器

　　B. 质量型检测器

　　C. 只对含碳、氢的有机化合物有响应的检测器

　　D. 只对含硫、磷化合物有响应的检测器

6. 柱效率用理论塔板数n或理论塔板高度h表示，柱效率越高，则（　　）

　　A. n越大，h越小　　　　B. n越小，h越大

　　C. n越大，h越大　　　　D. n越小，h越小

7. 如果试样中组分的沸点范围很宽，分离不理想，可采取的措施有（　　）

    A. 选择合适的固定相　　　　　　　　B. 采用最佳载气线速度

    C. 程序升温　　　　　　　　　　　　D. 降低柱温

8. 要使相对保留值增加，可以采取的措施是（　　）

    A. 采用最佳线速度　　　　　　　　　B. 采用高选择性固定相

    C. 采用细颗粒载体　　　　　　　　　D. 减少柱外效应

二、计算题

当色谱峰的半峰宽为1mm，保留时间为4.5分钟，死时间为1分钟，色谱柱长为2m，记录仪纸速为2cm/min，试计算色谱柱的理论塔板数、塔板高度以及有效理论塔板数、有效塔板高度。

书网融合……

重点回顾   微课   习题

项目十七　高效液相色谱法

学习目标

知识目标：

1. 掌握　高效液相色谱法的基本原理，定性、定量方法。

2. 熟悉　高效液相色谱法所用固定相和流动相及选择原则；正相色谱、反相色谱的特点。

3. 了解　高效液相色谱仪的结构、主要部件性能。

技能目标：

学会高效液相色谱仪的操作。

素质目标：

培养鉴别真伪、判断优劣的质量分析意识。通过对实验结果进行分析，培养数据处理能力，具备严谨的分析态度。

导学情景

情景描述 [⊂⊃ 链接《中国药典》（2020 年版）]：[阿司匹林中游离水杨酸的检查] 照高效液相色谱法（通则 0512）测定。

色谱条件　用十八烷基硅烷键合硅胶为填充剂；以乙晴 – 四氢呋喃 – 冰醋酸 – 水（20∶5∶5∶70）为流动相；检测波长为 303nm；进样体积为 $10\mu l$。

系统适用性要求　理论塔板数按水杨酸峰计算不低于 5000。阿司匹林峰与水杨酸峰之间的分离度应符合要求。

情景分析：《中国药典》采用高效液相色谱法检查阿司匹林原料药中游离水杨酸的限度，精密量取供试品溶液与对照品溶液 $10\mu l$，分别注入液相色谱仪，记录色谱图。供试品溶液色谱图中如有与水杨酸峰保留时间一致的色谱峰，按外标法以峰面积计算，不得过 0.1%。

讨论：1. 高效液相色谱法的原理是什么？系统适用性要求有哪些？

　　　　2. 高效液相色谱法在药物分析中有什么应用？

学前导语：高效液相色谱法同时具备分离和分析的功能，且快速、高效、灵敏，可用于鉴别、检查、含量测定，为保障用药安全提供了有力的技术支持，是目前药品质量检测中最常用的方法之一。

任务一　概　述

PPT

一、高效液相色谱法的原理

经典液相色谱法是以液体为流动相的柱色谱分离分析方法。高效液相色谱法（HPLC）在经典液相色谱法基础上，引入了高效固定相、高压输液泵和高灵敏度检测器等新技术。其基本方法是用高压输液泵将流动相泵入装有固定相的色谱柱中，注入的试样被流动相带入柱内进行分离后，各组分依次进入检测器，然后用记录仪和数据处理装置记录数据并进行处理，最后进行定性定量分析。

二、高效液相色谱法的特点

1. 高效　采用 $5 \sim 10 \mu m$ 均匀规则的固定相，传质阻抗小，柱效高，分离效率高。

2. 高灵敏度　采用紫外检测器等高灵敏度检测器，检出限可低至 10^{-12} 个数量级，所需试样只要数微升即可进行分析。

3. 高速　采用高压，载液流速快，一般试样的分析只需数分钟，复杂试样分析在数十分钟内也可完成。

4. 高选择性　不仅可以分析有机物的同分异构体，还可以分析在性质上极为相似的旋光异构体。

5. 适用范围广　不受组分是否易挥发及热稳定性的限制，其分析范围可占有机物总数的80%。

三、高效液相色谱法的分类

高效液相色谱法按固定相的聚集状态可分为液 - 液色谱法（LLC）及液 - 固色谱法（LSC）两大类。按照分离机制可分为分配色谱法、吸附色谱法、化学键合相色谱法、离子交换色谱法、分子排阻色谱法、亲和色谱法、胶束色谱法等。其中以化学键合相色谱技术应用最为广泛。

化学键合相色谱技术是以液 - 液分配色谱为基础，将固定液官能团通过化学反应键合到载体表面制得化学键合相固定相，利用各组分分配系数的不同加以分离的色谱技术。根据固定相和流动相相对极性的大小分为正相键合相色谱法和反相键合相色谱法两种。

（一）正相键合相色谱法

正相键合相色谱的固定相极性比流动相极性强，固定相常用氰基与氨基化学键合相，流动相常用正己烷等烷烃加适量极性调节剂构成。可用于分离极性至中等极性的有机物。

（二）反相键合相色谱法

反相键合相色谱是由非极性固定相和极性流动相组成的色谱系统。固定相常采用十八烷基硅烷（ODS 或 C_{18}）键合相、辛烷基硅烷（C_8）等，流动相多以水为基础溶剂，再加入一定量极性调节剂组成，如甲醇 - 水、乙腈 - 水等。可分离非极性至中等极性的有机物，其中极性大的组分先流出色谱柱，极性小的组分后流出。

四、高效液相色谱法的要求

（一）被测组分

适用能制成溶液的样品，不受药物汽化和热稳定性的影响，应用于大多数药物的定性定量分析。

（二）色谱条件

除另有规定外，应符合质量标准正文品种项下规定的条件。

（三）系统适用性试验

系统适用性试验包括理论塔板数、分离度、灵敏度、重复性试验和拖尾因子五个指标。目的是评价色谱系统的可靠性。

1. 理论塔板数（n）　是衡量色谱柱效能的指标。在规定的条件下，注入供试品溶液或规定的内标物质溶液，记录色谱图，测量出供试品主成分或内标物质峰的保留时间（以分钟或长度计，应取相同单位）和半峰宽，按下式计算色谱柱的理论塔板数。

$$n = 16 \times \left(\frac{t_R}{W} \right)^2 \qquad (17-1)$$

或

$$n = 5.54 \times \left(\frac{t_R}{W_{1/2}} \right)^2 \qquad (17-2)$$

由于不同物质在同一色谱柱上的色谱行为不同，采用理论塔板数作为衡量色谱柱效能的指标时，应指明测定物质，一般为待测物质或内标物质的理论塔板数。

2. 分离度（R）　定量分析时，为便于准确测量，要求定量峰与其他峰或内标物质峰之间有较好的分离度，分离度是衡量色谱系统效能的关键指标。无论是定性鉴别还是定量测定，均要求待测物质色谱峰与内标物质色谱峰或特定的杂质对照色谱峰及其他色谱峰之间有较好的分离度。分离度计算公式为

$$R = \frac{2(t_{R_2} - t_{R_1})}{W_1 + W_2} \qquad (17-3)$$

式中，t_{R_2}为相邻两峰中后一峰的保留时间；t_{R_1}为相邻两峰中前一峰的保留时间；W_1、W_2为此相邻两峰的峰宽。分离度如图 17-1 所示。分离度一般要求大于 1.5。

3. 灵敏度　用于评价色谱系统检测微量物质的能力，通常以信噪比（S/N）来表示。通过测定一系列不同浓度的供试品或对照品溶液来测定信噪比。定量测定时，信噪比应不小于 10；定性测定时，信噪比应不小于 3。系统适用性试验中可以设置灵敏度试验溶液来评价色谱系统的检测能力。

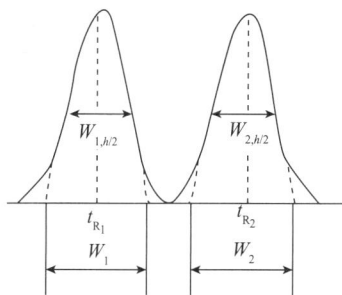

图 17-1　分离度示意图

4. 重复性试验　用于评价连续进样中，色谱系统响应值的重复性能。采用外标法时，通常取各品种项下的对照品溶液，连续进样 5 次，除另有规定外，其峰面积测量值的相对标准偏差应不大于 2.0%；采用内标法时，通常配制相当于 80%、100% 和 120% 的对照品溶液，加入规定量的内标溶液，配成 3 种不同浓度的溶液，分别至少进样 2 次，计算平均校正因子，其相对标准偏差应不大于 2.0%。

5. 拖尾因子　用于评价色谱峰的对称性，其计算公式为

$$T = \frac{W_{0.05h}}{2d_1}$$

式中，$W_{0.05h}$为峰高 0.05 倍处的峰宽；d_1为峰顶点至峰前沿之间的距离。拖尾因子计算示意图如图 17-2 所示。

一般要求 T 值应为 0.95~1.05；T 值小于 0.95 的称为前延峰，大于 1.05 的称为拖尾峰。

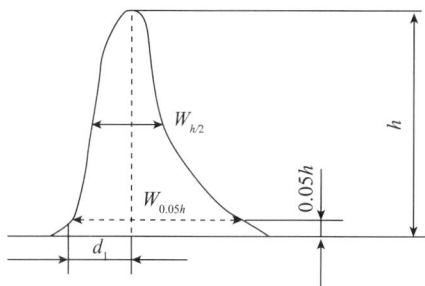

图 17-2　拖尾因子计算示意图

❓ **想一想**

高效液相色谱法的洗脱方式有几种？各自的特点是什么？

答案解析

PPT

任务二　高效液相色谱仪 🄔 微课

一、组成

高效液相色谱仪是实现液相色谱分析的装置，主要由高压输液系统、进样系统、分离系统、检测系统和数据处理系统五大部分组成如图 17 - 3 所示。

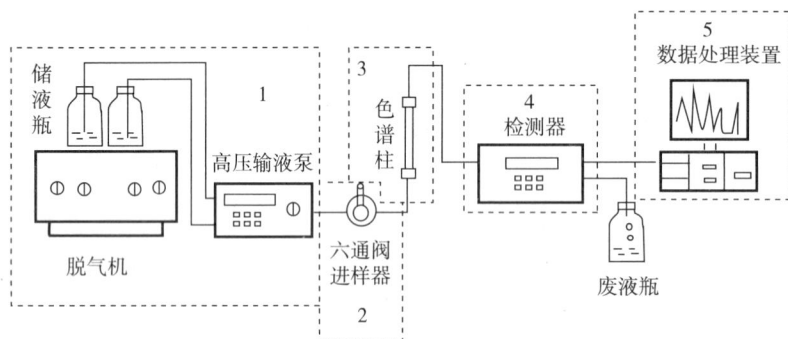

图 17 - 3　高效液相色谱仪的组成示意图

1. 高压输液系统；2. 进样系统；3. 分离系统；

4. 检测系统；5. 数据处理系统

（一）高压输液系统

高压输液系统包括贮液瓶、脱气装置、输液泵、梯度洗脱装置等。贮液瓶用于存放流动相，容积一般为 0.5 ~ 2.0L，常用材料为玻璃和不锈钢；为防止流动相将气泡带入检测器而使基线噪声加剧，影响正常检测，流动相使用前应进行脱气处理。常用脱气方式有超声波脱气、真空脱气等。输液泵是高压输液系统的核心部件，要求流量稳定、输出压力高（一般为 15 ~ 50MPa）、流量范围宽（一般为 0.1 ~ 10ml/min）、密封性能好、耐腐蚀；泵工作时应防止任何固体微粒进入和储液瓶中流动相被完全用完。梯度洗脱装置可以连续或间断地改变两种或两种以上的溶剂的配比浓度，改变流动相的极性、pH 等，从而改善峰形、缩短分析时间、提高柱效。

（二）进样系统

简易高效液相色谱仪配置有定量管的六通阀进样器，进样量准确、重复性好（图 17 - 4）。

高级高效液相色谱仪带有自动进样装置，在程序控制下可自动完成取样、进样、清洗等一系列操作，工作人员只需将处理好的样品按顺序装入样品架即可，适合大批量样品的分析。

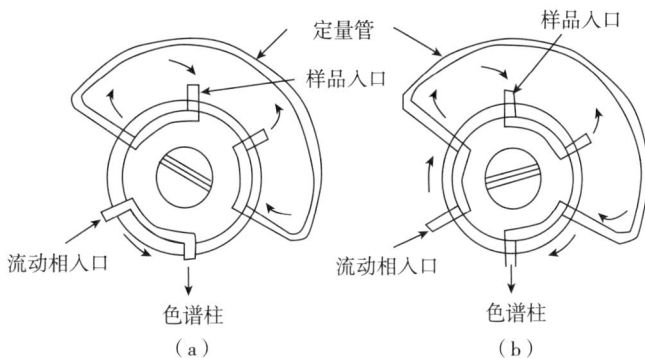

图 17 - 4　六通阀进样示意图

（a）取样位（样品进入定量管）；（b）进样位（样品进入色谱柱）

（三）分离系统

色谱柱是高效液相色谱仪的重要部件，由柱管、固定相和密封垫构成。色谱柱的柱管通常为内壁抛光的不锈钢直型管，能承受高压，对流动相呈化学惰性。色谱柱按照用途分为分析型和制备型。常用的分析型色谱柱内径为 2 ~ 5mm，长为 10 ~ 30cm；实验室制备柱内径为 20 ~ 40mm，柱长为 10 ~ 30cm，生产制备型内径可达几十厘米。

在分析柱前端常装有与分析柱相同固定相的短柱（5 ~ 20mm），称为保护柱，可以更换，主要起到保护、延长分析柱寿命的作用。

温度会影响分离效果，未指明色谱柱温度时系指室温。为改善分离效果可适当提高色谱柱的温度，但一般不宜超过 60℃。

（四）检测系统

检测器将色谱柱分离后组分的浓度变化转化成电信号，输送给工作站进行数据处理。要求具备灵敏度高、响应快、线性范围宽、对流量和温度变化不敏感和重现性好的优点。目前应用较广泛的检测器有紫外检测器（UVD）、蒸发光散射检测器（ELSD）、荧光检测器（FD）、示差折光检测器（RID）、电化学检测器（ECD）。

紫外检测器（UVD）是当前高效液相色谱仪配置最多的检测器，主要用于检测有紫外吸收的样品。光学结构与一般的紫外分光光度计一致，适合大多数药物的质量分析。

紫外可见分光检测器采用低波长检测时，还应考虑有机溶剂的截止使用波长，并选用色谱级有机溶剂。反相色谱系统的流动相常用甲醇 - 水系统和乙腈 - 水系统，采用紫外末端波长检测时，宜选用乙腈 - 水系统。蒸发光散射检测器和质谱检测器不得使用含不挥发性盐的流动相。

（五）数据记录及处理系统

高效液相色谱仪通常配有色谱工作站，通过微机控制，完成对检测信号的记录、处理。

练一练

高效液相色谱仪配置最多的检测器是（　　）。

A. 紫外检测器　　　　B. 蒸发光散射检测器　　　　C. 荧光检测器

D. 示差折光检测器　　E. 电化学检测器

答案解析

二、操作

不同型号的高效液相色谱仪，其操作略有不同，基本操作方法如下。

（一）操作前准备

1. 制备流动相　制备流动相关的试剂，一般用色谱纯，水应为新鲜配制的高纯水。凡规定 pH 的流动相，应使用精密 pH 计进行调节，偏差不超过 ±0.2pH 单位。配制好的流动相应通过 0.45μm 滤膜过滤，经脱气处理后使用。用十八烷基键合硅烷键合硅胶色谱柱时，流动相中有机溶剂比例一般不低于 5%，否则 C_{18} 链发生随机卷曲，导致柱效下降、组分保留值变化，造成色谱系统不稳定。

2. 制备样品溶液　供试品注入色谱仪前，用 0.45μm 过滤膜过滤，必要时样品需提取纯化。

3. 检查仪器　检查仪器是否完好，各开关是否处于关闭位置。

（二）操作步骤

1. 开启色谱仪各个部件的电源。打开电脑显示器、主机，启动色谱工作站软件。

2. 打开泵的排放阀，用专用注射器从阀口抽出流动相约 20ml，设置高流速（如 5m/min）或用冲洗键（PURGE）进行泵排气，观察出口处流动相呈连续液流后，将流速逐步回零或停止冲洗，关闭排放阀。

3. 设置试验的色谱条件，如所需流速、最大压限及检测波长等。

4. 对色谱柱进行平衡，等待基线平稳，同时观察压力指示应稳定，用干燥滤纸片的边缘检查柱管各连接处应无渗漏。初始平衡时间一般需约 30 分钟，如果使用带有表面活性剂的流动相或使用较长色谱柱则平衡时间也会较长。如为梯度洗脱，应在程序中设置梯度程序，用初始比例的流动相对色谱柱进行平衡。

5. 进样操作包括六通阀进样和自动进样。

（1）六通阀进样器进样　①手柄置采样位置（LOAD）；②用样品溶液清洗配套的进样器，再抽取适量，如用定量环（LOOP）定量，则微量注射器抽取量应不少于定量环容积的 3~5 倍。用微量注射器定量进样时，进样量不得多于环容积的 50%。在排除气泡后方能向进样器中注入供试品溶液；③把微量进样器的平头针直插至进样器底部，注入供试溶液；④将手柄转至进样位置（INJECT），样品被流动相带入色谱柱。

（2）自动进样器进样　操作人员将制备好的样品溶液装入专用进样瓶中，盖上带有垫片的瓶盖，顺时针方向旋紧后，放入贮样室的样品盘中，设定样品瓶的位置号和进样体积等自动进样参数，自动进样器通过工作站控制，完成自动取样、进样、清洗等一系列的操作。自动进样不仅自动化程度高，还可降低人工成本，而且一般自动进样的重复性好于手动进样。

6. 收集和处理色谱数据。注意，最后一峰出完后，应继续走一段基线，确认再无组分流出，方能结束记录。

7. 分析完毕后，关闭检测器。反相色谱柱如使用过含盐流动相，则先用 10% 甲醇冲洗 1 小时，然后用更高比例的甲醇-水冲洗，最后用甲醇冲洗封存。

8. 冲洗完毕后逐步降低流速至 0，关泵。进样器应用相应溶剂冲洗，可用进样阀所附专用冲洗接头。退出色谱工作站，关闭电脑。

9. 填写使用记录本。

👁 看一看 —————————————————————————————————————

超高效液相色谱法

超高效液相色谱法（UPLC）是适应小粒径（约 2μm）填充剂的耐超高压、小进样量、低死体积、高灵敏度检测的高效液相色谱方法。原理与高效液相色谱法基本相同，只是增加了分析的通量、灵敏度及色谱峰容量。超高效液相色谱法的实现，主要是依靠小颗粒、高性能微粒制造的超高效液相色谱柱、超高压输液泵、快速自动进样器、高速检测器的应用。与传统的 HPLC 相比，UPLC 的速度、灵敏度及分离度分别是 HPLC 的 9 倍、3 倍及 1.7 倍，大大缩短了分析时间，改善了分离效果，同时减少了溶剂用量、降低了分析成本。不过由于试验过程中仪器内部压力过大，也会产生相对应的问题。例如泵的使用寿命会相对降低，仪器的连接部位老化速度加快，包括单向阀等部位零件容易出现问题等。

任务三　高效液相色谱法的应用

PPT

一、定性分析

色谱的定性分析就是根据色谱图中各个峰的位置判断其所代表的是何种组分，进而确定试样组成的方法。常用的定性分析方法有以下两种。

（一）直接定性法

在相同的色谱条件下，同一物质应具有相同的保留时间。因此，直接对比待测试样和已知标准物质（或对照品）在同一色谱条件下的保留时间，或将纯组分加入试样后再次进行色谱分析，观察色谱峰高度变化情况，都可以直接对色谱峰进行定性判断。

（二）相对保留值定性法

相对保留值是指在相同的操作条件下，组分（i）与对照品（s）的调整保留时间之比。

$$r_{is} = \frac{t'_{R_i}}{t'_{R_s}}$$

相对保留值（r_{is}）只与柱温、固定相和流动相的性质有关，而与其他操作条件无关。应用该法定性时，将对照品分别加入未知试样和已知纯物质中，在同一色谱柱和相同温度下分别进样，测定出它们的相对保留值，进行比较定性。如果纯物质难以获得，也可以采用与文献相对保留值进行对照的方法。但应注意，要根据文献规定的试验条件和标准物质进行操作。

案例解析 1：达那唑的鉴别

[链接《中国药典》（2020 年版）] 在含量测定项下记录的色谱图中，供试品溶液主峰的保留时间应与对照品溶液主峰的保留时间一致。

含量测定　照高效液相色谱法（通则 0512）测定。

色谱条件与系统适用性试验　用十八烷基硅烷键合硅胶为填充剂；以乙腈 - 甲醇 - 水（4∶4∶3）为流动相；检测波长为 270nm。理论塔板数按达那唑峰计算不低于 2500。

测定法　取本品，精密称定，加流动相溶解并定量稀释制成每 1ml 中约含 0.2mg 的溶液，精密量取 10μl 注入液相色谱仪，记录色谱图；另取达那唑对照品，同法测定。按外标法以峰面积计算，即得。

【任务分析】

1. 提出问题

（1）如何对达那唑进行定性鉴别？

（2）鉴别达那唑时要配制哪几种溶液？

（3）系统适用性试验的目的是什么？

2. 开动脑筋 本试验将供试品和对照品在相同的色谱条件下进样，通过考察两者保留时间是否一致来对达那唑进行定性鉴别。鉴别时要配制供试品和对照品两种溶液。系统适用性试验的目的是评价色谱系统的可靠性。

【任务实施】

1. 工作准备

（1）仪器 高效液相色谱仪、色谱柱（C_{18}）、电子天平（0.1mg）、微量进样器。

（2）试剂 达那唑供试品、甲醇（色谱纯）、达那唑对照品。

2. 动手操作

测定步骤	操作内容	数据记录
配制溶液	（1）称取供试品和对照品各1份，记录 （2）定量稀释，准确配制成规定浓度的溶液	供试品的名称、批号、生产厂家；供试品质量、对照品质量、配制溶液的体积
仪器检定	（3）设定色谱条件 （4）系统适用性试验	记录色谱参数
测定保留时间	（5）分别注入供试品、对照品溶液进行测定 （6）记录色谱图	记录进样体积、保留时间
结果判定	（7）将供试品与对照品的保留时间进行比较，得出结论	

二、定量分析

色谱的定量分析就是根据色谱图中各个峰的峰面积或峰高得出供试品中各组分含量的方法。

（一）分析依据

色谱条件恒定时，色谱峰峰面积或峰高与组分的量（浓度或质量）成正比。

（二）峰面积的测量

1. 公式计算 对称峰峰面积计算公式为

$$A = 1.065 \times h \times W_{1/2}$$

式中，A 为峰面积；h 为峰高；$W_{1/2}$ 为半峰宽。

不对称峰峰面积计算公式为

$$A = 1.065 \times h \times \frac{(W_{0.15} + W_{0.85})}{2}$$

式中，$W_{0.15}$ 和 $W_{0.85}$ 分别为峰高 0.15 和 0.85 处的峰宽。

2. 自动积分 色谱仪数据处理系统中的色谱工作站能自动积分显示出峰面积。

（三）校正因子（f）

由于检测器对相同量的不同物质具有不同的响应值，因此需要对所测得的峰面积进行校正。

1. 概念 校正因子又称相对校正因子，指被测组分单位峰面积或峰高所代表的量与标准物质单位峰面积或峰高所代表的量之比。

2. 测定方法 精密称（量）取一定量被测组分的对照品和内标物质，分别配成溶液，精密量取各溶液，配成校正因子测定用的对照溶液。取一定量注入色谱仪，记录色谱图。根据对照品和内标物质峰面积，按下式计算校正因子。

$$f = \frac{A_s / c_s}{A_r / c_r}$$

式中，f 为校正因子；A_s 和 c_s 分别为内标物质的峰面积和浓度；A_r 和 c_r 分别为对照品的峰面积和浓度。

（四）分析方法

1. 外标法 用待测组分的纯品作标准品，通过测量相同条件下标准品与样品中待测组分的峰面积或峰高进行定量分析的方法。

（1）工作曲线法 用被测组分的对照品配制成一系列不同浓度的标准溶液，分别进样分析，记录色谱图。以标准溶液的浓度为横坐标，峰面积（或峰高）为纵坐标，绘制工作曲线，得到回归方程。同等操作条件下，分析样品溶液。根据样品溶液中待测组分的峰面积或峰高，从曲线上查得或代入回归方程计算其浓度，从而求出该组分的百分含量。

（2）外标一点法 精密称（量）取标准品和样品，配制成溶液，分别进样分析，记录色谱图。根据对照品溶液和样品溶液的峰面积，按下式计算该组分的浓度。

$$c_x = c_r \times \frac{A_x}{A_r}$$

式中，A_r 和 c_r 分别为对照品溶液的峰面积和浓度；A_x 和 c_x 分别为样品溶液的峰面积和浓度。

外标法操作简单，计算方便，要求进样准确，仪器稳定。在高效液相色谱法中的应用十分广泛。

2. 内标法 在样品中加入一种纯物质作内标物，根据内标物与待测组分的校正因子进行定量分析的方法。内标物应符合下列要求：①样品中不存在该物质；②与被测组分性质比较接近；③不与试样发生化学反应；④出峰位置应位于被测组分附近。

根据前述校正因子的测定方法计算校正因子。再取含有内标物质的试样溶液，进样分析，记录色谱图。按下式计算含量：

$$c_x = f \times \frac{A_x}{A'_s / c'_s}$$

式中，f 为校正因子；A_x 为含有内标物质试样溶液中待测成分的峰面积；A'_s 和 c'_s 分别为含有内标物质试样溶液中内标物质的峰面积和浓度。

内标法准确度较高，进样量和操作条件的稍许变化对结果的影响不大，但操作过程较复杂，且内标物不易获得。

3. 归一化法 如果试样中所有组分都能够出峰，则可用归一化法进行定量分析。按下式计算各组分含量：

$$c_i = \frac{f_i \times A_i}{f_1 \times A_1 + f_2 \times A_2 + \cdots + f_n \times A_n} \times 100\%$$

归一化法的优点是简便、准确，不需要准确称量和准确进样，操作条件略有变化对结果的影响也很小，但需要注意应用此法的前提条件是所有组分必须全部出峰。

案例分析2：盐酸林可霉素注射液的含量测定

［链接《中国药典》（2020年版）］

含量测定照高效液相色谱法（通则0512）测定，含林可霉素（$C_{18}H_{34}N_2O_6S$）应为标示量的 90.0% ~ 110.0%。

色谱条件与系统适用性试验 用十八烷基硅烷键合硅胶为填充剂；0.05mol/L 硼砂溶液（用85%磷酸溶液调节 pH 至 5.0）–甲醇–乙腈（67：33：2）为流动相；检测波长为214nm。林可霉素峰保留时间约为16分钟，林可霉素峰与林可霉素B峰（与林可霉素峰相对保留时间为0.4~0.7）的分离度应不小于2.6。林可霉素峰与相邻杂质峰的分离度应符合要求。

对照品溶液 取林可霉素对照品适量，精密称定，加流动相溶解并定量稀释制成每1ml中约含林可霉素2mg的溶液，摇匀。

测定法　精密量取 10μl 供试品溶液和对照品溶液，分别注入液相色谱仪，记录色谱图。按外标法以峰面积计算供试品中 $C_{18}H_{34}N_2O_6S$ 的含量。

【任务分析】

1. 提出问题

（1）本试验采用何种定量分析方法？进样操作时需要注意什么问题？

（2）系统适用性试验包括哪几个方面？一般要求相邻两峰的分离度达到多少？

（3）怎样准确控制溶液 pH？流动相使用前要做何处理？

2. 开动脑筋　本试验用外标法计算待测物的含量，该方法要求在整个测定过程中严格控制操作条件不变，进样速度要快，进样的重复性要好，进样量准确，最好采用定量环或自动进样器进样，以减小分析误差。

系统适用性试验包括理论塔板数、分离度、灵敏度、重复性和拖尾因子五项参数。除另有规定，待测组分与相邻物质峰之间的分离度要大于 1.5。

《中国药典》规定，凡规定 pH 的流动相，应使用精密 pH 计进行调节，偏差不超过 ±0.2pH 单位。流动相在使用前要进行过滤、脱气。

【任务实施】

1. 工作准备

（1）仪器　高效液相色谱仪、移液管（1ml、2ml）、微量进样器（10μl）、酸度计、电子天平（0.1mg）、容量瓶（10ml、250ml）。

（2）试剂　盐酸林可霉素注射液（规格 2ml：0.6g）、硼砂溶液、甲醇（色谱纯）、乙腈（色谱纯）、林可霉素对照品等。

2. 动手操作

测定步骤	操作内容	数据记录
配制溶液	（1）配制足量的流动相 （2）精密量取供试品和称取对照品各 1 份 （3）定量稀释，准确配制成规定的体积溶液	供试品的名称、批号、生产厂家 $m_x = $ _____；$m_s = $ _____ $V_x = $ _____；$V_s = $ _____
仪器检定	（4）设定色谱条件 （5）系统适用性试验	记录色谱参数
测定	（6）分别注入供试品、对照品溶液进行测定 （7）记录色谱图	记录进样体积 记录待测成分峰面积 $A_x = $ _____ 对照品峰面积 $A_r = $ _____
计算	（8）计算对照品溶液的浓度 （9）计算供试品溶液的浓度 （10）计算精密度，相对偏差均应在 ±1.5% 以内 （11）数据修约	对照品溶液的浓度 $c_r = $ _____ 供试品溶液的浓度 $c_x = $ _____ 供试品的含量% = _____
结果判定	（12）将测得的含量与药典规定值比较	结论：

案例解析 3：甲地高辛的含量测定

[链接《中国药典》（2020 年版）]

含量测定　照高效液相色谱法（通则 0512）测定。按干燥品计算，含 $C_{42}H_{66}O_{14}$ 不得少于 95.0%。

色谱条件与系统适用性试验　用十八烷基硅烷键合硅胶为填充剂；以乙腈－水（40：60）为流动

相，检测波长为218nm。理论塔板数按甲地高辛峰计算应不低于1000，甲地高辛峰与内标物质峰分离度应符合要求。

　　内标溶液的制备　取洋地黄毒苷对照品适量，精密称定，加流动相溶解并稀释制成每1ml中约含0.1mg的溶液，摇匀。

　　测定法　取本品适量，精密称定，加流动相溶解并定量稀释制成每1ml中约含甲地高辛0.1mg的溶液，精密量取2ml与内标溶液2ml，置10ml容量瓶中，用流动相稀释至刻度，摇匀，作为供试品溶液。精密量取20μl，注入液相色谱仪，记录色谱图；另称取甲地高辛对照品适量，同法测定。按内标法以峰面积计算，即得。

【任务分析】

1. 提出问题

（1）本试验采用何种方法来计算待测物的含量？洋地黄毒苷的作用是什么？

（2）本方法是正相键合相色谱法还是反相键合相色谱法？为什么？

2. 开动脑筋　本试验采用内标法以峰面积计算待测物的含量，洋地黄毒苷的作用是内标物质。

　　本方法是反相键合相色谱法。反相键合相色谱是由非极性固定相和极性流动相组成的色谱系统，固定相常采用十八烷基硅烷键合硅胶，流动相多以水为基础溶剂，再加入一定量极性调节剂组成，乙腈－水就是常用流动相。

【任务实施】

1. 工作准备

（1）仪器　高效液相色谱仪、移液管（2ml）、微量进样器（20μl）、电子天平（0.1mg）、容量瓶（10ml、100ml）。

（2）试剂　甲地高辛片、乙腈（色谱纯）、洋地黄毒苷、甲地高辛对照品等。

2. 动手操作

测定步骤	操作内容	数据记录
配制溶液	（1）配制足量的流动相 （2）精密称取供试品、内标物和对照品各1份 （3）准确配制成规定的体积溶液 （4）定量稀释	供试品的名称、批号、生产厂家 $m_x =$ _____ $m_s =$ _____ $V_x =$ _____ $V_s =$ _____
仪器检定	（5）设定色谱条件 （6）系统适用性试验	记录色谱参数
测定	（7）分别注入供试品、对照品溶液进行测定 （8）记录色谱图	记录进样体积 待测成分峰面积 $A_x =$ _____ 供试品溶液中内标物质峰面积 $A_s =$ _____ 对照品峰面积 $A_r =$ _____ 对照品溶液中内标物质峰面积 $A_s =$ _____
计算	（9）计算对照品溶液的浓度 （10）计算校正因子 （11）计算供试品溶液的浓度 （12）计算精密度，相对偏差均应在±1.5%以内 （13）数据修约	对照品溶液的浓度 $c_r =$ _____ 供试品溶液的浓度 $c_x =$ _____ 供试品的含量% = _____
结果判定	（14）将测得的含量与药典规定值比较	结论: _____

答案解析

目标检测

一、选择题

（一）单项选择题

1. 在色谱法中，衡量柱效常用的物理量是（ ）

　　A. 峰高　　　　　　　B. 理论塔板数　　　　　C. 峰面积　　　　　　　D. 保留时间

2. 评价色谱系统检测微量物质的能力，通常以信噪比（S/N）来表示。当定量测定时，信噪比应不小于（ ）

　　A. 1　　　　　　　　B. 1.5　　　　　　　　C. 10　　　　　　　　D. 3

3. 高效液相色谱法用于定量分析的参数是（ ）

　　A. 保留时间　　　　　B. 峰面积　　　　　　C. 分离度　　　　　　D. 拖尾因子

4. HPLC 最常用的色谱柱类型是（ ）

　　A. C_{18}　　　　　　　　B. C_8　　　　　　　　C. 氨基柱　　　　　　D. 氰基柱

5. 下列因素中，属于高效液相色谱法定性分析依据的是（ ）

　　A. 色谱峰高度　　　　B. 色谱峰宽度　　　　C. 色谱峰面积　　　　D. 保留时间

（二）多项选择题

1. 高效液相色谱法中，系统适用性试验包括（ ）

　　A. 灵敏度　　　　　　　B. 重复性　　　　　　　C. 拖尾因子

　　D. 分离度　　　　　　　E. 理论塔板数

2. 反相高效液相色谱中常用的流动相有（ ）

　　A. 甲醇　　　　　　　　B. 乙醇　　　　　　　　C. 乙腈

　　D. 水　　　　　　　　　E. 正戊烷

二、计算题

用液相色谱法测定盐酸林可霉素注射液（1ml : 0.2g）的含量。精密量取本品 1ml，置 100ml 容量瓶中，用流动相稀释定容至刻度，摇匀，精密量取 10μl 注入液相色谱仪，记录色谱图；另取林可霉素对照品 20.22mg 置 10ml 容量瓶中，同法测定。供试品和对照品的峰面积分别为 9816236 和 9961082，求该供试品中 $C_{18}H_{34}N_2O_6S$ 的含量。

书网融合……

📄 重点回顾

ⓔ 微课

📄 习题

附　录

附录一　弱酸和弱碱的解离常数

酸

名称	温度（℃）	解离常数 K_a	pK_a
砷酸 H_3AsO_4	18	$K_{a_1} = 5.6 \times 10^{-3}$	2.55
		$K_{a_2} = 1.7 \times 10^{-7}$	6.77
		$K_{a_3} = 3.0 \times 10^{-12}$	11.50
硼酸 H_3BO_3	20	$K_a = 5.7 \times 10^{-10}$	9.24
氢氰酸 HCN	25	$K_a = 6.2 \times 10^{-10}$	9.21
碳酸 H_2CO_3	25	$K_{a_1} = 4.2 \times 10^{-7}$	6.38
		$K_{a_2} = 5.6 \times 10^{-11}$	10.25
铬酸 H_2CrO_4	25	$K_{a_1} = 1.8 \times 10^{-1}$	0.74
		$K_{a_2} = 3.2 \times 10^{-7}$	6.49
氢氟酸 HF	25	$K_a = 3.5 \times 10^{-4}$	3.46
亚硝酸 HNO_2	25	$K_a = 4.6 \times 10^{-4}$	3.37
磷酸 H_3PO_4	25	$K_{a_1} = 7.6 \times 10^{-3}$	2.12
		$K_{a_2} = 6.3 \times 10^{-8}$	7.20
		$K_{a_3} = 4.4 \times 10^{-13}$	12.36
硫化氢 H_2S	25	$K_{a_1} = 1.3 \times 10^{-7}$	6.89
		$K_{a_2} = 7.1 \times 10^{-15}$	14.15
亚硫酸 H_2SO_3	18	$K_{a_1} = 1.3 \times 10^{-2}$	1.90
		$K_{a_2} = 6.3 \times 10^{-8}$	7.20
硫酸 H_2SO_4	25	$K_{a_2} = 1.0 \times 10^{-2}$	1.99
甲酸 HCOOH	20	$K_a = 1.8 \times 10^{-4}$	3.74
乙酸 CH_3COOH，（HOAc）	20	$K_a = 1.8 \times 10^{-5}$	4.74
一氯乙酸 $CH_2ClCOOH$	25	$K_a = 1.4 \times 10^{-3}$	2.86
二氯乙酸 $CHCl_2COOH$	25	$K_a = 5.0 \times 10^{-2}$	1.30
三氯乙酸 CCl_3COOH	25	$K_a = 0.23$	0.64
草酸 $H_2C_2O_4$	25	$K_{a_1} = 5.9 \times 10^{-2}$	1.23
		$K_{a_2} = 6.4 \times 10^{-5}$	4.19
琥珀酸 $(CH_2COOH)_2$	25	$K_{a_1} = 6.4 \times 10^{-5}$	4.19
		$K_{a_2} = 2.7 \times 10^{-6}$	5.57
酒石酸 CH(OH)COOH | CH(OH)COOH	25	$K_{a_1} = 9.1 \times 10^{-4}$	3.04
		$K_{a_2} = 4.3 \times 10^{-5}$	4.37

续表

名称	温度（℃）	解离常数 K_a	pK_a

枸橼酸 CH₂COOH
     |
C(OH)COOH
     |
CH₂COOH
	18	$K_{a_1} = 7.4 \times 10^{-4}$	3.13

		$K_{a_2} = 1.7 \times 10^{-5}$	4.76
		$K_{a_3} = 4.0 \times 10^{-7}$	6.40
苯酚 C_6H_5OH	20	$K_a = 1.1 \times 10^{-10}$	9.95
苯甲酸 C_6H_5COOH	25	$K_a = 6.2 \times 10^{-5}$	4.21
水杨酸 $C_6H_4(OH)COOH$	18	$K_{a_1} = 1.07 \times 10^{-3}$	2.97
		$K_{a_2} = 4 \times 10^{-14}$	13.40
邻苯二甲酸 $C_6H_4(COOH)_2$	25	$K_{a_1} = 1.1 \times 10^{-2}$	2.95
		$K_{a_2} = 2.9 \times 10^{-6}$	5.54

碱

名称	温度（℃）	解离常数 K_a	pK_a
氨水 $NH_3 \cdot H_2O$	18	$K_b = 1.8 \times 10^{-5}$	4.74
羟胺 NH_2OH	20	$K_b = 9.1 \times 10^{-9}$	8.04
苯胺 $C_6H_5NH_2$	25	$K_b = 4.6 \times 10^{-10}$	9.34
乙二胺 $H_2NCH_2CH_2NH_2$	25	$K_{b_1} = 8.5 \times 10^{-5}$	4.07
		$K_{b_2} = 7.1 \times 10^{-8}$	7.15
六亚甲基四胺 $(CH_2)_6N_4$	25	$K_b = 1.4 \times 10^{-9}$	8.85
吡啶 ⬡N	25	$K_b = 1.7 \times 10^{-9}$	8.77

附录二　常用酸碱溶液的相对密度、质量分数与物质的量浓度

酸

相对密度 （15℃）	HCl		HNO₃		H₂SO₄	
	w（%）	c（mol/L）	w（%）	c（mol/L）	w（%）	c（mol/L）
1.02	4.13	1.15	3.70	0.6	3.1	0.3
1.04	8.16	2.3	7.26	1.2	6.1	0.6
1.05	10.2	2.9	9.0	1.5	7.4	0.8
1.06	12.2	3.5	10.7	1.8	8.8	0.9
1.08	16.2	4.8	13.9	2.4	11.6	1.3
1.10	20.0	6.0	17.1	3.0	14.4	1.6
1.12	23.8	7.3	20.2	3.6	17.0	2.0
1.14	27.7	8.7	23.3	4.2	19.9	2.3
1.15	29.6	9.3	24.8	4.5	20.9	2.5
1.19	37.2	12.2	30.9	5.8	26.0	3.2
1.20			32.3	6.2	27.3	3.4
1.25			39.8	7.9	33.4	4.3
1.30			47.5	9.8	39.2	5.2
1.35			55.8	12.0	44.8	6.2

续表

相对密度	HCl		HNO₃		H₂SO₄	
(15℃)	w (%)	c (mol/L)	w (%)	c (mol/L)	w (%)	c (mol/L)
1.40			65.3	14.5	50.1	7.2
1.42			69.8	15.7	52.2	7.6
1.45					55.0	8.2
1.50					59.8	9.2
1.55					64.3	10.2
1.60					68.7	11.2
1.65					73.0	12.3
1.70					77.2	13.4
1.84					95.6	18.0

碱

相对密度	NH₃·H₂O		NaOH		KOH	
(15℃)	w (%)	c (mol/L)	w (%)	c (mol/L)	w (%)	c (mol/L)
0.88	35.0	18.0				
0.90	28.3	15				
0.91	25.0	13.4				
0.92	21.8	11.8				
0.94	15.6	8.6				
0.95	9.9	5.6				
0.98	4.8	2.8				
1.05			4.5	1.25	5.5	1.0
1.10			9.0	2.5	10.9	2.1
1.15			13.5	3.9	16.1	3.3
1.20			18.0	5.4	21.2	4.5
1.25			22.5	7.0	26.1	5.8
1.30			27.0	8.8	30.9	7.2
1.35			31.8	10.7	35.5	8.5

附录三 几种常用缓冲溶液的配制

pH	配制方法
0	1mol/L HCl
1	0.1mol/L HCl
2	0.01mol/L HCl
3.6	NaAc·3H₂O 8g, 溶于适量水中, 加 6mol/L HAc 134ml, 稀释至 500ml
4.0	NaAc·3H₂O 20g, 溶于适量水中, 加 6mol/L HAc 134ml, 稀释至 500ml
4.5	NaAc·3H₂O 32g, 溶于适量水中, 加 6mol/L HAc 68ml, 稀释至 500ml
5.0	NaAc·3H₂O 50g, 溶于适量水中, 加 6mol/L HAc 34ml, 稀释至 500ml
5.7	NaAc·3H₂O 100g, 溶于适量水中, 加 6mol/L HAc 13ml, 稀释至 500ml

续表

pH	配制方法
7	NH$_4$Ac 77g, 用水溶解后, 稀释至 500ml
7.5	NH$_4$Cl 60g, 溶于适量水中, 加 15mol/L 氨水 1.4ml, 稀释至 500ml
8.0	NH$_4$Cl 50g, 溶于适量水中, 加 15mol/L 氨水 3.5ml, 稀释至 500ml
8.5	NH$_4$Cl 40g, 溶于适量水中, 加 15mol/L 氨水 8.8ml, 稀释至 500ml
9.0	NH$_4$Cl 35g, 溶于适量水中, 加 15mol/L 氨水 24ml, 稀释至 500ml
9.5	NH$_4$Cl 30g, 溶于适量水中, 加 15mol/L 氨水 65ml, 稀释至 500ml
10.0	NH$_4$Cl 27g, 溶于适量水中, 加 15mol/L 氨水 97ml, 稀释至 500ml
10.5	NH$_4$Cl 9g, 溶于适量水中, 加 15mol/L 氨水 175ml, 稀释至 500ml
11	NH$_4$Cl 3g, 溶于适量水中, 加 15mol/L 氨水 207ml, 稀释至 500ml
12	0.01mol/L NaOH
13	0.1mol/L NaOH

附录四　常用基准物质的干燥条件和应用

基准物质 名称	分子式	干燥后组成	干燥条件（℃）	标定对象
碳酸氢钠	NaHCO$_3$	Na$_2$CO$_3$	270~300	酸
碳酸钠	Na$_2$CO$_3$·10H$_2$O	Na$_2$CO$_3$	270~300	酸
硼砂	Na$_2$B$_4$O$_7$·10H$_2$O	Na$_2$B$_4$O$_7$·10H$_2$O	放在含 NaCl 和蔗糖饱和液干燥器中	酸
碳酸氢钾	KHCO$_3$	K$_2$CO$_3$	270~300	酸
草酸	H$_2$C$_2$O$_4$·2H$_2$O	H$_2$C$_2$O$_4$·2H$_2$O	室温空气干燥	碱或 KMnO$_4$
邻苯二甲酸氢钾	KHC$_8$H$_4$O$_4$	KHC$_8$H$_4$O$_4$	110~120	碱
重铬酸钾	K$_2$Cr$_2$O$_7$	K$_2$Cr$_2$O$_7$	140~150	还原剂
溴酸钾	KBrO$_3$	KBrO$_3$	130	还原剂
碘酸钾	KIO$_3$	KIO$_3$	130	还原剂
铜	Cu	Cu	室温干燥器中保存	还原剂
三氧化二砷	As$_2$O$_3$	As$_2$O$_3$	室温干燥器中保存	氧化剂
草酸钠	Na$_2$C$_2$O$_4$	Na$_2$C$_2$O$_4$	130	氧化剂
碳酸钙	CaCO$_3$	CaCO$_3$	110	EDTA
锌	Zn	Zn	室温干燥器中保存	EDTA
氧化锌	ZnO	ZnO	900~1000	EDTA
氯化钠	NaCl	NaCl	500~600	AgNO$_3$
氯化钾	KCl	KCl	500~600	AgNO$_3$
硝酸银	AgNO$_3$	AgNO$_3$	280~290	氧化物
氨基磺酸	HOSO$_2$NH$_2$	HOSO$_2$NH$_2$	在真空 H$_2$SO$_4$ 干燥器中保持 48 小时	碱
氟化钠	NaF	NaF	在铂坩埚中 500~550℃下保持 40-50 分钟后, 于 H$_2$SO$_4$ 干燥器中保存	

附录五　金属配合物的稳定常数

金属离子	离子强度	n	$\lg\beta_n$
		氨配合物	
Ag^+	0.1	1，2	3，40，7，40
Cd^{2+}	0.1	1，…，6	2.60，4.65，6.04，6.92，6.6，4.9
Co^{2+}	0.1	1，…，6	2.05，3.62，4.61，5.31，5.43，4.75
Cu^{2+}	2	1，…，4	4.13，7.61，10.48，12.59
Ni^{2+}	0.1	1，…，6	2.75，4.95，6.64，7.79，8.50，8.49
Zn^{2+}	0.1	1，…，4	2.27，4.61，7.01，9.06
		氟配合物	
Al^{3+}	0.53	1，…，6	6.1，11.15，15.0，17.7，19.4，19.7
Fe^{3+}	0.5	1，2，3	5.2，9.2，11.9
Th^{4+}	0.5	1，2，3	7.7，13.5，18.0
TiO^{2+}	3	1，…，4	5.4，9.8，13.7，17.4
Sn^{4+}	*	6	25
Zr^{4+}	2	1，2，3	8.8，16.1，21.9
		氯配合物	
Ag^+	0.2	1，…，4	2.9，4.7，5.0，5.9
Hg^{2+}	0.2	1，…，4	6.7，13.2，14.1，15.1
		碘配合物	
Cd^{2+}	*	1，…，4	2.4，3.4，5.0，6.15
Hg^{2+}	0.5	1，…，4	12.9，23.8，27.6，29.8
		氰配合物	
Ag^+	0～0.3	1，…，4	-，21.1，21.8，20.7
Cd^{2+}	3	1，…，4	5.5，10.6，15.3，18.9
Cu^{2+}	0	1，…，4	-，24.0，28.6，30.3
Fe^{2+}	0	6	35.4
Fe^{3+}	0	6	43.6
Hg^{2+}	0.1	1，…，4	18.0，34.7，38.5，41.5
Ni^{2+}	0.1	4	31.3
Zn^{2+}	0.1	4	16.7
		硫氰酸配合物	
Fe^{3+}	*	1，…，5	2.3，，4.2，5.6，6.4，6.4
Hg^{2+}	1	1，…，4	-，16.1，10.0，20.9
		硫代硫酸配合物	
Ag^+	0	1，2	8.82，13.5
Hg^{2+}	0	1，2	29.86，32.26
		枸橼酸配合物	
Al^{3+}	0.5	1	20.0
Cu^{2+}	0.5	1	18

续表

金属离子	离子强度	n	$lg\beta_n$
Fe^{3+}	0.5	1	25
Ni^{2+}	0.5	1	14.3
Pb^{2+}	0.5	1	12.3
Zn^{2+}	0.5	1	11.4
磺基水杨酸配合物			
Al^{3+}	0.1	1, 2, 3	12.9, 22.9, 29.0
Fe^{3+}	3	1, 2, 3	14.4, 25.2, 32.2
乙酰丙酮配合物			
Al^{3+}	0.1	1, 2, 3	8.1, 15.7, 21.2
Cu^{2+}	0.1	1, 2	7.8, 14.3
Fe^{3+}	0.1	1, 2, 3	9.3, 17.9, 25.1
邻二氮菲配合物			
Ag^+	0.1	1, 2	5.02, 12.07
Cd^{2+}	0.1	1, 2, 3	6.4, 11.6, 15.8
Co^{2+}	0.1	1, 2, 3	7.0, 13.7, 20.1
Cu^{2+}	0.1	1, 2, 3	9.1, 15.8, 21.0
Fe^{2+}	0.1	1, 2, 3	5.9, 11.1, 21.3
Hg^{2+}	0.1	1, 2, 3	-, 19.65, 23.35
Ni^{2+}	0.1	1, 2, 3	8.8, 17.1, 24.8
Zn^{2+}	0.1	1, 2, 3	6.4, 12.15, 17.0
乙二胺配合物			
Ag^+	0.1	1, 2	4.7, 7.7
Cd^{2+}	0.1	1, 2	5.47, 10.02
Cu^{2+}	0.1	1, 2	10.55, 10.60
Co^{2+}	0.1	1, 2, 3	5.89, 10.72, 13.82
Hg^{2+}	0.1	2	23.42
Ni^{2+}	0.1	1, 2, 3	7.66, 14.06, 18.59
Zn^{2+}	0.1	1, 2, 3	5.71, 10.37, 12.08

附录六 标准电极电势（18～25℃）

电极反应	$\varphi^{\theta}(V)$
$Li^+ + e \rightleftharpoons Li$	-3.042
$K^+ + e \rightleftharpoons K$	-2.925
$Ba^{2+} + 2e \rightleftharpoons Ba$	-2.90
$Sr^{2+} + 2e \rightleftharpoons Sr$	-2.89
$Ca^{2+} + 2e \rightleftharpoons Ca$	-2.868
$Na^+ + e \rightleftharpoons Na$	-2.714
$Mg^{2+} + 2e \rightleftharpoons Mg$	-2.372
$H_2AlO_3^- + H_2O + 3e \rightleftharpoons Al + 4OH^-$	-2.35

电极反应	$\varphi^{\Theta}(\text{V})$
$Al^{3+}+3e \Longrightarrow Al$	-1.662
$Mn^{2+}+2e \Longrightarrow Mn$	-1.185
$Cr^{2+}+2e \Longrightarrow Cr$	-0.913
$Zn^{2+}+2e \Longrightarrow Zn$	-0.763
$Cr^{3+}+3e \Longrightarrow Cr$	-0.744
$Ag_2S +2e \Longrightarrow 2Ag + S^{2-}$	-0.691
$2CO_2 +2H^+ +2e \Longrightarrow H_2C_2O_4$	-0.49
$Fe^{2+}+2e \Longrightarrow Fe$	-0.447
$Cr^{3+} + e \Longrightarrow Cr^{2+}$	-0.41
$Cd^{2+}+2e \Longrightarrow Cd$	-0.403
$Ti^{3+} + e \Longrightarrow Ti^{2+}$	-0.37
$PbSO_4 +2e \Longrightarrow Pb + SO_4^{2-}$	-0.356
$Co^{2+}+2e \Longrightarrow Co$	-0.28
$PbCl_2 +2e \Longrightarrow Pb +2Cl^-$	-0.266
$Ni^{2+}+2e \Longrightarrow Ni$	-0.246
$AgI + e \Longrightarrow Ag + I^-$	-0.1522
$Sn^{2+}+2e \Longrightarrow Sn$	-0.1375
$Pb^{2+}+2e \Longrightarrow Pb$	-0.1262
$Fe^{3+}+3e \Longrightarrow Fe$	-0.037
$AgCN + e \Longrightarrow Ag + CN^-$	-0.017
$2H^+ +2e \Longrightarrow H_2$	0.0000
$AgBr + e \Longrightarrow Ag + Br^-$	0.07133
$TiO^{2+}+2H^+ +2e \Longrightarrow Ti^{2+} + H_2O$	0.10
$S +2H^+ +2e \Longrightarrow H_2S(aq)$	0.142
$Sn^{4+}+2e \Longrightarrow Sn^{2+}$	0.154
$Cu^{2+} + e \Longrightarrow Cu^+$	0.159
$AgCl + e \Longrightarrow Ag + Cl^-$	0.22233
$HAsO_2 +3H^+ +3e \Longrightarrow As +2H_2O$	0.248
$Hg_2Cl_2 +2e \Longrightarrow 2Hg +2Cl^-$	0.2676
$BiO^+ +2H^+ +3e \Longrightarrow Bi + H_2O$	0.320
$VO^{2+}+2H^+ + e \Longrightarrow V^{3+}+H_2O$	0.337
$Cu^{2+}+2e \Longrightarrow Cu$	0.3419
$S_2O_3^{2-} + 6H^+ +4e \Longrightarrow 2S +3H_2O$	0.5
$Cu^+ +e \Longrightarrow Cu$	0.521

续表

半反应	$\varphi^{\ominus}(\text{V})$
$I_3^- +2e \Longrightarrow 3I^-$	0.545
$I_2 +2e \Longrightarrow 2I^-$	0.5355
$H_3AsO_4 +2H^+ +2e \Longrightarrow H_3AsO_3 +H_2O$	0.560
$MnO_4^- +e \Longrightarrow MnO_4^{2-}$	0.57
$2HgCl_2 +2e \Longrightarrow Hg_2Cl_2(s) +2Cl^-$	0.63
$Ag_2SO_4 +2e \Longrightarrow 2Ag +SO_4^{2-}$	0.654
$O_2 +2H^+ +2e \Longrightarrow H_2O_2$	0.69
$Fe^{3+} +e \Longrightarrow Fe^{2+}$	0.771
$Hg_2^{2+} +2e \Longrightarrow 2Hg$	0.7973
$Ag^+ +e \Longrightarrow Ag$	0.7996
$NO_3^- +2H^+ +e \Longrightarrow NO_2 +H_2O$	0.803
$Hg^{2+} +2e \Longrightarrow 2Hg$	0.854
$Cu^{2+} +I^- +e \Longrightarrow CuI$	0.86
$NO_3^- +3H^+ +2e \Longrightarrow HNO_2 +H_2O$	0.934
$HNO_2 +H^+ +e \Longrightarrow NO +H_2O$	0.98
$HIO +H^+ +2e \Longrightarrow I^- +H_2O$	0.987
$VO_2^+ +2H^+ +e \Longrightarrow VO^{2+} +H_2O$	0.999
$NO_2 +2H^+ +2e \Longrightarrow NO +H_2O$	1.05
$Br_2 +2e \Longrightarrow 2Br^-$	1.065
$N_2O_4 +2H^+ +2e \Longrightarrow 2HNO_2$	1.065
$Br_2(aq) +2e \Longrightarrow 2Br^-$	1.0873
$Cu^{2+} +2CN^- +e \Longrightarrow [Cu(CN)_2]^-$	1.103
$IO_3^- +5H^+ +4e \Longrightarrow HIO +2H_2O$	1.14
$ClO_3^- +2H^+ +e \Longrightarrow ClO_2 +H_2O$	1.152
$Ag_2O +2H^+ +2e \Longrightarrow 2Ag +H_2O$	1.17
$ClO_4^- +2H^+ +2e \Longrightarrow ClO_3^- +H_2O$	1.1989
$2IO_3^- +12H^+ +10e \Longrightarrow I_2 +6H_2O$	1.19
$ClO_3^- +3H^+ +2e \Longrightarrow HClO_2 +H_2O$	1.214
$MnO_2 +4H^+ +2e \Longrightarrow Mn^{2+} +2H_2O$	1.224
$O_2 +4H^+ +4e \Longrightarrow 2H_2O$	1.229
$ClO_2(g) +H^+ +e \Longrightarrow HClO_2$	1.27
$Cr_2O_7^{2-} +14H^+ +6e \Longrightarrow 2Cr^{3+} +7H_2O$	1.33
$2ClO_4^- +16H^+ +14e \Longrightarrow Cl_2 +8H_2O$	1.34
$Cl_2 +2e \Longrightarrow 2Cl^-$	1.35827
$Au^{3+} +2e \Longrightarrow Au^+$	1.41
$BrO_3^- +6H^+ +6e \Longrightarrow Br^- +3H_2O$	1.423
$2HIO +2H^+ +2e \Longrightarrow I_2 +2H_2O$	1.45
$ClO_3^- +6H^+ +6e \Longrightarrow Cl^- +3H_2O$	1.451
$PbO_2 +4H^+ +2e \Longrightarrow Pb^{2+} +2H_2O$	1.455
$2ClO_3^- +12H^+ +10e \Longrightarrow Cl_2 +6H_2O$	1.47
$Mn^{3+} +e \Longrightarrow Mn^{2+}$	1.5415
$HClO +H^+ +2e \Longrightarrow Cl^- +H_2O$	1.482

电极反应	$\varphi^{\ominus}(V)$
$Au^{3+}+3e \Longrightarrow Au$	1.498
$2BrO_3^- +12H^+ +10e \Longrightarrow Br_2 +6H_2O$	1.50
$MnO_4^- +8H^+ +5e \Longrightarrow Mn^{2+} +4H_2O$	1.507
$2HBrO+2H^+ +2e \Longrightarrow Br_2 +2H_2O$	1.601
$2HClO+2H^+ +2e \Longrightarrow Cl_2 +2H_2O$	1.611
$HClO_2 +2H^+ +2e \Longrightarrow HClO +H_2O$	1.645
$MnO_4^- +4H^+ +3e \Longrightarrow MnO_2 +2H_2O$	1.679
$NiO_2 +4H^+ +2e \Longrightarrow Ni^{2+} +2H_2O$	1.678
$PbO_2 + SO_4^{2-} +4H^+ +2e \Longrightarrow PbSO_4 +2H_2O$	1.6913
$H_2O_2 +2H^+ +2e \Longrightarrow 2H_2O$	1.776
$Co^{3+}+e \Longrightarrow Co^{2+}$	1.92
$S_2O_8^{2-} +2e \Longrightarrow 2SO_4^{2-}$	2.010
$O_3 +2H^+ +2e \Longrightarrow O_2 +H_2O$	2.076
$F_2 +2e \Longrightarrow 2F^-$	2.366
$F_2(g)+2H^+ +2e \Longrightarrow 2HF$	3.053

附录七　一些常见难溶化合物的溶度积(18℃)

难溶化合物	化学式	K_{sp}	
氢氧化铝	$Al(OH)_3$	2×10^{-32}	
溴酸银	$AgBrO_3$	5.77×10^{-5}	25℃
溴化银	$AgBr$	4.1×10^{-13}	
碳酸银	Ag_2CO_3	6.15×10^{-12}	25℃
氯化银	$AgCl$	1.56×10^{-10}	25℃
铬酸银	Ag_2CrO_4	9.0×10^{-12}	25℃
氢氧化银	$AgOH$	1.52×10^{-8}	20℃
碘化银	AgI	1.5×10^{-10}	25℃
硫化银	Ag_2S	1.6×10^{-49}	
硫氰酸银	$AgSCN$	4.9×10^{-13}	
碳酸钡	$BaCO_3$	8.1×10^{-9}	25℃
铬酸钡	$BaCrO_4$	1.6×10^{-10}	
草酸钡	$BaC_2O_4 \cdot 7/2 H_2O$	1.62×10^{-7}	
硫酸钡	$BaSO_4$	8.7×10^{-9}	
氢氧化铋	$Bi(OH)_3$	4.0×10^{-31}	
氢氧化铬	$Cr(OH)_3$	5.4×10^{-31}	
硫化镉	CdS	3.6×10^{-29}	
碳酸钙	$CaCO_3$	8.7×10^{-9}	25℃
氟化钙	CaF_2	3.4×10^{-11}	
草酸钙	$CaC_2O_4 \cdot H_2O$	1.78×10^{-9}	

难溶化合物	化学式	K_{sp}	
硫酸钙	$CaSO_4$	2.45×10^{-5}	25℃
硫化钴	$\alpha - CoS$	4.0×10^{-21}	
	$\beta - CoS$	2.0×10^{-25}	
碘酸铜	$CuIO_3$	1.4×10^{-7}	25℃
草酸铜	CuC_2O_4	2.87×10^{-8}	25℃
硫化铜	CuS	8.5×10^{-36}	
溴化亚铜	$CuBr$	4.15×10^{-9}	$(18 \sim 20)$℃
氯化亚铜	$CuCl$	1.02×10^{-6}	$(18 \sim 20)$℃
碘化亚铜	CuI	1.1×10^{-12}	$(18 \sim 20)$℃
硫化亚铜	Cu_2S	2.0×10^{-47}	$(16 \sim 18)$℃
硫氰酸亚铜	$CuSCN$	4.8×10^{-15}	
氢氧化铁	$Fe(OH)_3$	3.5×10^{-38}	
氢氧化亚铁	$Fe(OH)_2$	1.0×10^{-15}	
草酸亚铁	FeC_2O_4	2.1×10^{-7}	25℃
硫化亚铁	FeS	3.7×10^{-19}	
硫化汞	HgS	$4 \times 10^{-53} \sim 2 \times 10^{-49}$	
溴化亚汞	Hg_2Br_2	5.8×10^{-23}	
氯化亚汞	Hg_2Cl_2	1.3×10^{-18}	
碘化亚汞	Hg_2I_2	4.5×10^{-29}	
磷酸铵镁	$MgNH_4PO_4$	2.5×10^{-13}	25℃
碳酸镁	$MgCO_3$	2.6×10^{-5}	12℃
氟化镁	MgF_2	7.1×10^{-9}	
氢氧化镁	$Mg(OH)_2$	1.8×10^{-11}	
草酸镁	MgC_2O_4	8.57×10^{-5}	
氢氧化锰	$Mn(OH)_2$	4.5×10^{-13}	
硫化锰	MnS	1.4×10^{-15}	
氢氧化镍	$Ni(OH)_2$	6.5×10^{-18}	
碳酸铅	$PbCO_3$	3.3×10^{-14}	
铬酸铅	$PbCrO_4$	1.77×10^{-14}	
氟化铅	PbF_2	3.2×10^{-8}	
草酸铅	PbC_2O_4	2.74×10^{-11}	
氢氧化铅	$Pb(OH)_2$	1.2×10^{-15}	
硫酸铅	$PbSO_4$	1.06×10^{-8}	
硫化铅	PbS	3.4×10^{-28}	
碳酸锶	$SrCO_3$	1.6×10^{-9}	25℃
氟化锶	SrF_2	2.8×10^{-9}	
草酸锶	SrC_2O_4	5.61×10^{-8}	
硫酸锶	$SrSO_4$	3.81×10^{-7}	17.4℃
氢氧化锡	$Sn(OH)_4$	1.0×10^{-57}	
氢氧化亚锡	$Sn(OH)_2$	3.0×10^{-27}	

续表

难溶化合物	化学式	K_{sp}	
氢氧化钛	$TiO(OH)_2$	1.0×10^{-29}	
氢氧化锌	$Zn(OH)_2$	1.2×10^{-17}	$(18 \sim 20)℃$
草酸锌	ZnC_2O_4	1.35×10^{-9}	
硫化锌	ZnS	1.2×10^{-23}	

附录八　国际相对原子质量

符号	名称	相对原子质量	符号	名称	相对原子质量	符号	名称	相对原子质量	符号	名称	相对原子质量
Ac	锕	[227]	Er	铒	167.259	Mn	锰	54.938045	Ru	钌	101.07
Ag	银	107.8682	Es	锿	[252]	Mo	钼	95.94	S	硫	32.065
Al	铝	26.981539	Eu	铕	151.964	N	氮	14.0067	Sb	锑	121.760
Am	镅	[243]	F	氟	18.9984032	Na	钠	22.98976928	Sc	钪	44.955912
Ar	氩	39.948	Fe	铁	55.845	Nb	铌	92.90638	Se	硒	78.96
As	砷	74.92160	Fm	镄	[257]	Nd	钕	144.242	Si	硅	28.0855
At	砹	[209.9871]	Fr	钫	[223]	Ne	氖	20.1797	Sm	钐	150.36
Au	金	196.96657	Ga	镓	69.723	Ni	镍	58.6934	Sn	锡	118.710
B	硼	10.811	Gd	钆	157.25	No	锘	[259]	Sr	锶	87.62
Ba	钡	137.327	Ge	锗	72.64	Np	镎	[237]	Ta	钽	180.94788
Be	铍	9.012182	H	氢	1.00794	O	氧	15.9994	Tb	铽	158.92535
Bi	铋	208.98040	He	氦	4.002602	Os	锇	190.23	Tc	锝	[97.9072]
Bk	锫	[247]	Hf	铪	178.49	P	磷	30.973762	Te	碲	127.60
Br	溴	79.904	Hg	汞	200.59	Pa	镤	231.03588	Th	钍	232.03806
C	碳	12.0107	Ho	钬	164.93032	Pb	铅	207.2	Ti	钛	47.867
Ca	钙	40.078	I	碘	126.90447	Pd	钯	106.42	Tl	铊	204.3833
Cd	镉	112.411	In	铟	114.818	Pm	钷	[145]	Tm	铥	168.93421
Ce	铈	140.116	Ir	铱	192.217	Po	钋	[208.9824]	U	铀	238.02891
Cf	锎	[251]	K	钾	39.0983	Pr	镨	140.90765	V	钒	50.9415
Cl	氯	35.453	Kr	氪	83.798	Pt	铂	195.084	W	钨	183.84
Cm	锔	[247]	La	镧	138.90547	Pu	钚	[244]	Xe	氙	131.293
Co	钴	58.933195	Li	锂	6.941	Rb	铷	85.4678	Y	钇	88.90585
Cr	铬	51.9961	Lr	铹	[262]	Re	铼	186.207	Yb	镱	173.04
Cs	铯	132.9054519	Lu	镥	174.967	Re	镭	[226]	Zn	锌	65.409
Cu	铜	63.546	Md	钔	[258]	Rh	铑	102.90550	Zr	锆	91.224
Dy	镝	162.500	Mg	镁	24.3050	Rn	氡	[222.0176]			

附录九　常用普通缓冲溶液的配制方法

缓冲溶液组成	pK_a	缓冲液 pH	缓冲溶液配制方法
氨基乙酸 – HCl	2.35(pK_{a_1})	2.3	取氨基乙酸 150g 溶于 500ml 水中后,加浓 HCl 80ml,再用水稀至 1L
H_3PO_4 – 枸橼酸盐		2.5	取 $Na_2HPO_4 \cdot 12H_2O$ 113g 溶于 200ml 水中,加枸橼酸 387g,溶解,过滤后,稀至 1L
一氯乙酸 – NaOH	2.86	2.8	取 200g 一氯乙酸溶于 200ml 水中,加 NaOH 40g,溶解后,稀至 1L
邻苯二甲酸氢钾 – HCl	2.95(pK_{a_1})	2.9	取 500g 邻苯二甲酸氢钾溶于 500ml 水,加浓 HCl 80ml,稀至 1L
甲酸 – NaOH	3.76	3.7	取 95g 甲酸和 NaOH 40g 于 500ml 水中,溶解,稀至 1L
NH_4Ac – HAc		4.5	取 NH_4Ac 77g 溶于 200ml 水中,加冰醋酸 59ml,稀至 1L
NaAc – HAc	4.74	4.7	取无水 NaAc 83g 溶于水中,加冰醋酸 60ml,稀至 1L
NH_4Ac – HAc		5.0	取 NH_4Ac 250g 溶于水中,加冰醋酸 25ml,稀至 1L
六亚甲基四胺 – HCl	5.15	5.4	取六亚甲基四胺 40g 溶于 200ml 水中,加浓 HCl 10ml,稀至 1L
NH_4Ac – HAc		6.0	取 NH_4Ac 600g 溶于水中,加冰醋酸 20ml,稀至 1L
NaAc – Na_2HPO_4		8.0	取无水 NaAc 50g 和 $Na_2HPO_4 \cdot 12H_2O$ 50g,溶于水中,稀至 1L
Tris – HCl［三羟甲基氨甲烷 $CNH_2\equiv(HOCH_3)_3$］	8.21	8.2	取 25g Tris 试剂溶于水中,加浓 HCl 8ml,稀至 1L
NH_3 – NH_4Cl	9.26	9.2	取 NH_4Cl 54g 溶于水中,加浓氨水 63ml,稀至 1L
NH_3 – NH_4Cl	9.26	9.5	取 NH_4Cl 54g 溶于水中,加浓氨水 126ml,稀至 1L
NH_3 – NH_4Cl	9.29	10.0	取 NH_4Cl 54g 溶于水中,加浓氨水 350ml,稀至 1L

附录十　常用标准缓冲溶液的配制方法

温度 (℃)	0.05mol/L 四草酸氢钾	25℃饱和 酒石酸氢钾	0.05mol/L 邻苯二甲酸氢钾	0.025mol/L 磷酸二氢钾 + 0.025mol/L 磷酸氢二钠	0.01mol/L 硼砂	25℃饱和 $Ca(OH)_2$
0	1.668	–	4.006	6.981	9.458	13.416
5	1.669		3.999	6.949	9.391	13.210
10	1.671		3.996	6.921	9.330	13.011
15	1.673		3.996	6.898	9.276	12.820
20	1.676	–	3.998	6.879	9.226	12.637
25	1.680	3.559	4.003	6.864	9.182	12.460
30	1.684	3.551	4.010	6.852	9.142	12.292
35	1.688	3.547	4.019	6.844	9.105	12.130
40	1.694	3.547	4.029	6.838	9.072	11.975
50	1.706	3.555	4.055	6.833	9.015	11.697
60	1.721	3.573	4.087	6.837	8.968	11.426

附录十一　常用指示剂配制方法

一、常用酸碱指示剂

名称	变色范围(pH)	颜色变化	溶液配制方法
甲基紫	0.13~0.50(第一次变色)	黄~绿	0.5g/L 水溶液
	1.0~1.5(第二次变色)	绿~蓝	
	2.0~3.0(第三次变色)	蓝~紫	
百里酚蓝	1.2~2.8(第一次变色)	红~黄	1g/L 乙醇溶液
甲酚红	0.12~1.8(第一次变色)	红~黄	1g/L 乙醇溶液
甲基黄	2.9~4.0	红~黄	1g/L 乙醇溶液
甲基橙	3.1~4.4	红~黄	1g/L 水溶液
溴酚蓝	3.0~4.6	黄~紫	0.4g/L 乙醇溶液
刚果红	3.0~5.2	蓝紫~红	1g/L 水溶液
溴甲酚绿	3.8~5.4	黄~蓝	1g/L 乙醇溶液
甲基红	4.4~6.2	红~黄	1g/L 乙醇溶液
溴酚红	5.0~6.8	黄~红	1g/L 乙醇溶液
溴甲酚紫	5.2~6.8	黄~紫	1g/L 乙醇溶液
溴百里酚蓝	6.0~7.6	黄~蓝	1g/L 乙醇[50%(体积分数)溶液]
中性红	6.8~8.0	红~亮黄	1g/L 乙醇溶液
酚红	6.4~8.2	黄~红	1g/L 乙醇溶液
甲酚红	7.0~8.8	黄~紫红	1g/L 乙醇溶液
百里酚蓝	8.0~9.6(第二次变色)	黄~蓝	1g/L 乙醇溶液
酚酞	8.2~10.0	无~红	10g/L 乙醇溶液
百里酚酞	9.4~10.6	无~蓝	1g/L 乙醇溶液

二、常用酸碱混合指示剂

名称	变色点	颜色		配制方法	备注
		酸色	碱色		
甲基橙-靛蓝(二磺酸)	4.1	紫	绿	1 份 1g/L 甲基橙水溶液 1 份 2.5g/L 靛蓝(二磺酸)水溶液	
溴百里酚绿-甲基橙	4.3	黄	蓝绿	1 份 1g/L 溴百里酚绿钠盐水溶液 1 份 2g/L 甲基橙水溶液	pH=3.5 黄 pH=4.05 绿黄 pH=4.3 浅绿
溴甲酚绿-甲基红	5.1	酒江	绿	3 份 1g/L 溴甲酚绿乙醇溶液 1 份 2g/L 甲基红乙醇溶液	
甲基红-次甲基蓝	5.4	红紫	绿	2 份 1g/L 甲基红乙醇溶液 1 份 1g/L 次甲基蓝乙醇溶液	pH=5.2 红紫 pH=5.4 暗蓝 pH=5.6 绿

续表

名称	变色点	颜色		配制方法	备注
		酸色	碱色		
溴甲酚绿 – 氯酚红	6.1	黄绿	蓝紫	1 份 1g/L 溴甲酚绿钠盐水溶液 1 份 1g/L 氯酚红钠盐水溶液	pH = 5.8 蓝 pH = 6.2 蓝紫
溴甲酚紫 – 溴百里酚蓝	6.7	黄	蓝紫	1 份 1g/L 溴甲酚紫钠盐水溶液 1 份 1g/L 溴百里酚蓝钠盐水溶液	
中性红 – 次甲基蓝	7.0	紫蓝	绿	1 份 1g/L 中性红乙醇溶液 1 份 1g/L 次甲基蓝乙醇溶液	pH = 7.0 蓝紫
溴百里酚蓝 – 酚红	7.5	黄	紫	1 份 1g/L 溴百里酚蓝钠盐水溶液 1 份 1g/L 酚红钠盐水溶液	pH = 7.2 暗绿 pH = 7.4 淡紫 pH = 7.6 深紫
甲酚红 – 百里酚蓝	8.3	黄	紫	1 份 1g/L 甲酚红钠盐水溶液 3 份 1g/L 百里酚蓝钠盐水溶液	pH = 8.2 玫瑰 pH = 8.4 紫
百里酚蓝 – 酚酞	9.0	黄	紫	1 份 1g/L 百里酚蓝乙醇溶液 3 份 1g/L 酚酞乙醇溶液	
酚酞 – 百里酚酞	9.9	无	紫	1 份 1g/L 酚酞乙醇溶液 1 份 1g/L 百里酚酞乙醇溶液	pH = 9.6 玫瑰 pH = 10 紫

三、常用金属指示剂溶液的配制方法

名称	颜色		配制方法
	化合物	游离态	
铬黑 T(EBT)	红	蓝	(1)称取 0.50g 铬黑 T 和 2.0g 盐酸羟胺,溶于乙醇,用乙醇稀释至 100ml。使用前制备 (2)将 1.0g 铬黑 T 与 100.0g NaCl 研细,混匀
二甲酚橙(XO)	红	黄	2g/L 水溶液(去离子水)
钙指示剂	酒红	蓝	0.50g 钙指示剂与 100.0g NaCl 研细,混匀
紫脲酸铵	黄	紫	1.0g 紫脲酸铵与 200.0g NaCl 研细,混匀
K – B 指示剂	红	蓝	0.50g 酸性铬蓝 K 加 1.250g 萘酚绿,再加 25.0g K_2SO_4 研细,混匀
磺基水杨酸	红	无	10g/L 水溶液
PAN	红	黄	2g/L 乙醇溶液
Cu – PAN(CuY + PAN)	Cu – PAN 红	CuY – PAN 浅绿	0.05mol/L Cu^{2+} 溶液 10ml,加 pH = 5 ~ 6 的 HAC 缓冲溶液 5ml,1 滴 PAN 指示剂,加热至 60℃ 左右,用 EDTA 滴至绿色,得到约 0.025mol/L 的 CuY 溶液。使用时取 2 ~ 3ml 于试液中,再加数滴 PAN 溶液

四、常用氧化还原滴定指示剂溶液的配制方法

名称	变色点 V	颜色		配制方法
		氧化态	还原态	
二苯胺	0.76	紫	无	1g 二苯胺在搅拌下溶于 100ml 浓硫酸中
二苯胺磺酸钠	0.85	紫	无	5g/L 水溶液
邻菲罗啉 – Fe(Ⅱ)	1.06	淡蓝	红	0.5g $FeSO_4 \cdot 7H_2O$ 溶于 100ml 水中,加 2 滴硫酸,再加 0.5g 邻菲罗啉

续表

名称	变色点	颜色		配制方法
	V	氧化态	还原态	
邻苯氨基苯甲酸	1.08	紫红	无	0.2g 邻苯氨基苯甲酸，加热溶解在 100ml 0.2% Na_2CO_3 溶液中，必要时过滤
硝基邻二氮菲－Fe（Ⅱ）	1.25	淡蓝	紫红	1.7g 硝基邻二氮菲溶于 100ml 0.025mol/L Fe^{2+} 溶液中
淀粉				1g 可溶性淀粉加少许水调成糊状，在搅拌下注入 100ml 沸水中，微沸 2 分钟，放置，取上层清液使用（若要保持稳定，可在研磨淀粉时加 1mg HgI_2）

五、常用沉淀滴定指示剂溶液的配制方法

名称	颜色	颜色变化	配制方法
铬酸钾	黄	砖红	5g K_2CrO_4 溶于水，稀释至 100ml
硫酸铁铵	无	血红	40g $NH_4Fe(SO_4)_2 \cdot 12H_2O$ 溶于水，加几滴硫酸，用水稀释至 100ml
荧光黄	绿色荧光	玫瑰红	0.5g 荧光黄溶于乙醇，用乙醇稀释至 100ml
二氯荧光黄	绿色荧光	玫瑰红	0.1g 二氯荧光黄溶于乙醇，用乙醇稀释至 100ml
曙红	黄	玫瑰红	0.5g 曙红钠盐溶于水，稀释至 100ml

参考文献

[1] 欧阳卉，赵强．食品仪器分析技术［M］．北京：中国医药科技出版社，2019.

[2] 任玉红，闫冬良．仪器分析［M］．北京：人民卫生出版社，2018.

[3] 靳丹虹，张清．分析化学［M］．北京：中国医药科技出版社，2019.

[4] 柴逸峰，邸欣．分析化学［M］．8版．北京：人民卫生出版社，2016.

[5] 刘燕娥．分析化学［M］．西安：第四军医大学出版社，2011.

[6] 胡琴，彭金咏．分析化学（案例版）［M］．北京：科学出版社，2016.

[7] 李发美．分析化学［M］．北京：人民卫生出版社，2011.

[8] 冉启文，黄月君．分析化学［M］．北京：中国医药科技出版社，2017.

[9] 李维斌．分析化学［M］．北京：高等教育出版社，2005.

[10] 李维斌，陈哲洪．分析化学［M］．北京：人民卫生出版社，2020.